◆ 国家科技支撑计划课题：古代建筑基本材料（砖、瓦、灰）科学化研究（2012BAK14B05）

◆ 国家文物局"指南针计划"专项：中国古代建筑灰浆及制作技术科学评价（〔2011〕1806）

◆ 国家重点基础研发计划（973）课题：已用典型保护材料与工艺的功能及失效规律研究（2012CB720902）

◆ 浙江省文物局文物保护科技项目：古建筑传统灰浆科学化应用研究（〔2010〕264）

中国传统复合灰浆

张秉坚　方世强　李佳佳　等著

中国建材工业出版社

图书在版编目（CIP）数据

中国传统复合灰浆 / 张秉坚等著 . --北京：中国
建材工业出版社，2020.10
　　ISBN 978-7-5160-2921-3

　　Ⅰ . ①中… 　Ⅱ . ①张… 　Ⅲ . ①石灰砂浆－研究－中国
Ⅳ . ①TQ177.6

中国版本图书馆 CIP 数据核字（2020）第 081811 号

中国传统复合灰浆

Zhongguo Chuantong Fuhe Huijiang

张秉坚　　方世强　　李佳佳　　等著

出版发行：中国建材工业出版社
地　　址：北京市海淀区三里河路 1 号
邮　　编：100044
经　　销：全国各地新华书店
印　　刷：北京雁林吉兆印刷有限公司
开　　本：889mm×1194mm　1/16
印　　张：26.75
字　　数：600 千字
版　　次：2020 年 10 月第 1 版
印　　次：2020 年 10 月第 1 次
定　　价：380.00 元

序 一

2007 年 9 月，在中国文物保护技术协会第五次学术年会上，浙江大学张秉坚教授报告了他的科研团队关于中国糯米灰浆作用机理的研究成果。这项研究揭示了中国古代传统建筑灰浆具有良好性能的微观基础，我听了感到欣喜。这样的研究工作，为我国传统工艺技术及相关材料的价值认知提供了技术路线和方法，我当时就给予了充分的肯定和赞扬，建议将该研究成果在《故宫博物院院刊》发表。此后，张秉坚教授还多次在中国文物保护技术协会的学术年会上给大家分享关于中国传统材料研究的新成果，同时也在国内外重要科技刊物上发表了相关论文。

古代文物都是根据当时社会的需求，在当时理念的指导下，采用当时的材料，在当时科学技术的支撑下，经过工匠的手艺，产生的得以留传下来的优秀精品。它们是历史遗留下来的具有历史价值、艺术价值、科学价值的遗迹遗物。所谓文物，都是由其价值来支撑的，所以文物保护的核心就是保护文物的价值及相关信息。文物的修复，顾名思义就是残破了的要修整复原，是对文物价值的有效展示和体现。文物保护科技工作者的职责就是研究文物，认知文物的价值，揭示文物的价值信息，开展文物的科学保护，发挥文物的社会功能，合理利用。所以，文物价值认知是文物保护和合理利用的基础。长期以来，对文物价值的认知，特别是对文物科学价值的研究认知缺乏足够的重视。只有揭示、认知文物科学价值才能还原古代社会的科学技术和生产力发展水平，才能从根本上还原社会发展的历程，才能在今天的社会生活和社会发展中发挥作用，实现它的社会功能，科学地合理利用。因此，绝不能仅仅停留在简单的历史现象的诠释和艺术品的鉴赏上。张秉坚教授的科研团队为我国对文物科学价值的研究、认知、揭示，开辟了一条新路。

社会上的一切物质材料只要被人类加工、利用，被赋予历史价值，就有可能成为文物，所以对文物的研究和保护涉及所有学科，包括社会科学、人文科学、自然科学、技术科学，以及艺术、美学。文物保护科技本身就是多学科的、综合性的应用技术，学术性很高深，实用性很强，需要全社会包括众多学科的参与协作。文物科技事业的发展也必然追随全社会科技的发展而进步，所以文物科技工作者也必须同各科研院所、高等院校密切合作。目前高等院校已经成为我国文物保护科技事业中的重要力量，同时应该成为我国文物保护科技应用基础理论研究的主力军。张秉坚教授的科研团队特别注重文物保护技术基础理论的研究，并做出了突出贡献，有助于提升我国文物保护科技水平。

以张秉坚教授为首的浙江大学文物保护材料实验室，十多年来一直坚持进行文物保护科技领域基础科学研究，在我国古建筑保护需要传统工艺科学信息揭示的大背景下，结合国家"十二五"科技支撑项目等研究课题，开展了一系列的研究工作，特别在传统材料研究和检测领域已经取得了很多令人瞩目的科研成果。例如彩画胶结物的免疫分析技术，壁画保护材料失效机理，以及传统灰浆的作用机理等。本书就是张教授团队关于糯米灰浆、桐油灰浆、糖水灰浆、蛋清灰浆、血料灰浆等复合灰浆研究成果的总结。

本书在古文献记载，现有传统工艺调研，古建筑遗址灰浆调查取样，古代灰浆样品分析方法建立，复合灰浆科学原理揭示等方面都进行了深入的研究和探讨。本书内容丰富，涵盖许多重要古建筑灰浆的科学问题，是一部极具学术价值的研究文本，值得文物保护科技工作者和热心于文物科技的各方面专家学者参考、借鉴。本书的出版，对于我国文物保护科技的发展和专业人才的培养，将发挥积极的作用。

故宫博物院　陆寿麟
2020 年 6 月于北京

序 二

为《中国传统复合灰浆》作序
——继承发扬中国传统材料工艺的典范

我与张秉坚教授领导的浙江大学文物保护材料实验室从相识到认知也有十多个年头了，这是我十分敬佩的一个优秀团队，因为他们总能抓住文物保护行业最需要的攻关项目，而且年年出成果。团队持续培养出创新型研发人才、科研骨干人才和复合型人才。他们在文物保护界的影响力有目共睹。

中国传统复合灰浆的研究，是他们突出的成果之一。长期以来他们从收集、整理、解读文献资料；实地调查、记录传统工艺；收集取样 159 处古建遗址、378 个古代灰浆样本；建立起多种简便、快速和准确的分析检测方法；证实了古代灰浆的传统材料具有的科学性、实用性，得出的结论相当可靠。他们首次从微观上揭示了传统复合灰浆优良性能的原理，制定了检测技术规范，在此基础上又开发出三个系列的改良型糯米灰浆产品，并得到示范应用。此成果在国内外都得到认可和赞扬，除在国际著名学术杂志发表了一系列研究论文以外，有三篇论文刊发在《中国科学》杂志，这些研究在学术上肯定了我国传统建筑材料的科学地位。

传统材料与工艺是由古代匠人的经验和灵感制造发展起来的，为求得更佳的效果，经过多少代人的改善、改良、淘汰才得以传承至今。这些符合科学道理的材料和工艺我们当然应该继承和发扬。我国优秀的传统材料和工艺是个宝库，其中有许多值得我们去进行研究和科学分析，如甘肃秦安大地湾遗址 4000 年前建筑地面以料礓石为主材的混凝土结构工艺；广西花山岩画彩绘所用黏结剂使色彩保持 2000 年的材料与工艺；长沙马王堆汉墓的防渗防腐技术；龙门石窟、巩县石窟部分唐代造像表面仅 50μm 厚的涂层，能防止石雕风化千年以上，至今仍未分析出合成物与结构；乐山大佛脸部表层彩妆使用质轻、透气的传统锤灰；古代建造木船的防漏、防腐黏结材料；故宫建筑基础与地面的排水防渗系统等。而浙江大学文物保护材料实验室的研究思路，技术路线和成果应用是给我们启示和借鉴的有效途径。

现代科学技术扩大了我们获取更多古代信息的范围和种类，提高了提取信息和分析问题的能力，这就提醒我们要更系统、更深入地关注如何建立起保存文物传统材料、工艺的原始信息，依托保持传统文化观念的方法和技术，把微观研究同宏观研究结合，静态研究与动态研究结合，形成一个综合的、系统的、多学科的中国传统材料、工艺保护传承发扬体系。随着材料科学的突飞猛进，每年都会有新的文物保护材料出现，但是耐老化、强度能调控、黏结性能好、防水防腐性能优越，适合于文物安全性、兼容性特点和环境的无机材料将是我们的首选。

殷切期望浙江大学文物保护材料实验室发扬睿智、创新的优良传统，科学分析，总结经验，开发出更多的传统改性材料，为保存优秀的文化遗产做出更大贡献。

中国文化遗产研究院　黄克忠

2020 年 5 月于北京

作者简介

张秉坚

浙江大学教授，博士生导师；中国文物保护技术协会理事、分析检测专委会副主任；中国石材协会护理专委会专家组组长。20多年来一直从事文物保护材料和技术研究，承担过许多砖、石、土质文物和壁画彩绘文物保护的研究课题。其中主持完成国家自然科学基金课题（4项）、国家973项目课题、国家科技支撑计划课题、国家文物局"指南针计划"项目等；现为浙江大学文物保护材料实验室负责人。该实验室为国家文化遗产保护科技区域创新联盟（浙江省）不可移动文物材质分析检测平台。已获得国家发明专利授权18项，在国内外学报上发表科研论文200多篇，其中100多篇被SCI、EI、AHCI和SSCI收录，已培养60多名化学专业和文博专业的硕士、博士和博士后。

方世强

浙江大学化学系理学博士，艺术与考古学院博士后，导师与合作导师为张秉坚教授。现就职于宁波财经学院人文学院，副教授。长期从事中国传统建筑胶凝材料、古建筑保护材料研究，共发表相关研究论文20余篇，其中SCI收录8篇。

李佳佳

浙江大学艺术与考古学院考古学博士，导师为张秉坚教授。现就职于杭州西湖风景名胜区钱江管理处。一直从事传统建筑胶凝材料和工艺的文献研究、相关文物保护工作，已发表研究论文6篇，其中SSCI收录2篇。

　　在我国古代数千年的建筑实践中，发明了许多被称为"复合灰浆"的建筑胶凝材料，如糯米灰浆、桐油灰浆、蛋清灰浆等。不仅满足了当时人们修筑建筑的需求，也使许多古代建筑物和装饰艺术能够留存至今。

　　这些经历了千百年时间考验的古代灰浆，不仅是建筑材料史的宝贵证物，而且由于它们优良的耐久性和与古建筑本体的相容性，当今又成为文物保护领域优先考虑使用的修复保护材料，并启迪着新一代"绿色低碳"建筑材料的诞生。

　　本书是浙江大学文物保护材料实验室10多年研究成果的总结。在国家科技支撑计划课题等的资助下，经过数届硕士生、博士生、博士后及老师的持续研究，已在认知和利用等方面取得了许多重要进展。本书包括以下内容：

　　◆ 为挖掘古代传统灰浆工艺，收集了包括春秋、汉代、唐代、宋代等古文献中涉及"石灰"和"复合灰浆"的记载，共65篇，分类进行了整理和解读。

　　◆ 组织调查组，寻找仍在生产的小石灰窑和石灰膏作坊，实地调查传统石灰的烧制、消化和陈化过程，寻访老泥工，记录快要消失的传统工艺。

　　◆ 联合相关文博单位对全国各地重要古建筑遗址进行考察和取样，共收集了159处古建遗址的378个古代灰浆样本，其地域涵盖我国22个省（区）市。

　　◆ 为解决灰浆样本数量少、年代久、杂质多的检测难题，建立了多套简便、快速和准确的分析检测方法，包括化学法、免疫法和综合仪器法等，制定了4项检测技术规范。

　　◆ 通过大量研究，首次从微观上揭示了糯米灰浆、桐油灰浆、血料灰浆等传统复合灰浆具有良好性能的基本原理，被国际上称为"发现了长城千年不倒的秘密"。

　　◆ 对中国传统复合灰浆的特点、地域分布、应用历史、产生与衰落的原因等问题进行了一系列认识研究。

　　◆ 利用各种现代技术，对传统复合灰浆进行优化和改进研究，已开发三个系列的改良糯米灰浆产品，并在全国10多处古建筑的保护修复工程中进行了示范应用。

　　◆ 介绍了国内外相关同行专家、科学网站和科普纪录片对"中国糯米灰浆"研究的评价和关注情况。

　　本书既可为人们了解中国传统灰浆及现代应用提供科普知识，也可以作为建筑、建材和文物保护专业的教学参考书，还可以为古建筑和文物保护领域的工作或科研人员提供相关研究资料和技术借鉴。

第6章　传统复合灰浆机理研究 157

第 1 章

绪　　论

1.1 研究背景

1.1.1 问题

在我国古代数千年的建筑实践中，人们为了使建筑物更加舒适、安全、牢固和美观，曾尝试使用了多种多样的，人们一般称为"灰浆"的建筑胶凝材料。其中，有的原材料是直接取自天然材料，如黏土、姜石等；有的需要由天然材料经过传统技艺加工，如石灰、桐油等。这些建筑胶凝材料被广泛用于砌筑建筑物、修饰墙面、填缝防水等。石灰灰浆是中国古代应用最广泛的无机胶凝材料，考古发掘表明，新石器晚期已经大量使用"白灰面"[1]，即石灰。在长期的建筑实践中，古代工匠还常常在石灰灰浆中加入一些天然有机材料，如糯米、桐油、蛋清、糖类、动物血、植物汁液等，成为有机-无机复合灰浆。这些起初看似随意的添加却因其出色的性能而被保留和不断改进。随着中华文明的发展，中国古代有机-无机复合灰浆的传统技艺，尤其是糯米灰浆、桐油灰浆、蛋清灰浆、血料腻子等工艺被传承下来，不仅满足了当时人们修造建筑的需求，也使许多古代建筑物和装饰艺术留存至今。传统有机-无机复合灰浆已成为中国古代传统建筑体系的重要组成部分。

现代科学界普遍认同人类探索材料"复合"的实践已有数千年的历史，糯米灰浆、桐油灰浆等经常被作为重要证据[2]。许多资料表明，以灰浆为代表的胶凝材料的发展对当时社会产生过重要影响。例如，以石灰、桐油和黄麻制作的舱料是"水密舱"技术的核心工艺之一，从唐代兴起到明代繁荣，曾对推动中国与世界的远洋航海发挥过重要作用[3]；又如，以

石灰、黏土、糯米、红糖等混合注浆的"灰隔"技术，因灰隔墓室的不透气，结构坚固，有良好的韧性和抗渗透性，可保存尸体不腐，成为流行于宋、元、明时期的重要墓葬形式[4]；再如，以石灰、桐油和猪血等为主要原料的油作技术，包括地仗、油饰、彩画、髹漆，已成为从明代一直传承至今的主流建筑装饰工艺技术[5]。这些种类繁多的建筑胶凝材料配方和工艺是古代劳动人民智慧的结晶，在中国建筑史上具有极其重要的地位，反映了当时建筑技术的科技水平。没有可靠的建筑胶凝材料，房屋、城墙、桥梁、石塔等建筑物在各种自然力的作用下会很快变成松散的土、石、砖的堆积物，失去使用和文化价值。

中国古建筑是世界三大古建筑体系之一，具有鲜明的中华民族特色。作为黏结和装饰用的传统灰浆材料也具有明显的民族特征。到了近代，随着生产力的高速发展，特别是自19世纪以来波特兰水泥的发明，中国传统灰浆和工艺受到极大挑战。例如，广泛使用的石灰，从陈化时间到凝结速度等都很难满足现代工程施工的需求，已逐渐退出主流建筑市场。另外，随着社会的发展，经济效益的追求往往导致需要现场配制的传统灰浆被偷工减料，能干的年轻人不再愿意继承传统技艺，这进一步加速了中国传统灰浆与工艺的消亡。

1.1.2 需求

中华文明是世界上唯一具有连绵不断悠久历史的文明。在漫长的历史长河中，勤劳智慧的祖先给人们留下了极其丰富的古建筑文化遗产，从帝王将相的宫殿、坛庙、陵墓、府第、官署，到老百姓的民居、祠堂、佛寺、道观等，中国古建筑以其独有的艺术魅力，广泛影

响着周边地区文化艺术的发展，具有极高的历史、科学、文化和艺术价值。古建筑文物大多直接暴露于野外自然环境中，长年累月地经受各种气候条件的考验，如风沙吹蚀、雨水冲刷、温湿度变化等。因此，随着岁月的流逝，在环境因素及建筑文物本体衰变等因素的长时间影响下，古建筑大多遭受不同程度的损坏。近年来，工业化和城市化的发展，导致环境污染问题愈加严重，从而加速了建筑文物的劣变，使得古建筑等砖石质文物的保护问题越发迫切。由于文物的不可再生性等特点，一旦受到破坏，将会造成永久性的、不可估量的损失。为了挽救这些濒危的建筑遗产，尽可能地延长其寿命，使其具有的历史、艺术和科学价值得到最大限度的发挥，人们迫切需要对古建筑遗产进行有效保护。

近几十年来，我国文物保护事业快速发展，大量新技术、新材料已经用于文物建筑的保护，有效延长了文物建筑的寿命。然而，随着时间的推移，某些新技术和新材料开始出现问题，有的还发生了保护性破坏。水泥是现代建筑中使用最广泛的胶凝材料，在古代建筑修缮中也曾广为使用。但是，在使用过程中发现，水泥的脆性、强度过大、孔隙度过低、热膨胀系数过大、与古建筑等文物本体材料的不相容性，在使用中会引入可溶性盐等问题。这些问题逐渐引起了文物保护工作者的重视，已有学者提出："水泥是古建筑维修工程中的大敌"[6]。在现代文物保护技术中，有机高分子材料由于在憎水性、耐腐蚀性、渗透性、柔韧性、强度等方面的优点，被广泛应用于土、石、砖质等类文物的保护，如环氧树脂、丙烯酸树脂、有机硅树脂等。但是，近年来的研究表明，部分有机高分子材料在实际应用中存在微生物滋生、耐老化性较差、与无机质文物相

容性不理想等问题，对文物的长期保存不利[7]。文物本身是传统材料和工艺的产物。为避免盲目使用新技术、新材料对文物的危害，文物保护工作者开始关注传统工艺和材料的研究与应用。"尽可能地使用原来的材料和工艺技术"已成为文化遗产保护的一项共识。

与此同时，文物保护工作者注意到，在一些保存完好的古代土、石、砖质建筑上，许多当年使用的灰浆、灰土和颜料胶结物等传统胶凝材料仍然十分牢固，如河南登封县少林寺塔、浙江钱塘江明清鱼鳞大石塘、黑龙江松花江堤防、江苏南京、陕西西安和湖北荆州等地的古城墙、江苏江阴黄山小石湾炮台、天津大沽炮台等。古代砖石质文化遗产在建造过程中大多使用了传统的石灰基胶凝材料[8]，它们虽历经千百年的风雨吹蚀，其主体部分至今仍然坚固完整，充分验证了传统石灰基材料的耐久性及良好的强度。千百年时间的考验是今天新型胶凝材料难以在短期内实现的，遗留至今的古代灰浆、灰土和颜料胶结物等本身就是极其宝贵的科学资料。由于这些传统胶凝材料在耐久性、与文物本体的相容性、对环境的友好性等方面具有突出优点，可以避免盲目使用现代新材料在远期效果上的不确定性。由此，在古代文物建筑保护中使用原来的材料和原来的工艺逐渐成为一种被优先选择的策略。同时，传统材料的环保优势很可能启迪新一代"绿色低碳"建筑材料的诞生。

古代建筑胶凝材料和工艺是历代先民长期实践经验的总结，是经过长时间的反复运用、不断改进和创新而形成适合当地环境的较为成熟的传统工艺技术体系，囿于当时的技术条件和中国社会重文轻理的文化传统，记录传统工艺的古代文献资料相对较少，即使有所记录，对工艺流程、材料配方等的表述也语焉不详。

传统工艺的技术传承体系大多以"师傅传弟子"的口授传授方式，在现代工业化、信息化的大潮下，这种传播方式很难延续和发展，加之传统工艺行业经济效益较低，从业人员待遇不高，流失严重。因此，随着老一辈匠人的相继辞世，传统材料制作技艺已经面临老化和"人亡技绝"的境地，传统工艺的技术体系迫切需要调查、挖掘、整理，并在古代建筑文化遗产的修缮保护实践中完成其科学传承。

1.2 本书初衷

中国古代建筑工程巨著如宋《营造法式》、清《工部工程做法》等都是从"法式、做法和作业"角度来进行阐述，用现代语言讲就是"规则、工艺和技术"。相应的分类以工艺为主，如泥作、土作、彩画作、油作等工艺。"泥作"指用泥浆或灰浆涂抹墙面、地面、顶棚等的作业，近代也称之为"灰作"。"土作"是有关筑基、筑台、筑墙、制土坯等土方工程的作业，宋《营造法式》称之为"壕寨"。"彩画作"指绘制粉彩和图画的作业，宋《营造法式》中彩画作包括对柱、门、窗及其他木构件的油饰；在清《工部工程做法》中把彩画归入画作，把做地仗和油饰归入油作。

在中国古代不同历史阶段，关于建筑工程的传统专业分类和名称一直是变化的，但是一些核心内容是基本不变的。例如，在传统"灰作""土作"和"油作"中，其基本操作都是围绕如何将散粒状材料（如土、沙、石子或颜料等）或块状材料（如砖块和石块等）黏结成具有一定机械强度和固定形状建筑体或装饰面的工艺过程。其中材料和工艺是直接影响建筑体或装饰面质量和寿命的关键问题，是这些不同专业技艺的共性问题，用现代语言讲就是

"传统建筑胶凝材料与工艺"的问题。

"木、石、土、砖、瓦、灰"是中国古代建筑的基本材料。其中只有灰浆，不仅与砖、瓦一样同属人造材料，而且其制作过程涉及化学反应（如砖和石灰的烧制），更复杂的是，需要适应建筑物的各种需求，按照特定配方在现场配制，并在养护下胶凝，因此更多地涉及材料化学问题。

本书主要以现代材料学为基础，从"传统建筑胶凝材料"的角度研究"传统复合灰浆"，包括传统复合灰浆的成分、配方、原理、性质、改良、利用，以及发展历史和原因等。

为了弘扬中华文明，挖掘传统工艺的科学内涵，更好地发挥传统材料与工艺在文物保护中的作用，迫切需要对传统灰浆及其制作技术进行科学研究，了解其配方、性能和用途，探讨其科学原理和存在的问题，并对其配方和工艺进行科学化改进，研制基于古代传统灰浆原理的新型文物保护加固材料，建立中国古代传统胶凝材料的检测方法和评价体系，制订相关技术标准，推动我国文物保护技术的全面发展。

针对当时古建筑修缮中传统材料逐渐被现代水泥等材料替代，导致古建筑维修质量难以保证、失去原貌或受到破坏的现状，浙江大学文物保护材料实验室自 2007 年以来，一直致力于开展古建筑修缮急需的主要材料和传统工艺的科学研究。力求通过各种技术手段，探讨传统胶凝材料性能对古建筑修缮质量的影响；了解传统灰浆种类、成分、填料以及添加物等对灰浆性能和微结构的影响；研究传统灰浆对土、石、砖的黏结效果；筛选不同用途条件下，传统灰浆的最佳技术指标和使用方法。同时通过科学认知，了解典型传统灰浆的类型-组成-结构-性能的关系，揭示其科学机理；并对

传统灰浆存在的缺陷开展改良研究，改进制作工艺，探讨定量化制作技术。在上述研究的基础上，试制古建筑修缮专用灰浆产品，完成古建筑保护工程现场示范应用，希望为文物保护传统工艺的传承和发展做出贡献。

1.3　科研项目与合作伙伴

近年来，中国政府对传统工艺保护和传统工艺科学化研究高度重视，古建筑营造技艺已被文化部列入非物质文化遗产抢救工程，科技部在"十一五"和"十二五"期间都已将"古代建筑传统工艺科学化"问题列为支撑计划研究课题。大量的古代建筑维修工程正在实施中。本项研究工作就是在这种大环境下启动和完成的，是国家多项基金资助和业内同行尽力合作的成果。

2007年2月至2013年5月，在浙江省文物局的组织下，浙江大学文物保护材料实验室完成了"基于传统材料科学化的濒危石质文物加固材料研究"和"古建筑传统灰浆科学化应用研究"的省文物保护科技项目；

2010年6月至2011年12月，在国家文物局科技司的组织下，由浙江省古建筑设计研究院和浙江大学文物保护材料实验室开展了"文物保护传统工艺科学化项目的前期研究"项目；

2012年1月至2014年12月，由浙江大学文物保护材料实验室牵头，联合北京科技大学和中南大学完成了"中国古代建筑灰浆及制作技术科学评价研究"的国家文物局"指南针计划"专项项目；

2012年1月至2015年5月，由浙江大学为承担单位，浙江省古建筑设计研究院、中南大学、东南大学、安徽大学、天水师范学院为

合作单位所组成的项目组承担了国家科技部支撑计划课题"古代建筑基本材料（砖、瓦、灰）科学化研究"。

通过从2007年至今的一系列科学研究，以浙江大学为承担单位，并以浙江省古建筑设计研究院、中国文化遗产研究院、北京科技大学、中南大学、东南大学、安徽大学、天水师范学院、浙江省文物考古研究所为合作单位所组成的研究群体，经过10年多的艰苦努力已经取得了许多重要科研成果，培养了一批文物保护科研人才，共发表60多篇相关学术论文，其中30多篇被SCI或EI收录，本书是以浙江大学为主的部分研究成果的总结。

在本书中，"本实验室"是指浙江大学文物保护材料实验室；"本项目"是指包括承担单位和合作单位的传统灰浆研究项目团队；"本课题组"是指浙江大学文物保护材料实验室的传统灰浆研究组。

1.4　传统灰浆的定义

传统灰浆（traditional mortar）又称历史灰浆、古代灰浆，是19世纪硅酸盐水泥（波特兰水泥）出现以前灰浆的统称。传统灰浆是由胶凝材料（binding material）、填料（filling），以及一些改善性能的添加物（admixture）组成的，能够自动硬化，可将散粒状或块状材料黏结成整体，使之具有一定机械强度的建筑材料。

传统灰浆的定义涵盖了各种具有自动硬化特性，起到黏结和加固作用的传统"砂浆""灰泥""灰土"和"三合土"等，是历史上建筑砌筑、建筑装饰、建筑夯填，以及舟楫填缝和泥塑彩绘等各传统制造业中最基本的材料。

在传统灰浆中，胶凝材料是唯一必不可少

的成分，填料和添加物是为改善灰浆可操作性、强度、韧性、外观、经济性和耐久性等的辅助材料。

通常"灰浆"一词隐含两种状态，即使用时的"浆"状和硬化后的"固"态。

1.4.1　胶凝材料

胶凝材料，也称胶结物，是在物理或化学作用下，能从浆体变成固体，将散粒状或块状材料黏结成整体，制成具有一定机械强度的复合固体的基础材料。

历史上，传统灰浆使用过的胶凝材料有黏土、石膏、石灰、沥青、树汁等，既有无机材料，也有有机材料。其中，石灰（lime）是耐久性最好的传统建筑胶凝材料。

公元前 6000 年左右，土耳其地区已开始使用石灰灰浆黏结砖块[9]。大约公元前 4000年，埃及金字塔表面已用石灰作为抹面材料。公元前 900—600 年，中南美洲玛雅时期的石砌建筑遗址中，已有石灰灰浆铺路和抹面的应用[10]。公元前 600 年，印度安德拉邦发现使用石灰作为黏合材料的证据[11]。

中国是最早烧制和使用石灰作为建筑材料的地区之一，公元前 3000 年左右，陕西已发现煅烧石灰石制备石灰的证据，以及"白灰面"地坪等使用石灰的证据[12]。

1.4.2　填料

填料是在传统灰浆中掺入的砂子、碎石、卵石、炉渣和泥土等惰性材料的统称，起到填充作用，可以改善灰浆固化后的强度，降低收缩性等[13]。填料在砂浆中一般称为骨料，在现代混凝土中也称集料。

一般情况下，砂、石、土是惰性材料，不会与胶凝材料发生化学作用。但是，现代研究已经发现，石灰能够与这些填料表面的活性硅酸盐成分发生钙-硅反应，生成新的化合物。尽管石灰与砂、石、陶、土等的界面化学反应十分微弱，但是界面作用明显，是传统石灰灰浆具有良好黏结性和耐久性的微观基础。

中国古建筑在砖石砌筑和墙面抹灰时，灰浆多以膏状形式施工，配制较稀，一般都使用不添加填料的纯石灰浆[14]。

1.4.3　添加物

添加物（admixture）是制备灰浆时添加的，除胶凝材料和填料之外的，用于改善灰浆性能的各种材料的统称。传统灰浆使用过的添加物种类繁多，人类为改善灰浆性能有意掺入的添加物主要有以下两大类：

一类是灰浆中肉眼可辨识的添加成分，也称为掺杂物或掺合物（adulterant），如植物纤维（如木屑、稻草、秸秆、棉花等）和动物毛发（如羊毛、猪鬃、马鬃等），以及其他夹杂物，在灰浆中主要起物理作用。纤维类材料具有增加灰浆韧性，避免裂纹形成的作用。早在新石器时期，混合了芦苇或稻草的泥浆材料就广泛用于房屋的建造。例如，在中国长江中下游地区和伊拉克的美索不达米亚平原都有这类发现[15-16]。由于纤维类材料防开裂作用明显，至今仍是各类灰浆常用的添加物。

另一类是灰浆中肉眼难以辨识的添加物，也称为添加剂（additive）[13]，它们中有的能与胶凝材料（如石灰）发生化学作用（如火山灰、红烧土、白矾等），改善灰浆的固化性能和机械强度等；有的只有物理作用（如颜料、油脂等），主要改善装饰效果和防水性等。

根据添加物的材质可分为无机添加物和有

机添加物。典型的无机添加物是古希腊、古罗马时期建筑使用的火山灰，以及砖粉等人造火山灰添加物[17]。中国也有无机添加物的使用，如在传统灰浆中掺入白矾的做法。

有机材料是世界古代灰浆中常见的添加物。公元前9世纪，在北非迦太基遗址中已发现含有有机材料的地基灰浆[18]。罗马时期的灰浆中发现有酪蛋白、尿素、白蛋白、油脂等[19]。古代欧洲地区灰浆的有机添加物有黑麦粉、米蛋白、猪油、凝乳、无花果汁、蛋白、麦芽以及其他糖类或黏性材料[20]。中南美洲玛雅文明的建筑灰浆中已发现了谷氨酸、天冬氨酸等成分，这是可能添加过有机物的间接证据[21]。古代印度灰浆中曾使用的有机添加物有凝乳、棕榈糖、果肉、楝树油、蛋清、血、无花果汁等[22]。

在古代中国，灰浆中常见的添加剂主要有糯米、桐油、糖类、动物血、蛋清、羊桃藤汁等，其中以糯米和桐油最多，应用十分广泛，具有中国特色。

1.5 中国传统复合灰浆的概念

1.5.1 复合灰浆

复合材料是指由两种或两种以上材料制成的，可以克服单一材料的使用缺陷，改进材料性能的合成材料。传统灰浆是应用于土木工程领域的以胶凝材料为基础的复合材料，是人类最早制造的复合材料之一。

本书主要针对以石灰为基料，以有机或无机材料作为添加物，通过材料相互作用，改进灰浆性能的传统灰浆。在复合灰浆的定义中，胶凝材料（石灰）和添加物都是必不可少的成分。

1.5.2 复合灰浆的石灰基料

（1）生石灰（quicklime）。石灰是中国传统复合灰浆的基料。中文词"石灰"广义上包括石灰石、生石灰、熟石灰和已硬化的石灰浆。本书中的石灰一般指的是以主要成分为碳酸钙（$CaCO_3$）的岩石、贝壳等为原料，经高温煅烧以后所得的产物，即生石灰，主要化学成分为氧化钙（CaO）。石灰是复合灰浆中实现黏结功能的主要胶结成分，同时还具有防腐、防虫、防潮和装饰等功能。

在烧制石灰的原料中，若含有硅酸盐或铝酸盐类等化学成分，如使用硅质石灰石或泥质石灰石，或者使用混入泥砂的贝壳，或者使用含土的姜石，都可能使烧成的石灰中含有水硬性（hydraulic）成分，即能够依靠水气硬化。

石灰作为传统复合灰浆的胶凝材料，需要预先加工成石灰膏或石灰粉。

（2）石灰膏（lime putty）。石灰膏是生石灰在加入过量水（石灰质量的3倍以上）进行"消解"和"陈化"以后的膏状产物。消解（slaking）是生石灰（CaO）与水（H_2O）反应生成熟石灰［$Ca(OH)_2$］的过程，这是一个明显的放热反应过程[23]。陈化（aging）是石灰消解后在过量水淹没浸泡下沉积放置的过程，陈化可以明显改善石灰浆的流变性，优质石灰膏一般需要陈化数月时间。

陈化好的石灰膏是气硬性（air hardening）胶凝材料，无论原料生石灰是否含有水硬性成分，其活性成分主要都是氢氧化钙［$Ca(OH)_2$］，只能由空气中的二氧化碳（CO_2）来反应生成碳酸钙（$CaCO_3$）而硬化。因此，经常可以看到在挖开的古建筑砌体内，部分灰浆还未完全固化的现象。

石灰膏主要用于砌筑灰、抹灰、笆背灰、

填缝灰、垫层灰、修补灰等用途。为改善灰浆性能的各种添加物一般是与石灰膏混合，配制成半流态的各种灰浆来使用[23]。

（3）石灰粉（pulverized lime）。传统石灰粉有两种：一种是块灰（生石灰块）粉碎碾磨后的产品，称为生石灰粉；另一种是经潮湿空气或控制有限水量消解后的粉体，称为消石灰（slaked lime）粉，也称熟石灰粉或泼灰。

生石灰粉和消石灰粉常用于配制灰土（石灰＋黏土）或三合土（石灰＋黏土＋砂），广泛用于夯筑地基、墙体、地坪等。夯实的灰土或三合土不仅具有气硬性，也具有一定的水硬性，尤其是原料生石灰本身就含有水硬性成分时。在潮湿和较密闭环境下，灰土、三合土、加碎石的三合土等经过一定时间后都能逐渐硬化。

1.5.3　有机添加物

中国古代高度发展的农林畜牧业是灰浆有机添加物的主要来源，广泛应用的有以下添加物：

（1）糯米，也称江米，是糯稻经过脱壳加工以后的产物，糯米在中国具有数千年的栽培历史。糯米粒在充分干燥后呈不透明的乳白色，主要含淀粉、蛋白质和脂肪。糯米中的淀粉几乎全部是支链淀粉，煮熟后具有很高的黏性。用糯米熬制的稀浆可以改善灰浆的黏结性、韧性和强度等，是中国传统复合灰浆最常见的添加物，也是有别于世界其他区域的特色添加物。

（2）桐油。桐油是中国特产油料树种——油桐的种子经冷榨或油提而获得的油脂。其主要成分为不饱和脂肪酸的甘油酯，是一种优质的干性植物油。直到近代才出口到欧洲和美洲。未经熬制的桐油是金黄色的黏稠液体，称

为生桐油。加入土子（含锰矿物）和密陀僧（含氧化铅矿物）高温急火熬炼过的桐油为熟桐油。掺入熟桐油的灰浆具有良好的防潮、防水性能，是中国传统建筑最重要的防水材料，也是中国传统复合灰浆常见的添加物之一。

（3）蛋清。蛋清也称蛋白，是半透明的半流动性黏稠胶体，一种以水作为分散介质、蛋白质作为分散相的胶质物体。蛋清本身就是优良的胶粘剂，掺入蛋清的灰浆或灰土，可以改善其黏结性能和防潮性能等。

（4）糖水。传统灰浆中添加的糖通常为甘蔗榨汁熬煮成的红糖。在灰浆中添加红糖水具有明显的减水作用，即可以减少灰浆中水的添加量，降低灰浆收缩开裂的风险。

（5）血料。血料是传统工艺中动物血及初级制品的统称。血料灰浆一般使用不加盐的新鲜动物血，按比例与生石灰调成热石灰水，混合静置后先凝结成厚浆（称为料血），然后加入灰浆中。添加动物血的灰浆具有明显的早强性，可以改善灰浆的黏结性能和流平性能等。

（6）羊桃藤汁。羊桃是猕猴桃的古称。羊桃藤汁是猕猴桃的茎条和枝叶经捶捣、水浸所得的具有黏性的透明汁液。掺入羊桃藤汁可以改善灰浆的黏结性等。

另外，中国传统复合灰浆常见的有机添加物还有动物胶（皮胶、骨胶）、桃胶、白芨胶等，它们本身是胶凝材料，但是也经常作为石灰基灰浆的添加剂使用。

实际上，中国传统复合灰浆也使用无机添加物，如白矾 $[KAl(SO_4)_2 \cdot 12H_2O]$、砖粉等，但不占主导地位。

1.5.4　中国传统复合灰浆的特色

中国传统复合灰浆是中国地理位置、气候

环境、自然资源、建筑体系和社会文化的产物。以木结构为主的柔性建筑体系、农林畜牧业高度发展、与自然融为一体的"天人合一"的文化传统，在不具备发展火山灰添加物的情况下，发明并使用农林畜牧等产品作为改善石灰基灰浆性能的添加物是必然选择。

中国传统复合灰浆具有以下特色：

（1）添加物种类特别。最主要的添加物糯米、桐油、羊桃藤汁等是中国特产。中国灰浆添加物以农林畜牧业的有机物产品为主，特别适合于需要根据不同部位调节柔性和刚度的中国木构建筑体系，这也导致有机-无机复合灰浆成为中国传统建筑灰浆发展的主流。

（2）配方精确、效果明显。糯米灰浆、桐油灰浆等都比普通灰浆的性能优越得多。经研究发现，古人复合灰浆的配方比例几乎就在现代研究的最佳值附近。没有中国古代匠人们世世代代不断的持续改进，其制作技艺很难达到如此神奇的效果。

（3）应用广泛。从古代文献记载和古建筑现场取样检测中都发现，中国古代灰浆中添加糯米、桐油等有机物的现象十分普遍。已发现古代灰浆含有有机添加物的地域涉及中国大部分地区；建筑类型包括古城墙、古塔、宫殿、古民居、古桥梁、古水利工程、古炮台、古墓葬等，以及其他领域的彩画、造船等，且等级越高检出率越高。仅仅几种特定的有机添加物灰浆，应用的区域范围和建筑类型如此广泛，这在世界其他地区是没有过的。

（4）千百年来从未间断。中国传统复合灰浆的发展及使用具有延续性，从古代文献检索和遗址取样检测中发现，各种灰浆添加物自从在历史上出现到近代衰弱，各个历史时期都有发现，在名称、分类、配方和工艺等方面都有脉络可寻。而其他古老文明的建筑灰浆技术，往往随着文明的更迭而中断。例如，诞生于古希腊和古罗马的火山灰灰浆，因公元5世纪东罗马帝国的灭亡而逐渐失传，直到文艺复兴时期（14—16世纪）才再次兴起。中南美洲玛雅文明的建筑灰浆技术也因文明的消失而失传。只有中国传统复合灰浆，因得益于中华文明的延续而从未间断。

1.5.5　分类和范畴

（1）分类。中国传统复合灰浆一般根据添加物种类进行命名和分类，如糯米灰浆、桐油灰浆、糖水灰浆、血料灰浆、蛋清灰浆等。在中国古代文献中曾记载的复合灰浆名称有石灰米汁、糯米石灰、米汁灰浆、桐油石灰等；在古建筑工程中的名称有江米灰（糯米灰）、油灰（桐油灰）、血料灰等。在中国历史上，复合灰浆的名称和类别基本上一脉相承、十分类似。

（2）范畴。从中国传统复合灰浆的概念，可以对本书的研究范畴进行界定。中国传统复合灰浆是指在古代中国范围内和周边区域使用的，以石灰为基料、以有机或无机材料为添加物的传统复合灰浆。其添加物主要为有机物，包括糯米、桐油、糖类、血料、蛋清等各类农林畜牧业产物和一些植物藤、枝、叶的汁液。中国传统复合灰浆在使用空间上涵盖古代中国的疆域范围和周边区域；在时间上包括了中国在现代水泥使用之前的各个历史时期。

目前，在古建筑保护和修复，以及在一些仿古建筑的建造中，也常常会用到添加了糯米、桐油等有机添加物的石灰灰浆，虽然这些灰浆材料是在当代使用，但是由于按照传统配方和传统工艺制作，也应属于中国传统复合灰浆的现代应用范畴。

1.6　本书涉猎范围

（1）中国古代文献中传统复合灰浆记录的收集与解读。中华文明一直延续发展，留下了大量有文字可考的古代文献，尽管当时社会有重文轻理的倾向，记录传统工艺的文献很少，但是从各种社会生活的叙述中都可能留下复合灰浆的文字记载，哪怕是只言片语。为了挖掘和整理古代传统复合灰浆制作技艺和配方，发挥浙江大学文物保护材料实验室横跨文理两个学部，拥有文博和化学两个专业方向的优势，以文科背景的研究生为主，对中国古代文献中关于复合灰浆的文献进行了查阅、收集和解读。

（2）调查现存传统灰浆生产制作工艺。石灰的烧制和应用在我国至少已有 5000 年的历史。尽管近代水泥的出现使现代建筑不再使用石灰，但是在许多乡村，石灰的应用仍在延续。随着社会的发展和老一辈匠人的相继辞世，石灰的传统工艺已趋于消失。为了记录下这些非物质文化遗产，并从中了解传统灰浆的相关工艺，本课题组专门对浙江地区代表性石灰土窑和石灰膏作坊进行了实地调研、工匠走访和实况记录。

（3）古代建筑遗址实地调查与灰浆取样。中国现存有几千座古代建筑，包括城墙、宫殿、塔、水利工程等，最早的建筑建于公元前4—7 世纪。这些建筑经受了历史上的多次灾害，显示了中国传统建筑的稳定性和耐久性。在一些保存较好的古代建筑遗址上，还遗存不少当年使用的传统灰浆，其中许多仍然牢固如初。这些灰浆是古代建筑历史的实物记载，同时也是传统灰浆功能和性能的实物说明书，具

有重要研究价值。在合作单位和各文博单位的大力支持下，对全国各地一些重要建筑遗址进行了实地调查与灰浆取样，为进一步分析检测和研究提供证物。

（4）传统灰浆分析检测技术研究。对古建筑遗址上的灰浆进行检测分析是获取古代工艺信息的重要途径。由于国内外还没有传统胶凝材料的标准分析方法，加上年代久远，灰浆成分变化较大，准确检测灰浆成分成为主要难点之一。本工作针对性地开展了传统灰浆的分析检测技术，包括仪器分析、化学分析、免疫分析，以及综合分析等技术的研究，开发了一套比较简便、准确和可靠的传统灰浆专用分析方法。

（5）挖掘古代复合灰浆制作技术的科学内涵。我国古代传统灰浆材料的制作工艺是结合当地环境条件和原材料情况，经过一代代经验积累和不断改进的结果，是古代劳动人民智慧的结晶，反映了当时建筑技术的科技水平。本实验室结合古建筑遗址取样分析和实验室模拟，研究古代典型传统复合灰浆的类型-组成-结构-性能的关系，试图揭示其科学机理，挖掘科学内涵，探讨存在的问题和局限性。

（6）传统复合灰浆的应用历史研究。为了从宏观上了解中国传统复合灰浆的发展概况，在传统复合灰浆古代文献查阅和解读、现存灰浆工艺调研、古代建筑灰浆样品检测结果汇总统计的基础上，首次对中国传统复合灰浆的特点、地域分布、应用历史、产生与衰落的原因等问题进行了认识研究，希望为中国古代建筑史研究提供基础资料。

（7）古代传统复合灰浆的优化研究。面对古代建筑文化遗产保护的迫切需求，中国古代建筑修缮材料的适应性问题已经成为当今古建筑维修保护领域面临的必须解决的科技问题。

本工作力图通过各种技术手段，探讨传统灰浆对古建筑修缮质量的影响，研究传统工艺的优化途径，筛选不同用途条件下，传统复合灰浆的最佳技术指标和使用方法。

（8）传统糯米灰浆的改良与文物保护应用。鉴于水泥基材料在文物保护工程中的问题，以及文物修复对传统技艺的优先选择，针对传统糯米灰浆"工艺复杂、固化慢、收缩大、强度偏低"的缺陷，本工作在传统糯米灰浆原理的基础上，通过氢氧化钙原料制备工艺改进、糯米预糊化加工、集料恰当级配、添加植物纤维和减水剂等，使糯米灰浆克服传统工艺的缺陷，研制出改良糯米灰浆产品，并在多处全国重点文保单位进行了示范应用。

（9）检测方法技术标准研究。目前，对于传统复合灰浆材料的分析检测，尤其是添加的有机成分的检测还没有规范的技术方法，由此导致文物样品检测结果很难统一汇总评价，也不利于古建筑保护修复工作者利用数据。因此，探讨和制订相关分析检测技术标准具有重要的现实意义。本工作试探性对传统灰浆取样和常规检测技术、灰浆中有机添加物的化学分析技术、有机凝胶材料的酶联免疫分析技术和免疫荧光分析技术进行了规范化研究，以供本实验室使用和有关专业人员参考。

1.7 本书编制

本书从以下 11 个方面叙述：

★ 中国传统复合灰浆的概念和研究背景；
★ 传统复合灰浆古代文献查找与解读；
★ 现存传统灰浆制作工艺调研；
★ 古建筑遗址灰浆实地调查与取样；
★ 传统复合灰浆分析方法研究；
★ 古代复合灰浆机理研究；

★ 中国传统复合灰浆检测结果汇总与历史原因研究；
★ 传统灰浆的优化与改进研究；
★ 基于传统糯米灰浆原理的科学改良与应用；
★ 传统灰浆检测技术规范研究和草案；
★ 主要进展与影响。

本章参考文献

[1] 杨鸿勋．仰韶文化居住建筑发展问题的探讨 [J]．考古学报，1975，1：63.

[2] 隋秀艳，隋秀华．化学原理在岩土工程中的应用 [J]．低温建筑技术，2008（4）：111-112.

[3] 祁庆富，郑长铃，丁毓铃．水密隔舱海船历史文化遗产研究 [J]．大连大学学报，2009（02）：88-93.

[4] 霍巍．关于宋、元、明墓葬中尸体防腐的几个问题 [J]．四川大学学报（哲学社会科学版），1987（04）：94-103.

[5] 杨文光．宫殿寺庙的传统髹漆工艺 [J]．中国生漆，2011（02）：44-47.

[6] 罗哲文．古建筑维修原则和新材料新技术的应用——兼谈文物建筑保护维修的中国特色问题 [J]．古建园林技术，2007（3）：29-35.

[7] Abdel-Kareem. The long-term effect of selected conservation materials used in the treatment of museum artefacts on some properties of textiles [J]. Polymer Degradation and Stability, 2005（87）：121-130.

[8] 黄克忠．文物建筑材质的研究与保存 [J]．东南文化，2003（09）：93-96.

[9] Panda S S, Mohapatra P K, Chaturvedi R K, et al. Chemical analysis of ancient mortar from excavation sites of Kondapur, Andhra Pradesh, India to understand the technology and ingredients [J]. Current Science. 2013, 105（6）：837-842.

［10］ Vejmelkova E，Keppert M，Rovnanikova P，et al. Properties of lime composites containing a new type of pozzolana for the improvement of strength and durability ［J］. Composites Part B-Engineering，2012，43 (8)：3534-3540.

［11］ Elsen J. Microscopy of historic mortars-a review ［J］. Cement and Concrete research. 2006，36 (8)：1416-1424.

［12］ 张永禄. 汉代长安词典 ［M］. 西安：陕西人民出版社，1993.

［13］ 国家市场监督管理总局，国家标准化管理委员会. 预拌砂浆：GB/T 25181—2019 ［S］. 北京：中国标准出版社，2019.

［14］ 罗银燕，吴启东. 砌筑工 高级工 技师 ［M］. 北京：中国建材工业出版社，2017.

［15］ 笪浩波. 长江中游新石器时代文化与生态环境关系研究 ［D］. 武汉：华中师范大学，2009.

［16］ Stefanidou M，Papayianni I，Pachta V. Evaluation of Inclusions in Mortars of Different Historical Periods from Greek Monuments ［J］. Archaeometry，2012，54 (4)：737-751.

［17］ Theodoridou M，Ioannou I，Philokyprou M. New evidence of early use of artificial pozzolanic material in mortars ［J］. Journal of Archaeological Science，2013，40 (8)：3263-3269.

［18］ Ventola L，Vendrell M，Giraldez P，et al. Traditional organic additives improve lime mortars：New old materials for restoration and building natural stone fabrics ［J］. Construction and Building Materials，2011，25 (8)：3313-3318.

［19］ Pavia S，Caro S. An investigation of Roman mortar technology through the petrographic analysis of archaeological material ［J］. Construction and Building Materials，2008，22 (8)：1807-1811.

［20］ Salavessa E，Jalali S，Sousa L M O，et al. Historical plasterwork techniques inspire new formulations ［J］. Construction and Building Materials，2013 (48)：858-867.

［21］ Gleize P J P，Motta E V，Silva D A，et al. Characterization of historical mortars from Santa Catarina (Brazil) ［J］. Cement & Concrete Composites，2009，31 (5)：342-346.

［22］ Singh M，Waghmare S，Kumar S V. Characterization of lime plasters used in 16th century Mughal monument ［J］. Journal of Archaeological Science，2014 (42)：430-434.

［23］ 北京土木建筑学会. 中国古建筑修缮与施工技术 ［M］. 北京：中国计划出版社，2006.

第 2 章

中国传统复合灰浆的
古文献记载研究

2.1　早期的建筑胶凝材料

2.1.1　天然胶凝材料姜石与黏土

在距今 10000～4000 年的新石器时代，由于石器工具的进步，劳动生产力的提高，人们为改善居住的建筑活动已经兴起。当时的建筑材料主要以木、土、石等天然材料为主，姜石及黏土是常见的天然胶凝材料。

早在上古时期，中国即在建筑材料方面创造出伟大的成就。考古发掘表明，新石器晚期已经大量使用"白灰面"[1]建筑涂料；这种建筑涂料不仅坚固、美观、卫生，而且有一定的防潮作用。白灰面因其颜色灰白，故考古工作者称之为"白灰面"，有的甚至还经过烧烤处理，有的先用草筋泥、红烧土铺平后再用白灰面墁平，从而使地面平整、坚固，同时在采光、防潮等功能方面也有了相应的改善。1931年梁思永[2]先生在河南安阳史前遗址中首次发现在地坪和墙面涂抹有"白灰面"的建筑遗迹，随后在河南、陕西、甘肃、山西等地的许多仰韶文化、龙山文化的建筑遗存中，陆续发现了这种被广泛应用的白灰面[3]。白灰面的形成原因至今说法不一。有人认为白灰面是用黄土中的姜石磨成碎面，加水调制而成。姜石因其形状似生姜而得名，是一种分布广泛、有悠久应用历史的石种，为黄土层或风化红土层中的钙质结核，主要组成矿物为方解石、石英、黏土矿物，主要化学成分为碳酸钙。为了证明这一观点，还有人做了模拟试验。1955 年胡继高[4]在郑州二里岗陇海马路龙山期袋穴遗址的发掘过程中，曾把该地自然"姜石"磨成碎面，然后用水调成泥糊，涂在穴壁上，干了以后与龙山期袋穴中的白灰面完全一样。也有人

认为，白灰面是由贝壳烧成蜃灰，再调水涂抹而成[5]。化学方法在判断白灰面是天然石灰岩还是人工烧制品上存在难度，因为天然石灰岩的主要成分是碳酸钙，而人工烧制的生石灰（氧化钙），加水变成熟石灰（氢氧化钙）以后，涂抹在建筑上吸收空气中的二氧化碳，也转变为碳酸钙。然而，人工烧制的白灰面有可能通过红外光谱等方法鉴定。据一些光谱分析研究，新石器时期开始应用于建筑物内部的白灰面，既有天然姜石磨碎涂抹而成的，也有人工烧制石灰涂抹而成的[6]。

对于黏土的物用，在文献中有许多记载，如汉代文献中就有用黏土做瓦的记载：

　　"燔埴爲瓦則可，埴，黏土也。"[7]

黏土古称埴、堇、黏胒等，可以烧制成瓦、砖等，用于建造房屋。在距今五六千年前的郑州大何村仰韶文化遗址上，其地面、墙面都是在草筋泥上再涂以细沙泥，然后放火焚烧使地面与墙面烧结成一体，外观呈红色，质地坚硬，看上去与现代的红砖相似，只是大面积连成整体而已，史称"陶质墙面"。有些考古学家认为，可以把它看成是我国"砖"的前身。

2.1.2　石灰的应用

石灰，别名垩灰、希灰、石垩、五味、染灰、散灰、白灰、味灰、锻石、石锻、矿灰、白虎等。中国是最早烧制和使用石灰作为胶凝材料的地区之一。研究人员在对陶寺遗址（公元前 2300—1900 年）和殷墟遗址（公元前1319—1046 年）的"白灰面"的红外光谱分析发现，这些白灰面很可能是用人工烧制的石灰涂抹而成的，表明当时的人们已经掌握了石灰的烧制技术[6,8]。1979 年，考古人员在陕西武

功浒西庄原始村落遗址，发现距今 5000 年前人工烧制石灰的直接证据，包括石灰石块、经过火烧的石灰块、半成品石灰块、石灰渣以及"白灰面"地坪。石灰从开采、烧制到使用的全过程都获得了可靠的实物资料[9]。杨丙雨[10]等人认为，仰韶文化时期已经可以烧制窑温 950℃的红陶，而石灰石烧制石灰仅需 900℃，当地很容易获得石灰石，且经过石器时代古人已对包括石灰石在内的岩石有了相当丰富的认识和利用经验，说明当时已经具备了石灰石烧制石灰的主观认识和客观条件，由此推测人工烧制石灰的年代应从仰韶文化时期开始（公元前 3000 年，甚至公元前 4000 年），到龙山文化时期已得到较普遍的应用。

蛎灰，也称蜃灰，指的是用贝壳烧制的石灰，也是我国古代石灰的重要来源之一。在春秋时期，已有关于蛎灰的文献记载：

"（成公二年）八月宋文公卒，始厚葬，用蜃炭益车马，始用殉，烧蛤为炭，以瘗圹，多埋车马，用人从葬。"

"蜃炭共文，故知烧蛤为炭，又且炭亦灰之类，虽灰亦得称炭。刘君以为用蜃复用炭，而规杜氏非也。"[11]

成公二年，即公元前 635 年，宋文公的墓葬中就已使用"蜃炭"，蜃炭即为蜃灰，是一种大蛤蜊的外壳（其成分主要为碳酸钙）烧制而成的石灰质材料，它不仅有良好的黏结性能，还可以吸湿防潮，因而在崇尚厚葬的古代，蜃灰常用于修建陵墓。

在汉代的文献中，记载了夏代宗庙、周代明堂中，使用蛎灰作为涂料，这是文献中最早记载的石灰应用的实物：

"夏后氏世室堂脩二七廣四脩一，五室三四步四三尺，九階，四旁兩夾窗，白盛，門堂

三之二，室三之一。白盛：蜃炭也。盛之言成也。以蜃灰堊牆所以飾成宮室。蜃常軫反，堊烏路反，又烏洛反。【疏】注蜃炭至宮室。釋曰地官掌蜃，堂供白盛之蜃，則此蜃灰，出自掌蜃也。云以蜃灰堊牆者，爾雅云，地謂之黝，牆謂之堊，堊即白蜃堊之，使壁白也[12]"……

"周制季秋大享於明堂宗祀文王以配上帝……其制度九尺之筵，東西九筵，南北七筵，堂崇一筵，五室凡室二筵……東西長八十一尺，南北六十三尺，其堂高九尺，於一堂之上為五室，每一室廣一丈八尺，每室開四門，門旁各有窗。階外有四門，門之廣二丈一尺，門兩旁各築土為堂，南北四十二尺，東西五十四尺，其堂上各為一室，南北丈四尺，東西丈八尺，其宮室牆壁以蜃蛤灰飾之。"[13]

夏代的官方建筑"世室"（明堂、宗庙）中，使用蛎灰作为墙面涂料，以达到墙面白净的目的。文中的"白盛"就是石灰的别称之一。周代的明堂建筑中，也使用了蜃蛤灰作为墙面涂料。

晋代的文献中也记载了周代墓葬中使用石灰的情况：

"幽王冢甚高壯，羨門既開，皆是石堊。撥除丈餘深，乃得雲母，深尺餘，見百餘屍，縱橫相枕藉，皆不朽。唯一男子，餘皆女子，或坐或臥，亦猶有立者，衣服形色，不異生人。"[14]

周幽王墓葬开掘后，墓内皆是石灰，文中的"石堊"也是石灰的别称。

石灰除了用于抹面及墓葬外，还可以用于建筑佛塔、城墙等。《法苑珠林》中记载了隋代超化寺塔的建设中使用了石灰作为塔基材料：

"隋鄭州超化寺塔者，在州西南百餘里密縣界，在縣東南十五里。塔在寺東南角。其北連寺方十五步許。其寺塔基在淖泥之上。西面有五六泉。南面亦有，皆孔方三尺，騰涌沸出流溢成川。泉上皆下安栢柱，鋪在泥水上，以炭沙石灰次而重填，最上以大方石可如八尺牀編次鋪之。四面細腰，長一尺五寸，深五寸，生鐵固之。近有人試發一石，下有石灰乃至百圍。便抽一圍，長三丈，徑四尺。現在……"[15]

隋代建立超化寺塔时，在塔基中使用炭、沙及石灰填补。超化寺塔位于河南省新密市超化镇中，从隋代建立以后，屹立千年不倒，在"文革"期间被毁。

现存年代较早的使用蛎灰的建筑有位于福建泉州，修建于北宋时期的万安桥（洛阳桥）。

"閩中無石灰，燒蠣殼為灰，蔡公於橋岈造屋數百楹為民居，以僦其直入。公帑三歲度一僧俾掌橋事，故用灰常若新，無纖毫蟺隙。春夏大潮水及欄際，往來者不絕，如行水上。十八年，橋乃成，即多取蠣房散置石基上，歲久延蔓相粘，基益膠固矣。元豐初王祖道知州，奏立法輒取蠣者徒二年。"[16]

北宋时期，蔡襄主持建造万安桥（又名"洛阳桥"，建于公元1053—1059年间），烧牡蛎壳为石灰，用蛎灰填补造桥条石的石缝，在浅海养殖牡蛎，使其附着在桥石上，将桥基和桥墩联结成牢固的整体。洛阳桥是中国第一座海湾大石桥，以其为代表的福建古代桥梁，在当时中国乃至世界桥梁技术中都处于领先地位[17]。

2.1.3　三合土的应用

在使用石灰的过程中，人们逐渐认识到，在石灰中掺入泥土和砂石，既可以减少石灰的用量从而降低成本，还可以获得比纯石灰更好的性能。

宋代江休复提到可以使用石灰和筛土代替砖石筑造墓葬：

"江南王公大人墓，莫不为村人所发，取其砖以卖者，是砖为累也。曰：近江南有识之家，不用砖塋，唯以石灰和筛土筑实，其坚如石，此言甚中理。"[18]

用砖砌结构的墓葬，易被后人取砖而破坏，因此可以用石灰和筛土拌和筑实，成品坚硬如石，也不必担心被破坏。这种石灰和筛土的混合材料，也许就是三合土的雏形。

宋应星《天工开物》中对石灰及三合土进行了总结：

"石灰　　凡石灰，经火焚炼为用。成质之后，入水永劫不坏。亿万舟楫，亿万垣墙，窒隙防淫，是必由之。……凡灰用以固舟缝，则桐油、鱼油调厚绢、细罗，和油杵千下塞艌；用以砌墙石，则筛去石块，水调黏合；甃墁则仍用油灰；用以垩墙壁，则澄过入纸筋涂墁……用以襄墓及贮水也，则灰一分，入河沙、黄土二分，用糯米粳、羊桃藤汁和匀，轻筑坚固，永不隳坏，名曰三合土。其余造淀造纸，功用难以枚述。凡温、台、闽、广海濱石不堪灰者，则天生蛎蚝以代之。"

"蛎灰　　凡海濱石山傍水处，咸浪积压，生出蛎。房闽中曰，蚝房经年斧者，长成数丈，阔则数亩，崎岖如石假山，形象蛤之类。压入岩中，斧则消化作肉团，名曰蛎黄。味极珍美，凡燔蛎灰者，执椎与凿濡足，取来药铺所货牡蛎，即此碎块。叠煤架火燔成，与前石灰共法。粘砌城墙、桥梁，调和桐油造舟，功皆相同。有误以蚬灰即蛤粉，为蛎灰者不格物之故也。"[19]

石灰火炼后入水可以保持性状不变，舟楫、城墙、合缝及防虫等，都可以使用石灰。石灰与桐油、鱼油调和厚绢布及细罗，加以捶捣可以黏合舟船的缝隙。筛去石块的石灰和水可以用来砌筑石墙。油灰可以用于筑地，纸筋加石灰可以用于涂抹墙壁。石灰、河沙、黄土以1:2:2的比例，加入糯米汁、羊桃藤汁拌匀，即为三合土，可以用于筑造墓葬及水池，非常坚固，永不隳坏。此外石灰还可以用于造淀造纸等。温、台、闽、广等海滨地区，还可以用蚝蛎烧制石灰，功能与石灰相同。

2.2　中国传统有机-无机复合灰浆的应用及工艺

石灰的烧制和应用在我国有很长的历史，新石器晚期就已经大量使用"白灰面"建筑涂料。部分"白灰面"的涂料经验证采用了人工烧制的石灰。在灰浆中添加有机物以增强其性能的做法，可以追溯到南北朝时期，最早的文献记载出现在宋代。常见的有机物灰浆有糯米灰浆、桐油灰浆、糖水灰浆、植物汁类灰浆、蛋清灰浆、血料灰浆以及两种以上有机物复配灰浆。

2.2.1　糯米灰浆

从目前的发现研究来看，糯米汁掺入石灰中作为胶结料，应不晚于南北朝时期。1957年，河南邓县学庄村发现一座彩色画像砖墓，推断年代为南北朝[20]（南朝萧齐至萧梁初期，公元5世纪末至6世纪初[21-22]），从中采集的画像砖黏结料经碘-淀粉试验、红外分析和电子显微镜分析，证明是含有支链淀粉的石灰材

料[23]，推测可能添加了糯米。从河北抚宁南北朝时期的长城（公元563年）中采集的灰浆样品，经检测也含有糯米成分[24]。

古代文献中记载的用于灰浆中的糯性作物，有糯米、糯黄米（古文为"秫米"）等作物。本研究中将糯米、秫米等糯性作物灰浆的记载进行了整理，古代糯米灰浆主要有三类用途：城墙、墓葬以及水利设施（筑造堤坝）。

（1）糯米灰浆在筑造城墙中的应用。

糯米灰浆在筑城中的应用，最早的文献记载可以追溯到宋代。《宋会要辑稿》中记载：

"乾道六年，主管侍卫马军司公事李舜举言：被旨差拨官兵创修和州城壁，今已毕工，其城壁表里各用砖灰五层包砌，糯粥调灰铺砌城面，兼楼橹城门，委皆雄壮，经久坚固，实堪备御。"[25]

即在乾道六年（1170年），李舜举在和州（今安徽省巢湖市和县）修建城墙。城墙内外都用了五层砖灰包砌，用糯米灰浆铺砌城面，整体城楼雄壮威武，非常坚固，适合防御所用。

同一时期的《许国公奏议》中也提到：

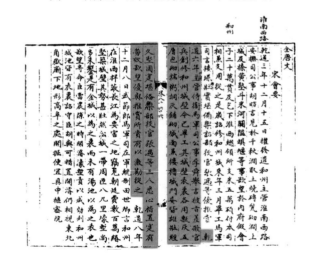

图 2.2.1　《宋会要辑稿》中关于糯米灰浆的记载

"臣观襄阳、维扬所筑城壁，皆孝宗命郭杲任其事，至今坚固无虞。臣闻之，除人本州岛岛筑城，奏功，得旨命杨倅立寿迩验视时，守臣急于集事，用糯米糊迭砖砌城，验视之际，以手揭起，守窖力祷竟为保，明当时核实之政类此。"[26]

许国公吴潜派人视察新城墙的建设，发现当地守臣为了尽快完工，用糯米糊作为黏合剂叠砖砌筑城墙，在验收时用手就可以轻易揭起城砖，非常不牢固。许国公吴潜生于1195年，卒于1262年，因此这段文字所叙述的年代稍晚于《宋会要辑稿》中的年代。通过两段文字的对比可以发现，当时的人们已经认识到，用糯米灰浆砌筑的城墙能够坚固持久，单纯用糯米糊修建的城墙则并不牢固。通过这种对比可以推断糯米灰浆在黏结强度方面要明显优于单纯的糯米糊。

根据古文献记载，明代修建南京城时，也使用了糯米灰浆：

"帝筑京城，用石灰秫粥锢其外，时出阅视。监掌者以大尺分治之上，任意指一处击视，皆纯白色，或稍杂汲土，即筑筑者于垣中。故金陵城最固。"[27]

金陵城（南京城）为明代都城，工匠在修筑时使用了掺入秫米浆（糯黄米）的石灰灰浆，检查时砸开查看灰浆颜色，灰浆需皆为纯白色，如有杂色则表明质量不好，须追究修筑者责任。

明代文献中记录了一种"卫城铳台法"：

"台式作三角形，每台厝大铳六门。台基击以石碇、木杵，垫以大石。台墙砌以砖，用沙、瓦屑、石灰三和土筑之，筑尺许以糯米汁沃之，或以片糖汁沃之，日久，坚硬如铁。送发猛铳，可保无虞。"[28]

文献记载了三角形敌台的建筑方法。台基用石碇、木杵击打结实，然后在上面铺大石块。敌台城墙用砖块砌成，用沙、瓦屑、石灰的三合土作为胶结材料，筑造一尺左右就浇一遍糯米汁或者糖汁，这样筑造的敌台时间长了可以像铁一样坚硬，在作战中不会坍塌。

清代何刚德在其《抚郡农产考略》中提到：

"云南糯谷……糯米汁最黏，取黄土、细沙、石灰三如一，以糯米汁和匀之，谓之三合土，筑城、筑堤均可，其岁久坚如铁，锥凿不能入。"[29]

糯米汁的黏性使它可以作为黄土、细沙、石灰三合土的添加剂，用于筑造城墙或堤坝，并且时间长了以后非常坚硬，锥子、凿子等工具也无法对其造成损坏。

清代晚期，为了抵御外国列强的海上进攻，政府在沿海修建了一系列新的海防建筑，这些建筑中常常使用到糯米拌和的三合土。李鸿章在光绪元年上书的《津郡新城竣工折》中提到了大沽炮台在修筑过程中，使用的三合土中就含有糯米：

"复以内地城垣炮台皆用砖石砌成，质坚而脆，炸炮轰击，易于摧裂。新城既专为海防而设，必以力求坚厚、堵御炮火为要。拟参用泰西新法，并以石灰、沙、土三项加糯米糁和为三合土，锤炼夯硪打成一片，俾可坚固耐久。又因需用石灰太多，远道购运费力，询七渔户居民，佥称海滨蛤蜊可以烧灰，功用与石灰相埒，用费较省。因即雇集渔艇在沿海各处载运，自砌灰窑数十座广烧应用。"[30]

内地的城垣炮台多为砖石结构，质地坚硬但是较脆，炸炮轰击容易摧裂。大沽新城是专门为海防而设的，因此必须力求坚固、以抵御炮火为要务。因此参照国外的新式做法，并且用石灰、沙、土三项加糯米汁掺和为三合土，将三合土锤炼夯筑，形成统一整体，这样才能够坚固耐久。又因为石灰用量太多运费太贵而选用了功用与石灰相近的蛎灰，来制造糯米蛎灰的三合土，以满足海防的需要。

清代徐家干在《洋防说略》中阐明了用于炮台建设的糯米石灰三合土的配方比例：

"三合土者，五成石灰、三成泥、二成沙，加糯米汁拌匀，以八寸捣至二寸为度，乾坚逾铁，钢弹可抵。"[31]

用于建造炮台的三合土，石灰、泥与沙的比例是5：3：2，加入糯米汁拌匀，夯筑时以八寸捣至二寸为度，待三合土风干后可以比铁还坚硬，可以抵御钢弹的进攻。

（2）糯米灰浆在墓葬建造中的应用。

关于糯米灰浆在墓葬中的应用，文献最早可以追溯到元代郑泳的《义门郑氏家仪》：

"府君安人共穴，先用砖甃以石灰砌定，中间隔为两穴，上用石板盖之。如不用砖石者，但用秫米糊调石灰粥，以石子沙土一层、灰粥一层，以满为度。棺上亦以石子沙土灰粥厚尺余，至年月久远，坚固似石，此为便法。"[32]

文字介绍了元代双人墓葬的形制。墓穴先用砖块砌筑，以石灰作黏合剂。中间隔成两个墓穴，上面加盖石板。如果不采用砖石结构的，则用秫米糊与石灰调成粥状，以石子沙土一层、秫米石灰浆一层的方式铺满墓穴，棺木上也用此方法铺一尺多厚的三合土。时间久了，秫米灰浆三合土凝固后硬度与石头无异，而且工艺上比砖石墓更为方便。

明代宋应星《天工开物》中也记载了糯米灰浆三合土用于修建墓葬和水池：

"用以襄墓及贮水池，则灰一分，入河沙、黄土二分，用糯粳米、羊桃藤汁和匀，轻筑坚固，永不隳坏，名曰三合土。"[19]

石灰、河沙、黄土按比例混合后，掺入糯米汁、羊桃藤汁搅拌均匀，夯实坚固后可以永久不坏。

明代宋诩的《宋氏家仪部》中提到了墓葬中"灰隔"技术的做法：

"作灰隔　　每石灰七斗、干黄土一斗五升、干沙土一斗五升，俱预筛绝细溲匀。麦白糯糜，（每锅糜入石灰　合不无查滓）调揉微润为度，渐少捄度于圹中，渐以小木杖轻而至重，筑既坚实再捄度以灰土……"[33]

文献说明了墓葬"灰隔"做法中糯米汁的熬汁工艺以及使用方法。糯米在熬汁时即加入石灰搅拌，但是因为文字缺失，目前已经无法了解糯米与石灰的比例。熬好的糯汁在使用时倒入圹中，用小木杖由轻至重捶打，在夯打结实后再在圹中倒入灰土继续夯打。

清代李绂在《穆堂类稿》中提到了糯米石灰三合土在墓葬中的工艺：

"开穴后即另着人支锅煮糯粥，每锅俱要米少水多以便久熬，务令米粒极烂、米汤极稠。其石灰、黄土、石子预先挽好，每五分石灰加三分黄土、二分石子，入糯粥和之，以四齿铁钯钯令极熟。粥汤不可过多，但取调和恰好，坚可成团，是谓三和土。"[34]

糯米在煮制过程中，需要米少水多，这样可以长时间熬制，以达到米粒极烂、米汤极稠的效果。石灰、黄土、石子按照5：3：2的比例预先掺好，加入熬好的糯粥，用铁钯翻转至完全混合，糯粥的汤水含量不能过多，以恰好能调和三合土、可以成团为度。

清代徐乾学的《读礼通考》收录了王文禄《葬度》一书中灰隔法三合土的另一种比例：

> "灰隔法，三分石灰、一分黄土、一分湖沙，曰三合土。予偶阅一书曰，石灰火化、糯米水煮，合筑之……取汁：糯米舂白煮粥，方稠粘锅中，投石灰冬不冰人且不食。"[35]

灰隔法的石灰、黄土、湖沙比例为3∶1∶1，这段文字中还提到了糯米的熬汁方法，糯米在刚刚黏稠且有些粘锅时，就可以投入石灰一同熬汁；冬天熬汁时产生的热量不会使环境过于寒冷，而且可以防止工人偷吃。

糯米灰浆和三合土因具有良好的黏结性能和防腐性能，被用于墓葬建设中。糯米煮制过程中，就已加入石灰混合成浆，而非熬好之后再添加石灰。糯米灰浆在浇筑墓葬上可以采用糯米灰浆与沙土分层浇筑的方法，也可以将糯米掺入石灰三合土中搅拌后再进行夯筑。

佛教舍利的安葬中，也有使用糯米灰浆的文献记载。明代释德清的《憨山老人梦游集》中记载了舍利安葬过程中使用糯米浆的情况：

> "是年秋九月，安藏之期山谷震吼如雷者，七次闻者皆知其为舍利瑞也。慈恐铁易薄镯，外以磁灰米汁捣而护之，取坚密可垂久。"[36]

舍利安葬时，安葬人因担心安放舍利铁器太薄且容易被腐蚀，在铁器外面再浇筑一层磁灰糯米汁，期望可以使铁器更加坚固持久。

对于糯米浆筑造灰隔墓葬的评价，存在着不同观点。明代王在晋在《越镌》中记录了他在督造皇妃陵寝时的情景：

> "凡合缝灌浆，块灰、米汁一一经验，人臣非藉此一抔土称报效，然体事必忠。"[37]

在督造陵寝的过程中一一检验石灰、米汁，虽不借此谈论报效，但却是臣子对朝廷尽忠的一种表现。

清代曾国荃记载了一位孝子段永类的事迹：

> "段永类，字百原，诸生巇生长子，性孝父，宦游闽粤，母刘多病不能偕，永类留侍汤药。母卒，寝苫枢侧三年不移。及葬，躬负泥沙和藤汁米粥，手自捶捣。年五十五卒，同治四年旌入忠义孝弟祠。"[38]

段永类在母亲去世后，亲自背负泥沙，调和藤汁米粥，捶捣夯筑墓室，当时的人认为他是孝义的典范。

然而，对于用糯米汁筑造墓葬，也有人给出了负面的评价：

> "世俗用糯米粥暂时调粘，久则性过，又逐层缓筑，久但如薄石片，终不融成一块。"[35]

作者认为，当时的人用糯米粥调和三合土，黏性只是暂时的，时间长了黏性就消失了，不能持久。由于糯米三合土筑造过程中是分层缓筑的，时间长了就像一片片薄石片，始终不能形成一个整体，因此他并不推荐使用糯米汁筑造灰隔墓葬。

清代陆以湉也提出了不应使用糯米石灰三合土筑造墓葬：

> "世俗又有以糯米捣和沙灰，谓尤坚固可久。抑知暴殄天物，不可为训。湖州某方伯殁后棺用沙方木，葬用糯米沙灰，迨其曾孙贫而无赖，窃发棺售之，遗骸暴弃，虽其孽不在用糯米一端，未始不因此增罪戾也。"[39]

当时的人们认为糯米石灰三合土筑造的墓葬可以坚固持久，但是陆以湉认为这种方法"暴殄天物"，过于浪费，不应采用。

（3）糯米灰浆在水利中的应用。

糯米灰浆在水利中的运用，古文献中最早

见于元代任仁发的《水利集》中关于"造石闸"一节：

"迭石万年枋已铺完备，即用墨线弹定闸样长阔，了先摆砌伏驮石并槛石，次用禁口石又用挨驮石，陆续迭砌脚石，复铺底板石，两辟伏驮石，后面用秤砖砌七重阔，并用糯米粥、纸筋、石灰灌砌，及用秤石挨砖后至一丈高，不用挨石。"[40]

在石闸砖砌部分，用糯米粥、纸筋、石灰制成的灰浆灌砌砖石中的缝隙。

在古文献中，可以找到许多资料，记载了使用糯米灰浆修筑堤坝的具体案例，如《（嘉靖）山东通志》中收录了一篇《堙城堰记》，记载了修筑堙城石坝时使用了糯米灰浆：

"明年春三月，命工淘沙，凿底石如掌平。底之上，甃石七级，每级上缩八寸，高十有一尺，中置巨、细石，煮秫米为糜，和灰以固之。"[41]

永乐年间（公元1403—1424年）重修堙城坝时，在每层甃石之间填入大小石块，然后用糯米糊拌和石灰灰浆填入石缝之间，用以加固石坝。

明代《吴中水利全书》中记载了《许应逵议筑海塘呈》一文，文中提到在黄浦江入海口、李家洪、老鹳嘴两处海塘修筑中，使用了糯米灰浆来黏合条石缝隙：

"每丈石块，桩木、糯米、石灰料价工食共该二十六两三钱一分。"[42]

明正统三年（1438年）修筑江苏高邮湖湖堤时，也使用了糯米灰浆灌砌砖石结构的堤坝：

"正统三年，筑高邮湖堤。（明英宗实录）堤长四百二十五丈，旧用土筑，遇风撞激辄

败，即有木椻苇束蔽护，亦不经久。至是甃以砖石，用糯米糊和灰以固之，始坚致可久矣。"[43]

高邮湖湖堤长425丈，原本只用泥土修筑，遇到起风时湖水撞击堤坝就会受损，即使有木桩等保护也不能经久。在重修时，高邮湖堤改用砖石结构，以糯米灰浆合缝，至此湖堤才坚固耐久。

万斯同的《明史》中也记载了高邮湖湖堤修筑的情况：

"正统三年八月筑高邮湖石堤四百二十五丈。先皆用土筑之，风浪与堤触辄败。间排木椻束苇密护，旋亦冲去。至是甃以砖石加糯汁和灰灌其中始坚致可久矣。"[44]

高邮湖湖堤的修筑经历了三个变化：土筑、在土筑堤坝中钉入木桩保护、砖石砌筑。前面两种筑造方法，遇到风浪就无法抵挡，容易崩坏，不可持久。在砖石结构砌筑中，加入糯米灰浆灌砌，堤坝才能牢固且经久不坏。

永定河河堤的修筑中也使用了糯米灰浆灌砌石堤：

"修砌大石堤，每石底宽一尺，单长一丈用灰四十觔、灌浆灰四十觔，每浆灰四十觔用江米二合、白矾四两。"[45]

在永定河石堤的修筑中，每丈条石用石灰40斤、灌砌灰浆40斤，其中40斤灌砌灰浆中加入糯米二合，白矾四两。

李鸿章在《李文忠公奏稿》（公元1872年）中也提到了永定河使用糯米灰浆灌砌的情况：

"石料均取坚厚整齐，多嵌宽厚铁钉，灰浆挽用米汁，桩埽各工，概求稳密。"[46]

永定河闸坝的条石选取坚实整齐的，其中

嵌入铁钉，用糯米灰浆灌砌，以求河堤稳定密实。

广西南宁府在重修时，对河岸也进行了整修：

"于河岸剥落虚损处，下填以板，中用石灰米汁和以砂土碎石春实，加帮作级五层如梯状。"[47]

南宁府城在重修时，靠近府城的河岸破损处，在下方填上木板，中间用石灰、糯米汁拌和沙土碎石捶捣坚实，做出五级石梯状。

乾隆年间徐州加筑石堤时也使用了糯米灰浆：

"北门东西原无石工之处，一律增筑，加用米汁石灰，周遭固筑，更无不到之处。徐州安如盘石。"[48]

徐州北门原本不用条石的堤坝处，在重修时也加筑条石，用糯米灰浆在周遭合缝砌筑。

西安丰利渠在重修时，也使用了糯米灰浆灌砌：

"土人云，旧拆丰利渠岸，俱是大块方石，用铁锭贯连，中用糯米石灰灌满，今须照此修理，庶可经久。"[49]

原先修建丰利渠时，河岸是用大块方石砌筑的，其中用铁锭贯链石块，石块、铁锭之间用糯米灰浆灌砌。在重修时，也用这种方法，才能经久不坏。

海宁城南石塘的建设中，也使用了糯米灰浆：

"海宁城南石塘五百丈，见已完竣。密签长桩，平铺巨石，灌以米汁灰浆，扣以铁钉铁锔，后来工程若始终如一，可保永远无虑。"[50]

海宁石塘的建筑中，底下密打木桩，平铺巨石条，其中灌砌糯米灰浆，并且钉入铁锭铁锔，由此可以保护石塘不受风浪的侵袭。

官修《大清会典则例》中，记载了糯米灰浆在水利建设时官方使用的配方：

"每河砖一块，用灌砌石灰一升。每灰一石，用糯米汁五升。三合土每灰一石，用汁米六升，每米一石，用熬汁柴二十束。"[51]

在黏结河砖时，用糯米灰浆灌砌，比例为一石石灰加入五升糯米汁。三合土中，糯米灰浆的配方为一石石灰加入六升糯米汁。一石米汁用二十束柴熬汁。

清代《河工器具图说》（图 2.2.2）中提到了糯米汁熬汁时所需达到的浓淡程度：

"《说文》：汁，液也。又糯稻之粘者，其汁为浆。《广韵》：锅，温器，正字通俗谓釜为锅。《集韵》：爬，搔也，《农书》：瓢，飲器。许由以一瓢自随，颜子以一瓢自乐。汁锅、汁爬、汁瓢、汁缸皆取浆之器。其法先以木桶加锅上，接口熬炼糯米成汁，随时用爬推搅，不使停滞，用瓢酌取验视浓淡，候滴浆成丝为度。然后贮以瓦缸，备石工灌浆及拌和三合土之用。"[52]

糯米熬煮而成的汁为糯米浆，用锅熬汁，用爬搅拌。锅、爬、瓢、缸都是取浆时要用的

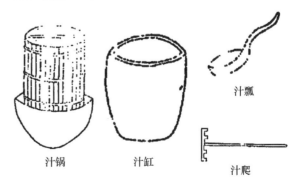

图 2.2.2　《河工器具图说》中熬煮糯米浆的器具（汁锅、汁爬、汁瓢、汁缸）

器具。方法是先在锅上放置木桶，放入糯米，用爬不停搅动，其间不能停顿。用瓢舀起一些米汁查看浓淡，以米汁滴浆可以成一条线为佳。然后米汁就可以放入瓦缸之中储存，以供石工灌浆与拌和三合土使用。

清代的《修防琐志》中还记载了在熬米汁时应该添加一些石灰：

"石工问答 熬米汁因何要加石灰？曰：熬糯米汁每石加石灰一二斤，以杜在工人夫窃饮之弊，实乃稠腻米汁之良法，先安滚灰入缸后加米汁。"[53]

在熬制糯米汁时，每石米汁可以加入 1～2 斤石灰，可以防止工人偷吃，也可使米汁更加黏稠细腻，方法是先在缸中加入滚灰，再加入糯米熬汁。

糯米灰浆在水利方面得到了广泛的应用，但是古人也对糯米灰浆的功用有一些反对的看法。原因是糯米灰浆成本较高，比较浪费：

"塘底石往时有外虽铺砌，而内多就土为基，全不用石。及潮浪过塘，里脚冲开，颓圮殆甚。今无分内外，选取长阔坚厚旧石，一式平铺，极称稳实。此上十余层石，石六面光平，层层纵横紧密。既无圆碎小石填补于中，亦不必灌糯米浆抿油灰致多虚费。"[54]

在修建海盐海塘时，只用平整的条石层层堆砌紧密，而不用碎石块、糯米浆及油灰灌砌。作者认为只要使用平整的条石砌筑严丝合缝，就不必再使用灰浆灌缝了。

徐端在《安澜纪要》中也提到，如果含有糯米汁的三合土拍打不均匀，反而会起负面作用，不如不用：

"灰土例不粘米汁，有用汁者，未始不佳，然拍打不匀，工夫不到，虽用米汁无益，且易

拆裂。若工力匀足，则无汁亦粘，有汁不裂，签之不入，椎之不碎，斯可谓之坚固矣。"[55]

三合土中，如果使用米汁但是没有拍打均匀，不仅无益于三合土的强度，而且容易拆裂。三合土如果拍打均匀，没有米汁也可以有良好的黏性，加入米汁也不会崩裂，而且非常坚固。

2.2.2 桐油灰浆

(1) 桐油灰浆在造船中的应用。

古代中国造船匠为了使船只密封防水，通常会采用"舱船"的工艺。"舱料"是用于密封船只的胶凝材料，以桐油、石灰并加入麻丝的混合物为常见的舱料。文献中最早记载桐油作为舱料的是宋代苏轼的《物类相感志》，书中记载了豆油与桐油拌和可以作为船只的胶凝材料使用：

"豆油可和桐油作舱船灰，妙。"[56]

明代宋应星的《天工开物》中记载，漕运用的船只使用了桐油灰浆作为舱料：

"凡船板合隙缝，以白麻研絮为筋，钝凿扱入，然后筛过细石灰，和桐油舂杵成团调舱。温、台、闽、广即用蛎灰。"[19]

填充船板间的缝隙，需要用捣碎的白麻絮结成筋，用钝凿把筋塞入缝隙中，然后用过筛后的细石灰拌和桐油，舂成油团封补船缝。温州、台湾、福建及两广地区用贝壳烧制的蛎灰代替石灰。此外，元代和明初用于运米的海船（遮洋浅船），使用掺和了桐油、鱼油和石灰的舱料：

"凡遮洋运船制，视漕船长一丈六尺，阔二尺五寸，器具皆同，惟舵杆必用铁力木，舱灰用鱼油和桐油，不知何义。"[19]

遮洋浅船与槽船相比，长了一丈六尺，宽了二尺五寸，船上各种设备相同。只是遮洋浅船的舵杆必须用铁力木制造，舱灰用鱼油与桐油拌和，但不知道这样做的原因。

《南船纪》[57]（图 2.2.3）中记载了各类型船舶的用料，记载了用桐油、石灰、白麻或黄麻制成的舱料配比。用于皇家出行的"预备大黄船"，舱料为"桐油八百斤、白麻六百五十斤、石灰一千六百斤"。其他类型的船只使用黄麻，桐油、黄麻、石灰的基本比例为1：2：1，具体比例视船只型号略有不同。

（2）桐油灰浆在墓葬建造中的应用。

古文中记载了桐油可以用于墓葬中"灰隔"这一形制的建设：

"作灰隔　　用柏木板作方正有底盖之椁，杵桐油、石灰错麻穰黏其板隙，内仅容棺。先取沥青在锅煎熔，少加以油，稠制注之灰隔，底上平厚坚定，始入柏椁。椁外以沥青注满，棺入盖之复以鐕以灰油粘密，随以沥青注平，覆以全石板或坚致木板，灰沙筑实。"[33]

用柏木板做的椁中，用桐油、石灰及麻杆胶粘木椁的缝隙，使椁内空间仅供一棺。沥青

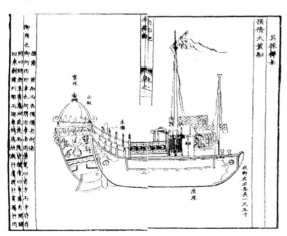

图 2.2.3　《南船纪》中用桐油为舱料的
"预备大黄船"插图

在锅内煎溶后，加入小许桐油，待黏稠后筑成灰隔，墓葬底部以沥青注厚厚一层，待坚硬后放入柏椁。椁外用沥青注满，棺内也用桐油灰浆黏合缝隙，然后用沥青注平。椁之上再覆盖石板或坚硬的木板，用石灰沙浆筑实，由此灰隔一制完成。

（3）桐油灰浆在涂抹墙面方面的作用。

桐油除了可以用于灰隔墓葬外，还可以用作墙面的抹面材料。明代茅元仪的《武备志》中记载了用桐油、石灰等涂抹墙面的方法：

"以沥青和蜡或和熟桐油融而涂之，或以生桐油和石灰、瓦灰涂之，或以生漆和石灰、瓦灰涂之。凡沥青，加蜡与桐油取和泽而止，石灰瓦灰相半，桐油或漆和之，取燥湿得宜而止。"[58]

在墙体筑好之后，涂抹墙面的材料可以用沥青、蜡或者熟桐油混合，也可以使用1：1的石灰和瓦灰，加入桐油或生漆，以干湿相宜为度。这两种方法都是装饰墙面的方法，桐油可以为熟桐油与沥青混合使用，也可以为生桐油与石灰和瓦灰混合使用。

清代也有桐油用于敌台建筑中墙面工艺的记载：

"台之形高与城等大者，见方三丈，小者二丈。周围编以荆芭为墙，用羊毛和泥涂于芭上，外用桐油石灰披盖三分余厚。"[59]

敌台的建筑中，以荆条编墙，将羊毛与泥拌和后涂于荆条上作为墙体，外面再用桐油灰浆抹面至三分厚度。

（4）桐油灰浆在水利建筑中的作用。

桐油还可以用于建造水利设施，堤坝和水池的建设中都可以使用桐油灰浆。元代沙克什的《河防通议》中记载了安置坝闸时油灰的配

方比例：

"油八十斤，石灰二百四十斤：三斤和油一斤为剂，固缝使用。"[60]

在堤坝建筑中，桐油灰浆可以用于填补砖石砌筑中的缝隙，其中石灰与桐油的比例为3∶1，拌和后的灰浆用于填补条石的缝隙，黏结条石，坚固堤坝。

还有一些古文献中记载了使用桐油灰浆的实例，明代的《全蜀艺文志》中记载了元代重修都江堰时使用了桐油合缝的情况：

"诸堰皆以山石，范铁以关其中，取桐实之油，刀麻为丝，和石之灰，以苴罅漏，御水潦岸善崩者，密宽江石以护之，上植杨柳，旁种蔓荆，栉比鳞次，赖以为固。"[61]

都江堰诸堰都用山石砌筑，在其中钉入铁范，用桐油、刀麻丝、石灰填补范铁中的缝隙。在河岸易于崩坏的地方，放置江石，种植杨柳和蔓荆以巩固河岸。

戚继光在重修河北遵化市汤泉时，提到前人也使用了桐油灰浆砌筑：

"遂令司吴越兵千总金福辈率众从田中凿渠，深与池等，趋南垣遡池而止。池际咸甃以砖，又以桐油和灰，坚尚如石。以是知前人亦非草草者……"[62]

汤泉池在修造时，水池周围都用砖块砌筑，用桐油灰浆合缝，坚硬如石。

清代在修筑永定河堤坝中，也使用了桐油：

"拘捵大石堤，每缝宽五分，长一丈，白灰一觔，桐油四两，每长十丈用石匠一名，每捣油灰四十觔用壮夫一名。"[45]

在修筑永定河堤坝时，桐油灰浆的配方比例为一斤白灰、四两桐油。

2.2.3　蛋清灰浆

根据古文献记载，蛋清灰浆通常用于黏合较小的物体，也可用于宫殿、水库等建筑。

明代徐光启的《农政全书》中记载了用蛋清灰浆粘补瓷碗的方法：

"补磁碗：先将磁碗烘热，用鸡子清调石灰补之，甚牢。又法用白芨一钱、石灰一钱、水调补之。"[63]

将瓷碗烘热后，可用蛋清调和石灰修补破处，也可以用白芨、石灰按等比例混合后加水调和修补。

清代方以智的《物理小识》中也有用蛋清修补瓷器的记载：

"黏磁器　　白芨、石灰为末，用鸡子白调匀，碎处缚定，待干，但不可见鸡汤。"[64]

用白芨末、石灰末及蛋清三者调和，涂于瓷器断面，用绳子绑好，待干即可，但是这种方法不可用于盛放汤汁。

蛋清灰浆还可以用于涂抹器物的表面。明代曹昭记载了一种制作琴身上断纹的方法：

"伪断纹　　用琴于冬日内晒，或以猛火烘琴极热，以雪罨音奄激裂之。然漆色还新，又有入鸡子白灰内漆后，以甑蒸之，悬于燥处，自有断纹，此皆伪者。"[65]

用蛋清灰浆涂抹于漆处，放在火上蒸制，然后在干燥处悬挂阴干后就会有伪断纹形成。

此外，蛋清灰浆还可用于涂抹水库、宫殿等建筑：

"涂之物有三：曰石灰，曰砂，曰瓦屑。涂之物三合，谓之三和之灰。……凡三和之灰，无所不用。欲厚则四涂之，五涂之，任意加之。四涂者，初一、中二、末一。五涂者，初一、中三、末一。末涂以饰宫室之墙。欲令光润者，以鸡子清或桐油和之，如法击摩之。欲设色，以所用色代瓦屑而和之。石色为上，草木为下。"[58]

用石灰、沙、瓦屑拌和的三合土涂抹水库各面时，可以涂 4～5 层以达到所需的厚度。将三合土中的瓦屑用其他颜色物体代替，可以得到其他颜色的三合土。在最外层的涂抹中，可以用涂抹宫殿墙面的方法，即用蛋清或桐油拌和三合土，以相同的方法拍打夯筑后，可以达到光滑圆润的颜色。

2.2.4　糖水灰浆

糖水灰浆在古籍中的记载较少，主要记载了糖水灰浆在修筑炮台、城墙和堤坝中的应用。

《续修台湾县志》中记载，台湾赤嵌楼在修建时使用了糯米糖水灰浆：

"赤嵌楼，在镇北坊。明万历末荷兰所筑。背山面海，与安平镇赤嵌城对峙，以糖水、糯汁、捣蜃灰迭砖为垣，坚垲于石。"[66]

明代万历末年修建的赤嵌楼，墙体为砖砌结构，黏合材料为糖水、糯米汁和蜃灰拌和而成的复合灰浆。

此外，糖水灰浆还可以用于水利方面的建设。清代《桑园围总志》中记载了糖水灰浆在水利方面的应用：

"结砌大条石，自以宽厚为坚实。惟经费仅有十万两，不得不概从撙节。兹与总理何毓龄、潘澄江等围中熟谙基工之人互相商酌，先将基底挖深一二尺，用松木桩打梅花式样，桩上横铺石板约宽三尺，上面每层一顺一横横石，后根以大块石填底，中间空隙用糖水拌灰

捣实，石缝以草斤捣灰筱塞。计见方一丈约工料银二十三两，查勘李村乡十八年所筑石堤，即用此法。越今五六年，尚属完固，并无擘裂坍卸，似乎工省而价廉。"[67]

堤坝在建造时，以宽厚的大条石为坚固，然而这样的建造方法费用较高。出于经济的考虑，在基地处挖深一二尺，用松木桩打成梅花式样，桩上一横一竖铺砌宽约三尺的石板，后以大块石填充底部，空隙中用糖水灰浆夯筑坚实，石缝中也用草木灰嵌实。这种方法费用较省，也比较坚固。

2.2.5　血料灰浆

根据古文献记载，血料具有良好的平整性和润滑性，可以用于涂抹炮筒，血料灰浆也可以代替漆料作为涂料使用。

血料可以用于炮筒的润滑：

"久不打的铳炮，恐其骤打而炸也，宎地窖丈余，先用火烧坑以铳，使砂石打洗内外净入坑中。内以泥涂，覆薪烧炼，俟其冷，取出复用桃艾汤洗，以牛或羊猪血涂内外，仍入坑炼之，神鎗改为快鎗，即铅锡铳。"[68]

许久不用的铳炮在使用前可以用桃艾汤、牛或羊猪血等涂抹炮筒内外，以起到润滑炮筒及防止炮筒在发射时爆炸的作用。

血料灰浆也可以用于涂抹蚕网和渔网：

"漆网甚费漆，如漆难得，以猪血和石灰涂之亦可耐久。其法接猪血一升，以稻草摈开，罗子过之，将块子石灰为末，和入拌合，少顷搅之，渐稠陛续入水二三盆，缓缓不住手，打到以成稀糊为度，涂网一二次晒干，听用鱼网亦如此制。"[69]

漆涂蚕网很费漆料，在漆料难得的情况

下，可以用猪血和石灰调和后涂网，这种方法也可以耐久。一升猪血，用稻草搅拌后过箩筛，将石灰捣碎成末，放入猪血中，稍等一阵后开始搅拌，等稍微黏稠后续加 2～3 碗水，缓缓搅拌，直至成为稀糊的溶液，用此灰浆涂抹蚕网 1～2 次，晒干即可。渔网也可以用此种制作方法。

文献中记载，血料可以代替漆料来涂抹器物，但用血料的器物质量不及用大漆的器物。元代陶宗仪记载：

"自家造卖低歹之物，不用胶漆，止用猪血厚餬之类，而以麻筋代布，所以易坏也。"[70]

自家使用或是以出售为目的制作的髹器，常常不使用生漆，而只涂抹一层厚厚的猪血来代替，且用麻筋代替布料，所以也容易坏掉。

明代黄成《髹饰录》中也有对用猪血代替生漆使用的评价：

"用坯屑、枯炭末加以厚糊猪血、藕泥、胶汁等者，今贱工所为，何足用。"[71]

黄成评价用猪血、藕汁或胶汁拌和坯屑、枯炭末制作的颜料，是当时一些下等漆器的做法，这样的器物不堪使用。

类似地，血料灰浆在墓葬中的运用也受到了古人的反对，清代赵起蛟认为猪血油漆不应与遗体接触：

"又有力者用桐油、生漆做里，谓即腐烂，漆殼坚牢，内敛完固。然与做里，使猪血、油漆秽气侵尸，不如做外，使尸安于香木之更好也。"[72]

当时有人认为用桐油、生漆涂抹棺木的内部，即使遗体腐烂了，上了漆的棺木依然坚固完好。但是如果这样就会使猪血、油漆的污秽之气侵蚀遗体，因此不如只在棺木外面涂抹漆料。

徐乾学则更加直接明确地反对在墓葬中使用猪血：

"骸骨宜近木，不宜近漆也。俗用瓦灰、猪血调涂，又以麻布糊缝，直同儿戏。土中无物不朽，此数物徒滋污秽，有何功力？不须十年，必皆解散脱落。"[73]

徐乾学认为，骸骨不宜近漆，有些风俗中使用瓦灰、猪血调和灰浆充当涂料，用麻布糊缝，这都是错误幼稚的做法。土中的东西都会腐朽，而这几样东西会滋生秽物，加速棺木的腐朽速度。

2.2.6 植物汁类灰浆

一些植物的枝叶、藤类植物的茎叶，也可以作为灰浆的添加剂使用。古文献中经常出现的有乌樟汁、藤汁、羊桃藤汁等。

（1）树汁的应用。

古籍中记载了乌樟汁作为有机添加剂在灰浆中的应用：

"钓樟（玉环志）与樟二木也，其叶捣汁，用热水冲对，胶粘和灰，合砖牢不可破。"[74]

用樟树的树叶捣汁，用热水冲兑后与石灰掺和，可以用于黏合砖石，而且牢不可破。

树汁也可以用于拌和三合土来建造灰隔墓葬：

"灰格葬法，本之朱文公《家礼》。然先儒繁简各有不同，亦因贫富不齐，而四方风土各有所宜。吾家祖父二世，皆于椁外筑三合土，椁厚三寸，不用底蓋，恐筑时震动不宁。椁面蓋板四块老杉木，用横不用直，下面取平蓋，顶留皮取其坚厚。椁内四周离棺约二三寸，椁外三合土四畐厚二尺，底厚一尺，顶上厚三尺，再以所余乌樟汁及灰砂并筑于顶上，又可得一二尺然后覆土成。"[75]

灰隔墓葬起源于宋代朱熹的《家礼》，又因经济及风俗的原因有所变化。文中作者的祖父和父亲两辈在筑造墓葬时，都使用了三合土。在椁外筑造一层三合土，将四面及上下两面都包裹起来，然后使用乌樟汁、石灰及砂石拌和三合土，在椁之上浇筑一到二尺厚，然后把土覆盖其上即完成了墓葬的建设。

对于使用樟树汁制造三合土的工艺和方法，徐乾学的《读礼通考》中有相关的记载：

"圹外则用原土八分，加石灰二分，和以寫樟叶汁周围筑之。汁须漉尽渣滓，单以汁水拌入灰土，筑时方得坚细。石灰切勿多用，多不过十之三，若与土相等即松脆矣，皆再三亲验过也。"[35]

经过作者的亲自验证，筑造灰隔墓葬时可以使用的土灰比例是 8 : 2，用乌樟叶汁拌和。乌樟叶汁需要滤尽渣滓，仅用汁水拌和三合土，这样的三合土在筑造时才能坚固。且石灰的比例不能超过 3/10，若超过则三合土容易松脆而失去该有的强度和硬度。

（2）藤汁的应用。

除了树汁可以用于制造灰浆或三合土，藤类植物也常用于拌和灰浆或三合土。明代宋诩的《宋氏家仪部》中记载了杭州地区使用乌檀藤叶拌和三合土的情况：

"杭州取乌檀，藤叶碎捣，水浸经宿，酿汁如胶，以调灰土，同糯米功，有见百年后者，坚亦如石。"[33]

乌檀藤叶捣碎后，浸入水中，过夜后会如胶状，用它来拌和石灰三合土，有如糯米三合土一般的功效。且作者举了实例，使用了藤汁

三合土的墓葬百年后依然完好，跟石头一般坚实。

此外，蚺蛇藤汁、滑藤汁、龙须藤汁也可以用于拌和三合土：

"蚺蛇藤，各县出，案广州志凡有蚺蛇处即有此，捕蛇者以圈牵之，辄不敢动。藤白，藤外又有黄藤、胶藤，黄则熬汁为膏，可充眼药，胶则取其汁和沙土甚坚。"[76]

"滑藤汁可调三合土。"[77]

"土人以其（龙须藤）液和细土石灰涂衅糖釜，其坚如铁，虽猛火不裂。"[78]

猕猴桃古称苌楚、羊桃或杨桃，猕猴桃藤的汁液也可用于黏结材料，明代周祈的《名义考》中记载：

"苌楚，今羊桃也。叶长而狭，紫花，实亦似桃，枝茎弱，引蔓草上茎，浸以水，汁出如胶，可以黏土。"[79]

猕猴桃的藤茎浸水后出的汁液，如同胶水，可以用于黏结材料，拌和泥土。

文献中有羊桃藤汁用于水利的记载：

"山清外河厢减坝　杨桃藤每觔六厘做三和土，每方用火灰三十石、黄土一百筐、杨桃藤六十觔，余料与山盱厢同。"[80]

在建造减水坝时，工匠用杨桃藤拌和三合土，比例为火灰 30 石（360 斤）、黄土 100 筐、杨桃藤 60 斤。

雍正年间在建造松江一代海塘时，也用到了杨桃藤汁和灰捻缝：

"（雍正）七年覆准松江一带海塘平铺实砌。每丈用条石六十，七丈长大桩木百根，石块六面凿齐合缝平稳，用杨桃藤糯米为汁和灰捻缝。"[81]

雍正七年，松江一代的工匠用杨桃藤、糯

米汁拌和石灰制作的灰浆黏合海塘条石中的缝隙，以此确保海塘的坚固。

工匠对于使用的植物的选择，通常是基于当地现有的材料以及经济的考虑，已达到便利的目的。同时，植物类添加剂在制作上比较便利，直接取汁或浸水后取汁即可使用。

2.2.7　两种及以上有机物复配灰浆

本工作在古代文献整理时发现，在复合灰浆的应用中，存在着同时使用两种及以上有机添加剂的情况，即存在复配情况。常见的有糯米与桐油复配灰浆、糯米与汁类复配使用等。

(1) 糯米与桐油复配灰浆。

桐油在复合使用时，既可以与其他有机物及石灰一起拌和，也可以先与石灰拌和，制成油灰，再在其中加入其他有机物。桐油常与糯米一起复配使用。

元代《王祯农书》中记载了使用糯米、桐油、石灰等制造灰泥砖：

"法制灰泥：用砖屑为末、白善泥、桐油枯（如无桐油枯以油代之）、荨炭、石灰、糯米胶，以前五件等分为末，将糯米胶调和，得所地面为砖，则用砖模脱出，趁湿，于良平地面，上用泥墁成一片，半年干硬如石砖然。坊墁屋宇，则加纸筋和匀用之，不致折裂。涂饰材木上，用带筋石灰，如材木光处，则用小竹钉簪麻须若泥，不致脱落。"[82]

法制灰泥法，是用等量的均为末状的砖屑、白善泥、桐油枯（如无则用桐油代替）、荨炭、石灰，用糯米胶调和，用砖模制成灰泥砖，趁泥砖未干就铺于地面，捶打成一块。半年后泥砖风干，灰泥砖可如石砖一般坚硬。

桐油与糯米的复配，通常见于水利建设的记载。明代《淮南水利考》中记载了利用糯米

汁及油灰建筑水利设施中矶嘴一处的建设：

"天顺间遣都水郎督工拚山阳满浦坊，作石锯牙，其制上布七星桩，桩上赘以石，石有笋，笋相入缝有锭，锭三肤灌以糯汁，砌以油灰，长千尺，俗云矶嘴。"[83]

明代天顺年间（1457—1464 年）在满浦坊矶嘴一处建时设，在河堤上钉入七星桩，桩上放置石块，石块石笋中间有缝，用糯米汁混合油灰填补石笋中的裂缝。

王懿荣的《王文敏公遗集》中，也提到了在矶嘴建设时使用了糯米与桐油复配的灰浆：

"矶嘴之制下布七星桩，桩上赘以石，石有笋，笋相入缝有锭，锭三层灌以糯汁砌以油灰，长千尺。当时浊流不入运河，河不劳挑浚者，矶嘴之力也，是矶嘴为激河入海。"[84]

利用糯米和桐油灰浆砌筑的矶嘴可以分流河流水量，使含沙量较多的河水不直接流入运河而淤积河道，而是使这部分水分流入海。

清代也有许多文献中提到在水利设施中使用了糯米桐油复合灰浆。清代《明文海》中收录了一篇《古人治黄考》，记载了黄河与淮河交汇处，山阳县蒲村修筑堤坝时使用了糯米灰浆的情况：

"蒲村采石为山，蜿蜒数千尺。缝有碇，碇之肤灌上糯汁，砌以油灰，高二丈余使与水相激。"[85]

文字记载了蒲村以山石筑造堤坝，在堤坝中灌砌糯汁及油灰，使堤坝巩固，与水相激而不坏。

(2) 糯米与汁类复配灰浆。

民国《杭州府志》中记载了海宁海塘在修筑时也使用了糯米及莴萝汁建设海宁海塘的情况：

"用严州所产之荮萝，捣浸和灰，参以米汁，层层灌砌。复于临水一面，用桐油、麻绒仿照舱船之法，加工埝缝，此现办石塘较之历办章程格外讲求之实在情形也。"[86]

海宁海塘在使用灰浆合缝时，利用荮萝汁、糯米汁掺和石灰，灌砌砌筑海塘时所用的条石，在临水的一面又用桐油、麻绒仿照舱料封补石缝。

糯米汁与树汁的复合灰浆，还可以用于建造墓葬，清代吴高增的《玉亭集》中记载了在墓葬中使用糯米汁与乌桕树叶汁混合石灰拌和成三合土：

"附棺　棺周于衣，椁周于棺，古制也。今封以圹，用石用砖从其土之宜。其法有窆石下垂者，有从前穴入者，有停棺发圈者，总期棺无动摇。圹内多用石灰，取其性燥。用炭屑，可以腐草木之根，若有力之家，煮占米粥、捣乌桕树叶汁，以石灰拌匀，谓之三和土，实内坚凝如石。然贫者力有不逮，负土成封，尽心竭力而已。若从俗掩埋，棺必速朽，土易亲肤，是以天下俭其亲也，乌乎可。"[87]

古代墓葬分棺椁两层，椁在棺外。墓穴内多用可以干燥吸水的石灰以及可以腐蚀草木根的炭屑。若是经济条件许可，可以用糯米粥、乌桕树叶汁拌和三合土，夯实后坚硬如石头。而单纯用土筑造的墓葬则容易腐烂。

此外，杨桃藤与糯米汁拌和的石灰三合土还可以用于城防的建设，李鸿章曾将这种复配的三合土推荐给闽海各口岸，用于建设海口炮台：

"闽海各口不得不思患豫防……料忌砖石，以土、沙、石灰、蛎粉匀拌坚捶，合以糯米、杨条、藤条等汁，加倍坚厚，庶足以御后膛炮弹。"[88]

建设炮台时应避免使用砖石材料，而以土、沙、石灰、蛎灰等拌匀夯筑，在三合土中加入糯米汁、杨条、藤条等汁则可以使炮台加倍坚固，足以抵御后膛炮弹。

2.3　本章小结

早期的建筑材料主要有天然的姜石与黏土、石灰、三合土等。

在新石器时代晚期的建筑遗迹中，就已发现人工烧制的石灰。关于石灰的记载，最早出现在春秋时期的典籍中。

已查阅到的，古文献中关于复合灰浆的记载最早可以追溯到北宋，糯米灰浆、桐油灰浆都见于北宋文献中。文献中记载传统复合灰浆的名称包括"石灰秫粥""灰粥""磁灰米汁""石灰米汁""米汁石灰""糯米石灰""米汁灰浆"和"桐油石灰"等。蛋清灰浆、糖水灰浆最早的古文献记载为明代。血料灰浆为清代。

复合灰浆文献记载最丰富的时期为明代至清代，此时复合灰浆种类繁多，应用广泛，主要用于墓葬、城建、水利及装饰。许多文献记载了复合灰浆及三合土具备良好的黏结性能及硬度。

一般来说，书面记载的时期会晚于传统复合灰浆的实际应用时期，但通过文字记载及作者评述既可以在一定程度上了解传统复合灰浆的应用范围及使用效果，也可与考古发现和遗存样品检测互为补充。其中，宋代及以后的文献中都有提及糯米灰浆的应用，糯米灰浆和糯米三合土常用于筑造城墙和炮台、修建墓葬及建筑水利设施。桐油灰浆具有良好的黏结性和防水性，可以用于黏合船缝、筑造墓葬、水利设施及涂抹墙面。血料具有良好的流平性和润滑性，可以用于涂抹炮筒，血料灰浆也可以代替漆料作为蚕网及渔网的涂料使用。蛋清灰浆成本较高，通常只在官方修筑的水库、宫殿等重要设施中才会用到。以蛋清灰浆涂抹的墙面，可以达到光滑润泽的效果。糖类常被掺入三合土中，以增加三合土的胶结能力。

灰浆及三合土中应用的植物汁液类材料非常丰富，乌樟汁、乌桕藤汁、羊桃藤汁等都可以作为灰浆的添加剂。这类灰浆和三合土可以用于墓葬建设及水利建设。

糯米可与桐油进行复配，其灰浆和三合土可以用于制造灰泥及水利设施。糯米与一些植物的汁液进行复配，可以用于建造墓葬、水利设施及城防设施。

根据查阅的文献记载，宋代和州城墙、明代南京城墙、清代大沽炮台，堰城石坝、黄浦江海塘、高邮湖湖堤、永定河河堤、南宁府城河堤、徐州城河堤、丰利渠、海宁海塘等水利设施的修建中使用了糯米灰浆。都江堰、遵化汤泉、永定河堤坝的修筑中，使用了桐油灰浆。淮安减水坝、松江海塘的修建中使用了羊桃藤汁拌和三合土及灰浆。淮河入黄堤坝、海宁海塘、闽南地区新筑炮台、台湾赤嵌楼中都使用了两种或两种以上有机物复配的复合灰浆。这些记载为遗址现场调研和取样检测提供了重要参考资料。

本章参考文献

[1] 杨鸿勋 . 仰韶文化居住建筑发展问题的探讨 [J]. 考古学报，1975（01）：39-72.

[2] 中国科学院考古研究所 . 梁思永考古论文集 [M]. 北京：科学出版社，1959.

[3] 自然科学史研究所 . 科技史文集 [M]. 上海：上海科技出版社，1985.

[4] 胡继高 . "白灰面"究竟是用什么做成的 [J].

文物参考资料，1955（07）：120-121.

[5] 余军 . 宁夏境内史前人类居住型态述略 [J]. 宁夏社会科学，1998（06）：70-75.

[6] 李乃胜，何努，汪丽华，等 . 新石器时期人造石灰的判别方法研究 [J]. 光谱学与光谱分析，2011（03）：635-639.

[7] 荀悦 . 卷三 . 《申鉴》 [M]. 四部业刊景明嘉靖本 .

[8] 魏国锋，张晨，陈国梁，等 . 陶寺、殷墟白灰面的红外光谱研究 [J]. 光谱学与光谱分析，2015（03）：613-616.

[9] 张永禄 . 汉代长安词典 [M]. 西安：陕西人民出版社，1993.

[10] 杨丙雨，冯玉怀 . 石灰史料初探 [J]. 化工矿产地质，1998（01）：55-60.

[11] 左秋明 . 春秋左传正义 [M]. 清阮刻十三经注疏本 . 附释音春秋左传注疏卷第二十五 .

[12] 郑玄 . 周礼注疏 [M]. 清阮刻十三经注疏本 . 附释音周禮注疏卷第四十一 .

[13] 郑玄 . 周礼注疏 [M]. 清阮刻十三经注疏本 . 附释音周禮注疏卷第十六 .

[14] 葛洪 . 抱朴子内外篇 [M]. 四部丛刊景明本 . 抱朴子内篇卷九 .

[15] 释道世 . 法苑珠林 [M]. 四部业刊景明万历本 . 卷第五十一 .

[16] 方勺 . 泊宅编 [M]. 明稗海本 . 卷中 .

[17] 郑振飞 . 福建古代石梁桥的历史地位及其技术成就 [J]. 福州大学学报，1980（01）：85-91.

[18] 江休复 . 嘉祐杂志 [M]. 清文渊阁四库全书本 .

[19] 宋应星 . 天工开物 [M]. 明崇祯初刻本 . 卷中 .

[20] 河南省文化局文物工作队 . 邓县彩色画像砖墓 [M]. 北京：文物出版社，1958.

[21] 柳涵 . 邓县画象砖墓的时代和研究 [J]. 考古，1959（05）：255-261.

[22] 李梅田，周华蓉 . 试论南朝襄阳的区域文化——以画像砖墓为中心 [J]. 江汉考古，2017（02）：95-107.

[23] 缪纪生，李秀英，程荣逵，等 . 中国古代胶凝材

料初探［J］．硅酸盐学报，1981（02）：234-240.

［24］Zhao P，Jackson M D，Zhang Y，et al. Material characteristics of ancient Chinese lime binder and experimental reproductions with organic admixtures［J］．Construction and Building Materials，2015，84：477-488.

［25］徐松．宋会要辑稿［M］．稿本．方域九．

［26］吴潜．许国公奏议［M］．清抄本．卷一．

［27］吕毖．明朝小史［M］．台北：国立中央图书馆，1981：32-33.

［28］范景文．战守全书［M］．明崇祯刻本．卷十守部．

［29］何刚德．抚郡农产考略［M］．清光绪抚郡学堂活字本．

［30］李鸿章．李文忠公奏稿［M］．名贵景金陵原刊本．卷二十六．

［31］徐家干．洋防说略［M］．清光绪十三年刻本.1887.

［32］郑泳．义门郑氏家仪［M］．民国续金华业书本.

［33］宋诩．宋氏家仪部［M］．明刻本．卷三．

［34］李绂．穆堂类稿［M］．清道光十一年奉国堂刻本．别稿卷三十五，1831.

［35］徐乾学．读礼通考［M］．清文渊阁四库全书本．卷八十二．

［36］释德清．憨山老人梦游集［M］．清顺治十七年毛褒等刻本．卷十三记．

［37］王在晋．越镌［M］．明万历三十九年刻本．卷八，1611.

［38］曾国荃．（光绪）湖南通志［M］．清光绪十一年刻本．卷一百八十五人物志二十六，1885.

［39］陆以湉．冷庐杂识［M］．清咸丰六年刻本．卷六，1856.

［40］任仁发．水利集［M］．明钞本．卷十．

［41］陆钺．（嘉靖）山东通志［M］．明嘉靖刻本．卷十四．

［42］张国维．吴中水利全书［M］．清文渊阁四库全书本．卷十六公移．

［43］赵宏恩．（乾隆）江南通志［M］．清文渊阁四库全书本．卷五十九河渠志．

［44］万斯同．明史［M］．清钞本．卷九十一志六十五．

［45］陈琮．永定河志［M］．清钞本．卷五．

［46］李鸿章．李文忠公奏稿［M］．民国景金陵原刊本．卷十九．

［47］金鉷．（雍正）广西通志［M］．清文渊阁四库全书本．卷一百十六．

［48］康基田．河渠记闻［M］．清嘉庆霞荫堂刻本．卷二十三．

［49］沈青峰．（雍正）陕西通志［M］．清文渊阁四库全书本．卷三十九．

［50］王先谦．东华续录乾隆朝［M］．清光绪十年长沙王氏刻本．乾隆五，1884.

［51］官修《大清会典则例》［M］．清文渊阁四库全书本．卷一百三十二工部．

［52］麟庆．河工器具图说［M］．清道光南河节署刻本．卷二．

［53］李世禄．修防琐志［M］．清钞本．石工卷十二．

［54］查祥．两浙海塘通志［M］．清乾隆刻本．卷二．

［55］徐端．安澜纪要［M］．清道光刊本．卷上．

［56］苏轼．物类相感志［M］．北京：中华书局，1985.

［57］沈启．南船纪［M］．清沈守义刻本．卷一．

［58］茅元仪．武备志［M］．明天启刻本．卷一百三十六军资乘饷．

［59］焦勖．火攻挈要［M］．清海山仙馆丛书本．卷中．

［60］沙克什．河防通议［M］．清守山阁丛书本．卷上．

［61］周复俊．全蜀艺文志［M］．清文渊阁四库全书本．卷四十七碑文下．

［62］戚继光．止止堂集［M］．清光绪十四年山东书局刻本．横槊稿中，1888.

［63］徐光启．农政全书［M］．明崇祯平露堂本．卷四十二制造．

［64］方以智．物理小识［M］．清光绪宁静堂刻本．

卷八．

[65] 曹昭．新增格古要论［M］．清惜阴轩丛书本．
卷一．

[66] 薛志亮，谢金銮，郑兼才．续修台湾县志（嘉
庆）［M］．清嘉庆十二年（1807）卷五．

[67] 明之纲，卢维球．桑园围总志［M］．桂林：广
西师范大学出版社，2014.

[68] 唐顺之．武编［M］．明刻本．前集卷五．

[69] 杨屾．豳风广义［M］．清乾隆刻本．卷二．

[70] 陶宗仪．南村辍耕録［M］．四部丛刊三遍景元
本．南村辍耕録卷之三十．

[71] 黄成．髹饰録［M］．民国朱启钤刻本．卷二
坤集．

[72] 赵起蛟．孝经集解［M］．清康熙二十三年赵氏
家塾刻本．卷十八，1684.

[73] 徐乾学．读礼通考［M］．清文渊阁四库全书本．
卷九十五．

[74] 嵇曾筠．（雍正）浙江通志［M］．清文渊阁四
库全书本．卷一百五．

[75] 吴骞．愚谷文存［M］．清嘉庆十二年刻本．卷
十二，1807.

[76] 金鉷．（雍正）广西通志［M］．清文渊阁四库

全书本．卷三十一．

[77] 汪森．粤西丛载［M］．清文渊阁四库全书本．
卷二十．

[78] 屈大均．广东新语［M］．清康熙水天阁刻本．
卷二十七草语．

[79] 周祈．名义考［M］．民国湖北先正遗书本．卷
九物部．

[80] 靳辅．治河奏续书［M］．清文渊阁四库全书本．
卷三．

[81] 官修《大清会典则例》［M］．清文渊阁四库全书
本．卷一百三十五工部．

[82] 王祯．王祯农书［M］．清乾隆武英殿刻本．卷
二十六农器图谱二十．

[83] 佚名．淮南水利考［M］．明刻本．卷下．

[84] 王懿荣．王文敏公遗集［M］．民国刘氏刻求恕
斋丛书本．卷二奏疏．

[85] 黄宗羲．明文海［M］．清涵芬楼钞本．卷一百
二十一考．

[86] 李楁．（民国）杭州府志［M］．民国十一年本．
卷五十二，1922.

[87] 吴高增．玉亭集［M］．清乾隆刻本．卷二．

[88] 李鸿章．朋僚函稿［M］．清光绪本．卷十六．

第3章

现存传统灰浆工艺调研

3.1　传统石灰烧制的文献记载

中国古代很早就开始使用石灰作为建筑材料，据考古发现推测，人工烧制石灰的年代应从仰韶文化时期开始（公元前 3000 年，甚至公元前 4000 年），到龙山文化时期已得到较普遍的应用[1]。

与我国烧制石灰的悠久历史相比，石灰的烧制工艺却鲜见于文献。明初爱国将领于谦曾写了一首脍炙人口的《石灰吟》："千锤万击出深山，烈火焚烧若等闲。粉骨碎身全不怕，要留清白在人间。"这首诗以石灰的烧制过程比喻人格的高洁志向，诗句言简意赅地描绘了石灰原料的来源，以及开采石灰岩矿和烧制石灰的过程。晋代张华的《博物志》中，有一段关于石灰的描写："烧白石作白灰，既讫，积著地，经日都冷，遇雨及水浇即更燃，烟焰起。"[2]其中明确指出"白石（石灰岩）"是烧制"白灰（石灰）"的原料，这是关于烧制石灰较早的记载。《增补本草纲目》中对石灰的烧制也有简要的记载："近山生石，青白色，作灶烧竟，以水沃之，则热蒸而解。"[3]其中的"灶"应当就是烧制石灰的石灰窑，这段文字记载了烧制石灰的材料和方法。其中的"热蒸而解"，指的是石灰遇水消化放热的现象，而非真的用蒸制的方法处理石灰石。该书还记载："所在近山处皆有之，烧青石为灰也。又名石锻。有风化、水化二种：风化者，取锻了石置风中自解，此为有力；水化者，以水沃之，热蒸而解，其力差劣。"[3]"烧青石为灰"即用石灰岩烧制石灰。"风化"和"水化"是石灰消化的两种方式，"水化"为煅烧的石灰石加足量水消化为消石灰；"风化"为煅烧后的石灰石放置在空气中，利用空气中的水分和

二氧化碳将石灰自然消化。《本草纲目》中记载了石灰的烧制方式："今人作窑烧之，一层柴或煤炭一层在下，上累青石，自下发火，层层自焚而散。入药惟用风化、不夹石者良。"[4]石灰窑用柴或者煤炭作燃料置于石灰石堆之下，从下面点火燃烧，等燃料烧尽就得到了石灰。《天工开物》中，对前文的烧制方法，有了更加详细的描述："凡石灰，经火焚炼为用。……石必掩土内二三尺，掘取受燔，土面见风者不用。燔灰火料，煤炭居十九，薪炭居什一。先取煤炭泥和做成饼，每煤饼一层，垒石一层，铺薪其底，灼火燔之。最佳者曰矿灰，最恶者曰窑滓灰。火力到后，烧酥石性，置于风中，久自吹化成粉。急用者以水沃之，亦自解散。"[5]石灰石一般埋在地下二三尺处，掘取后进行煅烧，表面已经风化的石灰石不能使用。烧制石灰用的燃料比例，用煤炭的约占 9/10，用柴火和炭的占 1/10。先将煤炭和黏土做成煤饼，一层煤饼一层石灰石相间垒好，底部铺上柴火，点火燔烧。烧出的石灰中，质量最好的称为矿灰，最差的称为窑滓灰。石灰烧成后，可以等其自然风化成粉末后使用。若急用可以加水消化后使用。这段文字详细记载了石灰的开采地点、烧制工艺以及使用方法，可以看出此时石灰烧制和消化工艺已经非常成熟。同时，《天工开物》还提到了蛎灰的烧制方法，与石灰的烧制方法相似，也是堆煤架火燔烧而成："凡燔蛎灰者，执椎与凿，濡足取来，叠煤架火燔成，与前石灰共法。"[5]

美国人鲁道夫·P. 霍梅尔所著的《手艺中国——中国手工业调查图录 1921—1930》一书中记录了民国时期中国人烧制石灰的方法[6]，几乎沿用了明代《天工开物》中记载的石灰烧制方法。书中详细描述了一座临时性的石灰窑从建造到毁掉的全过程。用黏土和煤灰加水捏

成小锥形的"煤饼",然后将它们用火烘干或自然晒干。用煤饼在地上围成一个大圆墙,在里面铺一层煤粉和一层石灰石,煤饼、煤粉和石灰石构成一个"圈"。在第一圈煤饼上,按照同样的方法围起第二圈,用铁丝(之前用的是竹条)箍起来。依此类推,最终建成一个8英尺(约2.44米)高,形状像一个倒置的圆台状的石灰窑。烧火的坑道是在地面上挖一条从窑的外部地基向内直达中心的沟。烧窑与建窑是同时进行的,燃烧到第五天时,窑才全部建成。之后还需要继续烧两三天,烧石灰的过程才算完成。然后从窑顶泼若干桶冷水将火浇灭。如果在进行中遇上大风,就要把竹席绑在窑的外面,以防止窑体发生爆炸。石灰烧成后,窑也被毁掉,未完全烧透的煤粉,则会制成煤饼在下回烧制时继续使用。这样的石灰窑不是永久的,而是一次性的,但这种方法能得到所期望的最好的石灰。文中还提及了中国东南沿海当时仍然沿用的用贝壳烧制石灰的远古方法。"在一处由10～12英尺宽的矮墙围成的空间里,贝壳被烧成石灰。在墙的中间底部有一个洞,由一个通道通到一个坑,用脚驱动风扇可使坑里的火烧旺。木头松散地堆在坑底部,火在中心通风口的地方点着,被风扇吹进去火焰很旺,快速地将贝壳投到火里,直到墙里被填满;12小时后,贝壳就被烧成石灰。近傍晚时,几十位村民聚集到燃烧的火堆周围,带来几锅大米或蔬菜,放到火上煮,然后一起分享。第二天早上将石灰取出来,筛过后给石匠。"该方法与《天工开物》中"叠煤架火燔成"的描述相比,也并无太大区别。

从考古发现来看,我国古代人民最晚在仰韶文化时期开始就用石灰石烧制石灰了。《周礼》中记载了夏代宗庙中使用了蛎灰("白盛")以及周代主管烧制蛎灰的官职"掌蜃",

因此可以推断,最晚在夏朝古人已开始用贝壳烧制石灰。通过各时期烧制石灰的文献对比发现,直到民国时期,石灰的烧制仍采用传统的分层铺放煅烧方法,与明代文献对比变化不大。图3.1.1为牡蛎、石灰石烧制石灰方法。

图3.1.1 牡蛎、石灰石烧制石灰方法

(左:《天工开物》"烧蛎房法 煤饼烧石成灰"插图[5],明代;右:《手艺中国》石灰窑照片[6],中华民国)

3.2 传统石灰烧制工艺调研

3.2.1 石灰资源概况

中国的石灰岩矿产几乎在每个地质时期都有沉积,每个地质构造发展阶段都有分布。按矿石中所含成分不同,石灰岩可分为硅质石灰岩、黏土质石灰岩和白云质石灰岩三种。根据原国家建材局地质研究所的统计数据,光我国水泥石灰岩分布面积达438130km²(不包括台湾、西藏),约占国土总面积的1/20[7]。截至1999年年底,我国查明石灰岩矿产地1252处,累计查明资源储量608.75亿t[8]。根据中华人民共和国自然资源部发布的《中国矿产资源报告(2019)》,截至2018年年底,我国水泥用灰岩矿石共计1432.37亿t[9],在全国绝大部分省(区)市均有分布(图3.2.1)。可用于传统石灰窑的石灰石矿山就更多了。无疑,这些丰富和分布广泛的石灰岩资源在过去5000多年

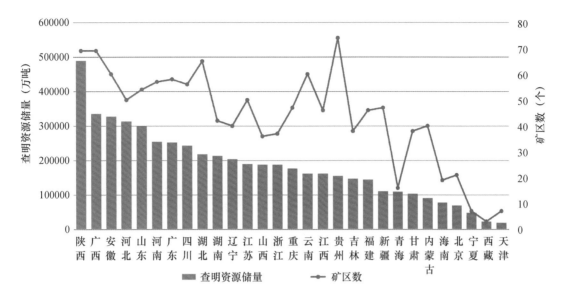

图 3.2.1 　全国石灰岩矿产资源储量（根据 1999 年储量套改数据库绘制[8]）

里，为中华文明起源过程中解决建筑胶凝材料提供了保障。

本工作以浙江省为例进行了传统石灰烧制工艺调研。浙江石灰石资源主要分布在杭州的富阳区、建德市、桐庐县和淳安县、湖州的长兴县、金华的兰溪市、衢州市衢江区和常山县等地，在绍兴和诸暨等地也有分布。据统计，全省石灰石资源储量在 250 亿 t 以上[10]。浙江省石灰石的主要应用领域为水泥、建筑石料、饰面板材、制灰、冶金、脱硫剂碳酸钙等。

浙江古代就有烧制石灰的传统，汉代今浦江县白马乡贾保坞已开始利用石灰石烧制石灰[11]。民国期间浙江省石灰生产量以温州乐清最多，长兴次之，其次为杭州、新登和桐庐。乐清有灰窑 60 多处，年产量平均 72 万担。民国四年（1915 年），江山新塘坞村所产石灰还在巴拿马万国商品博览会上展出并获奖。[12]据民国十七年（1928 年）的统计数据，当年杭州市内有石灰企业 3 家，工人 90 名，总资本 29200 元；富阳新登的广大石灰厂有工人 20 余名，年产石灰 1000 万斤，总值 33000 元；常

山灰埠的石灰产地每年出产石灰七八万担，值 2 万余元；湖州长兴县有窑户 17 家灰窑 30 座，所产石灰运销浙江、上海、江苏、安徽等地，并垄断了上海的石灰市场[12]。

中华人民共和国成立后，浙江省内各地纷纷成立建材企业。据 1955 年的统计，浙江省系统内有石灰业 768 户，1582 人，产值 195 万元[11]。以后又新发展了以当地石灰石为主要原料的水泥工业。1962 年，浙江省内共有石灰石膏企业 9 家，总产值为 366.9 万元。20 世纪 50 年代初，浙江最早的乡镇建材工业也从土砖瓦窑、土石灰窑和土水泥厂中发展起来，用"鸡笼柴窑"、土窑烧制砖瓦、石灰的砖瓦生产合作社在浙江省内农村多地陆续出现。50 年代后期改用煤立窑烧制，柴窑窑逐步淘汰，但生产仍全为手工操作[13]。1980 年，浙江省乡镇石灰工业总产值 2287 万元，占全省社队建材工业总产值的 3.02%。2001 年，浙江省乡镇集体砖瓦、石灰和轻质建材制造业企业 1162 家，总产值 36.26 亿元，占全省乡镇建材工业总产值的 6.48%，其中石灰业比重低于 0.46%[13]。由于水泥工业及水泥制品业等其他建材工业的

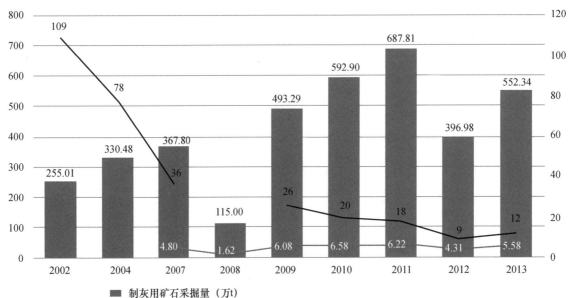

图 3.2.2 浙江省制石灰用石灰岩矿山数、矿石采掘量统计

注：①数据来自《中国矿业年鉴》（2003—2015 年），部分年份未出版统计数据；②2004 年统计的 78 座制石灰用矿山为杭州、衢州两地的统计数据，其他地区未见统计资料[14]。

高速发展，水泥用灰岩矿山为浙江省石灰石开发利用的主要方式，石灰制造业的比重下降。根据《中国矿业年鉴》中浙江省石灰石开发利用情况的多年统计数据（图 3.2.2），制作石灰所用的石灰岩矿山数也呈减少趋势。

近年来，出于生态建设和保护环境的目的，浙江省内多地陆续关停了对山体植被影响较大的石灰石开采企业和对大气污染较大的土石灰窑生产企业，制灰用石灰石矿山所在的主要地区杭州、衢州等市，土石灰窑基本全被拆除。传统的石灰立窑在浙江省内几乎绝迹，本次调研工作在 2013 年进行，走访调研了杭州临安的一处代表性石灰窑，记录下传统石灰窑的工作场景。

3.2.2 传统石灰烧制工艺的现场调研

2013 年 5 月，课题组成员来到浙江省杭州临安的桥岭村，对当地一个仍在运营的石灰窑炉进行走访考察，了解石灰的烧制工艺。杭州是浙江省内石灰生产历史悠久、生产规模较大的地区，该石灰窑已经营 40 余年，是浙江省内较有代表性的仍用传统土窑制造石灰的工厂。

（1）石灰窑炉构造。石灰窑炉背靠山体，依山而建，与山体融为一体，充分利用了地形优势。整个窑炉上下贯通，地势高的地方为添加原材料的窑口，呈露天开口状态。烧成的石灰从地势低的下方开口处运出。图 3.2.3 为石灰窑全景。

（2）原料来源。该窑生产用的石灰石原料，一部分来自当地山上开采的石灰矿石（主要成分为方解石），如图 3.2.4 所示；另一部分是从安徽购入具有更高纯度方解石的石灰矿石。

（3）往石灰炉内添加石灰矿石（图3.2.5）。采购的石灰矿石原料堆积在窑口附近，需添加原料时，用铲车将其倒入窑中。

（4）往石灰炉添加煤（图3.2.6）。用于燃烧的原料也堆积于窑炉口附近。在添加了石灰矿石后，需往窑炉中添加原煤，大部分情况下还需添加石煤。这一过程通常由工人操作铲车完成，铲入的煤层未覆盖的地方再由工人手工添加煤料，加入的煤层在窑内分布相对均匀。

（5）从石灰炉的下方出口取出已经烧好的矿石（图3.2.7）。烧制好的石灰石从窑体下方开口处取出，此处距添加原料的窑口有十几米地势差，两处之间通过山路连通，生产时采用对讲机进行沟通。

图 3.2.5　用铲车往石灰炉中加石灰矿石

图 3.2.3　石灰窑全景

图 3.2.6　添加原煤和石煤

图 3.2.4　石灰窑附近开采石灰矿石的山头

图 3.2.7　从下方窑口取出烧好的石灰块

（6）将烧好的石块放在平地上等待分拣（图3.2.8和图3.2.9）。

（7）挑选出大的块灰，直接装车（图3.2.10）。其他碎小的石灰块与煤渣混合后继续过滤处理。

（8）块灰被货车直接运走销售（图3.2.11）。

（9）留下的小碎渣和煤渣混在一起，被放入小池中等待消化过滤（图3.2.12和图3.2.13）。

（10）经过消化的碎石灰再经过两道筛网，过筛后的石灰被直接装包，留在筛网中的石灰则与煤渣合并处理（图3.2.14和图3.2.15）。

图3.2.8　运放烧好的石灰矿石

图3.2.11　分拣出的块灰被直接倒入货车车厢

图3.2.9　处理烧成的石灰矿石的平地

图3.2.12　分拣煤渣和碎石灰混合物

图3.2.10　分拣烧好的石灰矿石

图3.2.13　处理碎渣用的蓄水池

图 3.2.14　处理后的石灰和煤渣已基本分离，
与水一道流下后进行装包

图 3.2.15　处理后的石灰和煤渣

以上就是石灰窑炉烧制石灰的整个过程。这处石灰窑炉工艺并无太大变化，除了少数工序以机械代替人工之外，基本沿袭了传统的烧制方法。

3.2.3　石灰烧制工人访谈

在走访过程中，对石灰窑老板陈某传进行了采访，询问了石灰窑运营的相关内容。

（1）原料来源：一部分就地采矿，另一部分方解石从安徽采购。

（2）原料价格：方解石价格依照白度有所不同，93°以上 240 元/t 左右，90°左右约 200 元/t。就近开采的石灰矿石，原料及运费合计 31 元/t。

（3）年耗费原料总量：原料总量没有具体统计，但 1 年约需耗费方解石 2 万 t，1t 方解石可产 0.8t 石灰。出产石灰的量与原料的好坏有很大关系，好的原料 4t 石头只产生 0.2t、0.3t 的废料，其余均为石灰，差的原料 4t 石头只能出产 2t 石灰，废料占比高。

（4）石灰窑炉尺寸规格：炉坑深 19m，直径 2.8m。

（5）石灰烧制时间：一批石灰矿石从添加到烧制成石灰需耗时 2.5d。

（6）工艺改进：与老手艺并无太大差别，只是往石灰炉添加煤和矿石的操作，过去为工人手工添加，1d 只有 10t 左右的产量，现在使用铲车添加，产量上升，1d 产量有 28～29t。

（7）生产中的天气因素：下雨天不能开工，但冬天无影响，雨雪天也无须遮挡炉口。石灰窑炉点燃一次的成本需 5 万元左右，因此全年保持燃烧可以降低成本。如果遇到假期，则不往炉内继续添加燃料，仅维持炉子的燃烧状态。

（8）关键步骤与技术：最关键的要求是要一层矿石一层煤地依次添加。煤有原煤和石煤两种，一次不能加太多，过量的煤会导致炉内矿石不能往下移动。煤加好后添加矿石。每增加一次原料，约需 4t 矿石、300kg 原煤、3t 石煤。

（9）技术传承方式：本行业操作较简单，经简单学习可以操作，一般无师承。

（10）石灰运销地点：主要销往萧山、宁波等地。

（11）运销方式和运输方式：由买方负责，通常买方安排车辆进行运输。

（12）销售价格与利润：块灰 1t 售价为 370 元，利润在 70～80 元；经过过滤处理的碎石灰装入袋中，每袋 4～5kg，单价 2 元/袋。烧制石灰的利润很低，销售石灰所得的收入仅够支付原料及人工费用，基本与综合成本持平，经营利润来自转售烧制石灰过筛后剩下的煤渣。

（13）销量：每月 700t 左右，夏天少一些，约 500t；1 年销售量在 6000～7000t。

（14）石灰消费动机：主要用于建造房子，块灰的主要用途是抹面，还有部分用于污水处理。

（15）本地消费情况：本地石灰消费量很少，基本销售到其他城市。

（16）石灰窑历史渊源：已有 40 余年历史，以前是村里的集体产业，分田到户以后改为私人经营。过去 1 天产量只有 10t，现在 1 天有 28～29t。

（17）石灰窑规模：以前石灰窑是村里的支柱产业，近年来由于环境污染及自身经营问题正逐渐被淘汰。原先光外来打工者就有三四百人，去年（2012 年）矿山停产以后，如今整个石灰窑只有 33 个人。

3.3　传统石灰消化与陈化工艺调研

3.3.1　传统石灰消化和陈化技术

石灰石在烧制过程中，由于火候或温度控制不均，常会含有欠火石灰或过火石灰。欠火石灰是由于煅烧温度低或煅烧时间短，外部为正常煅烧的石灰，内部尚有未分解的石灰石内核，因此欠火石灰只是降低了石灰的利用率，不会带来危害。过火石灰是由于煅烧温度过高、煅烧时间过长或原料中的二氧化硅和三氧化二铝等杂质发生熔结而造成的。过火石

灰熟化十分缓慢，其细小颗粒可能在石灰使用之后熟化，体积膨胀，致使已硬化的砂浆产生"崩裂"或"鼓泡"现象，影响建筑质量。为了消除过火石灰的危害，在使用时必须加水进行消化，使块状的生石灰消化成粉状的消石灰，这一过程称为石灰的消化，也称为石灰的熟化。块状生石灰与水相遇，迅速水化、崩解成高度分散的氢氧化钙 $Ca(OH)_2$ 细粒，并放出大量的热，体积膨胀，质纯且煅烧良好的石灰体积增大 1～2.5 倍。为了保证石灰的充分熟化，进一步消除过火石灰的危害，石灰浆应在储灰池中保存两周以上，这个过程称为"陈伏"。"陈伏"期间，石灰浆表面应保有一层水分，与空气隔绝，以免碳化。经过陈化的石灰具有良好的流变性和保水性。

古代文献中很少有关于石灰的消化和陈化工艺的记载，《天工开物》中提到的"急用者以水沃之，亦自解散"，是对石灰消化过程的少数记载之一。

3.3.2　传统石灰消化及陈化过程的现场调研

2013 年 5 月 21 日，课题组成员来到浙江省杭州市临安市三口镇大横村，实地观察了石灰浆（当地称石灰膏）的全部制作过程，并进行了采访和记录。该石灰浆生产工厂原为村集体所有，已经营多年，是较有代表性的生产石灰浆的工厂。

（1）原料来源。从本地石灰窑中购入块灰作为原料，泡浆池中的水从附近农田中直接抽取。块灰运入后直接倾倒在泡浆池前的空地上（图 3.3.1～图 3.3.3）。

（2）将块灰全部加入泡浆池中，块灰遇水

产生大量热量（图3.3.4）。

（3）从水塘抽入少量清水，并用水泵从泡浆池下部抽水浇灌，以保证块灰与水充分反应。这一过程需持续冲灌泡浆池，直到所有块灰都变成浆状（图3.3.5）。

（4）使用水泵将泡浆池内的石灰浆经滤网进入第一个泡浆池中（图3.3.6和图3.3.7）。

（5）将第一个泡浆池中的石灰浆经水泵再由目数更大的滤网过滤到第二个泡浆池（图3.3.8和图3.3.9）。

图3.3.1 块灰运入

图3.3.4 往泡浆池中投入块灰

图3.3.2 倾倒在泡浆池前的块灰

图3.3.5 抽水搅拌块灰

图3.3.3 在第一个池子里事先放置好滤网

图3.3.6 抽取石灰浆入泡浆池

（6）在经过两次过滤的浆水中掺入麻筋（抹面用石灰浆需掺麻筋），以减少抹面时产生的裂纹。用竹竿将麻筋搅拌均匀（图 3.3.10）。

（7）如此处理后的石灰浆要经过 1 周左右的时间才能成为可供使用的石灰膏（图 3.3.11 和图 3.3.12）。

图 3.3.7　放置滤网过滤残渣

图 3.3.10　放入纸筋搅拌均匀

图 3.3.8　抽取石灰浆至第二个泡浆池

图 3.3.11　消化 1 周左右的石灰浆

图 3.3.9　及时清理滤网上堆积的渣滓

图 3.3.12　掺入麻筋的成形石灰浆

3.3.3　匠人访谈

在考察了石灰消化的全过程后，对石灰厂的承包者进行了访谈。访谈内容如下：

（1）原料来源：本地石灰窑。

（2）原料价格：块灰 370 元/t。

（3）年耗费原料总量：块灰原来 1 个月 1 车（10t/车），今年（2013 年）开年到 5 月份只有 2 车；麻筋没有具体算过，一般用来抹墙的石灰膏，每吨掺入 2.5～5kg 草筋，麻筋从当地的青山镇购入。

（4）石灰塘尺寸规格：泡浆池约为2.5m×3m，深度 85cm，可容纳 2.5t 块灰；泡浆池约为 2.5m×7m，深度 85cm。

（5）工艺改进：与老手艺无差别。

（6）生产中的天气因素：天气对生产无影响。即使在冬天也只是上层的澄清石灰水结冰，下层的石灰浆不会冻结。下雨天也不用在浆池上遮挡。从块灰与水反应到制成石灰浆，大概需要 1 周。做好的石灰浆半年之内都可以使用，1 年以上的石灰浆则无法使用。

（7）关键步骤与技术：块灰全部投入泡浆池后再冲水（一部分为干净的水，其余主要从泡浆池本身抽取浆水），用水把一些还没彻底与水反应的块灰冲开，使它们全部变成浆状。砌墙用的石灰膏只需经过 8 目的滤网过滤，抹面用的石灰膏需先经过 8 目的滤网，再经过 14 目的滤网过滤。抹面用的石灰浆内还需均匀掺入麻筋，这样可以减少石灰膏抹面时产生的裂纹。

（8）技术传承方式：本行业操作较简单，一般无师承。

（9）石灰运销对象及地点：石灰膏主要在本地销售，一般为建筑工地。销售量不受季节影响。

（10）销售价格与利润：掺麻的石灰膏价格为 8～9 元/袋，每袋质量在 17.5～22.5kg；没掺麻的石灰膏价格为 5～6 元/袋，每袋质量也在 17.5～22.5kg。

（11）石灰厂历史渊源：石灰厂归村里所有，使用权对外出租，每年租金为 1.5 万元。

3.4　现存传统灰浆制作工艺调研

在杭州临安当地，采访了有 30 多年造房经验的老泥工，向他请教了民房建设中灰浆的使用情况（图 3.4.1）。访谈内容如下：

（1）灰砂购入：石灰从临安当地购入，选择块灰。砂子用的是富阳购入的港砂，砂子有粗细之分。

（2）灰砂用量：两层楼房（240m²）一般需要 4t 石灰，12t 砂子。

（3）灰浆比例：50kg 石灰，150kg 细砂，50kg 水。石灰∶细砂∶水＝1∶3∶1。

（4）灰浆掺和方法：买入的块灰先用水化开，50kg 块灰大概需要 30kg 水。在空地里将砂子堆成小山，中间挖出一个小坑，放入化好的石灰，50kg 石灰搭配 150kg 砂子，再掺入约 50kg 水。灰浆从中间开始搅拌。搅拌好的标准是，灰浆捏在手中不会散开时，就可以使用了。在拌和灰浆时需注意灰浆的水分，宁可让灰浆干一点，也不要让灰浆过稀。拌好的灰浆在不被晒干的情况下，可以使用 3 天。

（5）使用范围：砌墙、地面都用石灰与砂子比例为 1∶3 的灰浆。砌墙用细砂，地面可以用粗砂。房顶一般不做苫背，屋椽上直接盖一层瓦。抹墙时使用的灰浆不掺砂子，仅用石灰和水拌匀，石灰与水的比例为 1∶1。

（6）灰浆拌和工具：铁锹、锄头。这些工具现在仍在使用。

（7）砌墙：砌墙过去用九五砖，尺寸为9cm宽5cm厚。现在砖的尺寸比以前大，12cm宽、24cm长。用泥刀在砖体上涂抹灰浆，一块砖用一泥刀灰浆。砌墙时用线坠保证墙体垂直。以前砌墙时，砖与砖之间的砖缝宽度为1cm，现在要求1.5cm宽。

（8）抹墙：墙砌好后就可以抹墙灰。外墙抹灰厚度为1.5cm，内墙厚度小于1cm。内墙用掺纸筋的白灰。50kg石灰，500～750g纸筋，50kg水。纸筋用麻制成。纸筋的长度没有具体要求，但不能过长。外层抹灰用掺细砂的石灰，比例与砌墙的灰浆相同。抹灰时的工具也是泥刀。

（9）抹地：抹地时用的砂子是粗砂，50kg石灰用250kg粗砂。石灰∶粗砂∶水＝1∶5∶1。地面做好以后要干燥1～2d，然后用榔头、宽的板子（60cm长20cm宽）敲实和磨光。

（10）抹灰：房间抹灰也用块灰，石灰用水化开后，用筛子筛出细灰，筛孔大概一粒米粒大小，筛出来的细灰用于抹墙。以前农村盖房子不用水灰多用块灰，但临安城里用水灰。用水灰抹墙效果更好，但是干得慢，为了让水灰快干，冬天要在室内烤火。墙面需要3～4d时间才能达到很干燥的程度。

（11）三合土：三合土的比例为黄泥∶砂子∶石灰＝3∶4∶1。黄泥直接从地里挖出来的，去掉表面草皮，打碎后使用，不需要过筛。夯墙的砂子用粗砂。用三合土筑墙的成本比砖墙要低。

（12）有机添加物：老泥工说，他造房子时从来没有使用过桐油、糯米等添加物。但听说过这些添加物，一般要求比较高的地方才会用这些东西，也听说过在灰浆中添加豆浆的。

图3.4.1　传统灰浆制作工艺调研访谈过程

（13）造房工匠：以前的造房工匠都是本地人，本村人给本村人造房子。因为造房子比较辛苦，许多人都改行了，现在造房子的工匠大多是外地人。原本造房子的工匠，有些改干装修了。以前女人不可以做工匠，现在不讲究性别。造一幢房子总需泥工100多个工。

3.5　访谈信息整理

调研工作进行了三项访谈，共采访了三位匠师，包括石灰烧制匠人访谈、水灰制作匠人访谈以及老泥工访谈。希望通过科学整理复原石灰烧制工艺流程及水灰制作工艺流程，并获得传统民居建筑的灰浆成分和制作过程的相关信息。

中国古代匠人师徒传授的口头传授方式决定了匠人在整个传统建筑工艺技术传承中的主导地位。匠师的作用至关重要，他们是活的教科书。要保护好传统建筑工艺，必须关注匠师，留存对匠师的访谈记录。通过定性研究传统建筑工艺的非物质因素，弥补传统建筑工艺调研偏重史实而忽略物质遗存的不足的现象。

本次访谈，调查小组共携带了2只录音笔、2部相机、1部专用于摄像的照相机、大容量存储卡以及三脚架用于信息记录。对录音、摄像、照片进行筛选处理之后，有效信息整理见表3.5.1。

表 3.5.1　浙江临安石灰烧制、石灰膏制作及
老泥工访谈信息表

	照片	录音	摄像
老泥工访谈	13 张	43'50″	23'27″
水灰制作	84 张	12'18″	12'49″
石灰烧制	80 张	12'53″	10'08″

3.6　本章小结

人工烧制石灰在我国已有 5000 多年的历史，最早记载烧制石灰的文献为晋代的《博物志》。本章以浙江省为例对传统石灰烧制和石灰膏制作工艺进行现状调研。

浙江烧制石灰的历史可以追溯到汉代。目前，浙江省内石灰石主要用于制造水泥，烧制石灰用石灰石的矿石采掘量仅占当年采掘总量的 6% 左右，制灰用石灰岩矿山数量也呈逐年减少趋势。自 2014 年以来，出于环保要求，石灰岩矿开采及土石灰窑被陆续关停和拆除。

通过对浙江省内较具代表性的石灰土窑和石灰膏作坊的实地调研，发现现存的土窑烧制石灰的方法与古代传统方法区别不大，仅在部分环节以机械代替了人工。将石灰消化制成抹面用石灰浆的制作工艺基本以人工操作为主，与传统方法并无较大区别。调研过程中，课题组对石灰烧制和石灰消化的工艺和步骤进行了现场录音、摄像等记录。

通过对石灰窑所有者、石灰膏作坊所有者和当地老工匠的采访了解到，目前传统石灰仍是浙江省农村建房中砌墙、抹面的重要原材料；在制作工艺上，除添加纸筋外，往石灰膏中添加糯米浆、蛋清、糖水等有机物的情况已经很少见了。

本章参考文献

[1] 杨丙雨，冯玉怀. 石灰史料初探 [J]. 化工矿产地质，1998（01）：55-60.

[2] 张华. 博物志 [M]. 清指海本. 卷二.

[3] 李时珍，赵学敏. 增补本草纲目 [M]. 北京：中国医药科技出版社，2016.

[4] 李时珍. 本草纲目 [M]. 清文渊阁四库全书本. 卷九.

[5] 宋应星. 天工开物 [M]. 明崇祯初刻本. 卷中.

[6] Hommel R. P. 手艺中国——中国手工业调查图录 1921—1930 [M]. 北京：北京理工大学出版社，2012.

[7] 章少华. 我国水泥石灰岩矿床的几个特点 [J]. 建材地质，1986（04）：6-11.

[8] 刘发荣，杨风辰. 我国水泥用石灰岩矿产资源现状与需求预测研究 [J]. 中国非金属矿工业导刊，2004（02）：44-48.

[9] 中华人民共和国自然资源部. 中国矿产资源报告 [R]. 2019.

[10] 中国矿业年鉴编辑部. 中国矿业年鉴，2014—2015 [M]. 北京：地震出版社，2015.

[11] 浙江省二轻工业志编纂委员会. 浙江省二轻工业志 [M]. 杭州：浙江省人民出版社，1998.

[12] 浙江省建筑业志编纂委员会. 浙江省建筑业志（上册）[M]. 北京：方志出版社，2003.

[13] 浙江省乡镇企业志编纂委员会. 浙江省乡镇企业志 [M]. 北京：中华书局出版社，2009.

[14] 中国矿业年鉴编辑部. 中国矿业年鉴，2005 [M]. 北京：地震出版社，2005.

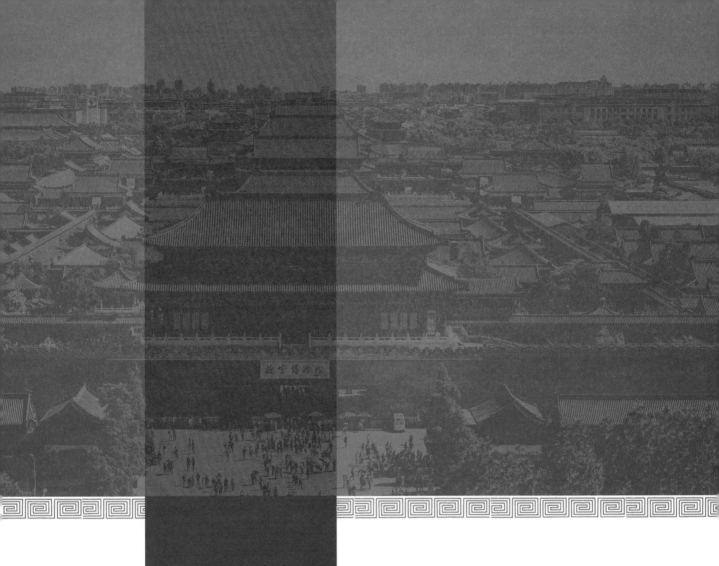

第4章

古建筑及遗址
灰浆实地调查与取样

4.1　调研概况

关于传统复合灰浆，无论是成分构成还是施工工艺，古代文献记载资料都十分有限，现代经济发展又使得当年匠人的技艺逐渐失传。古建筑及遗址的调查与取样分析就成为探寻传统复合灰浆的重点方向。

从 2012 年起，传统灰浆研究项目组走访调研了全国 10 多个省（区）市的文物建筑，进行了灰浆取样，并撰写了多篇调研考察报告，对古建筑灰浆的状况进行了广泛的研究。项目合作单位包括浙江省古建筑设计研究院、浙江省文物考古研究所、中国文化遗产研究院、北京科技大学、中南大学、东南大学、安徽大学、天水师范学院。

建筑是科学技术和文化艺术的综合体，是人类文明的标志。我国保存了数量众多的古建筑，但这些建筑在分类上并不平衡，往往是年代近的多，年代远的少；砖石结构的建筑遗迹多，木构结构的建筑遗迹少；被重新修葺的多，未改动过的少。

参加传统灰浆科研项目的各课题组主要通过三种方式确定考察对象。一是主动出击，通过文献查阅、新闻报道等信息，得知某地有保存良好的古建筑或建筑群，且该建筑或建筑群具有较高的历史价值、科学价值以及一定的代表性时，课题组便会安排人员、制订考察计划，对建筑物或建筑群进行实地考察调研。二是与考古研究所等文物保护机构合作，当文物保护机构有相关调研计划时，课题组派出成员配合文保人员进行调研考察。三是受当地文物保护机构的邀请，课题组进行调研考察。

按照项目的要求，各课题组在制订调研计划时，首先会查阅古建筑的相关文献，了解文物建筑的建造年代和修葺情况。在实地考察过程中，课题组不仅会通过拍摄照片、与当地文保人员交流等，了解建筑遗址的保存情况和存在的问题；还会携带一些便携式检测仪器，如硬度计、回弹仪、砂浆贯入强度检测仪、红外热成像仪、微波湿度计、粗糙度仪等设备，在考察现场检测灰浆的表面硬度、回弹强度、贯入强度、微波湿度、粗糙度等，记录数据和进行病害分析。同时，还会选取灰浆保存情况较好、没有现代重修痕迹的地方进行取样，所取灰浆样品均用塑料袋双层包装，记录文物的名称、地点、年代、采样人或送样人，取样位置，并附照片，以供实验室分析检测。

自 2012 年至今，各课题组分别考察了福建、湖北、湖南、甘肃、四川、浙江、陕西、山西、安徽、重庆、云南、内蒙古、贵州的几十处古建筑，取得了 200 多个传统灰浆样品，撰写考察报告 40 余篇。这些文物建筑在建筑类型上分属于古民居和殿堂遗址、古城墙、古塔、古桥梁和水利工程、古炮台遗址、古墓葬及其他遗址。考察的文物建筑以明清时期的居多。调研考察的古建筑遗址大多保存良好，包括世界文化遗产、全国重点文物保护单位、省级文物保护单位和多处市级、县级文物保护单位。本章根据古城墙、古塔、古民居、古炮台和遗址等不同的建筑类型、考虑建筑物及遗址的历史时期和文物保护单位级别，选取 6 处古建筑和遗址的实地调研案例进行叙述。

4.2　浙江衢州明代城墙

衢州府城墙始建于东汉初平三年（公元 192 年），现有城墙初建于唐武德四年（公元 621 年），宋、元、明、清均有续修，其中宋宣和三年（公元1121年）和明崇祯十三年（公元1640年）的维修规模最大，历时最长。在1998年大西门段城墙维修中，先后有元正至十三年（公元1353年）、南宋开庆元年（公元1259年）、南宋嘉定三年（公元1210年）等纪年城砖出土。衢州府城墙周长6500m，设六门，西临衢江，东南北三面皆设宽阔的护城河。衢州府城现存西安门、大西门、大南门、小南门、东门及小西门的一部分，除大西门于20世纪末重新修缮外，各门城楼均已倒塌，尚存东段城墙700m，北段城墙300m，西段城墙120m，南段城墙65m，还有城墙遗址1000m；城内有建于明万历年间的四门塔式钟楼基座。护城河基本完整。目前已有许多基于衢州城墙的研究成果，杨志法[1]等人研究表明，衢州城墙小南门（通仙门）砌块材质在岩性上有凝灰岩、砂岩、粉砂岩、砾岩、含砾砂岩和灰岩等，估算凝灰岩城砖相对于石英砂岩自明代至今的相对风化速度为0.086mm/年，孙亚丽[2]等人研究认为通仙门不同岩性的岩石砌块的抗风化能力不同，由强至弱排序为灰岩、粉砂岩、砾岩、含砾砂岩、凝灰岩和砂岩，并估算了各类岩石相对灰岩的风化速度。小西门的勾缝材料为蛎灰，且蛎灰勾缝条的抗风化能力强于城墙建设中其所勾缝的岩石砌块[3]。卜炜鹏[4]等人对大西门砌块和灰缝进行风化破坏程度测量，发现未使用蛎灰的砌块勾缝材料的风化深度大于砌块风化深度。

2012年5月、2014年11月，课题组成员共两次前往浙江省衢州市柯城区，实地调研衢州城墙的保护情况，考察砖石建筑中灰浆的使用情况及作用。图4.2.1为衢州城墙位置。

（1）大南门（图4.2.2）。大南门城门使用了多种材料。墙体下层为大块条石砌成，条石长度在70cm左右，侵蚀较严重，原本应与条石

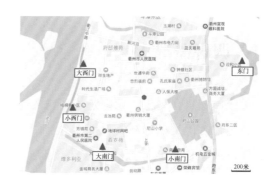

图4.2.1　衢州城墙位置

(a)衢州城墙大南门

(b)大南门城砖

(c)大南门二层建筑形式

图4.2.2　浙江衢州明代城墙大南门（礼贤门）

齐平的灰浆，一部分已明显凸出墙体表面。墙体上层用的材料则是青砖，相对而言保存较完好。另一部分墙体使用了红砖。考察组在 3 处都取了样品。同时在大南门城墙下有早期的城墙遗址的展示区域，早期城墙为灰浆合缝的青砖墙，现用钢化玻璃密封保护，遗址内长有植物。

（2）小西门（图 4.2.3）。小西门门楼已毁，相对而言保存了较原始的城墙状态。小西门下半部分也为条石砌筑，条石上再用青砖砌筑，灰浆合缝，其中部分墙面上布满苔藓。

（3）大西门（图 4.2.4）。大西门曾经过整修，总体而言保存较完整，也比较壮观。大西门的具体建筑方式与大南门、小西门相同，均为下层条石，上层青砖结构。在同一面墙上，考察组发现，有"嘉庆""光绪"和"民国"等字样的青砖交错，可能是后来修补的痕迹。

（4）衢州古城北城墙（图 4.2.5）。衢州古城北城墙部分为红砖砌筑，表面满布苔藓，还有部分为鹅卵石砌筑，保存尚好，考察组在两处砌体灰浆处都进行了取样。在城墙附近还有一处古建筑的遗址，散落有当时建筑门口的石踏、柱础等，据当地人介绍，可能为当时兵营所在地。

(a) 小西门外观

(b) 小西门现存情况

(c) 小西门建筑灰浆

图 4.2.3　浙江衢州明代城墙小西门

(a) 大西门外观

(b) 大西门城墙灰浆

图 4.2.4　浙江衢州明代城墙大西门（水亭门）

（5）东门遗址（图 4.2.6）。衢州城墙的东门遗址位于衢州机场附近的一处小巷中，周边建筑均已废弃。城墙未进行修复。墙面布满苔藓，但仍可找到灰浆部分。因此处靠近衢州机场，接近禁区范围，城门门洞已被填补，无法得知另一面的情况。灰浆样品采集自条石及青砖砌体。

(a) 东门门洞遗址

(a) 北城墙现状

(b) 东门城墙现状

图 4.2.6　浙江衢州明代城墙东门

(b) 石头建筑的北城墙段

图 4.2.5　浙江衢州明代城墙北城墙

（6）小南门（通仙门）（图 4.2.7）。城墙建筑方式与其余城门相似，下层条石砌筑，上层青砖砌筑，灰浆合缝。墙面部分有一层抹面灰浆，未在其他城门处发现类似情况。城门上布满爬山虎。

两次调研工作考察了衢州城墙大南门、小西门、大西门、小南门、东门及北城墙。衢州城墙的建设基本为下层条石结构，上层青砖砌筑，均以灰浆合缝。大南门、大西门及小南门

(a) 小南门外观

(b) 小南门城墙灰浆

图 4.2.7　浙江衢州明代城墙小南门（通仙门）

都位于市区，保存尚好，且似乎有修复的情况。北城墙、东门较偏僻，墙面苔藓等生物丛生，但基本保持原状。两次考察都进行了样品采集，共取得灰浆样品 11 个。

4.3 浙江温州古城墙遗址

2013 年 10 月，温州市考古人员在市区谯楼西侧的考古工地上挖掘出一段长约 7m 的古城墙。这段古城墙上还叠压着另一段晚期城墙遗迹。据考古人员调查分析，下面底层的一段古城墙是五代时期所建，上方地层的一段古城墙推测应是元末明初重建时加盖的，约 6.6m 厚。2014 年 4 月 4 日，课题组成员与浙江省文物考古研究所工作人员一起，赴温州考察古城墙遗迹。

据记载，唐以前温州仅有郭城。五代开平初，钱元瓘为了加强军事防御，一边修缮外城（即晋时所筑的鹿城），一边增筑内城（史称钱氏子城）。据弘治《温州府志》卷十五《古迹》载："旧子城在府城内，后梁开平初钱氏始筑，周三里十五步，通四门，内卫州治，外环以水。元至元十三年废为民居，止（只）存谯楼门址。"南宋末年，钱氏子城被毁，只存谯楼门址，谯楼和如今发掘的城墙遗址，都是钱氏子城的组成部分。

如今谯楼及西侧地块下存在一处规模相当的谯门遗址，其位置较今谯门略向西。原谯门的东侧城台部分遗迹被压在如今谯楼的下面，其门洞和西侧城台遗迹就在今谯楼西侧。

钱氏子城重建之事史料中不见记载。据相关史料分析，可能是元代末年浙东农民起义军领袖方国珍的侄子方明善盘踞温州时所建。史料记载方明善曾重修谯楼，重修时把谯楼略向

东移。谯楼前的直街本来直通五马街，由于谯门东移，直街北部也向东偏，如今站在谯门洞已无法望见五马街。而城墙重建规模因缺乏史料记载尚待考古探明。

谯楼附近古城墙的发掘现场共有两处，一处是谯楼城台东面，为民国时期遗址。另一处是谯楼西面，五代时期城墙与明代城墙叠压，该处是本次考察的重点（图 4.3.1）。

图 4.3.1　浙江温州清代谯楼

(a) 谯楼东侧的民国时期城墙遗址

(b) 考古现场发现的陶瓷残片

(c) 遗址地层

(d) 地层分层情况

图 4.3.2 浙江温州谯楼东侧的民国时期城墙遗址

（1）谯楼东侧的民国时期城墙遗址（图 4.3.2）。遗址地层共 3 层。从下至上第 1 层为黄色夯土层，第 2 层为灰色水泥层，第 3 层为含红色颜料的地面层。

（2）谯楼西侧的城墙遗址（图 4.3.3）。早期城墙遗址为此次考察的重点。从谯楼处向下拍摄的西侧遗址全景。区域 3 的地层最高，

年代最晚；区域 1 的地层较低，年代较早。区域 1 以下的水中还有部分遗址。考古人员认为，区域 1 的砖石墙体为五代时期所建，砖块逐层向内收，符合宋代《营造法式》所说的

(a) 谯楼西侧考古现场全景

(b) 考古现场全景

(c) 考古现场发掘的泥塑残块

(d) 五代时期城墙遗址

(e) 元末城墙遗址

(a) 晚清张公庙遗址地面三合土

(f) 元末明初城墙坍塌拱券

图 4.3.3　浙江温州谯楼西侧的
五代至明初城墙遗址

(b) 五代时期城墙遗址灰浆

"露龈造"做法，此处城墙灰浆为黄色。区域 2 是元末明初所建，墙体用红泥和青泥夯筑。区域 3 为晚清张公庙遗址，地面为三合土。

（3）取样位置。本次考察对各年代城墙遗址的灰浆均进行了取样（图 4.3.4）。

课题组通过此次考察调研，了解到温州城墙五代、元末、晚清以及民国等不同时期的建筑形制及地层叠压情况，并对不同时期的城墙灰浆和三合土进行了实地取样，共取得 4 个灰浆样品。

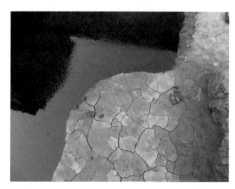

(c) 元末城墙墙体红色夯土

4.4　浙江浦江龙德寺塔

龙德寺塔位于浙江省金华市浦江县浦阳镇城东龙峰山山顶。该塔为楼阁式砖木结构，塔身为六面八级，条石砌筑，塔内木质踏道和

(d) 元末明初城墙坍塌拱券灰浆

图 4.3.4　温州城墙遗址取样情况

塔外木构华栱等各处木构件均已不存[5]。腰檐、平座和塔刹已毁。现存塔身残高 36m，台基高 1.20m。塔砖上有舍钱题记。其中第四层砖上刻"皇宋天禧元年（公元 1017 年）六月一日，蝗虫届邑，往来五天，不伤禾苗，因诉道场乃归"[6]，记录了当时的蝗灾情况和建塔时间。该塔于 1963 年评为浙江省文物保护单位，2013 年被列入第七批全国重点文物保护单位。该塔具有明显的北宋时期塔的时代特征，对研究北宋时期高层建筑的建造具有重要的参考价值。

宋代陈著的《本堂集》卷五十一中收录了《婺州浦江县龙德寺记》一文，提到龙德寺塔建成于北宋天圣三年（公元 1025 年），于南宋宝佑二年（公元 1254 年）重修，后来还修建了塔内木梯、栏杆，并进行了彩绘装饰："龙德寺旧名乾元，宋祥符戊申（公元 1008 年）改今名。其地南则溪，而江而山如揖如抱。北则仙姑岩，伏龙二十里而昂其首。冠之以塔，塔有院，院之前即寺。……寺之重且要之屋，咸具嘉定辛巳僧坦奏请。金书寺额及桂堂扁而寺以重。塔始于天圣乙丑（公元 1025 年），胡贰卿则捐银五十万缗创造，公誉且乐助其成。中遭寇毁，邑人朱氏与僧某修出力重建。至宝佑甲寅（公元 1254 年）僧文豪重修，久而僧文启率其徒妙资文富文广元悟与公誉之。后今岳教公举又大修之梯其层，而升高阑其廉而护险，丹雘金碧而后其绘事。邑人娄荣孙凌兰吴幼敏随施有差，而朱君章捐银以饰其表，于是建圆通阁榜曰多宝佛塔。"

明代宋濂也曾在文集中提到："龙峯之上有塔七成，宋天圣三年僧咸若募兵部侍郎胡公则捐钱五十万所建，至是亦一新之。且造塔院一区，涌殿飞楼，雄丽华焕为一郡佛宫之冠。岁时祝厘县之诸浮屠悉萃焉。元末兵乱，一夕皆为煨烬。寺之二比丘至德守约蘁然伤心乃合谋曰：'前人之功，吾侪不可不继也。而力未能徧及宜先其大者，以为众倡乐善之士，岂无从而和之者乎？'于是黜衣缩食，重刱大雄殿五楹间，其广一百一十尺，深北广犅二十尺，崇比深复犅其四十尺，经始于洪武九年之十月，落成于十三年之三月。"此文也记载了龙德寺塔建成于宋天圣三年，塔旁建有塔院、佛殿，元末兵乱时被毁，明洪武九年（公元 1376 年）重建，建成于洪武十三年（公元 1380 年）。

清代的《（雍正）浙江通志》中"浦江县"一条中记载："龙德教寺（嘉靖浙江通志），在龙峯山下，宋宁宗御书额（金华府志），旧名乾元。刱始无考，元大德间重建。有塔在龙峯山上，明洪武十三年修……后废，万历十七年重建。"书中记载龙德寺于元代以及万历年间重建，龙德寺塔在明洪武十三年（公元 1380 年）重修。

综合以上记载，龙德寺塔（图 4.4.1）建成于宋天圣三年（公元 1025 年），于南宋宝佑二年（公元 1254 年）、明洪武十三年（公元 1380 年）重修。该塔在元至正二年（公元 1352 年）曾遭遇雷击，塔身微倾，明正统年间又遭火灾，万历年间再次重修[5]。1979 年，龙德寺塔再次进行整修，除腰檐、平座和塔刹外，均已恢复宋塔的面貌[7]。

2012 年 11 月，课题组成员前往浦江县塔山公园，对龙德寺塔进行调研考察。

龙德寺塔的砖构部件保存较好，腰檐、平座和塔刹已毁，内部的木制阶梯已毁，但各层门洞上方仍有少量木板。该塔原本各层门洞都与外界相通，于 1979 年重修时堵上了第二层门洞。该塔原本的砂浆呈黄色，1979

年修复时使用的砂浆则呈灰色。利用激光测距仪测距，塔的外径约为 6.573m，内径约为 3.782m。

考察组选取了龙德寺塔二层朝西南方向的内龛作为砂浆硬度和贯入强度的检测地点，内龛两壁为原有建筑，部分砖头已经松动。内龛正面为 1979 年重修时补建，砂浆十分疏松、流失严重，硬度及贯入强度已经无法测量。对内龛右壁（朝东侧）、左壁部分的砂浆进行了现场检测（图 4.4.2）。

本次考察中，还对龙德寺塔二层内龛中原有的建筑灰浆进行了取样（图 4.4.3）。

(a) 内龛塔外情况

(b) 内龛塔内情况

(a) 龙德寺塔外观

(c) 内龛侧面砂浆流失情况

(b) 内部结构

图 4.4.1　浙江浦江宋代龙德寺塔

(d) 内龛右壁砂浆贯入强度检测

图 4.4.2　浙江浦江龙德寺塔二层朝西南方向内龛检测

(a) 取样点1: 内龛右壁, 以左下角为原点, 距左0.425m, 高0.929m

(b) 取样点2: 内龛右壁, 以左下角为原点, 距左0.379m, 高1.494m

(c) 取样点3: 内龛左壁, 以右下角为原点, 距右0.599m, 高1.691m

(d) 取样点4: 内龛正面, 距左0.377m, 距右0.518m, 高1.521m

图 4.4.3　龙德寺塔取样情况

4.5　福建永定县客家土楼群

福建土楼是指分布在闽西和闽南山区中适应大家族聚居、具有突出防卫功能, 并且采用夯土墙和木梁柱共同承重的多层的巨型居住建筑[8]。永定境内的土楼约有 2.3 万座, 遍布永定各乡镇。当地夯土建筑产生于 10 世纪 (唐末宋初) 以前, 13 世纪 (元代) 以后已相当普遍, 14 世纪 (明代) 以后进入成熟期[9]。崇祯《海登县志》记载了明嘉靖三十五年丙辰进士黄文豪的《咏土楼》一词, 是中国史籍中"土楼"一词最早的记载[8]。福建土楼是夯土技术达到顶峰的作品。从"打石脚" (砌基础)、"行墙" (夯筑土墙) 到"献架" (安装木构架) 积累了一整套适合地方条件的施工经验, 其沿海地区夯土中加糯米糊、红糖水以增加强度、减薄墙体等做法, 都颇有创造性[10]。夯筑土墙的做法有湿夯和干夯两种, 两者黄土、石灰、沙的比例不同, 湿夯三合土多用于墙脚, 干夯三合土多用于大型圆、方土楼的一层外周底墙, 还有一种特殊配方的"三合土"是将红糖、蛋清水及糯米汤水加入"三合土"中, 翻锄拌匀, 可以增强"三合土"的坚韧度[11]。

2012 年 4 月, 课题组成员实地考察了永定县境内的几座土楼。通过实地考察、访问当地群众及现场一些简单检测, 了解古代土楼的保存现状。

(1) 日应楼 (图 4.5.1)。日应楼据记载为元代土楼, 位于永定县奥杳村, 现已坍塌, 整体表面杂草丛生。目前仅余原日应楼楼门的石踏, 余墙大约半人高, 内有木材, 尚未腐烂。后人在遗址处建一神坛以示纪念。墙基已经松软不堪, 考察组在原墙内夯土处进行了取样。

（2）裕德楼（图 4.5.2）。同样位于奥杳村，保存完整。据当地居民介绍，该楼已有 100 多年历史，建于清末至民国年间，其大厅地面在修建时加入红糖并多次打磨。考察组对地面及外墙都进行了硬度测试和取样。

（3）奥杳村另一土楼。日应楼旁有一坍塌土楼（图 4.5.3），在残余墙体中发现碎瓷片和竹条，据当地人称此土楼的修筑年代距今不远。墙体厚度在 30～40cm。

（4）彭坑清代土楼（图 4.5.4）。彭坑地区有十几座土楼，为清代和民国年间所建，有的就在道路旁，有的在半山腰上。据当地人介绍，半山腰上的土楼为彭坑地区最早的土楼，彭坑人最早就是居住在那里，后来慢慢向山下迁移。土楼墙已部分坍塌，考察组测试了硬度并取样。其中有一面墙墙面为红色，且木材有炭化痕迹，推测该处可能经历过火灾。

(a) 坍塌土楼外观

(b) 夯土墙硬度检测

图 4.5.3 福建永定清代坍塌土楼

图 4.5.1 福建永定元代土楼日应楼现状

(a) 清代土楼遗迹

(b) 土楼火烧痕迹

图 4.5.2 福建永定清代土楼裕德楼外观

图 4.5.4 福建永定彭坑清代土楼群

（5）五实楼（图 4.5.5）。五实楼为明代土楼，现墙体已被破坏，属于危楼，无人居住，墙体表面似乎有一层砂浆抹面。根据观察，墙体厚度应该在 60～70cm，考察组在墙体上也取了样品。

（6）贞固楼（图 4.5.6）。贞固楼位于五实楼旁，也为明代土楼，外观保存状况较五实楼好，目前仍有人居住。墙体厚度超过 1m。墙体表面有涂抹一层较光滑的砂浆。

（7）龙安寨（图 4.5.7）。龙安寨为宋代遗址，其寨堡的建筑形式为土楼的前身。龙安寨位于永定县城不远的古二村中一座山的山顶处，距山脚约 30min 的山路。遗址上长满了杂草，土墙仅剩 0.5m 左右高度，墙面厚度在 20～30cm，墙中明显可见砂石。

(a) 贞固楼里层墙壁

(b) 贞固楼墙壁表面抹面层

图 4.5.6　福建永定明代土楼贞固楼

(a) 五实楼内景

(a) 龙安寨遗址

(b) 五实楼表面砂浆抹面

图 4.5.5　福建永定明代土楼五实楼

(b) 龙安寨遗址砂浆

图 4.5.7　福建永定宋代龙安寨遗址

（8）馥馨楼（图 4.5.8）。据文献记载，馥馨楼为永定县境内年代最早的土楼。但关于土楼的建造年代，说法不一。有唐代说、元代说，而该处住户则说建于宋代。馥馨楼墙体与之前土楼不太一样，底层为 6m 高的三合土层，为泥土、石灰、砂石混合三合土，非常坚固，整座楼一周墙壁都保存得相当完整。墙体厚度接近 1.3m，土中还掺有大石块，据住户说是为了减少三合土材料。馥馨楼上层为一般夯土墙，损坏严重。考察组在两层土墙中都取了灰浆样品。

此次调研，考察组对唐代、元代、明代、清代、民国及现代修建的 9 座土楼和遗址进行了相关考察及取样。通过与当地人的交流得知，土楼大部分为一般泥土夯筑而成，馥馨楼及龙安寨为三合土建筑。当地只有有钱人家才会在土中加入石灰等材料，在土楼内部地面的夯筑中可能使用了红糖等有机物。

(a) 馥馨楼外观

(b) 馥馨楼内景

图 4.5.8　福建永定唐代土楼馥馨楼

4.6　浙江宁波镇海口炮台

镇海地处甬江口，是我国古代东南重要的海防要塞，在明、清时期的抗倭、抗英、抗法斗争中，留下一批重要的海防遗迹。1996 年，镇海口海防遗址被列为全国重点文物保护单位，包括威远城、月城、安远炮台、靖远炮台、平远炮台、镇远炮台、宏远炮台、金鸡山瞭望台、吴公纪功碑亭等多处文物史迹点。2014 年 6 月 19 日，课题组考察了宁波北仑地区的靖远、镇远、宏远三处炮台遗址。

宏远炮台建于中法战争后的光绪十三年（1887 年），由宁绍台道薛福成创建，同知杜冠英督造。薛福成还写了《宏远道台铭》一文记录此事。铭文写道："小港之左曰笠山者，明代御倭旧址也。创建坚台，气阅整颜，曰宏远。"薛福成的另外一篇文章中也提到："又有威远、靖远、镇远三炮台炮兵以守备。"

宏远炮台是北仑区现存的规模最大的一座炮台，位于甬江南岸笠山上，是甬江口的屏障。笠山高超过 30m，巨大的三合土炮台和钢筋混凝土炮台融为一体，气势极为恢宏。炮台呈圆形，占地面积 269m²，直径 16.5m，高 6m，壁厚 2m。东南开炮眼，西北设洞门，高 5m，宽 3m，台壁以蒸熟糯米搅拌黄泥垒砌。原置德国造火炮一尊，早拆除。与南岸金鸡山下的"平远"炮台隔江对峙。现台顶毁圮，台壁屹立。

镇远炮台位于宁波市北仑区戚家山街道小浃江入海口的笠山南侧，建于清光绪六年（1880 年）。三合土夯筑，平面呈凹字形，长 52.6m、宽 9m、高 4.8m，原设炮眼 5 孔、营房 11 间。清光绪十年（1884 年）置瓦瓦司 80 磅前膛炮 1 门，瓦瓦司 46 磅前膛炮 2 门；英国土炮 2 门，后增克虏伯 12cm 后膛炮 2 门，克虏伯 17cm 后膛炮 1 门。1936 年从平远炮台移来克虏伯 21cm 后膛炮 1 门，2007 年该炮台底座移至蔚斗小学旧址收藏。目前，炮台毁坏严重，炮台壁大部分已倒塌，西北侧两间三合土营房还较完整。

靖远炮台位于宁波市北仑区戚家山街道金鸡山东麓沙湾头，建于清光绪六年（1880 年），用三合土夯筑。炮台平面呈凹字形，原设炮眼 5 孔，长 45m、宽 9m、高 4.4m，各炮室用墙壁间隔，有营房 5 间。清光绪十年（1884 年）置阿姆司特郎 80 磅前膛炮 4 门，瓦瓦司 80 磅后膛炮 1 门，为当时镇海口海防建制最大的炮台，在中法战争镇海战役中发挥作用。目前，5 间营房和各炮室间隔墙已全部被毁，炮台内部破坏严重，炮台外部轮廓比较完整。

2014 年 6 月，课题组成员与浙江省文物考古研究所工作人员一起，前往浙江省宁波市北仑区，对镇海口海防遗址的几座炮台进行调研考察。

（1）宏远炮台（图 4.6.1）。宏远炮台遗址的一部分已被气象站征用，剩余部分保存较好，仍能看出当时的建筑形态。三合土夯筑部分保存较好，通过观察可发现当时在建筑时使用了贝壳作为骨料。三合土表面硬度较高。夯土表面较粗糙，不适宜使用贯入强度仪。宏远炮台围墙，大体分七层夯筑，每层约 40cm（图 4.6.2）。

（2）镇远炮台（图 4.6.3）。镇远炮台位于宏远炮台附近，约 10min 车程处。遗址现在紧邻公路，低于地面，无道路直接到达。遗址表面覆满植被，但仍可见三合土墙体。出于安全考虑，考察组并没有下到炮台近处，样品也是从炮台附近散落的地方收集的。

(a) 全国重点文物保护单位铭牌

(b) 宏远炮台

(c) 宏远炮台概况

(d) 宏远炮台围墙

(e) 分层夯筑情况，每层约40cm

(f) 墙面疑似弹孔的痕迹

图 4.6.1　浙江宁波清代宏远炮台

(a) 检测贯入强度

(b) 检测表面硬度

(c) 三合土取样位置1

(d) 三合土取样位置2

图 4.6.2　浙江宁波清代宏远
炮台检测、取样情况

（3）靖远炮台（图4.6.4）。靖远炮台位于戚家山附近，现在处于某消防单位的建筑范围内，因此无法近距离研究其保存情况，只能隔着栅栏大致观测。样品也只能从旁边采集。

三座炮台均建于清光绪年间，建筑方式类似。从现场调研来看，三座炮台的三合土建筑质量良好，质地非常坚硬。三合土的保存情况也较好。

(a) 全国重点文物保护单位铭牌

(e) 镇远炮台取样三合土

图 4.6.3　浙江宁波清代镇远炮台

(b) 镇远炮台遗址1

(a) 全国重点文物保护单位铭牌

(c) 镇远炮台遗址2

(b) 靖远炮台遗址

图 4.6.4　浙江宁波清代靖远炮台

4.7　浙江镇海后海塘

(d) 镇远炮台现状

　　镇海后海塘位于浙江省宁波市镇海区招宝山街道、蛟川街道境内，紧邻招宝山，东起巾子山山麓，西至俞范镇嘉燮亭，石砌塘体全长

4.8km，塘面宽 3m，高达 9.9～10.6m。唐乾宁四年（897 年）始筑泥塘。南宋淳熙十六年（1189 年）建单面石塘。清乾隆十三年（1748 年）部分改建夹层石塘，并用镶榫砌筑。道光二十八年（1848 年）全面整修，拓宽塘基为 9 尺，以木桩密集打入地下，塘身改建为夹层石塘，塘面采用底夯块石，再用条石龙箍砌土，敷以黏性很强的石灰抹缝。石板交错压顶，塘背用厚土夯实，塘面可容两匹马驰骋。现存海塘东起巾子山山麓，西至俞范嘉燮亭，全长 4800m，其中东段 1350m 为"城塘合一"部分，高 8m，宽 14m，保存较好。后海塘于 1981 年列为县级文物保护单位，1989 年列为浙江省文物保护单位[12]。

关于后海塘始建年代，有唐乾宁与宋淳熙之说。

据《敕修两浙海塘通志·卷三"列代兴修"》[13]载："城负塘而筑，塘不固，城亦不立。考之方志，城之筑盖当唐昭宗乾宁四年，塘虽不详所始，要其治之前于城也晰矣。"由此推知，唐代乾宁四年前已筑此塘。然而，明清史志将后海塘始筑年代多记为宋淳熙十年（1183 年），如《两浙海塘通志》载曰："宋淳熙十年定海县令唐叔翰与水军统制王彦举、统领董珍申请筑定海县后海塘，弗绩。十六年请于朝，效钱塘例，叠石鳖塘岸六百二丈五尺。"其他如民国《镇海县志》、宝庆《四明志》、雍正《宁波府志》等均做这样的记述。为何这些地方文献会将后海塘始筑年代记载为宋淳熙十年，推测唐代所筑海堤对后世的影响不如宋塘：唐塘为土塘，且规模不大，而宋塘始以石材为主，其坚固程度增强，提高了抗潮防灾的能力[14]。

宋淳熙十年（1183 年），邑令唐叔翰、水军统制王彦举在县城西侧筑堤未成。宋淳熙十

六年（1189 年）仿钱塘江海塘，以石叠砌建塘六百二十丈五尺，东南至招宝山，西北抵东管二都沙碛，称后海塘。此举开镇海石塘之始："仆巨石以奠其地，培厚土以实其背，植万桩以杀其冲。"[15]

嘉定十五年（1222 年），知县施廷臣等接连增甃石塘五百二十丈，在其尽处建海晏亭（沙头庵亭），石塘以下又筑土塘三百六十丈，约今俞范一带。明洪武五年（1372 年），破浪椿年久朽腐，石塘塌裂。十二年（1379 年）邑令何肃率鄞、奉、慈、镇四县民夫修复。洪武二十年（1387 年），朝廷为筹划防倭事宜，在此置定海卫，并拓建县城，之前的石塘变身为北城墙，与巾子山至西城角段城塘融为一体。嗣后，在成化、正德年间续有增筑。隆庆三年（1569 年）秋，飓风暴雨成灾，毁城淹舍。浙江巡抚谷中虚察看灾情，创议增筑重垣，加固城塘。后经多方商议以增筑内城为妥，即外塘内城，于万历元年（1573 年）动工，次年告竣，自巾子山西麓至西城角长 1220m，塘面均宽约 14m，基本形成现今之规模，并刻石碑记事，植于西城角亭中[16]。

清雍正二年（1724 年）开始，后海塘外滩涂坍失，导致城塘在乾隆三年（1738 年）、四年（1739 年）两次冲坍。当时仅就表面损坏处予以葺修，未能深究塘身内部状况，终致乾隆十二年（1792 年）七月飓风大作时，城塘并溃。乾隆十三年（1793 年）春，县令王梦弼为抗风潮侵袭，具状上呈，恳请朝廷拨款修塘。他经过广泛调查，博采众议，认为"单石薄土奚能永固"，遂于风涛顶处改建夹层石塘五百七十六丈，次要地段修石塘三百九十六丈，新建石塘五十一丈，修北面坍城表里八百一十丈。此次修建，历经三秋，才把旧石塘改筑成新砌石塘，并在塘上安置了 12 座警铺、25 尊

大炮等防御倭寇的设施，形成城北巨障，其夹层塘设计之精良，工程之浩大，为浙江省沿海所罕见。以后近百年未曾大修，直到清道光十年（1830 年）后，因屡遭飓风恶浪，土石溃决数百丈。道光十七年（1837 年）春，官民合力，富绅捐资，设海晏、慎泰、永安、西城等修塘局，补修夹层旧石塘 800 余丈，近范家村（今俞范）一带，改建夹层石塘 163 丈，近万寿庵（今后施）一带，土塘改单层石塘 163 丈[17]。

民国时期，后海塘也曾有过数次维修。中华人民共和国成立后，后海塘作为镇海、江北地区的重点防洪设施，于 1957 年、1964 年有过两次修葺。到 20 世纪 80 年代，因城区发展建设需要，在塘外又筑"镇北"和"灰库"两条新塘。至此，这一投工百万、利民 800 余年的石砌"巨龙"才完成了其捍城防汛的历史使命。1981 年，后海塘被列为镇海县文物保护单位，1990 年列为浙江省文物保护单位。

2013 年 3 月，课题组成员与浙江省文物考古研究所工作人员一起，前往浙江省宁波市镇海区城关东北，对镇海后海塘的保护情况及考古发掘情况进行考察，在挖掘现场采集未受污染的镇海后海塘古代灰浆样品。

后海塘采取双层幔板骑缝垒法。巾子山至西城角 1300m 与原镇海县城城墙形成一体，采用"城塘合一"筑法，高 8m，宽 14m 不等，即城在上、塘在下，塘体为夹层石塘，基础为木桩，塘底夯有块石，其上用条石固定砌土，再利用石灰填平缝隙。这种城塘合一和夹层石塘的形式在浙江省内较罕见。城上原设望海楼一座，警铺（即岗亭）12 所、古炮 25 门，车马道 3 条。

由于巾子山至西城角段城墙存在 100 多米外凸严重的城墙已具有重大安全隐患，当地文

物保护部门对其进行抢修。本次考察以这次抢修的 100 多米城墙为对象，调研抢修现场，获取未受污染的砂浆样品（图 4.7.1 和图 4.7.2）。

(a) 镇海后海塘"城塘合一"

(b) 镇海后海塘现状

图 4.7.1　镇海后海塘

(a) 抢修现场1

(b) 抢修现场2

(c) 抢修现场3

(b) 显露的夹层

(d) 抢修现场4

(c) 挖掘所得砖石

(e) 抢修现场5

图 4.7.2　镇海后海塘抢修现场

　　由于本次为突击考察，以获取抢修现场资料为主，在抢修段城墙无法进行贯入强度等检测活动。考察主要采集挖掘现场的灰浆样品。根据现场挖掘情况（图 4.7.3），此段塘体为夹层石塘，砂浆为青灰色，塘底夯有条石作基石，基石的轮廓存在个体差别，不规整。

(d) 挖掘塘底基石

(e) 挖掘基石

(a) 塘体显露夹层

(f) 塘底基石

图 4.7.3　镇海后海塘抢修现场挖掘情况

4.8　传统灰浆样品来源及类型统计

在实地考察调研过程中，课题组对调研对象的灰浆材料均进行了样品采集，已供进一步检测研究。在现场采集样品的过程中，通常会先采用一些无损或微损的方法对灰浆的物理性质，如表面硬度、贯入强度等信息进行调查记录，然后根据建筑的时代、风格、社会意义和修复保护历史，选择合适的位置采集有代表性的样品。每个取样点至少选取两处不同的位置，去除灰浆表面杂质后，采集建筑内部 5～10mm 未受环境污染的灰浆。每个灰浆样品在

10～30g，满足多次化学检测及光谱分析的样品量要求。灰浆样品均用塑料袋双层包装，记录文物的名称、地点、年代、采样人或送样人，取样位置，并附照片。课题组的取样过程均有文字和照片记录。

除各课题组外出调研取得的样品外，本实验室传统灰浆样品还有两个主要来源：一是联系古建筑行政主管部门取得的灰浆样品，二是相关文博单位保护工作者主动提供或送来检测的样品。

到目前为止，浙江大学文物保护材料实验室已使用化学分析法检测了 159 处古建筑和遗址的 378 个古代灰浆样品（表 4.8.1）。在地域上覆盖了我国 22 个省、自治区和直辖市，约占中国 2/3 的行政区划（图 4.8.1）。

表 4.8.1　取样点列表

取样点编号	文物建筑	时期	建筑类型
S1	山西陶寺遗址房屋	公元前 2300—1900 年	其他
S2	安徽六安文一战国墓	战国	墓葬
S3	内蒙古鄂尔多斯秦直道遗址	秦	其他
S4	新疆库车烽燧	西汉（公元前 91—49 年）	炮台
S5	安徽固镇县连城镇蔡庄古墓	西汉	墓葬
S6	江苏徐州东汉墓	东汉	墓葬
S7	甘肃秦安县陇城镇街亭古战场	三国	其他
S8	陕西统万城遗址	北朝	城墙
S9	浙江临平古墓	南朝	墓葬
S10	吉林集安高句丽麻线沟 1 号墓	高句丽	墓葬
S11	陕西潼关隋墓墓仗	隋	墓葬
S12	山西长治天台庵	唐（907 年）	寺观
S13	湖南岳阳慈氏塔	唐（713—714 年）	塔
S14	甘肃瓜州锁阳城塔尔寺塔	唐	塔
S15	福建永定馥馨楼（土楼）	唐	民居
S16	陕西西安唐代城墙	唐	城墙
S17	湖南长沙铜官窑遗址	唐—五代	其他
S18	江苏苏州虎丘塔	五代（959—961 年）	塔
S19	浙江安吉灵芝塔	五代	塔
S20	浙江温州古城墙	五代—明	城墙
S21	浙江松阳延庆寺塔	北宋（999—1002 年）	塔
S22	浙江浦江龙德寺塔	北宋（1016 年）	塔

续表

取样点编号	文物建筑	时期	建筑类型
S23	河南开封铁塔	北宋（1048—1049 年）	塔
S24	浙江国安寺塔	北宋（1090—1093 年）	塔
S25	安徽阜阳临泉姜寨古墓	北宋	墓葬
S26	宁夏银川拜寺口塔林	西夏	塔
S27	宁夏银川西夏陵区	西夏	墓葬
S28	甘肃秦安县宋代八卦城遗址	南宋（1159 年）	城墙
S29	四川老泸州城（神臂城）	南宋（1243 年）	城墙
S30	贵州遵义海龙囤	南宋（1257 年）	城墙
S31	浙江余姚南宋史嵩之墓	南宋（1258 年）	墓葬
S32	浙江海宁长安闸	南宋	堤坝
S33	重庆渝中区老鼓楼遗址	南宋	城墙
S34	重庆合川县钓鱼城遗址	南宋	城墙
S35	海南"华光礁 1 号"沉船	南宋	沉船
S36	江苏苏州甲辰巷砖塔	宋	塔
S37	浙江长兴林业墓	宋	墓葬
S38	福建永定龙安寨	宋	城墙
S39	江苏苏州瑞光塔	北宋—清	塔
S40	山西长治正觉寺	金—明	寺观
S41	湖南永顺老司城紫金山墓区	南宋—清	墓葬
S42	浙江杭州六和塔	南宋—清	塔
S43	江苏太仓河出土沉船舱料	元	沉船
S44	浙江海宁长安镇古运河捞坝	元	堤坝
S45	福建永定日应楼（土楼）	元	民居
S46	福建永定裕昌楼（土楼）	元	民居
S47	浙江新昌大佛寺石塔	元	塔
S48	浙江建德严州城墙	元—明	城墙
S49	湖北恩施唐崖完言堂	元—明	民居
S50	甘肃天水玉泉观三清殿	元—明	寺观
S51	湖北恩施唐崖土司王城	元—清	官方建筑
S52	甘肃天水伏羲庙建筑群	元—清	寺观
S53	北京金山岭段长城	明（1368 年）	城墙
S54	陕西西安鼓楼明代油灰	明（1368—1380 年）	城墙
S55	安徽凤阳明中都	明（1369 年）	城墙
S56	陕西西安明代城墙	明（1370—1378 年）	城墙
S57	安徽滁州凤阳楼钟楼	明（1375 年）	城墙
S58	江苏南京明城墙	明（1376—1386 年）	城墙
S59	甘肃永登县连城镇鲁土司	明（1378 年）	官方建筑
S60	陕西西安钟楼	明（1384 年）	城墙
S61	浙江苍南壮士所城	明（1384—1387 年）	城墙

取样点编号	文物建筑	时期	建筑类型
S62	甘肃榆中县明肃王墓群	明（1419—1644 年）	墓葬
S63	浙江省临海市桃渚城城墙	明（1443 年）	城墙
S64	江西南昌明宁靖王夫人吴氏墓	明（1505 年）	墓葬
S65	浙江安吉孝丰城墙	明（1507 年）	城墙
S66	浙江衢州孔庙	明（1520 年）	纪念建筑
S67	安徽歙县龙兴独对坊	明（1521 年）	纪念建筑
S68	安徽歙县岩寺镇文峰塔	明（1544 年）	塔
S69	浙江安吉安城城墙	明（1554 年）	城墙
S70	安徽歙县古城墙	明（1555 年）	城墙
S71	浙江富阳新登城墙	明（1555 年）	城墙
S72	浙江温州永昌堡	明（1558 年）	民居
S73	安徽歙县潜口下尘塔	明（1566 年）	塔
S74	福建永定五云楼（土楼）	明（1567—1572 年）	民居
S75	陕西西安高陵院张氏家族墓	明（1572—1608 年）	墓葬
S76	河北秦皇岛板厂峪长城	明（1573 年）	城墙
S77	湖南永州迴龙塔	明（1584 年）	塔
S78	湖南永顺老司城彭氏宗祠	明（1591 年）	纪念建筑
S79	山西蒲州故城	明（1606 年）	城墙
S80	浙江衢州钟楼	明（1607 年）	城墙
S81	浙江衢州黄甲山塔	明（1609 年）	塔
S82	甘肃天水胡氏民居建筑群	明（1608—1615 年）	民居
S83	安徽歙县鲍象贤尚书牌坊	明（1622 年）	纪念建筑
S84	湖北恩施田氏夫人墓	明（1630 年）	墓葬
S85	山东曲阜孔府	明	纪念建筑
S86	浙江衢州明城墙	明	城墙
S87	湖北武当山玉真宫遗址	明	寺观
S88	湖南武冈古城墙	明	城墙
S89	甘肃天水冯国瑞故居	明	民居
S90	浙江镇海后海塘	明	堤坝
S91	浙江钱塘江二线大塘遗址	明	堤坝
S92	陕西西安香积寺	明	寺观
S93	湖北丹江口武当山琉璃官窑遗址	明	其他
S94	江苏省盱眙县泗州城墙	明	城墙
S95	浙江盐官城墙	明	城墙
S96	甘肃天水石作瑞故居	明	民居
S97	甘肃天水市三新巷 11 号民居	明	民居
S98	北京延庆段长城	明	城墙
S99	山西太原双塔寺古塔	明	塔
S100	江苏徐州回龙窝明长城	明	城墙

续表

取样点编号	文物建筑	时期	建筑类型
S101	山东青州古南阳城墙	明	城墙
S102	四川三台县明城墙	明	城墙
S103	四川合江县明代城墙	明	城墙
S104	甘肃古浪县明长城	明	城墙
S105	江苏南京宝庆公主墓	明	墓葬
S106	甘肃榆中县青城镇水烟作坊	明	民居
S107	安徽广德太极洞	明	民居
S108	福建永定贞固楼（土楼）	明	民居
S109	福建永定环兴楼（土楼）	明	民居
S110	浙江台州府城	明—清	城墙
S111	浙江富阳城墙	明—清	城墙
S112	北京故宫慈宁宫花园	明—清	宫殿
S113	北京故宫养心殿燕喜堂	明—清	宫殿
S114	北京故宫怡情书史	明—清	宫殿
S115	甘肃天水奉州张世英故居	明—清	民居
S116	广西玉林高山村明清建筑群	明—清	民居
S117	甘肃榆中县明清古民居群	明—清	民居
S118	甘肃秦安县陇城镇明清古建筑群	明—清	民居
S119	湖北荆州城墙	清（1646 年）	城墙
S120	安徽亳州花戏楼	清（1656 年）	纪念建筑
S121	云南楚雄黑井古镇庆安堤	清（1662—1722 年）	堤坝
S122	甘肃榆中县青城镇城隍庙	清（1724 年）	寺观
S123	安徽歙县稠墅牌坊群员氏节孝坊	清（1750 年）	纪念建筑
S124	湖南郴州宜章三星桥	清（1760 年）	桥梁
S125	安徽歙县鲍文渊妻节孝坊	清（1768 年）	纪念建筑
S126	甘肃榆中县青城镇高氏祠堂	清（1779—1785 年）	纪念建筑
S127	安徽歙县鲍逢昌孝子坊	清（1797 年）	纪念建筑
S128	福建南靖裕德楼（土楼）	清（1802 年）	民居
S129	四川泸州屈氏庄园	清（1809—1845 年）	民居
S130	江西井冈山刘氏宗祠	清（1824 年）	纪念建筑
S131	甘肃榆中县青城书院	清（1831 年）	其他
S132	河南开封城墙	清（1841 年）	城墙
S133	浙江平湖天妃宫炮台	清（1841 年）	炮台
S134	湖南胡林翼故居"宫保第"	清（1845 年）	民居
S135	甘肃榆中县金崖镇周家祠堂	清（1853 年）	纪念建筑
S136	浙江温州仰义乡王宅	清（1865 年）	民居
S137	广东广州花都区槛泉潘公祠	清（1871—1908 年）	纪念建筑
S138	广东广州花都区献堂家塾西侧民宅	清（1871—1908 年）	民居
S139	广州花都区三吉堂客家民宅	清（1871—1908 年）	民居

续表

取样点编号	文物建筑	时期	建筑类型
S140	甘肃榆中金崖镇周进士祠	清（1871—1908 年）	纪念建筑
S141	浙江宁波镇海宏远炮台	清（1887 年）	炮台
S142	浙江平湖南湾炮台	清（1894 年）	炮台
S143	山东济南清代墓	清	墓葬
S144	浙江龙游祠堂戏台	清	纪念建筑
S145	山西应县木塔	清	塔
S146	浙江丽水遂昌县赤山古塔	清	塔
S147	四川泸州县林家庄园	清	民居
S148	浙江海宁俞家大坟	清	墓葬
S149	甘肃榆中县二龙山戏楼	清	纪念建筑
S150	甘肃省秦安县西番寺建筑群	清	寺观
S151	甘肃省秦安县女娲祠建筑群	清	寺观
S152	福建永定彭坑清代土楼	清	民居
S153	浙江衢州周宣灵王庙	清	纪念建筑
S154	福建永定五实楼（土楼）	清	民居
S155	湖北恩施旅王庙	清	寺观
S156	湖北恩施何开将军墓	清	墓葬
S157	福建永定承启楼（土楼）	清	民居
S158	安徽广德灰土	不明	不明
S159	安徽省考古所送样（墓葬）	不明	墓葬

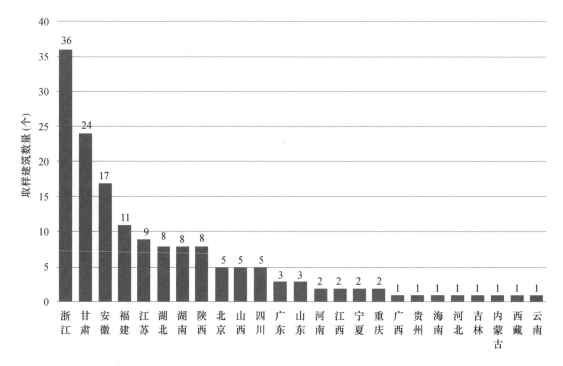

图 4.8.1 取样建筑分布

根据建筑用途，将灰浆样品的建筑按古民居、墓葬、炮台、长城和城墙、寺观建筑、古塔、古桥梁、堤坝、纪念建筑、官方建筑等进行分类，不属于以上类别的建筑归入"其他"类中。灰浆的类型分为古建筑石灰灰浆、古炮台和古民居三合土，以及沉船舱料等。

灰浆样品年代涵盖从陶寺文化（公元前2300—1900年）到清代（1644—1911年）。战国时期的取样建筑1处，秦汉时期取样建筑4处，三国至南北朝时期建筑及遗址3处，隋唐五代时期取样建筑10处，宋代取样建筑及遗址19处，元代取样建筑10处，明代取样建筑66处，清代取样建筑39处。同时还有高句丽、西夏、金朝等时期的取样建筑共4处。灰浆样品年代的确定，通常参考各级政府文物管理部门公开的文物信息。本工作采样的大部分建筑为文物保护单位，这些文物保护建筑的年代经政府的文物管理部门认证并由官方公布，可以在各级政府网站中找到确切的年代信息（一般精确到朝代）。其中，墓葬灰浆和沉船舱料等的年代数据最准确。对于不能通过以上途径确定年代的样品，本工作参考了文献资料中历代修缮情况的记载，一般标明始建年代（如有重建的情况则标记重建年代）和最后一次大修年代之间的年代区间，如有确切修建年份或年份区间的，也在取样点列表中标明。由此，考察组确定了所有样品的年代，一般精确到朝代，部分样品可根据文字信息确定至具体年份或时间段。其中只有安徽省考古所送样的广德地区灰土和墓葬灰浆样品（S158，S159），未提供文物信息，不能确定时代。

本研究中采集灰浆样品最多建筑类型为古代长城和城墙，共40处，来自全国14个省（区）市，最早的城墙灰浆样品来自北朝时期的统万城遗址。其次为古民居28处，最早的

样品来自福建永定的馥馨楼，建于唐代，是现存最古老的客家土楼。采集的墓葬灰浆样品共20处，最早的样品来自安徽六安文一战国墓。古塔灰浆样品共20处，最早的样品为建于唐代的湖南岳阳慈氏塔（713—714年）。纪念建筑包括牌坊、宗祠等共17处，最早的样品来自建于明代的浙江衢州孔庙。取样的寺观建筑共10处，最早的样品来自唐代的山西长治天台庵（907年）。此外，还有古代堤坝（5处）、官方建筑（5处）、古代沉船（2处）、古桥梁（1处）等古建筑和遗址。

4.9　本章小结

自2012年至今，参加传统灰浆科研项目的各课题组，对全国几十处古建筑遗址进行了实地调查和取样，包括福建、湖北、湖南、甘肃、四川、浙江、陕西、山西、安徽、重庆、云南、内蒙古、贵州共13个省（区）市内的多处古建筑，对中国历史上传统灰浆的应用和保存情况有了广泛的认知。

考察的文物建筑中，两处为秦汉时期建筑遗址，三处为唐宋时期建筑遗址，以明清时期的建筑居多。其中1处为世界文化遗产，17处为全国重点文物保护单位，5处为省级文物保护单位，还有多处为市级、县级文物保护单位。文物建筑在建筑类型上分属于古民居和殿堂遗址、古城墙、古塔、古桥梁和水利工程、古炮台遗址、古墓葬及其他遗址。

通过各课题组外出调研取样，联系古建筑行政主管部门取样，以及相关文博单位保护工作者主动提供或送来检测样品，浙江大学文物保护材料实验室已完成全国22个省（区）市的159处古建筑和遗址的378个古代灰浆样品（表4.8.1）的检测（检测结果汇总见第7章）。

本章参考文献

注：本报告中的概况、地理状况、自然环境状况、历史沿革等信息主要来源于当地政府网站信息。

[1] 杨志法，张路青，陶克捷，等．关于衢州古城墙通仙门凝灰岩砌块相对风化速度的研究［J］．工程地质学报，2008（05）：625-629.

[2] 孙亚丽，曹冬梅，方建平，等．衢州古城墙通仙门不同岩性岩石砌块相对风化速度研究［J］．工程地质学报，2014，22（06）：1279-1286.

[3] 杨志法，张中俭，周剑，等．基于风化剥落深度的衢州古城墙小西门岩石砌块和蛎灰勾缝条长期抗风化能力研究［J］．工程地质学报，2013，21（01）：97-102.

[4] 卜炜鹏，胡鹏翔，陆嘉艳，等．衢州古城墙块材风化破坏现状调查及保护对策研究［J］．中国建材科技，2015，24（06）：48-49.

[5] 浙江省文物考古所编．浙江文物简志 浙江简志之四［M］．杭州：浙江人民出版社，1986.

[6] 龙德寺塔［Z］.

[7] 曾维华．中国古史与文物考论［M］．上海：华东师范大学出版社，2008.

[8] 黄汉民．福建土楼探秘［J］．中国文化遗产，2005（01）：8-29.

[9] 胡大新．永定客家土楼［J］．中国文化遗产，2005（01）：30-41.

[10] 黄汉民．福建土楼［J］．福建建筑，2001（01）：27-28.

[11] 谢华章．福建土楼夯土版筑的建造技艺［J］．住宅科技，2004（07）：39-42.

[12] 董祖义．镇海县新志备稿［M］．上海：上海书店，1993.

[13] 方观承修，查祥撰，编纂委员会续修四库全书．敕修两浙海塘通志：卷三"列代兴修"［M］．上海：上海古籍出版社，2002.

[14] 陈君静，刘丹．镇海后海塘的修筑及其影响［J］．宁波大学学报（人文科学版），2010，23（05）：71-74.

[15] 洪锡范修，王荣商纂．民国镇海县志［M］．上海：上海书店，1993.

[16] 严水孚．清乾隆十五年重修后海城塘工程考证［J］．浙江水利科技，2004（1）：61-62.

[17] 刘锦藻．清续文献通考［M］．民国景十通本．卷三百十六舆地考十二．

第 5 章

传统复合灰浆分析
方法研究和应用

5.1　传统复合灰浆检测的技术问题

5.1.1　传统灰浆的特点

传统灰浆的主要成分有胶凝材料（如黏土、石灰、石膏等）、填料（如砂、碎石、泥土等）、添加物（如火山灰、糯米浆、桐油、各种纤维等），以及各种无意中混入的夹杂物（如瓦片、土块、动植物残骸）等，其共同特点如下：

（1）成分复杂。胶凝材料、填料和添加物混在一块，既有无机物，也有有机物，成分多种多样。例如，许多灰浆含有泥土，这就给分析带来很大困难。

（2）结构状态多样。传统灰浆填料的类型、颗粒度、胶砂比等都不尽相同，但对灰浆性能却具有重要影响。

（3）添加物含量很少。为改善灰浆性能加入传统灰浆的添加物量很少（一般质量分数不超过 5%[1]），但是扮演的角色却举足轻重。如我国传统糯米灰浆，加入 3% 糯米汁对石灰浆抗压强度、耐水性、抗裂性等就具有明显改善。

（4）时间久远。获得的传统灰浆样品往往已有数百年甚至数千年历史，其中许多成分都已不同程度地有所改变，如有机添加物的降解等，要回溯样品原始成分已相当困难。

（5）杂质很多。除了常规成分以外，人们无意中掺入的成分，如动植物残骸、砂砾、杂土等将会严重干扰检测结果。

（6）差异微小。许多有待鉴定的目标成分差异十分微小，如新石器时期"白灰面"碳酸钙人工烧制与否的区别。再如，各种植物秸秆种属的区分等，都具有相当难度。

5.1.2　检测的技术问题

通常，传统灰浆中的有机添加物采用仪器分析法。常用仪器包括红外光谱（IR）、热重分析（TG）、能量色散型 X 射线微分析（EDX）、色谱和质谱（MS）等。

Singh 等[2] 采用傅里叶变换红外光谱（FTIR）对印度埃洛拉洞窟的灰浆分析发现其中含有纤维素。曾庆光[3] 等用场发射扫描电子显微镜（FE-SEM）、能量色散型 X 射线微分析（EDX），结合显微拉曼光谱（Raman）和 FTIR 法在 16 世纪的广东开平碉楼壁画中检测出了鸡蛋的成分。郭瑞[4] 等采用显微共聚焦拉曼光谱技术在中国古代彩绘中检测出蛋清。Daniilia[5] 等采用气相色谱-质谱联用（GC-MS）分析技术在希腊 Protaton 教堂拜占庭时期壁画中检测出蛋清和动物胶的混合物。Chambery[6] 等用高效液相色谱-电喷雾/四极杆飞行时间串联质谱法（LC-ESI/Q-q-TOF MS/MS）检测技术，在 20 世纪早期保加利亚圣迪米塔教堂壁画样品中同时发现了蛋清和蛋黄成分。本实验室杨富巍等（附录 2）采用 FTIR 对南京城墙灰浆进行分析，发现含有有机物后再通过碘-淀粉反应等多种方法验证了糯米淀粉的存在。本实验室方世强等（附录 2）采用多仪器联用对中国古代沉船"华光礁 1 号"上的舱料进行分析，证明舱料是由干性油和石灰组成。

但是，仪器检测传统灰浆中的有机成分也存在一些明显限制。例如，FTIR 分析对于常用的糖类添加剂其特征结构是 C—O 键，由于很多有机物中都含有 C—O 键，所以很难鉴别。另外，传统灰浆中大多掺有含二氧化硅的砂或泥土等，二氧化硅中 Si—O 键峰会明显干扰

C—O 键峰的判断。GC-MS 分析需要样品能够完全气化，需要对灰浆中有机物进行提取富集，对样品具有较高的前处理要求。此外，大型仪器分析价格高昂，需要专业人员操作，不适合考古和文物保护现场使用。

5.1.3 检测技术发展方向

（1）成套化学分析。正如 Cristiana Nunes 等[7]在研究亚麻油石灰基灰浆时指出的："对古代材料中有机添加剂的检测很困难，这不仅是因为它们添加量很小，而且随着时间的推移而降解。最近方世强等[8]改进的检测古代灰浆中有机添加剂的分析方法，已开始解决古代灰浆中有机化合物成分信息缺乏的问题"。

本实验室方世强等（附录 2）在前人研究的基础上，建立了一套相对较完整的化学分析方法，可以对中国传统灰浆中的淀粉、油脂、蛋白质、糖类和动物血五类有机添加剂进行检测。

（2）免疫分析。以上化学分析方法存在一定方法误差，尤其是当有机添加物分子结构高度相似的情况下，如胶原蛋白是来自牛还是羊。相比之下，免疫检测技术利用抗原-抗体的免疫反应的高特异性和灵敏性，可以实现微量蛋白类样品的分析检测。到目前为止，本实验室的免疫法分析检测技术已经实现了对灰浆中鸡蛋、牛奶、动物胶、植物胶、酪蛋白等蛋白质类物质的鉴别。

（3）综合集成技术分析。本实验室以郑州商城建筑遗址夯土材料分析、陶寺和殷墟白灰面鉴别、湖北武当山遇真宫建筑灰浆分析、"华光礁 1 号"舱料灰浆分析、北京故宫传统灰浆检测、中国东部地区古塔砂浆分析、古城墙砌筑灰浆分析为例，开展了一系列综合集成

技术分析的研究和应用，完成了目标鉴定物的检测和研究任务，为认知古建筑材料和文物修复保护提供了基础资料。

本章将以浙江大学文物保护材料实验室的研究工作为基础，通过实际案例分析，对化学分析法、生物免疫分析法和仪器分析法在传统复合灰浆分析中的应用进行系统介绍。

5.2 传统灰浆组成、结构的仪器分析方法

仪器分析，按照功能可以分为成分分析和结构分析两大类。成分分析包括红外光谱、拉曼光谱、光电子能谱、X 射线衍射、差热分析等；结构分析包括各类电子显微镜和光学显微镜、激光粒度分析仪、孔隙率分析仪等。这些检测技术是古代传统灰浆鉴定的必要手段。

5.2.1 成分分析仪器

（1）X 荧光光谱（XRF）。X 荧光光谱法利用不同元素的 X 射线荧光具有各自特征的波长值来测定元素的种类。实际应用中，X 射线荧光分析主要用途是做定量分析，由于其具有分析速度快、重现性好、准确度高、分析范围广、试样制备简单、测量不损坏试样等优点，在文物材料研究方面具有广泛的应用。

（2）X 射线衍射（XRD）。物质的性质、材料的性能取决于它们的组成和微观结构。对于晶体，其特定的晶体结构在一定波长的 X 射线照射下，会形成自己特有的衍射峰图谱。每种晶体物质和本身的衍射峰图谱都是一一对应的，多相试样的衍射峰则是由它所含物质的衍射峰机械叠加而成的。因此，根据试样的衍射峰图谱，对照标准图谱，可以得到组成试样的

物相。

（3）红外光谱（IR）。红外光谱是分子选择性吸收某些波长的红外线，而引起分子中振动能级和转动能级的跃迁，检测红外线被吸收的情况可得到物质的红外吸收光谱。它实质上是一种根据分子内部原子间的相对振动和分子转动等信息来确定物质分子结构和鉴别化合物的分析方法。将分子吸收红外光的情况用仪器记录下来，就得到红外光谱图。红外光谱对样品的适用性相当广泛，固态、液态或气态样品都能应用，无机、有机、高分子化合物都可检测。此外，红外光谱还具有测试迅速，操作方便，重复性好，灵敏度高，试样用量少、仪器结构简单等特点。在传统灰浆分析中既可以做无机物的定性分析，也可以分析有机添加物。

（4）热重量分析（TG）。热重量分析是在程序控制温度下，测量物质的质量与温度或时间的关系的方法。通过分析热重曲线，可以知道样品及其可能产生的中间产物的组成、热稳定性、热分解情况及生成的产物等与质量相联系的信息。热重量分析的主要特点，是定量性强，能准确地测量物质的质量变化及变化的速率。与一般化学分析方法和其他方法相比，热重量分析对试样进行定量分析有其独特优点，就是样品不需要预处理，分析不用试剂，操作和数据处理简单方便等。唯一要求就是热重曲线相邻的两个质量损失过程必须形成一个明显的平台，并且该平台越明显计算误差越小。

（5）拉曼光谱（Raman）。拉曼光谱是一种散射光谱。拉曼光谱分析法是基于印度科学家 C. V. 拉曼（Raman）所发现的拉曼散射效应，对与入射光频率不同的散射光谱进行分析以得到分子振动、转动方面信息，并应用于分子结构研究的一种分析方法。拉曼光谱技术的优越性在于提供快速、简单、可重复，且更重要的是无损伤的定性定量分析，它无须样品准备，样品可直接通过光纤探头或者通过玻璃、石英和光纤测量。它在灰浆无机成分分析中具有重要作用。

（6）气相色谱-质谱联用（GC-MS）。气相色谱-质谱联用仪是一种质谱仪，当多组分的混合样品进入色谱柱后，由于吸附剂对每个组分的吸附力不同，经过一定时间后，各组分在色谱柱中的运行速度也就不同。吸附力弱的组分容易被解吸下来，最先离开色谱柱进入检测器，而吸附力最强的组分最不容易被解吸下来，因此最后离开色谱柱。如此，各组分得以在色谱柱中彼此分离，顺序进入检测器中被检测、记录下来。该技术中，气相色谱具有极强的分离能力；质谱对未知化合物具有独特的鉴定能力，且灵敏度极高，因此 GC-MS 是分离和检测复杂化合物的最有力工具之一。它是灰浆中微量有机添加剂检测分析的常用工具。

5.2.2　结构分析仪器

（1）扫描电子显微镜（SEM）。扫描电子显微镜利用细聚焦电子束在样品表面逐点扫描，与样品相互作用，产生各种物理信号，这些物理信号经检测器接收、放大并转化为调制信号，最后在荧光屏上显示反应样品表面各种特征的图像，从而成为研究样品表面形貌的有效分析工具。配合 EDS 还可以在观察样品表面形貌的同时，测定特定区域的化学成分。

（2）透射电子显微镜（TEM）。透射电子显微镜是把经加速和聚集的电子束投射到非常薄的样品上，电子与样品中的原子碰撞而改变方向，从而产生立体角散射。散射角的大小与样品的密度、厚度相关，因此可以形成明暗不同的影像，影像将在放大、聚焦后在成像器件（如荧光屏、胶片以及感光耦合组件）上显示出来。电子显微镜与光学显微镜的成像原理基本一样，所不同的是电子显微镜用电子束作光源，用电磁场作透镜。它可以看到在光学显微镜下无法看清的小于 $0.2\mu m$ 的细微结构，这些结构称为亚显微结构或超微结构。目前，TEM 的分辨率可达 0.2nm。

（3）偏光显微镜（PM）。偏光显微镜是用于研究所谓透明与不透明各向异性材料的一种显微镜。凡具有双折射的物质，在偏光显微镜下就能分辨清楚。而双折射性是晶体的基本特性，因此偏光显微镜被作为灰浆中无机矿物鉴定的重要工具。

（4）压汞仪。测定灰浆中气孔的方法很多。微气孔可以用气体吸附法测定；过渡气孔和宏观气孔可用压汞法，或用光学显微镜和电子显微镜测定。其中，压汞法使用较多，它的基本原理是汞对一般固体不润湿，欲使汞进入孔需施加外压，外压越大，汞能进入的孔半径越小。测量不同外压下进入孔中汞的量即可知相应孔大小的孔体积。

（5）激光粒度仪。激光粒度仪是通过颗粒的衍射或散射光的空间分布（散射谱）来分析颗粒大小的仪器，采用 Furanhofer 衍射及 Mie 散射理论，测试过程不受温度变化、介质黏度、试样密度及表面状态等诸多因素的影响，只要将待测样品均匀地展现于激光束中，就可获得准确的测试结果。激光粒度仪作为一种新型的粒度测试仪器，已经在粉体加工、应用与研究领域得到广泛的应用。它的特点是测试速度快、测试范围广、重复性和真实性好、操作简便等。作为一项新技术，它在灰浆颗粒结构、制作技术分析方面已经得到了应用。

5.2.3　古灰浆多仪器联用分析案例——以郑州商城建筑遗址夯土材料为例

夯筑是先人建造建筑基础、台基和墙体时普遍使用的技术，是我国古代建筑工程技术的重要成就之一。正是由于精湛的夯土技术，古人才留下很多精美的建筑文化遗产，如长城、古城墙、古塔、房屋建筑等。作为中国传统历史文化的物质载体，它们是研究古代科技、文化、艺术的重要实物资料。

（1）样品背景介绍。

郑州商城是全国重点文物保护单位，是商代早期的重要都城遗址，位于今郑州老城区，距今已有 3500 年历史，多数学者认为其是商王"汤始居亳"的亳都，对研究商代历史有重要价值。2012 年，河南省文物考古研究院在其宫殿区附近发掘出多处建筑夯筑遗迹，其中在夯土Ⅲ东部发现大面积与其他软质夯土不同的硬面座底夯层，质地非常坚硬，类似现代水泥面，敲之发出哨哨哨的声音。虽然后期被破坏，但布局清楚，呈长方形，夯窝清晰可见，分布密集，疑为郑州商城房屋建筑的夯土基础（图 5.2.1）。夯土样品直接取自发掘区现场，先用刻刀、小刷子与吹气去除表面附着物，置于温度为 105℃ 的烘箱内烘至恒重，在干燥器中自然冷却至室温。

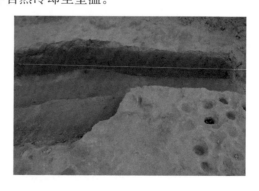

图 5.2.1　郑州商城建筑遗址夯土基础

（2）检测技术。

① 结构特征。夯土样品的显微观察主要采用尼康 SMZ1500 体视显微镜、尼康 BH200 偏光显微镜（PLM）、美国 FEI SIRION-100 场发射扫描电子显微镜（SEM）。

肉眼观察，夯土可分上下两层，表层是夯筑灰土，厚 0.5～1.0cm，黄白色，由白色胶结材料和细沙粒组成，结构致密，硬度较高，平均 80.5HD（邵氏硬度）；表层下为夯筑素土，厚约 9.0cm，由细沙组成，浅黄色，相对松散。

在体视显微镜 40 倍镜下可见夯土主要由石英等矿物组成，在矿物颗粒孔隙，满布粉状白色胶结材料。偏光显微镜 100 倍镜下可见夯土呈粉沙状结构，孔隙式胶结，胶结物呈隐晶态。填料含量 70%～80%，胶结材料 30%～20%。填料主要为石英碎屑，形状多为角砾-次角砾状，尺寸多在 $100\mu m$ 以下。500 倍电子显微镜下可见填料物质均匀地镶嵌在胶结材料中，胶结物排列紧密，呈网状结构（图 5.2.2）。

② 物质成分的定性分析。夯土物质成分的定性分析采用 XRD（日本 Rigaku Ultima IV）和 FTIR（美国 Nicolet Nexus 470）进行分析。

图 5.2.3（a）是 XRD 的分析结果。表明夯土材料的主要成分是石英砂（二氧化硅）、碳酸钙和少量铝硅酸盐等。其中，石英砂是夯土填料，占比最大，碳酸钙是胶结物质，少量铝硅酸盐应是部分活性二氧化硅与氢氧化钙发生火山灰反应的结果。图 5.2.3（b）是 FTIR 分析图谱，$1795cm^{-1}$、$1423cm^{-1}$、$874cm^{-1}$、$712cm^{-1}$ 附近的吸收峰为碳酸钙的特征峰，$1033cm^{-1}$、$778cm^{-1}$、$517cm^{-1}$、$471cm^{-1}$ 附近的吸收峰是二氧化硅的特征峰，印证了 XRD 的分析结果。

(a) 夯土表面照片

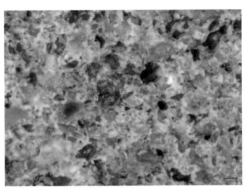

(b) 体视显微镜（40倍）

(c) 偏光显微镜（100倍）

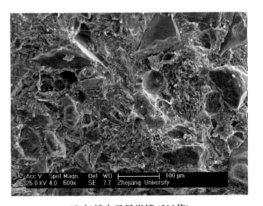

(d) 扫描电子显微镜（500倍）

图 5.2.2　郑州商城夯筑灰土显微照片

结合前面的显微分析，可知该夯土主要由 3 类物质组成：二氧化硅、碳酸钙和少量铝硅酸盐。图 5.2.4 的 SEM 照片显示，碳酸钙胶结物主要是无定型碳酸钙、自形晶少见，多为不规则状［图 5.2.4（a）］和［图 5.2.4（b）］，在密度小的地方有立方体型碳酸钙晶体［图 5.2.4（c）］，在孔隙壁上，可以看到结晶良好的方解石晶体［图 5.2.4（d）］。无定型碳酸钙晶体颗粒很小，大多在 $0.5\mu m$ 以下，相互犬牙交错，形成致密的立体网状结构。立方体形碳酸钙和结晶良好的方解石晶体颗粒较大，多在 $2\sim4\mu m$。

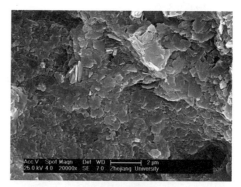

(a) 无定型碳酸钙1

(b) 无定型碳酸钙2

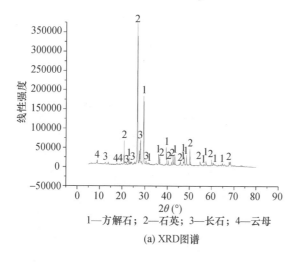

1—方解石；2—石英；3—长石；4—云母

(a) XRD图谱

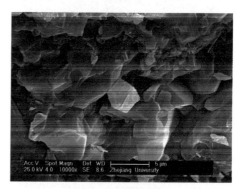

(c) 立方体碳酸钙晶体

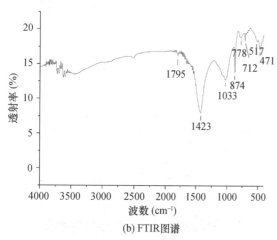

(b) FTIR图谱

图 5.2.3　郑州商城夯筑灰土的物质结构

(d) 结晶良好的方解石晶体

图 5.2.4　郑州商城夯筑灰土 SEM 图

③ 夯土中胶结材料/填料比值的定量分析。

胶结材料历来是传统建筑工艺研究的重点，不同的胶结材料/填料比值甚至会呈现出截然不同的性能，所以定量分析夯土中的胶结材料与填料，对复原传统夯土工艺以及对未来保护材料的开发具有重要意义。根据上面分析，郑州商城夯土材料主要由碳酸钙和二氧化硅两种物质构成，据此本工作可以采用酸解法定量分析夯土中的碳酸钙含量。酸解法是根据碳酸钙与过量稀盐酸（10%）发生化学反应生成二氧化碳气体的原理，通过收集二氧化碳气体的生成量，利用化学反应方程式 $CaCO_3 + 2HCl = CaCl_2 + CO_2 \uparrow + H_2O$ 计算出材料中的碳酸钙含量。为保证数据准确，在测试样品前，在室温条件下首先测试了分析纯碳酸钙（>99.0%）用以标定误差，然后将样品并行测定 5 次，取平均值，扣除误差，得到夯土中碳酸钙含量值，结果见表 5.2.1。测定结果说明：在当时试验条件下，测试值比实际值高出约 5%；消除误差，夯土中碳酸钙 5 次测试的含量均值为 27.16%（质量百分比），其胶凝材料与填料的质量比为 1:2.68，与显微镜下的观察结果相吻合。

④ 夯土中填料的粒度特征。填料是由松散颗粒材料组成，如河卵石、碎石、砂子等，在夯土材料中起骨架或填充作用，它的优劣直接影响材料的好坏。填料的类别和颗粒特征是研究夯土制作工艺和性能的重要内容。上面显微观察发现该遗址夯土填料主要是细小石英砂粒，故利用激光粒度分析仪（丹东百特 BT-2002）分别测定了其粒度分布特征，测试范围 1～2619μm，分析结果见表 5.2.2、图 5.2.5。从中可以看出，夯土填料的粒度中位径为 41.6μm，最大粒径 210.2μm。25% 的颗粒粒径小于 18.97μm，65% 的颗粒半径为 18.97～107.7μm，10% 的颗粒粒径为 104.7～210.2μm，说明 90% 的颗粒小于 107.7μm，填料颗粒较细，大颗粒很少。从各粒度分布区间看，多数在 1%～5%，集中度差，说明粒度分布比较均匀，应没有经过筛选过程。同时本工作也测定了夯筑素土的粒度分布（图 5.2.6），发现其分布特征和夯筑灰土极其相似，两者应为同一来源。

表 5.2.1 郑州商城夯土碳酸钙含量测定结果

样品编号	标样	1	2	3	4	5	均值（除误差）
碳酸钙含量（%，质量比）	104.12	30.22	27.43	27.93	29.14	28.24	27.16

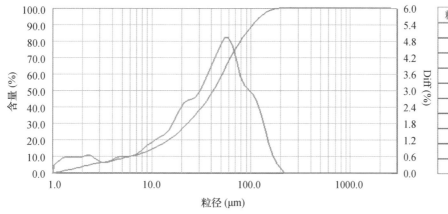

粒径(μm)	含量(%)
1.003	0.00
1.815	3.14
3.284	6.62
5.943	9.89
10.75	15.31
19.45	25.62
35.19	43.30
63.68	71.11
115.2	92.80
208.9	100.00

图 5.2.5 郑州商城夯筑灰土填料粒度分布图

表 5.2.2   郑州商城夯筑灰土填料粒度分布表

范围：1~2619μm			遮光率：13.83%						中位径：41.60μm		

D3：1.771μm			D6：2.850μm			D10：6.041μm			D16：11.32μm		D25：18.97μm

D75：68.97μm			D84：86.95μm			D90：104.7μm			D97：138.7μm		D98：147.8μm

粒径 (μm)	区间 (%)	累积 (%)	粒径 (μm)	区间 (%)	累积 (%)	粒径 (μm)	区间 (%)	累积 (%)	粒径 (μm)	区间 (%)	累积 (%)
1.098	0.27	0.27	7.879	0.76	11.94	56.51	4.91	64.93	405.4	0	100
1.206	0.41	0.68	8.654	0.88	12.82	62.07	4.94	69.87	445.3	0	100
1.325	0.55	1.23	9.505	1.01	13.83	68.18	4.65	74.52	489.1	0	100
1.455	0.59	1.82	10.44	1.12	14.95	74.89	4.09	78.61	537.2	0	100
1.598	0.57	2.39	11.46	1.22	16.17	82.26	3.54	82.15	590	0	100
1.755	0.56	2.95	12.59	1.31	17.48	90.35	3.19	85.34	648.1	0	100
1.928	0.57	3.52	13.83	1.39	18.87	99.24	3.02	88.36	711.8	0	100
2.118	0.6	4.12	15.19	1.52	20.39	109	2.89	91.25	781.9	0	100
2.326	0.63	4.75	16.69	1.74	22.13	119.7	2.64	93.89	858.8	0	100
2.555	0.63	5.38	18.33	2.04	24.17	131.5	2.19	96.08	943.3	0	100
2.806	0.55	5.93	20.13	2.34	26.51	144.4	1.65	97.73	1036	0	100
3.083	0.44	6.37	22.11	2.55	29.06	158.6	1.11	98.84	1138	0	100
3.386	0.38	6.75	24.29	2.65	31.71	174.2	0.66	99.5	1250	0	100
3.719	0.37	7.12	26.68	2.7	34.41	191.3	0.35	99.85	1371	0	100
4.085	0.45	7.57	29.3	2.78	37.19	210.2	0.15	100	1503	0	100
4.487	0.54	8.11	32.18	2.98	40.17	230.9	0	100	1649	0	100
4.928	0.6	8.71	35.35	3.31	43.48	253.6	0	100	1809	0	100
5.413	0.6	9.31	38.83	3.65	47.13	278.5	0	100	1984	0	100
5.946	0.59	9.9	42.65	3.96	51.09	305.9	0	100	2177	0	100
6.53	0.61	10.51	46.84	4.3	55.39	336	0	100	2388	0	100
7.173	0.67	11.18	51.45	4.63	60.02	369.1	0	100	2619	0	100

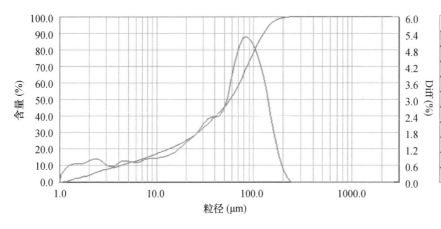

粒径(μm)	含量(%)
1.003	0.00
1.834	3.66
3.354	8.43
6.134	12.98
11.21	18.28
20.50	25.48
37.49	37.82
68.56	57.60
125.3	89.14
229.7	100.00

图 5.2.6   郑州商城夯筑素土填料粒度分布图

（3）小结。岩相分析表明，夯土碳酸钙胶结材料含量 30%～20%，石英填料含量 70%～80%，湿化学定量分析显示胶凝材料与填料质量比为 1∶2.68，与显微镜的观察结果吻合。以上结果表明当时施工者在碳酸钙胶结材料与石英砂填料的使用上已经具有丰富经验，达到了最优配比范围。

5.3 灰浆中有机添加物的化学分析法

化学分析法作为经典分析手段，具有快速、简便等特点，特别是在常量分析时有很大的使用优势。在对古代灰浆分析时，化学分析常常用于样品的前期初步快速分析。

根据文献记载和现代研究发现，我国古代传统灰浆经常使用的有机添加物有动物血、糯米、桐油、蛋清、红糖等。因此，研究并建立一套准确、简单、有效的分析方法，不仅是了解古代灰浆制作工艺技术需要，也可为现代文物保护提供选材依据。

目前，化学法检测灰浆中的淀粉成分已有一些研究，使用的试剂是碘-碘化钾试剂。中国台湾地区学者和本实验室的研究者们均有过报道，曾使用该试剂检测出登封少林寺塔、南京城墙、绍兴牌坊等处的灰浆中含有淀粉，证明该方法可以用于鉴别灰浆中的淀粉成分。本实验室方世强等（附录 2）在前人工作的基础上，建立了一套相对较完整的化学分析方法，分别采用碘-碘化钾试剂、班氏试剂、还原酚酞试剂等对灰浆中的淀粉、还原性糖、血痕、蛋白质及脂肪酸酯进行测定。下面对该方法进行介绍。

5.3.1 分析试剂配制

（1）碘-碘化钾试剂：3g 碘化钾溶解于 100mL 蒸馏水中，待溶解完全后加 1g 碘，配制成碘-碘化钾试剂置于棕色试剂瓶中保存。

（2）班氏试剂：称取 85g 柠檬酸钠，50g 无水碳酸钠加入 400mL 蒸馏水，配制成溶液 1；称取 8.5g 无水硫酸铜加入 50mL 热水中，配成溶液 2，溶液 2 加入溶液 1 中混合，过滤后即可置于试剂瓶中保存。

（3）考马斯亮蓝试液：100mg 考马斯亮蓝 G250 溶解于 50mL 95% 乙醇中，加入 100mL 85% 的浓磷酸，加蒸馏水补充至 1000mL，过滤，置于冰箱中冷藏保存。

（4）还原酚酞试剂：250mL 圆底烧瓶内加 100mL 20% 的氢氧化钾、2g 酚酞粉末和 1g 锌粉，加回流冷凝管加热回流直至酚酞的红色褪去变为无色溶液，置于棕色试剂瓶中保存，底部再加一些锌粉防止试剂被氧化。

（5）高山试剂：取葡萄糖 3g，吡啶 3mL，10% 氢氧化钠 3mL，蒸馏水 7mL 配成高山试剂，24h 后才能使用。

（6）高碘酸钠溶液：称取 1.065g 高碘酸钠，加 4.8g 乙酸和 15.4g 醋酸铵加水至 100mL，配成 0.05mol/L 高碘酸钠溶液。

（7）乙酰丙酮溶液：4mL 乙酰丙酮溶液加 96mL 异丙醇，配成 4% 的乙酰丙酮的异丙醇溶液。

5.3.2 分析操作流程

该方法主要利用反应前后颜色变化、沉淀生成等来判断是否含有目标有机物。其主要包括碘-碘化钾试剂对直链淀粉显蓝色，对支链淀粉显棕红色；班氏试剂和还原性糖反应生成红色沉淀；考马斯亮蓝可以将蛋白质染成蓝色，高山试剂和血有特殊反应；高碘酸钠和乙酰丙酮使脂肪酸酯溶液呈亮黄色。具体操作步骤见图 5.3.1～图 5.3.3。

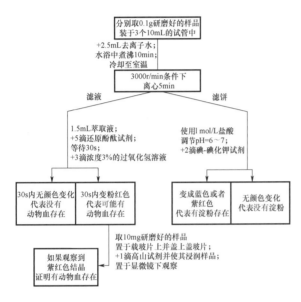

图 5.3.1　灰浆中血痕和淀粉的分析流程

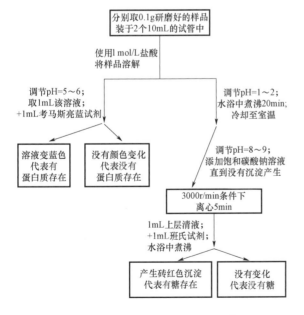

图 5.3.2　灰浆中蛋白质和糖的分析流程

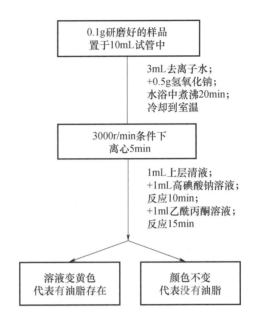

图 5.3.3　灰浆中干性油的分析流程

5.3.3　方法检出能力评价

（1）阴性对照。按照以上方法对分别含有糯米、红糖、猪血、蛋清和桐油的模拟灰浆样品以及不含添加剂的空白灰浆样品进行分析得到结果见图 5.3.4。结果显示，碘淀粉试验、还原性糖检测和血痕分析中分别只有含糯米、红糖（分析时将其水解为葡萄糖和果糖）和猪血的样品呈现阳性反应（图 5.3.4 中 E、D、C）。在蛋白质分析中，由于血液中含有蛋白质，因此含猪血和蛋清的灰浆样品均呈现蓝色的阳性反应（图 5.3.4 中 B）。同样，干性油和血液中含有甘油酯，皂化反应后得到的甘油经高碘酸钠氧化，乙酰丙酮显色后呈现特殊的荧光黄（图 5.3.4 中 A）。但是在试验中发现，糖水灰浆在测试中也会出现微弱的荧光黄颜色，呈现假阳性。因此，在甘油酯分析时若遇到微弱的阳性反应必须采取进一步分析。由于一般情况下灰浆中有机物的添加量在 5% 以下，因此作者提出采用 6% 糖水灰浆显示的荧光黄深浅为参比，若试验观察到颜色明显比它深则

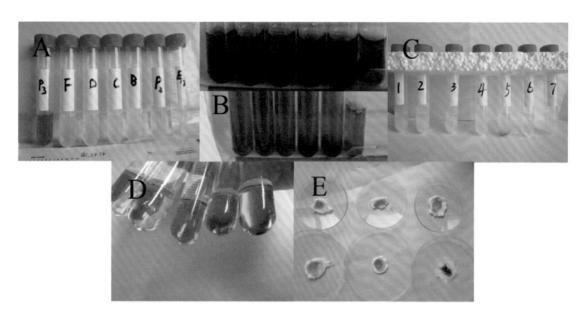

图 5.3.4　五种测试方法阴性对照试验照片

A—甘油酯；B—蛋白质；C—血痕；D—还原性糖；E—淀粉

灰浆中含有干性油或血；若试验观察到颜色不明显则为疑似有甘油酯类化合物，需进一步分析。

（2）检测限。建筑灰浆中有机物的添加量和灰浆的用途及有机物的种类有关，有机物的含量一般在 5% 以下[10]。但是由于有机物容易发生降解，因此在那些存在有上百年甚至上千年的灰浆中，实际存在的有机物可能会更少。因此，一种能有效检测古代灰浆的方法必须有较低的检测限。该分析方法检测限见表 5.3.1。从数据显示，除去蛋清灰浆外，其他 4 种灰浆分析几乎可以达到微量分析的要求，能检出样品中有机物的量比灰浆制作时添加的量小 1～2 个数量级。因此，从检测限角度看，该方法可以满足分析要求。

5.3.4　方法可行性评价

为了验证所建分析方法的可行性，采用上述方法对取自我国各地 300 多个样品进行了分析（附录 1）。在此，以其中部分样品为例进行分析，样品详细信息和测试结果见表 5.3.2。从被检测的 13 个古代灰浆样品的结果显示，有超过 2/3 的样品含有 1 种及以上的目标有机物。说明古代使用有机-无机复合灰浆建造各类建筑物是比较普遍的现象。同时，测试结果和古籍记载基本一致。例如，据记载南京城墙部分使用糯米灰浆进行砌筑[9]；砌筑墓葬时，人们往往会在石灰中添加糯米、桐油等有机物，能起到较好的防水作用[10]；在中国，血料灰浆被用来制作彩画的地仗层[11]；堤坝等水利工程中也常常用到糯米灰浆[9]等。

表 5.3.1　各类灰浆检测限

编号	有机物	灰浆中有机物含量（%）	检测限（mg/mL）
1	糯米	0.04	0.4[a]
2	血	0.001	0.001
3	蛋清	1.6	0.8
4	红糖	0.4	0.087
5	桐油	0.4	0.1

注：[a] 单位：mg/g。

表 5.3.2　古代样品信息与分析结果

编号	时期（年）	样品来源	淀粉测试	血痕测试	还原性糖测试	蛋白质测试	甘油酯测试
SHT1	1368—1644	中国福建省客家土楼（世界文化遗产）	－	－	－	－	－
SHT2	1636—1911	中国福建省客家土楼（世界文化遗产）	－	－	－	－	－
MZHJ1	1127—1279	中国浙江省一处墓葬	＋＋＋	－	－	＋＋	＋＋＋
MZHJ2	1368—1644	中国江西省一处墓葬	＋＋	－	－	－	－
MZHJ3	1368—1644	中国江苏省一处墓葬	－	－	－	－	－
CQHJ1	1368—1644	中国南京城墙	－	－	－	－	－
CQHJ2	1368—1644	中国南京城墙	＋＋	－	－	－	－
GTHJ1	959—961	中国江苏虎丘塔（世界文化遗产）	＋＋	－	－	－	－
GTHJ2	959—961	中国江苏虎丘塔（世界文化遗产）	－	－	＋＋＋	－	－
DZC1	1368—1644	中国陕西西安鼓楼抹灰	－	－	＋＋	－	－
DZC2	1636—1911	中国浙江一处戏台石柱抹灰	－	＋＋＋	－	－	＋＋＋
CCHJ	1127—1279	"华光礁1号"宋船	－	－	－	＋	＋＋＋
SLHJ	1127—1279	中国浙江长安闸水闸	＋＋	－	－	－	－

注：－：阴性反应；＋：弱阳性反应；＋＋：中等强度阳性反应；＋＋＋：强阳性反应。

5.3.5　方法准确性评价

为了验证上述方法检测的准确性，采用红外光谱分别对模拟灰浆样品以及测试呈阳性的古代灰浆样品进行分析，得到如图 5.3.5 所示结果。

淀粉和红糖的化学成分分别是多糖和蔗糖，含有 C—O 键，因此在红外谱图中的 1000～1200cm^{-1} 有吸收峰。图 5.3.5（a）和图 5.3.5（b）显示，纯的红糖和糯米淀粉在这个范围内有 3 个吸收峰，但是当与石灰混合做成灰浆后，形成了 1 个宽峰，这可能是因为这两种有机物和石灰之间存在化学作用。8 个古代灰浆样品在这个区间中也呈现出 1 个宽峰（波数也几乎相同）。虽然从红外光谱结果中无法区分其中的有机物是蔗糖还是多糖，但是对照模拟样品，此处峰的出现证

明样品中很可能存在含有 C—O 键的有机物，如糖类。

动物血和蛋清中都含有丰富的蛋白质，蛋白质在红外光谱中有特征吸收峰（酰胺Ⅰ，Ⅱ，Ⅲ带）。通过比较血粉、碳酸钙和血胶（由氢氧化钙和血做成）的红外光谱［图 5.3.5（c）］可以发现，当灰浆中含有蛋白类物质时，它的谱图和普通灰浆不同。在 3 个古代灰浆样品中，CCHJ 和 DZC2 在 1651cm^{-1} 和 1559cm^{-1} 处拥有吸收峰。这两个吸收峰分别落在酰胺Ⅰ带和Ⅱ带的位置，在酰胺Ⅲ带的位置未发现明显的吸收峰。考虑到在 3000～2250cm^{-1} 范围内没有发现明显的吸收带，可以排除其中铵盐的存在。因此，这两个样品中很有可能存在的是蛋白质类物质。而 MZHJ1 未发现在酰胺Ⅰ带有吸收峰，无法从红外光谱证明其中含有蛋白质。

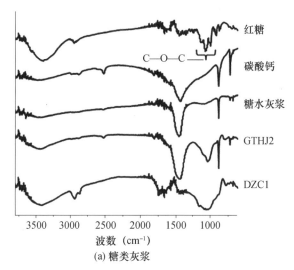

(a) 糖类灰浆

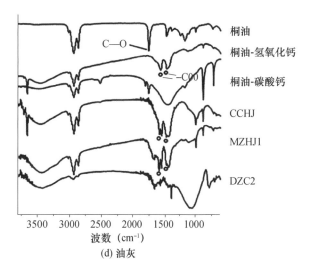

(d) 油灰

图 5.3.5　各类灰浆红外分析结果

干性油和动物血中均含有甘油酯，甘油酯在氢氧化钙的作用下会形成羧酸钙。因此，当干性油或者动物血和氢氧化钙制备的样品在红外图谱中无法观察到 C＝O 伸缩振动，取而代之的是在 1610～1560cm⁻¹，1440～1360cm⁻¹ 出现—COO⁻ 的伸缩振动峰，如图 5.3.5（d）所示。同样，观察 3 个古代灰浆样品的红外图谱发现，CCHJ 和 MZHJ1 在 1576cm⁻¹ 和 1460cm⁻¹ 处存在吸收，即样品中存在羧酸盐，这些羧酸盐可能是甘油酯和石灰的反应产物。DZC2 在—COO⁻ 的伸缩振动峰区间中未发现明显的吸收峰，无法判断其中是否含有羧酸盐。

5.3.6　方法干扰分析

以上鉴别方法主要依靠物质颜色变化，或者是否有沉淀生成。当灰浆样品含有褐色砂砾、黄土以及红砖粉时，就会严重影响对碘淀粉试验的观察。而普通的土壤脱色方法会用到强酸，这会导致淀粉水解，因此不适用。为了尽量降低颜色干扰，采用混入白色碳酸钙的方法，即将适量样品和碳酸钙混合后充分研磨，然后进行碘淀粉试验，得到不错的鉴别

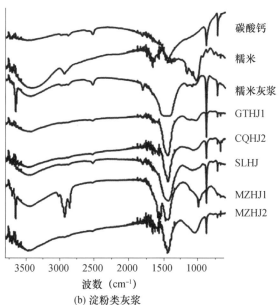

(b) 淀粉类灰浆

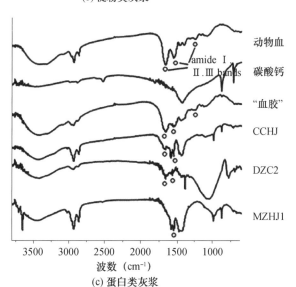

(c) 蛋白类灰浆

效果。

另外，灰浆中夹杂的动植物残骸、添加的植物纤维等会导致分析结果呈现假阳性。因此，在取样时，应尽量选择灰浆内部的样品。当灰浆中添加有植物纤维时，会出现还原性糖的阳性反应。对添加纤维的模拟样品分析发现，在纤维周围测得的还原性糖含量是远离纤维区域测得还原性糖含量的 $2\sim5$ 倍。所以，当遇到灰浆中添加了纤维时，应特别小心。

5.3.7　小结

本工作采用碘-碘化钾试剂、班氏试剂、还原酚酞试剂、考马斯亮蓝和乙酰丙酮显色法对灰浆中可能含有的淀粉、还原性糖、血、蛋白质和脂类进行了检测鉴别研究。结果显示，这些方法对这些有机物的检测限分别可以达到 0.4mg/g、0.087mg/mL、0.001mg/mL、0.8mg/mL 和 0.1mg/mL。该分析方法可以满足灰浆中有机物添加物的检测要求。

通过模拟样品和真实样品的检测对照发现，在分析脂类时，糖类会有一定的假阳性反应。此外，其他四项分析不会有交叉干扰。通过与红外分析和古籍记载对照，证明该方法具有较好的准确性。因此，此套方法可以应用于古代灰浆的分析检测。

5.4　免疫分析法在传统灰浆分析中的应用

免疫检测技术利用抗原-抗体免疫反应的高特异性和灵敏性，可以实现微量蛋白类样品的分析检测。本节将通过实验室模拟样品和真实古代灰浆样品的检测，对酶联免疫法、免疫荧光法和酶解法进行介绍。

5.4.1　酶联免疫法（ELISA）

（1）基本原理。

酶联免疫法是一种精确、灵敏的免疫分析技术，可用于绘画样品中目标抗原的快速、简便、高效的测定。酶联免疫法通常采用共轭抗体酶作为检测试剂，这些酶作用于显色或产生放大探测信号的荧光底物上。

基本原理：微孔中包被有针对蛋清蛋白的特殊抗体，可与蛋清蛋白发生结合形成抗体抗原复合物；未结合部分在洗涤过程中被除去；加入酶连接物后，抗体酶连接物和抗体抗原复合物结合，形成抗体-抗原-抗体复合物（"三明治"夹心法）；加入底物/发色剂后，在酶连接物作用下发生颜色变化，其颜色变化的深浅与受检物质含量呈一定的比例关系（图 5.4.1）。

辣根过氧化物酶（Horse Radish Peroxidase，HRP）和碱性磷酸酶（Alkaline Phosohatasa，AP）为 ELISA 中常用的两种酶。当采用四甲基联苯胺（TMB）为反应底物时，其经 HRP 作用后由无色变为蓝色，用硫酸（H_2SO_4）终止后，由蓝色变为黄色，最适吸收波长为 450nm；当采用对硝基苯磷酸酯（p-NPP）作为底物时，在转化酶 AP 的作用下，对硝基苯磷酸酯转化为对硝基苯酚，在 pH8.5 的碱性条件下为黄色染料。显色反应与

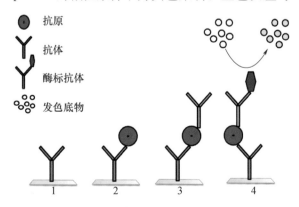

抗原

抗体

酶标抗体

发色底物

1　　2　　3　　4

图 5.4.1　夹心酶联免疫法原理图

固定在微孔板上的抗原数量和酶的活性时间密切相关。加入缓冲溶液可以停止反应的进行，并可以实现不同的酶联免疫法（ELISA）检测之间的定量比照。

直接酶联免疫法是各类方法中最简单的，就是将蛋白质（抗原）固定到固相塑料载体上（通常为 96 孔微孔板），并向其中添加酶标检测抗体。检测抗体（命名为"主抗体"）以一种已知的分子序列绑定到抗原上：抗原的表位，在间接酶联免疫法（ELISA）中，主抗体并不是共轭抗体酶，而是对（IgG，IgM）类主抗体具有特异性的共轭抗体酶。辅助抗体的使用，增加了酶联免疫吸附试验的特异性，并减少了由于微孔板表面抗体而产生的非特异性背景。

（2）仪器设备和操作方法。

微孔板酶标仪、离心机和离心管、水浴锅、研钵、刻度移液管、可调试 $20\sim200\mu L$ 和 $200\sim1000\mu L$ 微量移液器等。操作方法如下：

① 预处理

取约 0.5mg 样品（1/2 粒米粒大小），小心粉碎，研磨，放入 1.5mL 的微量离心管中，加入 $150\mu L$ 提取缓冲液，调节 pH 值为中性。超声波降解 1h。将提取好的样品放入离心机中，高速离心 10min。取上清液备用。

② 检测操作

a. 将所需数量的孔条插入微孔板架，并记录下各个样品所在位置。b. 将 $100\mu L$ 待测样品上清液加入相应的微孔中，在室温条件下（20～25℃）孵育 10min。c. 倒出孔中的液体，将微孔板架倒置在吸水纸上拍打（每轮拍打 3 次）以保证完全除去孔中的液体。每孔中加入 $250\mu L$ 洗涤缓冲液（按 1∶10 比例稀释）洗涤微孔。上述操作重复进行两遍。d. 向每个微孔中加入 $100\mu L$ 稀释后的酶连接物溶液

（按 1∶10 比例稀释），充分混合，在室温条件下（20～25℃）孵育 10min。同 c 操作。e. 向每个微孔中加入 $100\mu L$ 底物/发色剂，充分混合后在室温（20～25℃）条件下暗处孵育 10min。f. 向每个微孔中加入 $100\mu L$ 反应终止液，充分混合。再加入反应终止液后 10min 内于 450nm 处测量吸光度值。

（3）真实古代灰浆样品的分析——以蛋清检测为例。

蛋清是人类最早利用的有机胶凝材料之一。蛋清主要的应用领域是三合土建筑、泥塑、壁画颜料和地仗、砌筑灰浆等，其中大多含有黏土。从现代科学方法看，能够从复杂样品中准确检出蛋清的有效的方法是免疫法，如利用卵清蛋白抗体与样品中残留抗原结合的特异性，采用酶联免疫法（ELISA）检测是否含有蛋清成分。

① 样品准备。

按照中国古代灰浆的无机成分，在实验室模拟制作了 3 个系列的蛋清灰浆标准样品：a 氢氧化钙＋黏土（质量比为 1∶1），b 黏土，c 碳酸钙粉末。为考察检测限和准确性，制备了 6 种蛋清浓度的水溶液，将水溶液与灰土按 0.8 的水灰比混合均匀制作成标准样品，在自然条件下放置老化 6 个月后使用，具体蛋清浓度见表 5.4.1。

表 5.4.1 蛋清灰浆标准样品中蛋清浓度

无机成分三类	浓度编号	蛋清浆液浓度（质量分数，%）	水灰比（w/c）	灰浆中蛋清浓度（质量分数，%）
a 氢氧化钙＋黏土（$m/m=$1∶1）b 黏土 *c 碳酸钙	1	4	0.8	3.333
	2	1		0.808
	3	0.25		0.201
	4	0.06		0.048
	5	0.015		0.012
	6	0.004		0.003

注：＊黏土取自杭州市境内老和山山脚，经过碾磨，100 目网筛，100℃恒温烘 48h。

本次共检测了 17 个古代灰浆样品，分别来自全国不同地区（浙江、河南、吉林、甘肃、新疆和北京）的古城墙或古墓葬的灰浆，以及壁画地仗层。样品的具体情况见表 5.4.2。

② 临界值的选择。

对于大多数免疫检测来说，阳性样品与阴性样品之间存在一个检测结果的重叠区。为了提高检测方法的灵敏度和特异性，选择合适的临界（cut-off）值至关重要。试验中，利用试剂盒中不同浓度的标准蛋白样品进行预测试，可确定同等试验条件下检测的临界（cut-off）值，结果见表 5.4.3。目前，市面上一些 ELISA 夹心法定性检测试剂盒的临界（cut-off）值的计算方法是阴性对照×2.1（或＋，一定值）。本试验发现，0.5ppm 的 OD450nm 值大约为 0ppm 的 OD450nm 值的 2.6 倍，正好满足临界（cut-off）值＝阴性对照×2.1（或＋，一定值）的要求，故确定本次检测的临界（cut-off）值为 0.228。

表 5.4.2　古代灰浆样品

编号	样品来源	年代
1	浙江安吉孝丰城墙灰浆	明 1507
2	河南开封北城墙万岁山豁口灰浆①	1841 年
3	河南开封北城墙万岁山豁口灰浆③	1841 年
4	北京延庆段长城帮水峪灰浆	明代
5	安徽凤阳县明中都城墙灰浆	明代
6	浙江余姚史嵩之墓灰土	南宋
7	杭州六和塔灰浆	宋或清
8	莫高窟 26 窟掉落的壁画地仗	未明
9	莫高窟 85 窟掉落的壁画地仗	未明
10	东北某墓葬壁画地仗	4—7 世纪
11	须弥山 48 窟佛指 4 号	
12	须弥山 48-2 窟泥塑	
13	须弥山 48-4 窟泥塑	
14	麦积山 20 窟泥塑	西魏
15	麦积山 15 窟泥塑	明代
16	秦俑彩绘掉落剥离层	秦
17	麦积山 9 窟壁画	明清

③ 方法的特异性与灵敏度。

为了验证本项检测的特异性，以含有明胶、糯米、糖、猪血、桐油的灰浆标准样品为阴性对照组。经检测发现（表 5.4.3），阴性对照组的 OD450nm 值均低于临界（cut-off）值；由此可见，该方法检测具有较高的特异性，不会出现假阳性结果。

综合中国古代常见建筑灰浆中出现的各类无机成分，本项研究考察了氢氧化钙与黏土混合系列、黏土系列、碳酸钙系列三类无机物中不同浓度的蛋清灰浆标准样品，以确定该检测方法的灵敏度。由表 5.4.4 检测结果可知，3 个不同系列的蛋清灰浆标样的空白对照组（0% 蛋清浓度）的 OD450nm 值均低于临界（cut-off）值，且其他浓度标样的 OD450nm 值均高于临界（cut-off）值，这说明该检测方法具有较高的灵敏度和很低的检测限，可以实现标样最低蛋清浓度 0.003% 的检测。此外，从三类无机物检测的对照结果可以看到，ELISA 检测方法不受土本身颜色的干扰，完全克服了考马斯亮蓝化学分析法受颜色影响的缺陷，解决了三合土类灰浆样品中蛋清成分的分析检测问题。

表 5.4.3　标准蛋白样品和阴性对照组的 ELISA 结果

样品	浓度	吸光度值（OD450nm）
标准样品	0ppm	0.087
	0.5ppm	0.228
	1.5ppm	0.573
	4.5ppm	1.193
	13.5ppm	2.352
阴性对照（3.333%）	明胶	0.097
	糯米	0.111
	糖	0.110
	猪血	0.148
	桐油	0.094

注：本次检测的临界（cut-off）值为 0.228。

表 5.4.4 不同系列不同浓度蛋清灰浆标准样品的 ELISA 结果

样品	浓度（%）	吸光度值（OD450nm）
氢氧化钙＋黏土系列	3.333	2.570
	0.201	1.386
	0.003	0.586
	0	0.193
黏土系列	3.333	2.936
	0.201	2.155
	0.012	1.411
	0.003	1.064
	0	0.166
碳酸钙系列	3.333	2.949
	0.201	2.860
	0.012	2.848
	0.003	0.834
	0%	0.168

注：本次检测的临界（cut-off）值为 0.228。

④ 文物样品分析。

通过对一系列标准样品的预试验，前面已经确定本项 ELISA 检测的临界（cut-off）值为 0.228。以空白对照校零，当待测样品的 OD450nm 值高于临界（cut-off）值时为阳性；当待测样品的 OD450nm 值低于临界（cut-off）值时为阴性。

按照上所述的酶联免疫法（ELISA）检测方法，对 17 个古代灰浆样品的检测结果见表 5.4.5。由表 5.4.5 可知，莫高窟 85 窟掉落的壁画地仗、杭州六和塔灰浆、莫高窟 26 窟掉落的壁画地仗、东北某墓葬壁画地仗、须弥山 48-2 窟泥塑、须弥山 48-4 窟泥塑、麦积山 20 窟泥塑、麦积山 15 窟泥塑、秦俑彩绘掉落剥离层和麦积山 9 窟壁画的 OD450nm 值处于临界（cut-off）值的上沿，即检测结果呈阳性，表明以上样品中很有可能含有卵清蛋白（蛋清的主要成分）。其中麦积山 15 窟泥塑样品 OD450nm 的值最高，表明其中含有蛋清成分的

表 5.4.5 古代灰浆样品检测结果

序号	样品来源	考马斯亮蓝法 * 检测蛋白质	ELISA 法检测蛋清吸光度值（OD450nm）
1	莫高窟 85 窟掉落的壁画地仗	＋＋	0.854
2	杭州六和塔灰浆	＋	0.337
3	莫高窟 26 窟掉落的壁画地仗	＋	0.306
4	东北某墓葬壁画地仗	＋	0.244
5	河南开封北城墙万岁山豁口灰浆③	＋	0.159
6	河南开封北城墙万岁山豁口灰浆①	＋	0.155
7	浙江安吉孝丰城墙灰浆	＋	0.136
8	北京延庆段长城帮水峪灰浆	＋	0.124
9	浙江余姚史嵩之墓灰土	＋	0.124
10	安徽凤阳县明中都城墙灰浆	＋	0.116
11	须弥山 48 窟佛指 4 号	＋	0.218
12	须弥山 48-2 窟泥塑	＋	0.602
13	须弥山 48-4 窟泥塑	＋＋	0.812
14	麦积山 20 窟泥塑	＋	0.474
15	麦积山 15 窟泥塑	＋＋	0.948
16	秦俑彩绘掉落剥离层	＋＋	0.734
17	麦积山 9 窟壁画	＋＋	0.848

注：＊＋表示检测结果为阳性，其中，＋＋显色明显；＋有显色现象。

可靠性最大。而河南开封北城墙万岁山豁口灰浆、浙江安吉孝丰城墙灰浆等几样品的OD450nm值均低于临界（cut-off）值，即检测结果呈阴性，表明这几样品中几乎没有卵清蛋白（蛋清的主要成分）存在。检测结果呈阴性只表示其中不含卵清蛋白成分，并不表示其中不含蛋白质成分，如可能含有动物胶等。

（4）酶联免疫法小结。

大多数古代灰浆样品经过成百上千年的风吹雨打，残留的有机胶凝材料较少，往往会发生降解或变质，还经常受到各种污染。针对这类微量有机成分的检测，需要更加灵敏、特异性更强的方法，免疫分析法不失为最佳的选择。通过采用 ELISA 对一系列蛋清标准样品和 17 个古代灰浆样品的检测比较可知，ELISA 检测蛋清的最低检出浓度可达0.003%，不仅灵敏度更高，而且克服了含有黏土时产生的颜色干扰，同时可以将目标蛋白质从其他蛋白类物质中鉴别出来，准确地检测出其中的蛋清成分，在检测的特异性方面有了很大突破，非常适合三合土类样品中蛋清的分析检测。

总体来说，ELISA 的优点：①只需要微量的样本；②具有高效经济适用性；③对生物源的识别具有灵敏性和特异性；④适合不同抗体进行混合蛋白质的鉴定。

5.4.2　免疫荧光法（IFM）

（1）基本原理。免疫荧光技术，又称荧光抗体技术……种。它是在免疫学、生物化学和显微镜技术的基础上建立起来的一项技术。免疫荧光显微镜是一种具有高特异性的检测工具，能够实现复杂样品中蛋白质的明确识别和定位。目前，免疫荧光显微镜检测已经被用于绘画横截面中蛋白质类黏合剂的检测。不仅能够明确显示样品中目标蛋白的分布，并具有明确的荧光识别标记，还可以测定所涉及的动物种属。

基本原理（图 5.4.2）：以荧光素作为标记物，与已知的抗体或抗原结合，但不影响其免疫学特性；然后将荧光素标记的抗体作为标准试剂，用于检测和鉴定未知的抗原；在荧光显微镜下，可以直接观察呈现特异性荧光的抗原抗体复合物以及存在的部位。它是将抗原抗体反映的特异性和敏感性与显微示踪的精确性相结合的一项技术。

间接免疫荧光法以荧光素标记抗球蛋白抗体，抗体与相应抗原结合，荧光标记的抗球蛋白抗体与已结合的抗体发生作用，从而推知抗原或抗体的存在。间接荧光技术既可用已知的抗原检测未知的抗体，也可用已知的抗体测出未知抗原。

（2）所需仪器设备。荧光显微镜、连续变倍体视显微镜、超景深显微镜、轮转切片机、全自动真空抽取机、恒温干燥箱、砂纸（200、800、2000 和 5000mesh）、载玻片和盖玻片等。

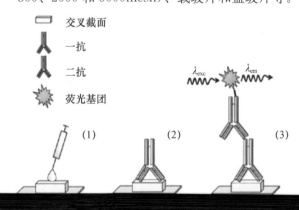

（1）……孵化60min。
（2）加入一抗，4℃孵育过夜。步骤(1)和(2)后都需要用PBS多次冲洗，最后在空气中干燥。
（3）加入二抗，在37℃下孵育2h。样品在显微镜下的读取样品的特异性荧光。

图 5.4.2　免疫荧光检测原理图

（3）样品处理流程。用荧光显微镜法检测之前需要先将灰浆样块包埋在包埋剂中，再切片磨光。①包埋：切取小块壁画样品，用包埋剂 502 将壁画样品完全浸润，放入真空机中减压抽真空 2～3 次，排除样品内部的小气泡，并使包埋剂渗入壁画样块中。将样块放入恒温干燥箱中，设置温度为 37℃，烘约 12h，使包埋剂硬化。②切片：趁热将其切成 0.5～1mm 的小片。③固定：将小片样块用包埋剂粘在载玻片上，室温下约 1h 后，样块完全固定在载玻片上。④磨片：首先用 200mesh 的粗砂纸将载玻片上的样块磨薄，再依次用 2000mesh 和 5000mesh 细砂纸进行抛光处理，将样块抛光，要求在显微镜下观察没有明显划痕。载玻片上的样块厚度约为 0.1mm。

（4）样品检测操作流程：①将样品在封闭液中封闭 60min。②封闭结束前，按说明书的指示用抗体稀释液稀释一抗。③吸去封闭液，加入稀释后的一抗。④在 4℃孵育过夜。⑤用 PBS 润洗 3 次，每次 5min。⑥把荧光素标记的二抗在抗体稀释液中稀释，将样品与稀释抗体在室温下避光孵育 2h。⑦按第⑤步用 PBS/高盐 PBS 润洗切片。⑧涂上 Prolong®Gold 抗淬灭试剂后盖上盖玻片。⑨在盖玻片的周围涂上指甲油密封。⑩立即在显微镜下用相应波长激发光观察样品可以得到最佳的效果。观察标本的特异性荧光强度，一般可用"＋"表示：（－）无荧光；（±）极弱的可疑荧光；（＋）荧光较弱，但清楚可见；（＋＋）荧光明亮；（＋＋＋／＋＋＋＋）荧光闪亮。

（5）文物灰浆样品分析。本节以彩绘地仗样品中蛋白质的识别为例，采用免疫荧光法（IFM）进行鉴别研究。样品包括实验室模拟标样和古代彩绘地仗样品两部分，主要目标是实现蛋清和明胶两者的生物源区分。

① 方法灵敏性检测。未经荧光标记的样品切片，在相同的荧光检测条件下，也会产生自发荧光现象（图 5.4.3）。图中彩绘层和包埋剂部分几乎没有自发荧光产生，相比之下，底物基层（这里主要指土层）会产生强烈的自发荧光。样品切片的自发荧光主要来源于最外层底物测定光散射现象，与切片表面的粗糙度和样品本身的特性（组成、包埋厚度和颗粒度等）密切相关。为了避免样品的自发荧光干扰，在试验中通过对比同一样品的相同位置荧光标记前后的图像进行特异性荧光判别。

本研究中，通过采用两种不同颜色的荧光标记二抗进行蛋清和明胶的识别标记。当含有蛋清成分时，在荧光显微镜下被蓝光激发会产生明亮绿色荧光；当含有明胶成分时，在荧光显微镜下被红光激发会产生橘红色荧光。图 5.4.4a 和图 5.4.4b 为蛋清、明胶标样部分截面的体式显微照和免疫荧光显微照，为了更好地展现 IFM 在蛋白中微小特征识别的灵敏性，图 5.4.4a 和图 5.4.4b 分别配有局部 400 倍放大 IFM 图像。当蛋清标样的 IFM 检测为阳性时，会有橘红色荧光产生；当明胶标样的 IFM 检测为阳性时，会有绿色荧光产生。有时特异性荧光会集中在颜料颗粒的空隙处（图 5.4.4a），有时会呈现非晶结构和纤维状结构（图 5.4.4b），更多情况下会形成明亮的荧光薄膜覆盖在表面。

② 方法的特异性检测。抗卵清蛋白抗体为

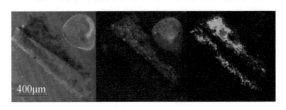

图 5.4.3　未经免疫标记的土基石绿蛋清标样的体视（左）和荧光（右）显微镜图像（100 倍）

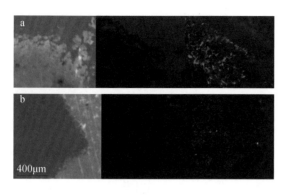

图 5.4.4　免疫荧光后蛋清和明胶
标样切片检测结果

a—石绿蛋清阳性（从左到右：体视 100 倍放大图像和
免疫前后荧光 100 倍放大图像）；

b—石青明胶阳性（从左到右：体视 100 倍放大图像和
免疫前后荧光 100 倍放大图像）。

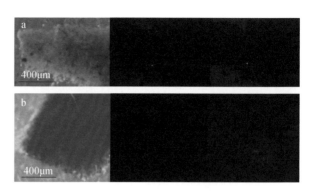

图 5.4.5　免疫荧光后蛋清和明胶
标样切片检测结果

a—石绿蛋清阴性（从左到右：体视 100 倍放大图像和
免疫前后荧光 100 倍放大图像）；

b—石青明胶阴性（从左到右：体视 100 倍放大图像和
免疫前后荧光 100 倍放大图像）。

多克隆抗体，只与鸡蛋清中的卵清蛋白发生特异性反应，且无其他交叉反应；抗 I 型胶原蛋白抗体为单克隆抗体，与来源于山羊、绵羊、牛、狗、猪和人的 I 型胶原蛋白发生特异性反应，与其他 II、III、V 和 VI 型胶原蛋白无交叉反应，且与来源于鼠、兔、马、鸡、豚猪、猫和袋鼠的 I 型胶原蛋白也无交叉反应。因此，当采用抗 I 型胶原蛋白抗体检测样品时，发生特异性反应说明待测样品中含有来源于山羊、绵羊、牛、狗、猪和人的 I 型胶原蛋白；无特异性反应发生说明待测样品中不含有上述几类 I 型胶原蛋白，很可能含有其他物种来源的 I 型胶原蛋白，或其中不含胶原蛋白成分。

在 IFM 法特异性检测试验中，采用 Rabbit polyclonal to ovalbumin 和 Mouse monoclonal to collagen I 分别对明胶和蛋清标样进行免疫染色的一抗孵育（图 5.4.5a 和图 5.4.5b）通过对同一样品相同位置免疫染色前后荧光图像的对比可知，两者均无特异性荧光产生。试验结果表明，IFM 法对彩绘样品中蛋清和明胶的识别具有较高的特异性。

③ 模拟样品分析。为了更好地对秦俑彩绘中胶结物进行研究分析，在试验前期专门模拟秦俑倒落在地后彩绘层与土层相互接触的情形制作了蛋清和明胶两个系列的标准样品。经研究发现，当 IFM 结果为阳性时，蛋清和明胶标样的颜料层部分分别有橘红色和明亮绿色荧光产生（图 5.4.6b 和图 5.4.6d）；当采用无关联一抗处理样品（两者一抗交叉孵育）时，颜料层中无特异性荧光出现（图 5.4.6a 和图 5.4.6c），说明两者之间无交叉反应，此方法针对秦俑彩绘层检测的特异性较强。图 5.4.6d 中除颜料层外其他部分（主要指土层）偶尔会有荧光产生，其主要原因是抗体的非特异性吸附，或土层中其他杂质的干扰。由于胶结物主要存在于颜料层中，因此在观察时主要集中在颜料层中特异性荧光，其他部位的荧光可暂时忽略不计。

④ 文物样品检测——莫高窟彩绘地仗。莫高窟 85 窟，也称翟僧统窟，营建于唐咸通三年至八年（862—867），为晚唐大型窟之一。本次检测的样品为敦煌 85 窟壁画的地仗层。经检测发现（图 5.4.7），在荧光标记检测卵清蛋白的样品切片中可以明显观察到橘红色荧光

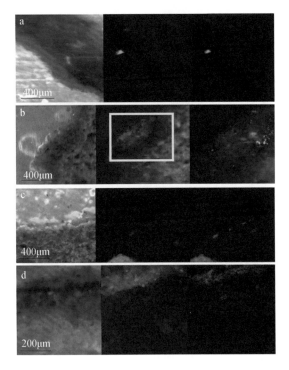

图 5.4.6　免疫荧光后土基蛋清和
明胶标样切片检测结果

a—石青明胶阴性（从左到右：体视 100 倍放大
图像和免疫前后荧光 100 倍放大图像）；

b—石青明胶阳性（从左到右：体视 100 倍放大
图像和 IFM 100 倍和 200 倍放大图像）；

c—石绿蛋清阴性（从左到右：体视 100 倍放大
图像和免疫前后荧光 100 倍放大图像）；

d—石绿蛋清阳性（从左到右：体视 100 倍放大
图像和免疫前后荧光 100 倍放大图像）

注：200 倍放大图像为黄色轮廓线区域放大后图像。

（图 5.4.7a），在荧光标记检测I型胶原蛋白的样品
切片中没有明显的明亮绿色荧光出现（图 5.4.7b）；
结合前文中"酶联免疫检测"可知，敦煌 85
窟壁画的地仗层中有机物成分为蛋清。

　　⑤ 文物样品检测——六和塔彩绘地仗。六
和塔位于杭州钱塘江畔月轮山上，是杭州著名
的风景景观。六和塔构思精巧、结构奇妙，是
我国古代建筑艺术的杰作。于 1961 年被国务院
定为全国重点文物保护单位。采用免疫荧光标
记技术对六和塔中的壁画地仗层进行了检测分

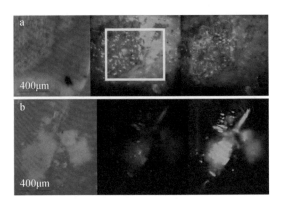

图 5.4.7　免疫荧光后莫高窟 85 窟彩绘
样品的蛋清和明胶检测

a—样品的蛋清检测（从左到右：体视 100 倍放大
图像和免疫前后荧光 100 倍放大图像）；

b—样品的明胶检测（从左到右：体视 100 倍放大
图像和 IFM 100 倍和 100 倍放大图像）

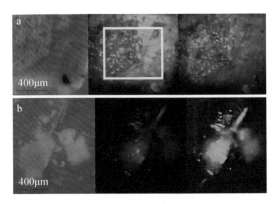

图 5.4.8　免疫荧光后杭州六和塔地仗层
样品的蛋清和明胶检测

a—样品①的蛋清检测（从左到右：体视 100 倍放大
图像和免疫前后荧光 100 倍放大图像）；

b—样品②的明胶检测（从左到右：体视 100 倍放大
图像和免疫前后荧光 100 倍放大图像）

析，在该样品中检测到橘红色荧光（图 5.4.8），
结合前文中"酶联免疫检测"可知，六和塔壁
画的地仗层中有机物成分为蛋清。

　　（6）免疫荧光法小结。IFM 的优势在于其
特异性，既能确定蛋白质的种类，又能避免染
色后蛋白质的颜色与颜料的颜色相互干扰，以
及样品中无机材料对染料的无选择性吸收带来
的问题。

基于该方法本身的特性，检测中需要注意：①尽量抑制样品非特异性荧光反应的发生；②调节优化荧光检测仪器结构。

5.4.3 酶解法

常规的碘-淀粉分析法很难在含土灰浆中检出淀粉成分，导致许多含土灰浆中的淀粉成分被漏检。本方法使用酶解法对含土灰浆中的淀粉成分进行检测，不仅拓宽了现有淀粉分析技术的检测范围，而且可用于探索中国古代早期以土为主要建筑胶凝材料时期的工艺配方。

(1) 基本原理。

淀粉检测试剂盒的工作原理是利用淀粉葡萄糖苷酶（AGS）水解 α-1，4-和 α-1，6-葡萄糖苷键，将多糖分子（包括直链淀粉、支链淀粉、糖原、糊精、麦芽糖、麦芽三糖等）水解成 n 个 D-葡萄糖分子，D-葡萄糖在己糖激酶的作用下形成的 6-磷酸葡萄糖（G-6-P）被烟酰胺腺嘌呤二核苷磷酸（NADP⁺）氧化后产生对波长为 340nm 处紫外光有特征吸收的还原型烟酰胺腺嘌呤二核苷酸磷酸（NADPH）。

由于淀粉检测试剂盒是通过水解后葡萄糖的量来检测淀粉量的，若样品中原来就存在葡萄糖，将会影响最终的测试结果，因此必须测定并减去原始样品中葡萄糖的量，以保证结果的准确性。葡萄糖检测试剂盒的工作原理是 D-葡萄糖在己糖激酶的作用下形成的 6-磷酸葡萄糖（G-6-P）被烟酰胺腺嘌呤二核苷酸（NAD⁺）氧化后，产生对波长为 340nm 处紫外光有特征吸收的还原型烟酰胺腺嘌呤二核苷酸（NADH）。

(2) 所需仪器设备。

酶解法检测淀粉所用到的试剂盒是 R-Biopharm Enzytec Starch（E1268）；所用到的试剂有去离子水、盐酸溶液、NaOH 溶液、二甲基亚砜（DMSO）和乙醇；所用到的仪器是美谱达 UV-1800PC 紫外分光光度计。

(3) 检测操作流程。

① 取合适质量的样品充分混匀碾碎，称取试样 0.2g，加入 4mL 二甲基亚砜和 1mL 的 8mol/L 盐酸溶液，于 55～60℃水浴振荡 30min；

② 冷却至室温后加 10mL 去离子水，用氢氧化钠溶液调节 pH 值至 4～5，将溶液定容至 20mL，摇匀后静置；

③ 取 100μL 上清液加入比色皿中，试剂对照组不加任何东西；

④ 各比色皿中加入 200μL 试剂盒♯AGS 瓶中试剂，在 55～60℃下轻摇孵育 15min；

⑤ 试验组比色皿中加入 1mL 去离子水和 1mL 试剂盒♯1 瓶中试剂，试剂对照组中加入 1.1mL 去离子水和 1mL♯1 瓶中试剂，充分混合 3min 后，读 A1；

⑥ 各比色皿中加入 20μL 试剂盒♯2 瓶中试剂，在室温下（20～25℃）孵育 15min，读 A2；

⑦ 按照公式 Content 淀粉 ＝ 0.5969 × (A2－A1) 计算得到 Content 淀粉。

(4) 酶解法应用——以灰浆淀粉检测为例。

① 模拟样品的准备。在对古代灰浆样品进行检测前，首先需要对糯米灰浆模拟样品进行检测，以得到该方法的检测限、可靠度和优缺点。将糯米磨成粉，按 6 种浓度（4％、1％、0.25％、0.06％、0.015％、0.004％）配成水溶液，加热煮沸数小时，其间不断搅拌，定时补水使液体体积保持在初始刻度，直到成为均匀的糊状糯米浆液。将糯米浆以 0.8 的水灰比与 4 种无机基底（氢氧化钙、碳酸钙、土、氢氧化钙＋土）混合，用机械搅拌至稠度基本不变，制作成 24 种不同浓度的糯米灰浆模拟样品，分别放入样品盒中，标记名称和浓度，放置陈化 3 个月以上进行检测。

② 模拟样品分析。使用酶解法检测各种糯米灰浆模拟样品的检测结果见表5.4.6。

根据表5.4.6，淀粉检测试剂盒对无机基底为氢氧化钙、碳酸钙、土、氢氧化钙＋土的糯米灰浆模拟样品的检测限均为0.25％，在4种无机基底的模拟样品中都没有检测出葡萄糖，说明模拟样品的淀粉分子没有水解为葡萄糖，因此用淀粉试剂盒检测出的淀粉结果就是最终结果。总体来讲，淀粉试剂盒的检测限比较高，尤其是相对于碘-淀粉法的检测限0.004％来说。此法优于碘-淀粉法之处在于对含土灰浆中淀粉的检测不会受到土本身颜色的干扰。因此，对于无机基底主要为石灰的灰浆来说，选择碘-淀粉法较为适合；而对无机基底为

土或石灰＋土的灰浆则应使用酶解法进行检测。

③ 文物灰浆分析。为了验证酶解法的准确性，先用酶解法检测了3个以石灰为主的灰白色灰浆样品，这些样品事先已用碘-淀粉法检测到其中含有淀粉。其中镇海后海塘灰浆和台州府城灰浆显色结果为＋＋＋（表示显色非常明显）；安城城墙5号灰浆显色结果为＋＋（表示显色明显）。采用酶解法检测发现镇海后海塘灰浆和台州府城灰浆结果也为阳性（表5.4.7第1～2列），而安城城墙5号灰浆为阴性（表5.4.7第3列），从表5.4.6得到的淀粉酶水解检测试剂盒的检测限0.25％来看，前两个古代灰浆样品淀粉的含量应≥0.25％，而安城城墙5号灰浆淀粉的质量百分含量应在0.004％～0.25％。

表 5.4.6　酶解法对糯米灰浆模拟样品的检测结果

灰浆无机基底	糯米含量（质量分数,％）	4	1	0.25	0.06	0.015	0.004
氢氧化钙	Content淀粉（g/L）	0.838	0.098	0.021	0	0	0
	Content葡萄糖（g/L）	0	0	0	0	0	0
	检测结果	＋	＋	＋	－	－	－
碳酸钙	Content淀粉（g/L）	0.901	0.116	0.118	0	0	0
	Content葡萄糖（g/L）	0	0	0	0	0	0
	检测结果	＋	＋	＋	－	－	－
土	Content淀粉（g/L）	0.925	0.093	0.084	0	0	0
	Content葡萄糖（g/L）	0	0	0	0	0	0
	检测结果	＋	＋	＋	－	－	－
三合土	Content淀粉（g/L）	0.506	0.030	0.027	0	0	0
	Content葡萄糖（g/L）	0	0	0	0	0	0
	检测结果	＋	＋	＋	－	－	－

表 5.4.7　酶解法对古代灰浆样品的检测结果

样品	镇海后海塘砌筑灰浆	台州府城墙灰浆	安城城墙5号灰浆	仰义乡王宅地面三合土	盐官章氏民宅灰浆
样品颜色	灰白	灰白	灰白	棕红夹灰白	棕红
水溶液 pH 值	8	8	7	8	7
加酸冒气泡情况	强	强	中	强	强
Content淀粉	0.038	0.069	0	0.013	0
Content葡萄糖	0	0	0	0	0
检测结果判断	＋	＋	－	＋	－

续表

样品	平湖天妃宫炮台三合土	平湖南湾炮台1号三合土	平湖南湾炮台2号三合土	镇海安远炮台三合土	永定五云楼地面三合土
样品颜色	棕红夹灰白	棕红夹灰白	棕红夹灰白	棕红夹灰白	土黄
水溶液 pH 值	8	9	9	7	6
加酸冒气泡情况	强	强	强	中	弱
Content$_{淀粉}$	0	0.016	0.010	0	0
Content$_{葡萄糖}$	0	0	0	0	0
检测结果判断	—	+	+	—	—

使用酶解法对 7 个含土古代灰浆样品的检测结果见表 5.4.7 第 4～10 列。其中，仰义乡王宅地面三合土、平湖南湾炮台 1 号三合土和 2 号三合土的淀粉检测结果呈阳性，说明这 3 个含土古代灰浆样品中含有淀粉，根据 Content$_{淀粉}$ 的数值其淀粉含量在 0.25%～1%。这 3 个样品的共同特点是外观颜色为棕红夹灰白，加酸冒气泡性强，说明样品中有石灰存在；从水溶液 pH 值检测看都处于 8～9 的范围，说明还存在未完全碳化的氢氧化钙。因有氢氧化钙的保护，只要原始灰浆中添加过糯米淀粉就能较好地保存下来。

其余 4 个未被酶解法检出淀粉的含土古代灰浆样品（即检测结果为阴性的），仍然有 3 种可能：①酶解法检测限相对较高，而样品中淀粉的含量已低于 0.25%（如安城城墙 5 号灰浆的情况）；②对于含土较多，石灰很少或无石灰的灰浆，淀粉在无氢氧化钙防腐保护的情况下已被微生物分解吸收；③原本就没有添加淀粉类物质。

对于表 5.4.7 列出的所有样品也用葡萄糖检测试剂盒进行了检测，可以看到 10 个样品的 Content$_{葡萄糖}$＝0，即均不含葡萄糖成分，因此淀粉试剂盒检测结果代表了最终检测结果。

糯米灰浆是我国古代重要的有机-无机复合建筑胶凝材料，本工作首次将酶解法用于含土灰浆中淀粉的检测，对模拟含土灰浆样品的检测得到：样品量为 0.2g 时，其检测限为质量百分含量 0.25%。用 3 个已知含有淀粉的古代石灰灰浆样品验证了该方法可以识别出含淀粉量大于 0.25% 的灰浆。对 7 个古代含土古代灰浆样品进行检测发现，其中仰义乡王宅地面、平湖南湾炮台 1 号三合土和 2 号三合土 3 个样品含有淀粉，说明方法是可行的。

（5）酶解法小结。

使用酶解法的最大优点是不会受到样品中土体颜色和氧化硅成分的干扰，可以作为常规碘-淀粉化学分析方法的补充检测方法，使检测范围扩大到三合土或其他含土灰浆。

土是人类早期应用最多的基础建筑材料，酶解法检测淀粉技术无疑能扩展人们对古代淀粉三合土等含土灰浆应用历史和技术的认知。

5.5　古代灰浆中纤维的分析技术

为防止灰浆开裂，传统灰浆中常掺入各种纤维。常用的纤维材料主要有植物纤维，包括三大类：①稻、麦、芦苇、高粱等秸秆类，属于禾本科植物；②麻类纤维，包括大麻、黄麻、苎麻、亚麻等，属于韧皮纤维植物；③棉纤维，属于籽毛（种子）纤维。尽管不同种类的植物纤维在外形和断面上凭肉眼可以看出一定特征，但是对于年代久远的灰浆样品，尤其在取样量极少的情况下，要准确鉴定纤维的种类具有相当难度。本实验室开发了一套基于纤维横截面细胞形貌鉴别古代灰浆中植物纤维种类的鉴定方法。

5.5.1　秸秆类纤维样品及预处理

同类不同种的天然植物纤维在结构和化学成分上都非常相似，但是其在微观结构，特别是纤维的细胞结构上存在较大差异，因此可以通过观察截面微观结构，对照标准图谱来进行鉴别。

（1）秸秆类纤维样品。小麦秸秆（山东）、水稻秸秆（浙江）、玉米秸秆（山东）、高粱秸秆（山东）、黄麻、亚麻、苎麻、剑麻和棉花，每种 5g。

（2）秸秆类纤维脱胶提纤。为了进行单根纤维断面的显微观察，需要对秸秆类材料进行预处理，提取植物纤维。参照《苎麻化学成分定量分析方法》（GB 5889—1986）的规定，以及桑皮纤维等的提取等技术，本工作设计了一套秸秆类纤维的化学脱胶提取方法。

通过预研究得到基本操作步骤：样品处理→浸酸→清洗→碱煮→清洗→挑取纤维→烘干→失重率测量→显微镜观察。

浸酸方案：按照 H_2SO_4 浓度 2ml/L，水浴比 1:30 配制溶液，将段状小麦秸秆浸入酸溶液中浸泡，置于恒温水浴锅中，设置温度 60℃，浸酸时间为 2h。

碱煮方案：固液比=1:40、NaOH:秸秆=0.4:1、处理温度 80℃、处理时间 60min。

碱煮、清洗、烘干后纤维见图 5.5.1。

5.5.2　纤维标准样品制备

（1）标准纤维切片。准备 Y-172 型哈氏切

(a) 碱煮　　(b) 清洗　　(c) 挑取纤维烘干后

图 5.5.1　脱胶提纤试验过程图

片器、载玻片、盖玻片、单面刀片、尖头镊子、甘油、火棉胶、粘胶纤维。试验用横截面为花朵形的粘胶纤维做包埋剂，使用 Y-172 型哈氏切片器进行手工切片，步骤如下：

① 取一载玻片，用玻璃棒蘸取甘油，涂匀于载玻片表面。

② 取 Y-172 型哈氏切片器，松开固定螺丝，抽出金属板，将剪成 2～3cm 小段的一束粘胶纤维，包裹待检纤维（1～5 根），塞入金属板的凸槽中，将金属板组装回去。

③ 用刀片将露在金属板正反两面以外的纤维都切除，再刮平，然后将螺座等装回位置。

④ 旋转螺丝约 1/3 圈，使纤维束稍露出金属板表面，然后在露出部位涂一薄层火棉胶。

⑤ 待火棉胶干燥后，用刀片沿金属板表面迅速刮下，置于载玻片上，重复操作数次。

⑥ 将制成的纤维横截面切片轻轻覆上盖玻片，挤压去除气泡，保持平整。

按照上述纤维切片方法，对灰浆常用植物纤维：麦、稻、玉米、高粱、棉花、黄麻、亚麻、苎麻、剑麻共三类九种纤维，制作纤维截面切片约 500 片。纤维切片工具、辅助材料和粘胶纤维见图 5.5.2。

（2）纤维截面标准图谱。九种植物纤维横截面切片的光学显微照片见图 5.5.3～图 5.5.11。

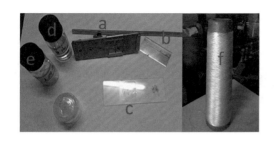

图 5.5.2　纤维横截面切片工具

a—Y-172 型哈氏切片器；b—单面刀片；

c—载玻片和盖玻片；d—甘油；

e—火棉胶；f—粘胶纤维

① 小麦纤维

小麦是一年生禾本科植物，由于小麦各部位的表面形态不同，分别选取麦壳和麦秸秆两个部位进行切片试验。结果证明，两部分虽然外貌形态上有很大不同，但是其内部的细胞形状和结构一致，因此也证明从微观上来区分纤维种属的可行性和优点。切片结果见图 5.5.3。

图 5.5.3 对比了麦秸秆和麦壳纤维在 500 倍和 1000 倍两种放大倍数下的横截面。图中①②是麦壳 500 倍的横截面，其中①是较规整的细胞形状，②为不太规整的形状；③④是

1000 倍的横截面，其中③为较规整的细胞形状，④为不太规整的形状。麦秆图片排布同理。

由麦壳和麦秆纤维的横截面对比可以看出，两个部位的细胞形状基本相同，细胞呈网格状连接，方形或不规则形状的单个细胞形状。规整情况下为交错的网格状，1000 倍放大可见为单个方形或长方形细胞交错紧密排布在一起。不规整的情况下，细胞呈现不规则多边直角形状，互相紧密相贴排布在一起。

因此，判断麦秸秆纤维的关键分辨点是细胞间呈现规则或不规则的网格状排布，单个细胞 $10\sim20\mu m$。

② 水稻纤维

水稻各部位的表面形态也各有不同，试验中分别选取稻壳和稻秸秆两个部位进行切片。结果表明，两部分虽然外貌形态上有很大不同，但是其内部的细胞形状和结构也基本一致，因此也证明了从微观上来区分纤维种属的可行性和优点。切片结果见图 5.5.4。

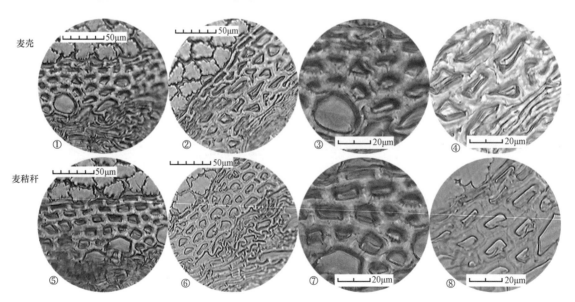

图 5.5.3　小麦纤维横截面切片

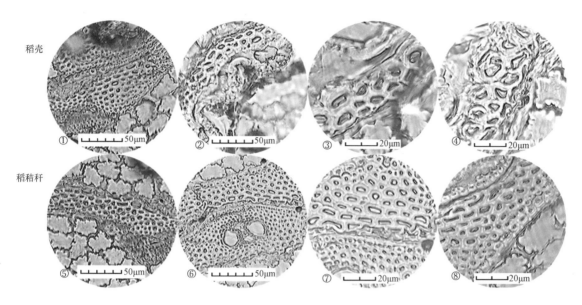

稻壳

①　————50μm　②　————50μm　③　————20μm　④　————20μm

稻秸秆

⑤　————50μm　⑥　————50μm　⑦　————20μm　⑧　————20μm

图 5.5.4　水稻纤维横截面切片

图 5.5.4 中对比了稻壳和稻秸秆纤维在500 倍和 1000 倍两种放大倍数下的横截面。图中①②是稻壳 500 倍的横截面，其中①是较规整的细胞形状，②为不太规整的形状；③④是1000 倍的横截面，其中③为较规整的细胞形状，④为不太规整的形状。稻秸秆纤维的图片排布同理。

通过稻壳和稻秸秆纤维的横截面对比可以看出，与小麦一样两个部位的细胞形状差别不大，基本相同。稻的细胞也呈网格状连接，方形、不规则直角边形状和圆形的单个细胞形状。规整情况下为交错的网格状和以圆形为基本单位的网格状，1000 倍放大可见为单个方或不规则形状细胞交错紧密排布在一起。不规整的情况下，细胞呈现不规则多边直角形状和圆形，互相紧密相贴排布在一起。因此，判断稻纤维的关键分辨点是细胞间呈现规则或不规则的网格状排布，单个细胞 5～10μm。

与小麦相比，稻的细胞大小比小麦的小 1倍左右，小麦细胞最大可达 20μm 左右，最小在 10μm 左右；而水稻细胞最大可达 10μm 左右，最小在 5μm 左右。两者在形状上很相似，

都是网格状，细胞间紧密贴在一起。区别在于除了大小外，还有细胞形状上小麦细胞长方形和直线边的形状较多，稍有弧形边的细胞；而水稻细胞直线边的形状较少，更多的细胞呈现不规则圆形，或圆弧形边形状。

③ 玉米纤维

玉米秸秆也是常见的农作物秸秆，用在泥塑彩绘中的实例暂未发现，但是不能排除存在使用情况的可能性，同时为了扩充常用纤维的信息数据库也对玉米纤维做了观察分析和总结，采用玉米的叶部纤维，切片结果见图 5.5.5。

图 5.5.5 中列举了 400 倍放大下的玉米纤维的横截面。图中①②是较规整的细胞形状；③④是不太规整的形状。由观察可见，玉米细胞也呈现不规则形状，多呈现不规则的圆弧边四边形和三角形。有较大的中腔，整个细胞呈现出粗线围绕状的感觉，细胞直径为 20～25μm，也有少量 5μm 和 25μm 左右的细胞，细胞边厚 4μm 左右。

④ 高粱纤维

高粱秸秆也是常见的农作物秸秆，用在泥塑彩绘中的实例暂未发现，但是不能排除存在

使用情况的可能性，同理为了扩充常用纤维的信息数据库也对其做了观察分析和总结，切片结果见图5.5.6。

图5.5.6中列举了400倍放大下的高粱纤维的横截面。由观察可见，高粱细胞也呈现不规整同心圆状。有较大的中腔，细胞直径为 $10\sim20\mu m$，常见 $15\mu m$ 左右，细胞壁厚为 $2\sim3\mu m$。

⑤ 棉纤维

棉纤维在泥塑彩绘中的使用率较高，因其纤维细腻绵软，能较好地与泥土混合均匀，有利于捏塑出各种形状，所以颇受泥塑匠人喜爱。棉纤维的切片结果见图5.5.7。

棉细胞呈现单细胞结构，细胞间无紧密联结。成熟的棉纤维，截面呈腰圆形，中间有中腔，中腔较小；成熟度低的棉纤维，则截面扁平，呈扁圆形。细胞界面形状长为 $15\sim20\mu m$，宽为 $3\sim5\mu m$。

⑥ 黄麻纤维

麻类纤维也是泥塑彩绘中常见的纤维，其纤维比棉强度和韧度都要高，有利于更好地塑形和固形，提高与泥土的附着力，多利用在粗泥层、粗泥层外部和细泥层中。黄麻纤维的切片结果见图5.5.8。

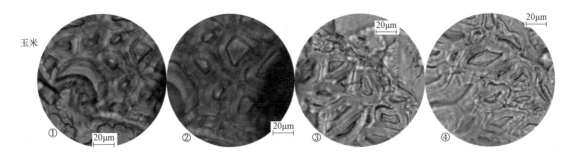

图 5.5.5　玉米纤维横截面切片

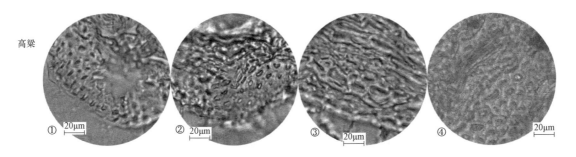

图 5.5.6　高粱纤维横截面切片

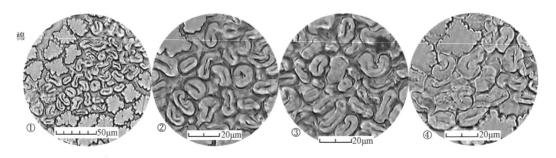

图 5.5.7　棉纤维横截面切片

黄麻纤维的单纤维也是一个植物单细胞，截面中腔较大、壁薄，呈卵圆形、圆形或多角形，多有六边形，无麻节。细胞壁大致与中腔的直径大小相同。黄麻细胞整体直径为 15～20μm，中腔小圆直径为 3～5μm，细胞壁厚 3～5μm。

⑦ 亚麻纤维

亚麻也是麻类中的一种，切片结果见图 5.5.9。

亚麻单纤维横截面形态呈多边形或石榴形，中腔较小，胞壁较厚。细胞大小约 20μm，但是也有少数细胞大小为 40μm 和 10μm。与黄麻相比，细胞稍大，且中腔较小，细胞壁较

厚，较好区分。

⑧ 苎麻纤维

苎麻纤维是麻类中最纤细的一种，是目前纺织用植物纤维中最长的。有时可与棉一样用于细泥层中，但是比棉的韧性和强度大，切片结果见图 5.5.10。

由图 5.5.10 可见，苎麻纤维与其他麻类细胞结构差别较大，较好区别。纤维横切片呈腰圆形、椭圆形或扁平形，未成熟的纤维细胞横断面呈带状，有中腔，中腔也呈椭圆形或不规则形，腔壁有辐射状裂纹。细胞大小长 30～40μm，宽约 10μm。鉴别苎麻的最主要特征就是苎麻纤维细胞壁上的辐射状裂纹。

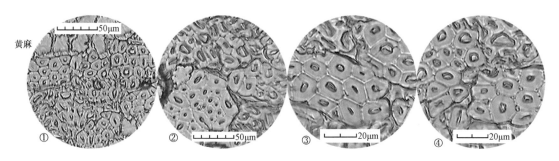

图 5.5.8　黄麻纤维横截面切片

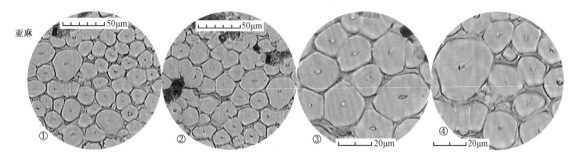

图 5.5.9　亚麻纤维横截面切片

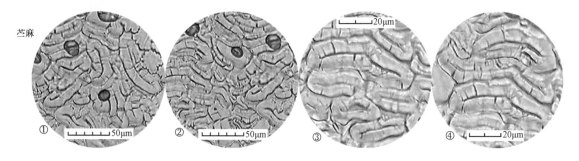

图 5.5.10　苎麻纤维横截面切片

⑨ 剑麻纤维

剑麻也是麻类中的一种，使用率不如黄麻和苎麻多，但是也是重要的一种存在，因此也列入研究内容，切片结果见图 5.5.11。

由观察可知，剑麻的细胞与其他麻类的单细胞结构不同，剑麻细胞呈不规则网状，细胞间紧密联结，单个细胞的形状为不规则多边形，边长约为 20μm，中腔较大，细胞壁很薄，3～5μm。

通过以上对古代灰浆中常见的三类九种植物纤维的横截面显微观察发现，秸秆类、棉、麻类三类纤维之间形态差别比较大，完全可以区分；对于同类纤维的不同种属，尽管外形相近，但根据截面细微结构、细胞形状和大小，

也能明确区分。因此，可以用统一采用粘胶纤维作包埋剂，利用 Y-172 型哈氏切片器进行切片，通过观察纤维横截面细胞微结构的方法来鉴别植物种属。

5.5.3 古代灰浆中纤维的鉴定

古代样品取自须弥山石窟和麦积山石窟共 5 个，其中须弥山泥塑样品 4 个；麦积山泥塑样品 1 个。样品编号和照片见表 5.5.1。

按照前面研究的化学脱胶纤维提取技术、纤维横截面切片技术和纤维截面细胞形貌鉴别方法，针对须弥山石窟和麦积山石窟的 5 个文物样品（编号和照片见表 5.5.1）进行检测鉴定。

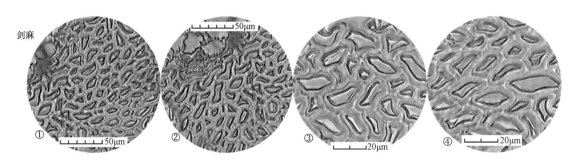

图 5.5.11　剑麻纤维横截面切片

表 5.5.1　须弥山和麦积山石窟彩塑样品编号

样品编号	样品名称	图例
XMS1	须弥山石窟 48 窟明代泥塑佛指 3 号	
XMS2 粗泥	须弥山石窟 48 窟明代泥塑 2 号粗泥	
XMS2 细泥	须弥山石窟 48 窟明代泥塑 2 号细泥	
XMS3	须弥山 48 窟明代塑泥一块 4 号	
MJS3	麦积山 80 窟北魏泥塑	

（1）须弥山石窟 48 窟明代泥塑佛指 3 号样品 XMS1 纤维。从样品 XMS1 提取的纤维照片见图 5.5.12（a），纤维切片横截面图见图 5.5.12（b），图中可以看出纤维的横截面呈腰圆形或扁圆形，中间有中腔，与棉纤维的横截面切片特征符合，判断为棉纤维。

（2）须弥山石窟 48 窟明代泥塑 2 号样品 XMS2 粗泥。图 5.5.13 左边为 XMS2 粗泥层中添加的秸秆照片，中上为 XMS2 粗泥层部分纤维的切片图，从图中可知其显微形貌呈编织网状，与麦纤维横截面特征相似，判断为麦纤维，另粗泥层中还有少量线状纤维，截面呈卵圆形且中腔较大、无麻节（图 5.5.13 下），与黄麻纤维横截面特征符合，由此判断为黄麻纤维。

（3）须弥山石窟 48 窟明代泥塑 2 号样品 XMS2 细泥纤维。XMS2 细泥层中添加纤维截面图形状特征较难判断，因此对照了两种倍数（图 5.5.14 中上 500 倍，中下 1000 倍），截面呈带状、扁长椭圆形或不规则形，中腔也呈椭圆形，边缘不光滑，有裂隙纹，带有辐射状条纹，与苎麻纤维横截面特征相符，判断为苎麻纤维。

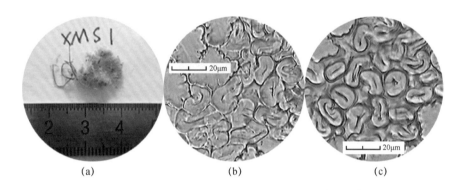

图 5.5.12　须弥山石窟 48 窟明代泥塑佛指 3 号纤维 XMS1 鉴别

（a）XMS1 纤维；（b）XMS1 纤维切片；（c）标准棉纤维切片

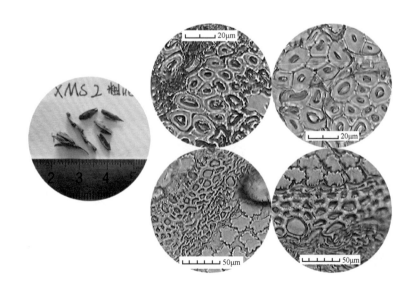

图 5.5.13　须弥山石窟 48 窟明代泥塑 2 号样品 XMS2 粗泥层中纤维鉴别

（左：XMS2 粗泥植物秸秆；中上：XMS2 粗泥纤维切片；右：标准黄麻和麦纤维切片）

（4）须弥山48窟明代泥塑4号样品XMS3纤维。XMS3中添加纤维横截面图呈腰形，中间有中腔，与棉纤维的横截面特征符合，推测为棉纤维（图5.5.15）。

（5）麦积山80窟北魏泥塑样品MJS3纤维。图5.5.16左上为MJS中添加的秸秆类物质，①为500倍放大下的MJS3纤维横截面图，②为500倍放大下的标准麦秸秆的横截面图，③为1000倍放大下的MJS3纤维横截面图，④⑤为1000倍放大下的标准麦纤维横截面图。从图中可以看出MJS3中的纤维呈编织网状，形状略不规整，与麦纤维横截面特征相似。

通过以上检测试验判断，在须弥山和麦积山泥塑的制作过程中，匠人们根据泥塑具体部位的需要选择掺加了不同的植物纤维。XMS1和XMS3都掺加了棉纤维，XMS1是泥塑的手指，属于比较精细的部位，棉纤维较细，掺入泥中可以增加黏合度，同时使塑泥细腻光滑，易于捏塑出精细的形态。XMS2属于身体部位，有明显的粗泥和细泥的分层，内层粗泥掺加的是麦秸秆，较粗糙，还有部分黄麻纤维，外部细泥层掺加的是较纤细的苎麻纤维（在各类麻中，苎麻纤维最细），可以塑造更光滑的表面。

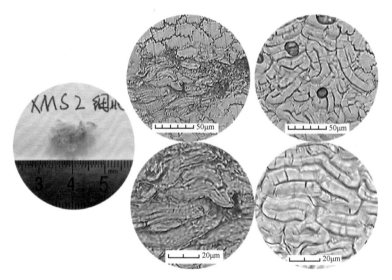

图5.5.14　须弥山石窟48窟明代泥塑2号样品XMS2细泥层中纤维鉴别

（左：XMS2细泥纤维；中：XMS2细泥纤维切片；右：标准苎麻纤维切片）

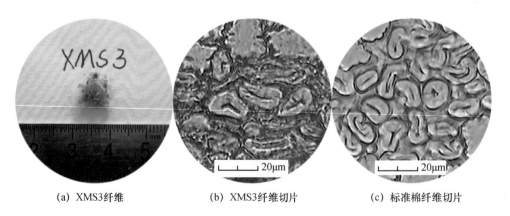

　　（a）XMS3纤维　　　　（b）XMS3纤维切片　　　（c）标准棉纤维切片

图5.5.15　须弥山48窟明代泥塑4号样品XMS3纤维鉴别

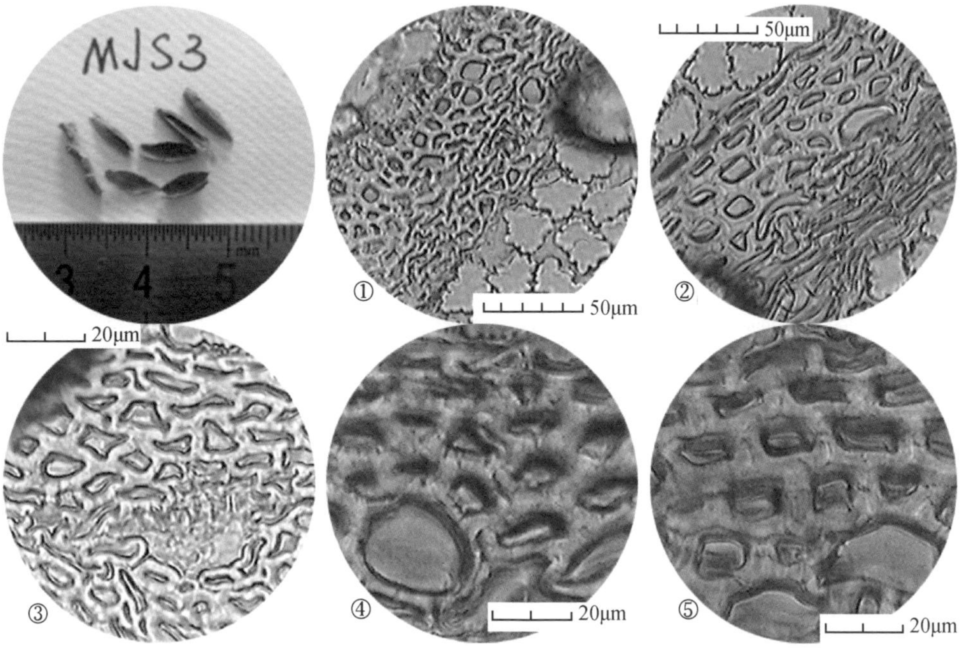

图 5.5.16　麦积山 80 窟北魏泥塑样品 MJS3 纤维鉴别

（左上：MJS3 秸秆；①③：MJS3 纤维切片；②④⑤：标准麦纤维切片）

另外，麦积山与须弥山石窟泥塑都有使用小麦秸秆的情况，这两石窟都处于我国西北部，都是小麦产区，因此小麦秸秆较易获得，推测使用小麦秸秆也是就地取材。

5.5.4　小结

以植物纤维横截面细胞形貌识别为基础，本工作提出了一套鉴别古代灰浆中植物纤维种类的鉴定方法，该方法可以弥补现有文物检测方法中植物纤维鉴定技术的不足。

对于各种线状植物纤维，包括棉、各种麻以及从秸秆中提取的纤维，可以按统一方法进行横截面切片和光学显微镜鉴别。操作流程：首先将秸秆类和部分粗麻类纤维进行化学脱胶预处理，以获取单根纤维；然后用花朵形粘胶纤维包埋，压入哈氏切片器切片；将切好的纤维横截面固定在载玻片上，在光学显微镜下观察；最后对照纤维标准样品进行鉴别。

纤维横截面细胞形貌识别鉴定法的优点：①所用仪器设备简单，各种普通实验室都具备操作条件；②该方法不仅可以准确鉴别常见各类植物纤维的类别，也能根据细胞形貌识别同一类别纤维中不同的种属；③对于同一种属的不同部位，如稻壳和稻秸秆，其细胞形貌基本一致，不会因纤维部位的不同而引起错判。

5.6　古代灰浆综合分析案例

5.6.1　陶寺、殷墟白灰面的红外光谱研究

古发掘资料表明，早在新石器时代晚期，中国已经开始大量使用"白灰面"建筑涂料。该制作技术涉及人工烧制石灰的起源、中国早期建筑灰浆技术的产生和发展脉络等重大问题，一直是学术界关注的热点。已有研究表明，中国新石器时代至商周时期白灰面的主要

成分是碳酸钙。然而，制作这种白灰面所用原料是天然石灰石还是人工烧制的石灰，至今众说不一。

本工作采用傅里叶变换红外光谱仪（FTIR），对天然石灰石、人工烧制石灰的碳化产物以及采自陶寺遗址（2300 BC—2150 BC）和殷墟遗址（1370 BC—1046 BC）的白灰面进行分析检测，了解其在晶体无序度方面的差异，为人工烧制石灰的判定提供一种简便、有效的新方法。

（1）考古样品。天然石灰石，采自陕西某石灰窑。古代白灰面样品由中国社会科学院考古研究所提供，分别采自山西襄汾县陶寺遗址Ⅲ区和河南安阳殷墟同乐北区。样品具体情况见表5.6.1。

（2）模拟白灰面制备。将天然石灰石用小铁锤敲碎，放入800℃的马弗炉中煅烧4h。待煅烧所得白灰冷却至室温后置入密封容器中，加入适量蒸馏水，迅速搅拌后密封陈化7d。将陈化7d后的石灰浆均匀涂抹在玻璃板上，在养护室［$RH=（60\pm5）\%$，$T=（23\pm2）℃$］中养护1个月使其碳化。

（3）模拟白灰面的FTIR分析。在天然石灰石与养护1个月的模拟白灰面的红外图谱（图5.6.1）中，波数在713cm^{-1}（v_4）、875cm^{-1}（v_2）、1427cm^{-1}（v_3）、1795cm^{-1}和

2515cm^{-1}的吸收峰可归结为方解石的特征吸收峰，表明天然石灰石和采用人工烧制石灰模拟制备的白灰面的主要成分均为方解石。在图5.6.1b中，波数 3643cm^{-1} 附近的峰为 $Ca(OH)_2$ 的羟基伸缩振动峰，表明模拟白灰面碳化不完全，尚有少量未碳化的氢氧化钙存在。

在方解石的红外谱图中，v_2、v_3 和 v_4 3个吸收峰分别对应于碳酸根离子的反对称伸缩振动、面外变形振动和面内变形振动。研究表明，v_2/v_4 比值可以反映方解石晶体的无序程度[12]。对天然石灰石和模拟白灰面分别进行2次红外分析，计算其方解石的 v_2、v_3 和 v_4 值以及 v_2/v_4 比值，结果见表5.6.2。

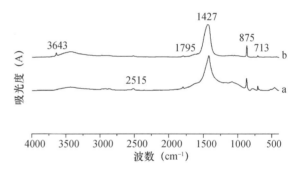

图5.6.1　天然石灰石和试验制备的
石灰浆的FTIR图谱
a—TRSH；b—MNBH

表5.6.2　FTIR试验结果

编号	v_3（FwHm）	v_2（h）	v_4（h）	v_2/v_4	v_2/v_4均值
TRSH	138.713	0.323	0.130	2.49	2.33
TRSH	129.4142	0.567	0.262	2.16	
MNBH	84.606	0.413	0.070	5.90	6.31
MNBH	129.767	0.242	0.036	6.72	
TSBH1	125.460	0.387	0.081	4.78	5.55
TSBH1	144.65	0.227	0.036	6.31	
TSBH2	124.943	0.419	0.076	5.51	5.92
TSBH2	167.19	0.278	0.044	6.32	
YXBH	124.25	0.113	0.016	7.06	6.36
YXBH	117.025	0.215	0.038	5.66	

表5.6.1　样品信息表

编号	样品种类	地点	时代
TSBH1	白灰面	陶寺遗址Ⅲ区沟西村北临 F1	陶寺中晚期
TSBH2	白灰面	陶寺遗址Ⅲ区沟西村北临 F2	陶寺中晚期
YXBH	白灰面	殷墟同乐北区 2011ALN T2019G1 墙皮	殷墟四期
TRSH	天然石灰石	陕西某石灰窑	
MNBH	模拟白灰面		现代

表 5.6.2 的数据显示，天然石灰石中方解石的 v_2/v_4 平均值为 2.33，而模拟白灰面中方解石的 v_2/v_4 平均值则高达 6.31，远高于天然石灰石。本试验的模拟白灰面是采用高温烧制的人工石灰制备而成，表明人工烧制石灰碳化所形成方解石的 v_2/v_4 比值高于天然石灰石。导致这一结果的原因可能是人工石灰经过高温烧制，其碳化后所形成的方解石晶体无序度较高。

方解石的研磨程度对其红外吸收峰有一定影响。研磨程度越高，其 v_3 吸收峰就越窄，同时其 v_2/v_4 比值升高。为进一步比较天然石灰石和人工烧制石灰的碳化产物在红外光谱上的差异，本工作对不同研磨程度的天然石灰石和模拟白灰面进行了红外光谱分析。

为控制样品的研磨程度，分别将一定量的天然石灰石和模拟白灰面样品置入玛瑙研钵中进行研磨，每隔 2～3min，从研钵中取出少量样品，采用 KBr 压片后进行红外分析。每个样品分析 5～6 次，并计算其 v_2、v_4 值，结果见图 5.6.2。

从图 5.6.2 可以看出，随着研磨程度的增加，天然石灰石和模拟白灰面的 v_2、v_4 值逐渐变小，形成各自的特征趋势线。其中，天然石灰石的特征趋势线较为平缓，斜率较小，具有较高的 v_4 值；而模拟白灰面（人工烧制石灰的碳化产物）的特征趋势线斜率明显较高，具有较低的 v_4 值。天然石灰石和人工烧制石灰碳化产物 v_2-v_4 趋势线斜率的高低，似乎可以作为两者的一个判别依据。

（4）陶寺、殷墟遗址白灰面的 FTIR 分析。陶寺和殷墟遗址白灰面的红外谱图特征较相近（图 5.6.3），主要为方解石的特征吸收峰 [713cm^{-1}（v_4）、871cm^{-1}（v_2）、1431cm^{-1}（v_3）、1795cm^{-1}、2515cm^{-1}]，表明这两处遗址白灰面的无机成分以方解石为主。

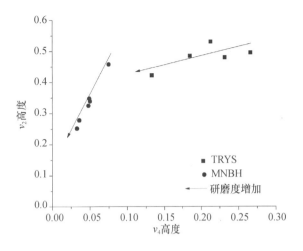

图 5.6.2　天然石灰石和试验模拟石灰浆的 v_2-v_4 的散点图

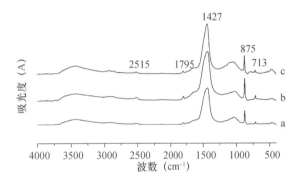

图 5.6.3　取自陶寺和殷墟的石灰样品的 FTIR 图谱

a—TSBH1；b—TSBH2；c—YXBH

为进一步判明这种方解石是人工烧制石灰的碳化产物还是天然石灰石，即陶寺和殷墟遗址的白灰面所用原料是人工烧制石灰还是天然石灰石，对其进行红外光谱的定量分析，结果见图 5.6.4 和图 5.6.5。

通过比较古代白灰面与天然石灰石和模拟白灰面的 v_2/v_4 比值（图 5.6.4），可以看出陶寺和殷墟遗址白灰面 v_2/v_4 均值在 5.55～6.36，是天然石灰石的 2 倍以上，与采用人工烧制石灰模拟制备的白灰面的较接近。

同时，不同研磨程度的陶寺遗址白灰面的红外光谱的定量分析结果（图 5.6.5）显示，陶寺白灰面的 v_2-v_4 特征趋势线斜率较高，不同

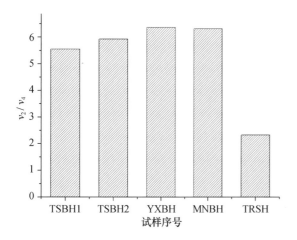

图 5.6.4　天然石灰石，试验制备的石灰浆和
古代石灰的 v_2/v_4 比值

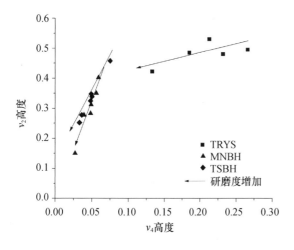

图 5.6.5　天然石灰石，试验的制备石灰浆和
古代石灰（陶寺）的 v_2 高度-v_4 高度散点图

于天然石灰石的 v_2-v_4 特征趋势线，而与采用人工烧制石灰模拟制备的白灰面几乎重合。

古代白灰面的 v_2/v_4 比值及其 v_2-v_4 特征趋势线斜率与模拟白灰面的较相近，表明陶寺和殷墟遗址白灰面很可能是采用人工烧制石灰制作的。

（5）小结。根据天然石灰石和采用人工烧制石灰模拟制备的白灰面的红外光谱分析结果显示，人工烧制石灰碳化所形成的方解石，其 v_2/v_4 比值明显高于天然石灰石；随着研磨程度的增加，天然石灰石和模拟白灰面的 v_2、v_4 值

逐渐变小，而人工烧制石灰碳化所形成方解石的 v_2-v_4 特征趋势线较陡峭，斜率较高，从而为考古出土人工烧制石灰的判定提供了一种简便有效的新方法。

陶寺和殷墟遗址白灰面的 v_2/v_4 比值远高于天然石灰石，与采用人工烧制石灰模拟制备的白灰面较相近；不同研磨程度的陶寺白灰面，其 v_2-v_4 特征趋势线斜率与采用人工烧制石灰所制备的白灰面较接近。据此，陶寺和殷墟遗址白灰面很可能是采用人工烧制石灰所制备的，表明中国古代先民在距今 4300 多年的新石器时代晚期已掌握了石灰烧制技术。

5.6.2　湖北武当山遇真宫建筑灰浆的科技分析

以遇真宫为代表的武当山建筑群代表了近千年中国艺术和建筑的最高水平，在中国古代建筑史上具有重要价值。1994 年，遇真宫与武当山古建筑群一起被列入《世界文化遗产》名录。

由于丹江口水库是南水北调的中线水源，随着水库大坝的加高以及蓄水位的提升，湖北省十堰市下辖的丹江口市、武当山特区等一些地方将会被淹没。遇真宫地势较低，如不采取保护措施，将会被淹没在水中。为配合遇真宫的保护，湖北省文物考古研究所对遇真宫的建筑基址进行了前期发掘。遇真宫历经 500 余年的风雨侵蚀仍能保持完好，与其所用建筑灰浆的良好性能有密切关系。因此，在发掘过程中，考古所采集了不同时期的建筑灰浆，本项目组魏国锋等采用 FTIR、XRD 和 SEM 等科技手段对武当山遇真宫的建筑灰浆和灰土进行初步研究，以了解遇真宫建筑灰浆的材料配方，为遇真宫的修缮提供科学依据。

（1）遇真宫灰浆样品。所有灰浆样品采自武当山遇真宫建筑基址，采样部位及其年代见表5.6.3。

（2）遇真宫灰浆样品的矿物组成。选取少量灰浆样品，用玛瑙研钵研磨后，采用 XD-3 型 X 射线衍射仪进行 XRD 分析。

遇真宫灰浆的 XRD 分析结果（图5.6.6）显示，所有灰浆样品中的主要物相均为方解石，个别样品中有少量未碳化的氢氧化钙存在。同时，灰浆样品中均发现有二氧化硅的衍射峰，其中，样品 wd-4 中二氧化硅的衍射峰较强，且发现有少量长石。

考古发掘发现，西宫 F14（wd-3）的室内垫土层为黄褐色三合土，土质结构紧密、干硬，内含大量白灰渣、砂粒、碎石渣，俗称"灰土"。湖北大学采用化学方法对 wd-3 进行的元素成分分析结果显示，该样品的硅含量（SiO_2%）高达55%。该样品送达安徽大学时，已全部破碎，本工作仅针对其中的白灰渣进行了科技分析，因而在其衍射图谱中，该样品中二氧化硅的含量不是很高。

本次试验所分析灰浆大多是在建筑基址上所采集，在发掘过程中受到土壤的污染较大，因此除灰土样品 wd-3 外，其他样品中所发现的二氧化硅和长石，可能不是有意添加的，应为土壤污染所致。

（3）遇真宫灰浆样品中有机添加剂。

① 经典化学分析。为了解武当山遇真宫建筑灰浆的材料配方，采用碘-碘化钾试剂、班氏试剂、还原酚酞试剂、考马斯亮蓝和高碘酸钠氧化甘油乙酰丙酮显色法对遇真宫灰浆中有机物进行初步检测，分析结果见表5.6.4。

据表5.6.4的结果显示，样品 wd-2、wd-4、wd-5 的碘淀粉试验结果呈阳性，其中 wd-5 显色非常明显，表明该样品中可能添加了糯米等以淀粉为主要成分的材料；样品 wd-3 和 wd-6 则分别在油脂分析和血痕分析中显阳性，但这

表 5.6.3　遇真宫建筑灰浆样品简介

编号	时代	采样部位
wd-1	明永乐	西宫 F1
wd-2	明永乐—嘉靖	西宫院 3 院墙
wd-3	明中晚期	西宫 F14（灰土）
wd-4	明永乐	东宫 F1 山墙
wd-5	明永乐—嘉靖	西宫院 6 院墙
wd-6	明永乐	中宫院墙

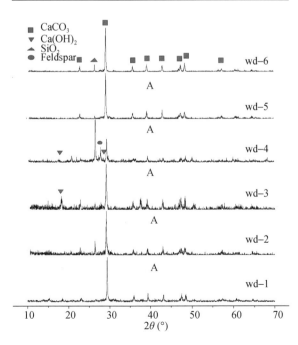

图 5.6.6　遇真宫灰浆的 XRD 图谱

表 5.6.4　遇真宫灰浆的经典化学分析结果

样品编号	分析项目				
	水溶液 pH 值	淀粉	糖	血	蛋白质	油脂
wd-1	7	—	—	—	—	—
wd-2	8	+	—	—	—	—
wd-3	7	—	—	—	—	+
wd-4	8	+	—	—	—	—
wd-5	8	+++	—	—	—	—
wd-6	7	—	—	+	—	—

注："+"表示结果为阳性，"—"为阴性，其中，"+++"显色非常明显；"++"显色明显；"+"有显色现象。

两个样品的显色反应均较弱，其是否分别添加了血料和油脂，尚需进一步分析。

② FTIR分析。为进一步确定遇真宫灰浆所添加有机物的种类，对其进行了傅里叶变换红外光谱分析，检测结果见图5.6.7～图5.6.9。

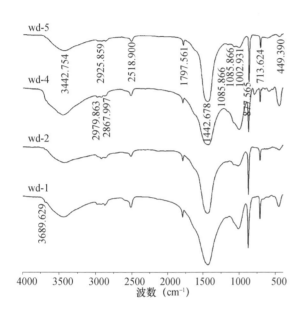

图 5.6.7 遇真宫灰浆的红外光谱图

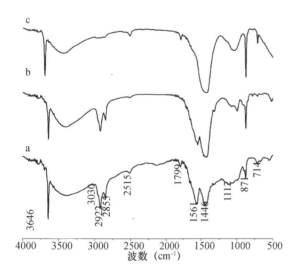

图 5.6.8 遇真宫灰浆样品 wd-3 与
桐油灰浆的红外光谱图

a—模拟桐油灰浆；b—古代桐油灰浆；
c—遇真宫灰浆 wd-3

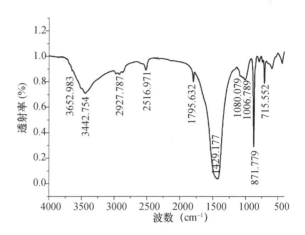

图 5.6.9 样品 wd-6 红外光谱图

在样品 wd-1、wd-2、wd-4 和 wd-5 的红外图谱中，波数 713cm⁻¹、877cm⁻¹、1442cm⁻¹、1797cm⁻¹ 和 2518cm⁻¹ 处的吸收峰是方解石的特征吸收峰，这是灰浆中的氢氧化钙发生碳化反应的产物；wd-1 在波数 3689cm⁻¹ 处的峰为 Ca(OH)₂ 的羟基伸缩振动峰，表明该样品碳化不完全，尚有未碳化的氢氧化钙存在。对仿制糯米灰浆的红外光谱分析表明，波数 1000～1154cm⁻¹ 和 1654cm⁻¹ 处的吸收带为糯米成分存在证据。其中，1000～1154cm⁻¹ 处为葡萄糖环上—CO 伸缩振动峰，1654cm⁻¹ 处为—OH 的吸收峰。在图 5.6.7 中，样品 wd-1、wd-2、wd-4 和 wd-5 均在波数 1000～1100cm⁻¹ 出现明显吸收峰，与碘-淀粉试验结果相结合，可认为上述样品在制备过程中添加了糯米浆。

前期工作中，发现在模拟桐油灰浆和古代桐油灰浆的红外图谱中无法观察到 C＝O 的伸缩振动峰，但是在 1561cm⁻¹ 和 1446cm⁻¹ 处出现—COO⁻ 的伸缩振动峰（图 5.6.8a 和图 5.6.8b），这是桐油中的甘油酯与氢氧化钙反应形成羧酸盐的结果。然而，本次试验中，样品 wd-3 的油脂分析结果虽然呈较弱的阳性，但在其红外谱图中（图 5.6.8c）并未发现—COO⁻ 的伸缩振动峰，从而无法判断该样品是否含有羧酸盐；考虑其在波数 1000～1100cm⁻¹ 存在的较宽吸收峰，此样品所添加的有机物应该也是糯米浆。此外，波数 $3646cm^{-1}$ 处 $Ca(OH)_2$ 的羟基伸缩振动峰的出现，表明该样品的无机成分除方解石外，尚有未碳化的氢氧化钙存在。

动物血中含有大量的蛋白质，蛋白质的红外吸收光谱主要由一系列的酰胺吸收带组成，即酰胺Ⅰ带、酰胺Ⅱ带、酰胺Ⅲ带等。本实验室方世强等（附录 2）在血胶（以氢氧化钙和血为原料）的红外谱图中，发现在酰胺Ⅰ带和酰胺Ⅱ带的位置有吸收峰存在；同时，在古代血料灰浆的红外谱图中，也发现了处于酰胺Ⅰ带和酰胺Ⅱ带的吸收峰。本次试验中，样品 wd-6 的血痕分析结果呈阳性，然而在其红外图谱中（图 5.6.9）并未发现酰胺Ⅰ带和酰胺Ⅱ带的吸收峰，从红外光谱分析结果无法证明该样品添加了动物血。与遇真宫其他灰浆样品的红外谱图相似，该样品在波数 $1000\sim1100cm^{-1}$ 存在的 3 个明显吸收峰，应归结为糯米成分中的 C—O 伸缩振动峰，表明该样品所添加的有机物也是糯米浆。

样品 wd-3 和 wd-6 之所以在油脂和血痕分析中呈现弱阳性，是因为遇真宫的灰浆和灰土样品是采自建筑基址，样品在埋藏过程中受到了土壤中动植物残骸的污染。

（4）遇真宫灰浆样品的物理性质。建筑灰浆与灰土均属于多孔材料，其物理性质指标可参考土的三相比例指标进行表征。

参考《土工试验方法标准》（GB/T 50123—1999）的规定，对武当山遇真宫建筑灰浆的比重、含水量和密度三项基本指标进行了测试，在此基础上，根据相关换算公式计算出了其余物理性质指标。结果见表 5.6.5。

西宫 F14 的灰土样品（wd-3）受样品量限制，除比重外，其他指标未能得出有效数据。北京故宫太和殿前广场地面下灰土的比重为 2.72，相较而言，武当山遇真宫西宫 F14 灰土的比重较小，其密实性不如北京故宫太和殿的灰土。

对武当山遇真宫的灰浆样品而言，其干密度均低于 $2.12g/cm^3$，孔隙率为 $10\%\sim38\%$，孔隙比为 $0.12\sim0.59$（大多数样品的孔隙比低于 0.20），表明遇真宫所用的建筑灰浆较致密；尤其是样品 wd-4、wd-5 和 wd-6，其孔隙率和孔隙比分别低于 16% 和 0.20，由此可见其微结构的致密程度。相关研究表明，多孔材料的孔隙度与其强度、耐冻融性等性能呈负相关[13]。遇真宫建筑灰浆较小的孔隙率，应是其经历 500 余年的风雨侵蚀依然发挥作用的微观解释。

遇真宫灰浆致密的微观结构，导致水分和二氧化碳难以进入灰浆内部。表 5.6.5 中的测试数据显示，灰浆样品的含水量普遍低于 5%（最低的只有 0.55%），饱和度大多低于 22%，表明灰浆的孔隙大多未充水。石灰的碳化反应

表 5.6.5　遇真宫建筑灰浆材料的物理性质指标分析结果

样品编号	天然密度（g/cm³）	饱和密度（g/cm³）	浮密度（g/cm³）	干密度（g/cm³）	含水量（%）	比重	孔隙比	孔隙率（%）	饱和度（%）
wd-1	1.485	1.783	0.783	1.41	5.2	2.25	0.59	37.33	19.71
wd-2	1.633	1.978	0.978	1.605	1.72	2.521	0.57	36.3	7.79
wd-3						2.254			
wd-4	1.846	1.942	0.942	1.775	3.98	2.094	0.18	15.23	46.38
wd-5	1.955	2.13	1.13	1.93	1.2	2.16	0.12	10.71	21.78
wd-6	2.13	2.26	1.26	2.118	0.55	2.472	0.17	14.31	8.14

需要水分和二氧化碳的参与。局部缺水致使石灰的碳化反应难以进行，从而解释了灰浆内部有未碳化氢氧化钙存在的原因。

（5）遇真宫灰浆样品的微观结构。采用日立 S-4800 型扫描电子显微镜对遇真宫建筑基址灰浆样品进行微结构观察，结果见图 5.6.10。

遇真宫等武当山古建筑历经 500 余年的风雨侵蚀，至今仍保存完好，与其所用糯米灰浆的良好性能有密切关系。已有研究表明，糯米支链淀粉对石灰的碳化过程具有一定的调控作用，它通过抑制碳酸化过程中碳酸钙晶粒的生长而使糯米灰浆形成致密的有机-无机复合结构。从图 5.6.10 中的 SEM 照片可以看出，遇真宫灰浆样品 wd-1 ［图 5.6.10 （a）］、wd-2 ［图 5.6.10 （b）］、wd-5 ［图 5.6.10 （e）］ 和 wd-6 ［图 5.6.10 （f）］ 的微结构较相似，均为由不规则纳米级细小颗粒组成的致密结构；灰浆 wd-4 ［图 5.6.10 （d）］ 的微结构有所不同，是由一些卷曲的薄片状颗粒相互交错形成的网络

(c) wd-3

(d) wd-4

(e) wd-5

(a) wd-1

(f) wd-6

图 5.6.10　遇真宫灰浆的 SEM 照片
（放大 5000 倍）

(b) wd-2

状结构。灰浆样品的微结构虽有差异，但均看不到典型的方解石结晶体，从而进一步验证了糯米支链淀粉对石灰碳化过程的调控作用，揭示了武当山遇真宫建筑灰浆具有良好性能的内在原因。同时，电子显微镜观察结果显示，灰浆样品的致密性与其孔隙率、孔隙比测试结果较相符。

样品 wd-3 是遇真宫西宫 F14 室内垫土，是一种黄褐色三合土。图 5.6.10（c）为该样品中石灰渣的电子显微镜照片，与其他样品相比，该样品中不规则的细小颗粒因被残留的糯米成分所包裹而相互粘连，导致其结构更致密。电子显微镜照片所显示的不规则碳酸钙颗粒，是糯米支链淀粉对石灰碳化过程进行调控的结果。

（6）小结。试验结果表明，遇真宫的灰浆和灰土在制备过程中均添加了糯米浆。糯米支链淀粉对石灰碳化过程的调控作用，使灰浆和灰土材料形成一种致密的有机-无机复合结构，这是遇真宫建筑灰浆经历 500 余年的风雨侵蚀依然发挥作用的内在原因。同时，研究发现，遇真宫建筑灰浆的材料配方从明代早期到明代中晚期变化不大，均以石灰和糯米浆为主，从而为对遇真宫进行保护修复奠定了科学基础。

经典化学分析法操作简便，对灰浆中糯米、桐油、蛋白质等有机添加剂的识别具有一定效果。然而，因建筑基址的灰浆样品在埋藏过程中可能会受到土壤中动植物残骸等有机材料的污染，因此，当检测结果呈较弱阳性时，应根据红外光谱等技术手段的分析结果对其进行综合判断。

5.6.3 "华光礁 1 号"舱料灰浆综合分析

（1）古代舱料灰浆背景。

舱料是由桐油和石灰充分混合后制备而成

的石灰基灰浆，它主要作为船只补缝防漏之用，是我国古代造船史上的重要发明之一。古代舱料样品由泉州海外交通史博物馆提供，取自宋代海船"华光礁 1 号"。"华光礁 1 号"是 2008 年在西沙永乐群岛南部海域发掘的南宋中期（AD 1127—1279）的中国远洋货船。该船当时从福建港口出发，满载着以福建窑口为主的陶瓷器，以及少量龙泉和景德镇瓷器，在永乐群岛南部海域触礁沉没。目前，物品和船板均保存在海南省博物馆。

初步观察发现，该舱料样品表面呈淡黄色，内部呈白色，试块结构致密，虽然长期（约 900 年）浸泡在水底，但仍有一定力学强度。样品中包覆着少量纤维，纤维直径在 0.1~0.5mm，长度 2~4cm，并且纤维在舱料块中分布较均匀。

（2）舱料基体分析。

① FTIR 分析。舱料中的有机成分采用傅里叶红外变换光谱仪（NICOLET 560）测定。红外光谱测定采用 KBr 压片法，光谱分辨率 $2cm^{-1}$，测试范围 4000~400cm^{-1}。舱料的红外分析结果见图 5.6.11。

从图谱可以得到，对于纯桐油它在 ~3030cm^{-1} 处和 ~1773cm^{-1} 处有特征吸收，分

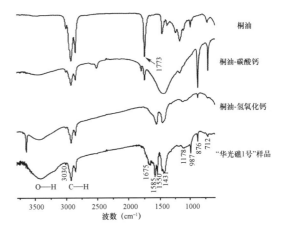

图 5.6.11　"华光礁 1 号"舱料红外光谱图

别是═C─H 伸缩振动峰和羰基伸缩振动峰。当桐油和碳酸钙混合后，除了桐油特征吸收峰，还有碳酸钙的特征吸收峰，分别在～712cm^{-1}、876cm^{-1} 和 1431cm^{-1} 处。而当桐油和氢氧化钙制备成灰浆放置一段时间后，峰型发生了明显变化，原本桐油的羰基峰消失，在～1550cm^{-1} 和～1443cm^{-1} 处出现两个强吸收峰，这是因为桐油和氢氧化钙反应生成了羧酸盐，在 1610～1560cm^{-1} 和 1440～1360cm^{-1} 处分别形成羧酸根的反对称伸缩振动峰和对称伸缩振动峰。对于古代样品分析发现其峰结构与桐油-氢氧化钙的比较相似，在～1585cm^{-1}、～1550cm^{-1} 和～1443cm^{-1} 处发现了属于羧酸盐的峰，但是不同的是羧酸根的反对称伸缩振动峰有两个。造成这种情况的原因很可能是生成的羧酸钙存在桥式配位和螯合配位两种形式。通过红外分析得到，舱料基体的制备原料很可能是桐油和氢氧化钙。

② XRD 分析。舱料中的无机成分采用 X 射线衍射仪（AXS D8 ADVANCE）测定。XRD 测试扫描速度 4°$2\theta \cdot min^{-1}$，扫描步数 0.02，测试波长 1.54Å。对"华光礁 1 号"舱料进行 XRD 分析得到如图 5.6.12 所示结果。

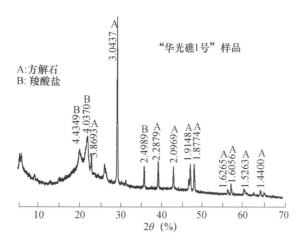

图 5.6.12　"华光礁 1 号"舱料 XRD 图谱

从衍射图谱发现，舱料中的主要物相是方解石和羧酸钙，其中羧酸钙的吸收峰峰形较宽，原因一方面可能是结晶度较低，另一方面是基体中脂肪酸酯种类较多，与 Ca^{2+} 结合形成不同链长和结构的超分子，因此会存在分子各向异性，导致峰形变宽。在图谱中未发现氢氧化钙的衍射峰，FTIR 试验已发现，碳酸钙无法与脂肪酸酯反应生成羧酸钙，结合文献记载可以证实，制备舱料的原料是桐油和氢氧化钙，氢氧化钙部分和桐油反应生成了羧酸钙，另一部分完全发生碳化，转化成碳酸钙，与红外分析结果相符。

③ TG-DSC 分析。舱料中主要成分含量采用热重-差热仪（NETZSCH STA 409 PC/PG）进行测定，分析时，测试温度由室温升到 1000℃，升温速率 20℃/min。"华光礁 1 号"舱料热重分析见图 5.6.13。

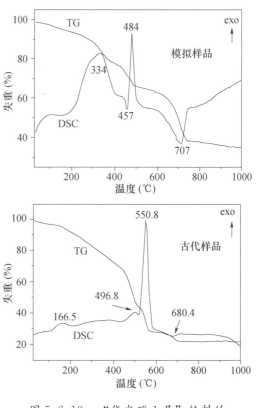

图 5.6.13　"华光礁 1 号"舱料的
TG-DSC 曲线

从 TG 线发现，舱料失重分为 4 个阶段，首先是失去自由水和结合水，然后有机成分开始分解；当温度达到 425℃时，舱料中的羧酸盐开始分解，直到 565℃羧酸盐完全分解；舱料中碳酸钙的分解出现在 650～700℃。根据文献对舱料制备的记载[14]可以得出，热重分析中最后残余的物质是 CaO，残余总量 22.4%。通过对碳酸钙的失重计算可以得到，有 7% 的 CaO 来自碳酸钙的分解，15.4% 的 CaO 来自羧酸盐的分解，即原料 $Ca(OH)_2$ 有 31.2% 碳化形成 $CaCO_3$，其余的与桐油反应生成了羧酸盐。从 DSC 曲线发现，在 425～565℃存在两个放热峰，这表明舱料中存在两种不同的羧酸盐，即 Ca^{2+} 和羧酸根的结合形式并非是单一的，与红外分析的结果一致，证明舱料中 Ca^{2+} 和羧酸根存在螯合配位和桥式配位。李小俊等[15]研究表明，二元羧酸钙在熔融后结构由桥联结构向螯合结构转变。因此，可以推测本试验 DSC 曲线上前一个放热峰属于桥联结构羧酸钙的分解，后一个放热峰属于螯合结构羧酸钙的分解，两种羧酸钙的含量比约为 1.6。

④ SEM 分析。舱料的微结构分析采用扫描电子显微镜［SIRION-100，FEI（美国）］进行观察。由于舱料随沉船长期浸泡水中，可能导致舱料内部和外部在形貌上存在差异，因此对舱料试块外部和内部分别进行取样观察。同时，舱料中含有纤维，纤维与舱料之间存在相互结合，因此随机抽取 3 条纤维，制备成电子显微镜观察样品，进行 SEM 分析。舱料的形貌分析结果如图 5.6.14。

结果显示，由于舱料年代久远，随着其中有机物的耗损以及桐油固化后体积收缩，使得舱料中存在较多细小孔隙（图 5.6.14A、C）。放大后观察到舱料内部（图 5.6.14B）呈无规

则胶质状片层结构，外部（图 5.6.14D）由一定规则形貌的薄片颗粒紧密堆积而成，这可能是因为舱料外部长期处在水环境中，使羧酸钙结晶度提高。

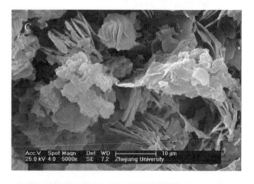

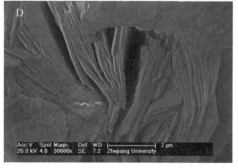

图 5.6.14　"华光礁 1 号"舱料的 SEM 照片

A、B：舱料内部；C、D：舱料外部

通过以上分析表明，艌料基体的主要成分是羧酸钙、碳酸钙和氧化聚合的脂肪酸酯，同时还存在少量未反应的不饱和脂肪酸酯。艌料优异的防水和黏结性能主要产生于两个方面：首先是脂肪酸酯的憎水作用，桐油的主要成分是十八碳共轭-9，11，13-酸三甘油酯，由于含有大量的共轭键，因此极易发生氧化聚合，形成的固体因为含有大量的憎水基团（长链烃基和酯基）使得艌料有较好的防水性能。其次，脂肪酸酯与氢氧化钙发生反应生成配位化合物，尤其是以桥式配位形成的配位键，能使羧酸钙分子形成立体的网状超分子；结合桐油自身不饱和双键的氧化聚合，能最大限度地将小分子链接形成超大分子。这种分子结构的变化，反应在艌料微观结构上就产生了胶质状致密的相互交联的艌料微观形貌（图 5.6.14B），这是艌料拥有良好的黏结和防水性能的另一个重要原因。

（3）艌料中麻纤维鉴定。

艌料中纤维种类确定通过截面法对照和显微红外［5700，Nicolet（美国）］进行综合分析。与艌料中纤维进行对比的 4 种麻依次为亚麻、大麻、黄麻和苎麻（购自市场），都是中国古代种植的作物。纤维显微鉴别前先进行切片，然后使用显微镜进行观察。显微红外测试扫描范围 $4000 \sim 400 cm^{-1}$，光斑面积 $20 \mu m \times 20 \mu m$。

纤维截面照片见图 5.6.15。结果显示，"华光礁 1 号"艌料中的纤维横截面存在两种形态：一种为不规则椭圆形和圆形，内有空腔；另一种是锯齿状的不含空腔的结构。对所选择的 4 种现代麻进行分析发现，黄麻的横截面结构和艌料中的纤维结构极相似，细胞壁厚度相当，初步可以判断，艌料基体中的麻属于黄麻。

纤维的显微红外图谱见图 5.6.16。从图谱发现，$\sim 3426 cm^{-1}$ 处是 OH 伸缩振动峰；$\sim 2919 cm^{-1}$ 和 $\sim 2873 cm^{-1}$ 处是 C—H 伸缩振动峰；$\sim 1573 cm^{-1}$ 和 $\sim 1421 cm^{-1}$ 是附着在纤维上的羧酸盐的反对称伸缩振动峰和对称伸缩振动峰，其来源既可能是氢氧化钙与桐油反应的

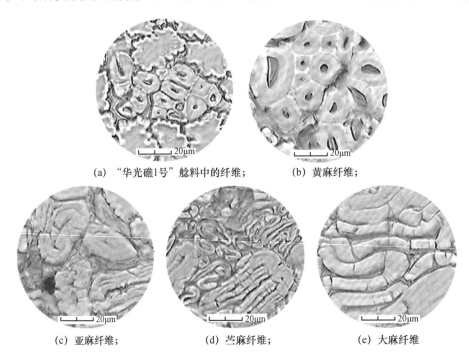

(a) "华光礁1号" 艌料中的纤维；　　(b) 黄麻纤维；

(c) 亚麻纤维；　　(d) 苎麻纤维；　　(e) 大麻纤维

图 5.6.15　纤维横截面形态特征照片

产物，也可能是氢氧化钙与木质素反应的产物；～1105cm^{-1}、～1012cm^{-1}和～904cm^{-1}是C—O—C伸缩振动带，峰形较宽，是天然纤维素的特征吸收峰。

通过纤维横截面观察和显微红外试验得到，舱料基体中所含的是黄麻纤维。在中国，亚麻和大麻的种植区域主要分布在北部，而苎麻和黄麻种植区域主要集中在浙江、福建、江苏等南方地区。考古证实"华光礁1号"的制造港口在福建泉州湾。在信息和交通不发达的古代，人们常常就地取材。因此，在舱料制备中选择黄麻和苎麻的可能性最大。黄麻和亚麻的抗拉性能和弯曲性能相对来说较差，苎麻的延展性和弯曲性能最佳（表5.6.6[16]）。但是为何不使用机械性能更佳的苎麻，或许与两者的化学组成和纤维表面结构有关。

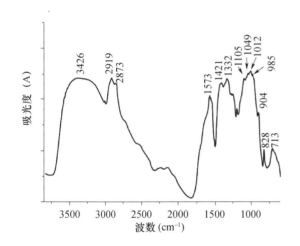

图 5.6.16　北宋"华光礁1号"纤维样品红外图谱

表 5.6.6　天然植物纤维的机械性能

纤维	密度（g/cm^3）	延展性	拉伸强度（MPa）	杨氏模量（GPa）
黄麻	1.3	1.5～1.8	393～773	26.5
亚麻	1.5	2.7～3.2	345～1035	27.6
大麻		1.6	690	
苎麻		3.6～3.8	400～935	61.4～128

黄麻和苎麻在化学组成上最大的差别是木质素的含量（表5.6.7），黄麻中木质素的含量是苎麻的12～23倍。木质素可以作为减水剂、黏结剂、吸附剂等。木质素在碱性环境下相对不稳定，其分子中的酚羟基可以与金属离子反应生成配位化合物。在舱料中，氢氧化钙不仅可以与桐油形成配位化合物，而且可以与纤维中的木质素反应生成配合物，这样就有可能使得纤维和舱料基体之间通过Ca^{2+}形成化学键链接，从而大大减小了纤维在舱料中发生拔出、脱离失效的可能性，提高了纤维对舱料的增韧、抗裂效果。另外，在碱性环境下，桐油与木质素还能发生酯交换反应，使舱料基体与纤维之间形成化学键链接。对舱料中的纤维进行SEM分析也发现（图5.6.17），纤维表面上有大量的舱料颗粒，有些附着在上面，有些犹如镶嵌在纤维上，与纤维形成一体，证明舱料基体与纤维之间的结合同时存在物理吸附和化学吸附。

此外，黄麻表面较粗糙，苎麻表面多为光滑，这也导致黄麻与舱料基体之间摩擦力较大，相对于苎麻，更加不易拔出、脱落。对黄麻和苎麻进行SEM观察后还发现，黄麻的平均直径约为苎麻的5倍（黄麻直径71.4μm，苎麻直径13.9μm），由于苎麻的直径较小，柔性较大，这就导致在与舱料混合后，容易出现麻结块的问题，导致舱料整体均匀性降低，影响舱料整体性能。

表 5.6.7　天然植物纤维的成分（质量分数）

纤维	成分（%）		
	纤维素	半纤维素	木质素
黄麻	57～60	14～17	18
亚麻	70～80	12～15	2.5～5
大麻	76.4	12	20
苎麻	65～75	14～16	0.8～1.5

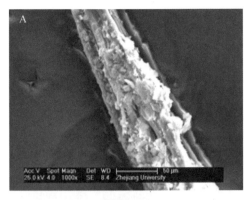

图 5.6.17　舱料与纤维结合在一起的 SEM 照片

综合上述分析，"华光礁1号"舱料中的麻纤维属于黄麻纤维，在舱料制作中选择机械性能稍差的黄麻主要原因：首先，黄麻符合就地取材的便利条件；其次，黄麻能够通过其纤维中较高含量的木质素，一方面在 Ca^{2+} 的桥联作用下与舱料基体产生化学键，另一方面在碱性条件下木质素中的酚羟基与舱料中的脂肪酸酯发生酯交换反应从而与舱料基体形成化学键链接，这提高了纤维与舱料基体的结合力，从而大大减小了纤维在舱料中发生拔出、脱离失效的可能性，提高了纤维对舱料的增韧、抗裂效果；最后，因为黄麻较粗糙的纤维表面，适中的直径，在舱料基体中能较好地形成均匀分布。

（4）小结。

综合分析发现，"华光礁1号"上的舱料基体主要成分是碳酸钙、羧酸钙以及脂肪酸酯。在 Ca^{2+} 的桥联作用和不饱和脂肪酸酯中

$C=C$ 的氧化聚合作用下，形成庞大的立体羧酸钙超分子，随着反应的不断进行，最终形成结构致密的舱料微结构。这是舱料具有极好防水性的微观机理。

对舱料中的麻丝进行分析显示麻丝纤维属于黄麻。古人选择黄麻首先是由种植地域决定的；其次由于黄麻纤维中木质素含量较高，一方面有助于提高舱料的和易性，另一方面在 Ca^{2+} 的桥联下可以使纤维与舱料基体之间形成化学键，使得纤维在舱料中发生拔出、脱离失效的可能性大大降低，提高了纤维对舱料的增韧、抗裂效果；另外，黄麻纤维较粗糙的表面和适中的纤维直径，不仅使它与舱料基体的结合更牢固，还能使其在舱料基体中较均匀地分布。

5.6.4　北京故宫传统灰浆的综合检测

北京故宫传统建筑灰浆种类很多，其中瓦顶灰浆是各类灰浆中质量要求最高、取样最困难、已有的研究报道最少的一类，一直使文物保护界和相关学术界倍感神秘。结合"养心殿研究性保护项目"，由北京故宫博物院古建部牵头，对故宫养心殿建筑群的各类典型灰浆进行了取样，并委托浙江大学文物保护材料实验室进行分析研究，旨在为故宫古建筑的研究性保护与原真性修缮提供基础数据。其中，围绕养心殿后殿的燕喜堂、体顺堂和东围房的瓦顶灰浆取样最全，包括泥背、灰背、底瓦泥、盖瓦泥和夹垄灰等都进行了取样。这些灰浆样品的检测可为了解故宫古建筑苫背传统工艺提供详尽数据。

（1）故宫灰浆样品。

样品取自北京市故宫养心殿燕喜堂、东围房和体顺堂，分别来自燕喜堂底瓦泥、燕喜堂

前檐 A55-A56 8-9 块夹垄灰、燕喜堂前檐 A55-
A56 8-9 块盖瓦泥（含夹垄灰）、燕喜堂灰背；
东围房泥背、灰背、底瓦泥、盖瓦泥和夹垄
灰；体顺堂泥背、灰背、底瓦泥、盖瓦泥和夹
垄灰。经细致观察发现部分样品存在明显分层

现象，因此将 3 个建筑中分别取得的 14 种样
品细分为 21 个，并予以编号，取样地点和样
品名称见图 5.6.18～图 5.6.21 和表 5.6.8。

图 5.6.18 燕喜堂灰浆取样点

(a) YXT3-1和YXT3-2　　　(b) YXT4-1

(c) YXT4-2　　　(d) YXT5-2

(e) YXT6-1　　　(f) YXT6-2

图 5.6.19 燕喜堂灰浆样品

(a) D-1　　　(b) D-2

(c) D-3和D-4　　　(d) D-5

(e) D-6　　　(f) D-7

图 5.6.20 东围房灰浆样品

(a) T-1　　　(b) T-2

(c) T-3　　　(d) T-4

(e) T-5　　　(T) T-6和T-7

图 5.6.21 体顺堂灰浆样品

表 5.6.8 故宫养心殿灰浆样品编号

序号	编号	灰浆取样位置
1	YTX3-1	燕喜堂底瓦泥—表层
2	YXT3-2	燕喜堂底瓦泥—底层
3	YXT4-1	燕喜堂前檐 A55-A56 8-9 块夹垄灰—表层
4	YXT4-2	燕喜堂前檐 A55-A56 8-9 块夹垄灰—底层
5	YXT5-2	燕喜堂前檐 A55-A56 8-9 块盖瓦泥（含夹垄灰）—底层
6	YXT6-1	燕喜堂灰背—表层
7	YXT6-2	燕喜堂灰背—底层
8	D-1	东围房泥背第二层
9	D-2	东围房泥背第一层
10	D-3	东围房灰背（表层）
11	D-4	东围房灰背（底层）
12	D-5	东围房底瓦泥
13	D-6	东围房盖瓦泥
14	D-7	东围房盖瓦泥夹垄灰
15	T-1	体顺堂下层泥背
16	T-2	体顺堂上层泥背
17	T-3	体顺堂下层青灰泥
18	T-4	体顺堂上层青灰背
19	T-5	体顺堂底瓦泥
20	T-6	体顺堂盖瓦泥
21	T-7	体顺堂夹垄灰

（2）故宫灰浆样品的物理性质。

① 密度、吸水率、孔隙率测试。使用多功能密度测试仪对灰浆样品进行密度、吸水率、孔隙率分析，检测所得数据见表 5.6.9。根据表 5.6.9 中的测试结果可知，灰浆样品的密度相差不大，基本分布在 $1.0 \sim 1.2 g/cm^3$。根据样品所在部位的不同，灰浆的性能各异，如底瓦泥、盖瓦泥、灰背等部位对于灰浆的防渗性能要求较高，因此这部分的样品表现出密度较大、吸水率较低的情况。

② 强度测试。采用里氏硬度计对灰浆样品进行表面硬度测试。此处的强度为样品表面 5 个随机取样点去除最高值和最低值后表面硬度的平均值。检测结果见表 5.6.9。

（3）故宫灰浆样品的矿物组成。

图 5.6.22 和表 5.6.10 为养心殿瓦顶灰浆样品的 XRD 分析结果。样品的矿物成分主要为方解石（$CaCO_3$）、石英（SiO_2），此外还检测出改善灰浆外观和性能的材料，如赤铁矿和云母、长石一类的土壤原生矿物。原生矿物在一定程度上可以反映土壤母岩的信息，因此根据分析结果可以推测灰浆样品中黏土的来源是否属于同一区域。推测这些灰浆部分是由石灰和石英砂制成，部分灰浆在制作时加入了一些黏土和其他物质。

表 5.6.9 养心殿灰浆样品密度测试结果

类型	样品编号	表观密度（g/cm³）	吸水率（%）	总孔隙率（%）	强度（HLD）
泥背	D-1	1.2961	38.81	56.67	220
	D-2	1.3269	38.67	55.64	263
	T-1	1.2003	43.97	59.87	223
	T-2	1.4062	32.07	52.99	277
灰背	YXT6-1	1.1931	41.55	60.11	283
	YXT6-2	1.2096	35.56	59.55	267
	D-3	1.1707	43.87	60.86	233
	D-4	1.0968	52.45	63.33	236
	T-3	1.0950	52.44	63.40	268
	T-4	1.0608	55.38	64.55	216

续表

类型	样品编号	表观密度（g/cm³）	吸水率（%）	总孔隙率（%）	强度（HLD）
底瓦泥	YXT3-1	1.1759	36.59	60.68	252
	YXT3-2	1.2115	32.32	59.50	233
	D-5	1.1597	44.60	61.23	261
	T-5	1.0562	53.89	64.69	268
盖瓦泥	YXT5-2	1.1035	43.72	63.12	283
	D-6	1.2354	37.82	58.71	231
	T-6	1.1642	46.68	61.08	269
夹垄灰	YXT4-1	1.0986	50.93	63.27	272
	YXT4-2	1.1317	47.40	62.16	237

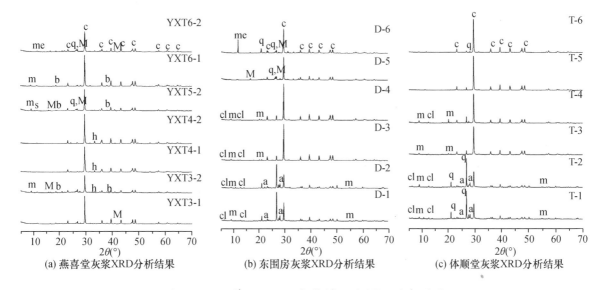

(a) 燕喜堂灰浆XRD分析结果　(b) 东围房灰浆XRD分析结果　(c) 体顺堂灰浆XRD分析结果

图 5.6.22　养心殿瓦顶灰浆样品的 XRD 分析结果

表 5.6.10　瓦顶灰浆样品 XRD 分析 Jade5.0 软件定量分析结果

类型	编号	黏土矿物成分
泥背	D-1	石英（23.8%）、碳酸钙（34.4%）、云母（14.4%）、钠长石（21.4%）、斜绿泥石（5.9%）
	D-2	石英（20.2%）、碳酸钙（30.0%）、云母（19.3%）、钠长石（23.6%）、斜绿泥石（6.9%）
	T-1	石英（18.3%）、碳酸钙（32.9%）、钠长石（17.7%）、云母（23.1%）、绿泥石（8.1%）
	T-2	石英（21.6%）、碳酸钙（32.4%）、钠长石（19.6%）、斜绿泥石（6.8%）、云母（19.7%）
灰背	D-3	碳酸钙（68.1%）、石英（7.2%）、云母（19.7%）、斜绿泥石（4.9%）
	D-4	碳酸钙（64.2%）、石英（6.6%）、云母（24.3%）、斜绿泥石（5.0%）
	T-3	碳酸钙（62.9%）、石英（7.0%）、云母（30.0%）
	T-4	碳酸钙（50.9.%）、石英（8.6%）、云母（28.1%）、斜绿泥石（12.4%）
	YXT6-1	碳酸钙（64.6%）、石英（5.7%）、氢氧镁石（3.1%）、云母（14.0%）、斜绿泥石（12.6%）
	YXT6-2	碳酸钙（43.0%）、石英（9.2%）、透镁铝石（3.0%）、莫来石（44.7%）
底瓦泥	D-5	碳酸钙（62.9%）、石英（5.5%）、莫来石（31.6%）
	T-5	碳酸钙（96.8%）、石英（3.2%）
	YTX3-1	碳酸钙（55.2%）、石英（8.3%）、莫来石（36.5%）
	YXT3-2	碳酸钙（40.7%）、石英（8.7%）、氢氧镁石（10.3%）、莫来石（40.2%）

类型	编号	黏土矿物成分
盖瓦泥	D-6	碳酸钙（54.9%）、石英（4.6%）、莫来石（31.8%）、透镁铝石（8.6%）
	T-6	碳酸钙（96.6%）、石英（3.4%）
	YXT5-2	碳酸钙（51.8%）、石英（6.5%）、氢氧镁石（8.2%）、莫来石（33.5%）
夹垄灰	YXT4-1	碳酸钙（91.8%）、石英（4.6%）、赤铁矿（3.7%）
	YXT4-2	碳酸钙（85.4%）、石英（5.6%）、赤铁矿（9.0%）

(a) 燕喜堂后檐明间西缝檐柱东侧墙灰

(b) YXT3-1糯米灰浆样品放大50000倍

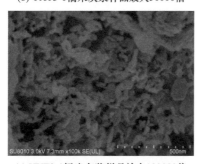

(c) YXT3-1糯米灰浆样品放大100000倍

(d) YXT3-1糯米灰浆样品放大200000倍

图5.6.23 燕堂喜灰浆样品扫描电子显微镜照片

（4）故宫灰浆样品的微结构。

通过观察样品微观形貌的图像，可以了解到样品的内部结构信息。以 YXT3-1 为例，图 5.6.23（a）中为同时期燕喜堂后檐明间西缝檐柱东侧墙灰，有机物检测结果表明其中可能含有少量蛋白质。两种灰浆相比较，YXT3-1 的微观结构致密，呈现出以纳米级小颗粒紧密黏合的状态；这可以佐证后续有机添加剂检测的结果，同时也可以为灰浆密度吸水率等物理性能方面的表现提供合理的解释。

（5）故宫灰浆样品的钙含量。

① 热重差热分析。养心殿燕喜堂灰浆样品的钙含量通过热重差热法进行分析，样品在 600~800℃ 的失重值作为估算样品中碳酸钙比重的参考值。热分析谱图见图 5.6.24。

② 酸解法。采用酸解法测定养心殿东围房和体顺堂样品中的钙含量。由于试验仪器气密

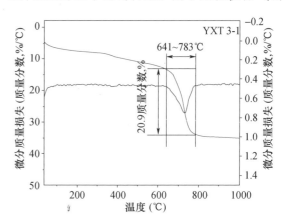

图5.6.24 燕喜堂YXT3-1样品的热重分析图谱

性、温度以及大气压等影响，不能直接使用理论公式换算 $CaCO_3$ 的质量，因此在试验开始前先对钙含量测试仪器进行校准。称取一定量纯碳酸钙粉末（沪试分析纯碳酸钙，含量 $\geqslant$ 99.0%）进行钙含量分析；利用得到的结果绘制出钙含量的标准曲线见图 5.6.25。

数据拟合得到直线的相关系数 $R^2 =$ 0.9991，线性相关强，仪器精密度良好。拟合直线方程式中 y 为 CO_2 体积，x 为 $CaCO_3$ 质量；$y=2.34+248.7x$ 中 2.34 的存在属于系统误差，是检测仪器及管道中本身存在的一部分气体导致的；试验温度与大气压的影响造成了斜率比理论斜率偏大。

故宫养心殿瓦顶灰浆的钙含量见表 5.6.10。

(6) 故宫灰浆样品的泥砂含量及粒径分布。

① 泥砂含量。取少量样品用研钵碾碎，与盐酸反应并洗净后收集剩余集料。经过处理的样品通过 200 目筛，得到粒径大于 0.075mm 的砂集料占灰浆样品的质量比与粒径小于 0.075mm 的泥集料占灰浆样品的质量比，结果见表 5.6.11。

表 5.6.11　养心殿灰浆样品钙砂泥组分质量比

类型	样品编号	碳酸钙质量分数（%）	砂的质量分数（%）	泥的质量分数（%）
泥背	D-1	33.23	31.27	27.54~35.5
	D-2	31.18	29.09	29.82~39.73
	T-1	29.86	19.59	39.80~50.55
	T-2	30.53	29.45	31.69~40.02
灰背	YXT6-1	67.7	3.0	2.1~29.3
	YXT6-2	42.3	7.6	4.0~50.1
	D-3	73.91	5.55	13.06~20.54
	D-4	72.69	5.73	16.25~21.58
	T-3	72.45	6.08	21.47~25.24
	T-4	65.88	6.37	16.99~27.75
底瓦泥	YXT3-1	47.5	46.5	6~9.5
	YXT3-2	33.0	29.9	18.1~29.1
	D-5	33.06	40.16	10.50~26.78
	T-5	83.76	1.91	6.17~15.39
盖瓦泥	YXT5-2	38.4	48.3	12.4~13.3
	D-6	38.31	32.54	10.95~29.15
	T-6	83.00	1.61	8.44~15.39
夹垄灰	YXT4-1	75.2	0.4	8.1~32.5
	YXT4-2	73.2	0.4	15.0~26.4
	D-7	74.80	7.64	8.65~17.56

由于试验过程复杂，可能造成少量的泥砂颗粒的损失，特别是泥颗粒容易残留在容器表面难以收集，且部分黏土矿物成分可能被酸溶解并流失。因此泥的质量比以区间表示。

② 泥砂粒度分布。利用激光粒度仪粒径检测小于 200 目的集料，大于 200 目部分的粒度分析使用筛分法，集料一次性通过 14 目、20 目、40 目、60 目、80 目、100 目、120 目、150 目、200 目筛，并绘制粒度分布曲线。部分样品含量较少，样品量不足以支持进行泥砂的粒度分析（T-7 样品）。粒径分布见图 5.6.26 和图 5.6.27。

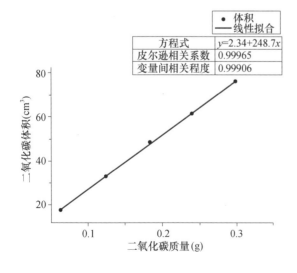

	● 体积 — 线性拟合
方程式	$y=2.34+248.7x$
皮尔逊相关系数	0.99965
变量间相关程度	0.99906

图 5.6.25　钙含量标准曲线

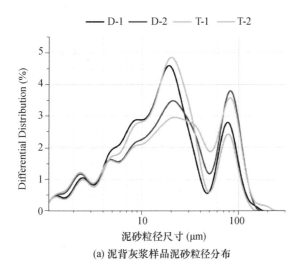

(a) 泥背灰浆样品泥砂粒径分布

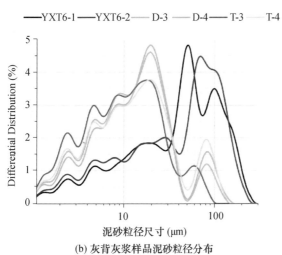

(b) 灰背灰浆样品泥砂粒径分布

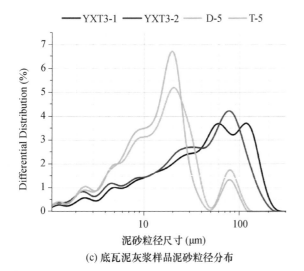

(c) 底瓦泥灰浆样品泥砂粒径分布

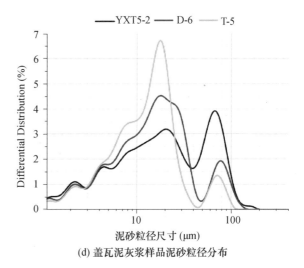

(d) 盖瓦泥灰浆样品泥砂粒径分布

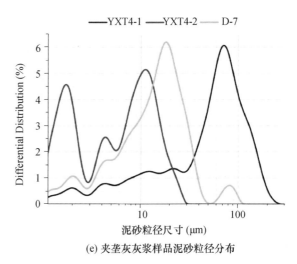

(e) 夹垄灰灰浆样品泥砂粒径分布

图 5.6.26　养心殿瓦顶灰浆泥粒度

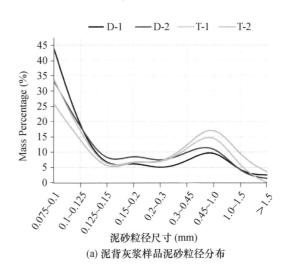

(a) 泥背灰浆样品泥砂粒径分布

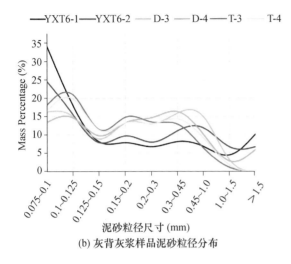

(b) 灰背灰浆样品泥砂粒径分布

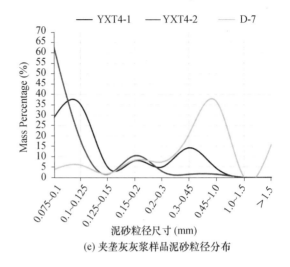

(e) 夹垄灰灰浆样品泥砂粒径分布

图 5.6.27　养心殿瓦顶灰浆砂粒度

燕喜堂灰浆样品含砂（粒径≥0.075mm）量最高约占总质量的 1/2，主要是底层灰浆不同程度地掺入不同种类的砂；各样品中的土和细砂成分表现出不同的粒径分布，灰浆在制作时应选用了不同种类的土壤或对土壤进行了筛分处理。

（7）故宫灰浆样品中的纤维鉴定。

在燕喜堂灰浆样品中，YXT4-1、YXT4-2、YXT6-1、D-1、D-2、D-3、D-4、T-1、T-2、T-3、T-4 中均存在长度 2mm 左右且相当细小脆弱的纤维。通过显微镜横截面观察和红外谱图测定来判别纤维的种类。考虑某些样品中纤维的外观形貌一致，因此仅检测 YXT4-2、YXT6-1、T-1、T-3（选用 YXT4-2 代表 YXT4-1 样品中的纤维；T-1 代表 D-1、D-2、T-2 样品中的纤维；T-3 代表 D-3、D-4、T-4 样品中的纤维）。

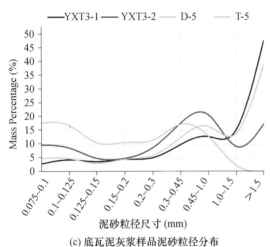

(c) 底瓦泥灰浆样品泥砂粒径分布

① 显微镜观察法，见图 5.6.28 和图 5.6.29。

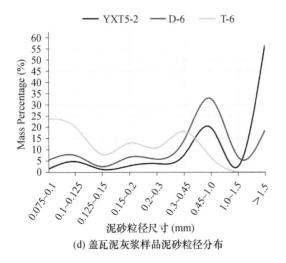

(d) 盖瓦泥灰浆样品泥砂粒径分布

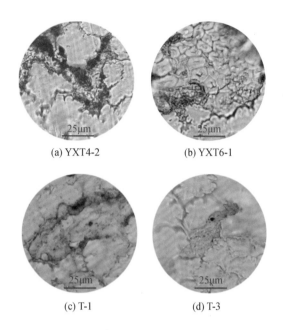

(a) YXT4-2　　　　(b) YXT6-1

(c) T-1　　　　(d) T-3

图 5.6.28　养心殿瓦顶灰浆纤维横截面

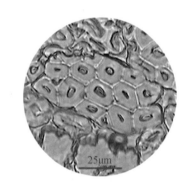

图 5.6.29　黄麻纤维标准样品横截面

② 红外光谱法。采用红外光谱仪测定这些纤维的红外谱图，测试结果见图 5.6.30。

以 YXT6-1 样品中的纤维为例，3351.7cm⁻¹宽而钝的吸收峰表明纤维中存在大量 O—H 伸缩振动基团，是分子间羟基的相互作用造成的；2939.0cm⁻¹处的吸收峰是甲基和亚甲基的对称与不对称伸缩振动峰；1793.5cm⁻¹为酸酐类物质的 C═O 伸缩振动峰；1631.5cm⁻¹是纤维素中结合水引起的吸收；1502.3cm⁻¹和1419.4cm⁻¹是芳香族化合物 C═C 面内骨架伸缩振动造成的，是苯环的特征峰所在，因此属于纤维中木质素的特征峰；此外纤维红外谱图中出现的 1590cm⁻¹、1457cm⁻¹等吸收峰分别

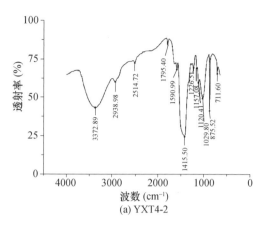

(a) YXT4-2

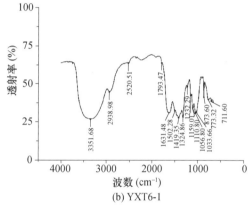

(b) YXT6-1

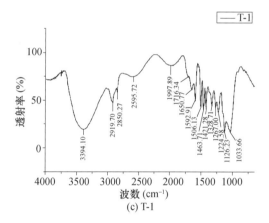

(c) T-1

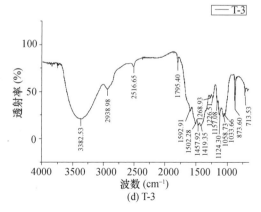

(d) T-3

图 5.6.30　燕喜堂灰浆纤维红外光谱图

来自芳香族骨架和 C—CH₃ 的弯曲振动，它们都来自木质素结构；1324.9cm⁻¹ 是 O—H 面内弯曲振动；1232.3cm⁻¹ 是酯类 C＝O 的伸缩振动峰；1056.8cm⁻¹ 处的吸收峰和 1159.0cm⁻¹、1110.8cm⁻¹、1033.7cm⁻¹ 的肩峰是纤维素的特征吸收峰，是由于纤维素葡萄糖环中的 3 个 C—O 醚键伸缩振动产生的。

③ 纤维分析总结。根据微观结构与红外谱图分析结果，YXT6-1 和 T-1 灰浆中的纤维是黄麻纤维；根据 YXT4-2 和 T-3 纤维横截面微观结构可知，其纤维细胞较小，且形貌不清晰，红外谱图分析结果表明其属于植物纤维，因此初步断定它们为草类纤维，并通过与其他草类植物纤维的对比佐证该判断。

常用的天然纤维材料包括大麻、亚麻等韧皮纤维，棉花等籽毛纤维，羊毛等动物纤维，这些纤维通常被用作纺织材料。此外，针叶木纤维、阔叶木纤维和一些禾草类纤维也属于常见纤维，大多用作造纸原料。

在文物分析领域，对于棉、麻、毛类等纺织品纤维的研究较多。此外，对泥塑中出现稻、麦等禾木植物纤维也有所研究。而草类植物纤维的研究很少。

为此，本工作选取了三种常见的地被草类植物——天堂草、麦冬草和沿阶草，作为草类植物的代表（图 5.6.31），通过酸煮—清洗—碱煮—清洗等一系列步骤使得植物叶片脱胶，提取单根纤维。然后利用哈氏切片器获得这些草类植物纤维的横截面，置于显微镜下观察它们的形貌，见图 5.6.32。

通过观察草类纤维横截面显微镜下的放大图像，可以发现草类纤维的细胞直径与常见的棉、麻等纤维相比明显偏小，且细胞结构不清晰；这些特征与 YXT4-2、T-3 样品中的纤维特征基本吻合。可以初步断定 YXT4-2 和 T-3

(a) 天堂草

(b) 麦冬草

(c) 细叶沿阶草

图 5.6.31　草类植物

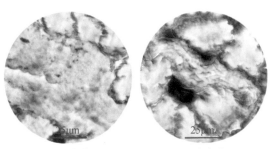

(a) 天堂草　(b) 麦冬草

(c) 细叶沿阶草

图 5.6.32　草类植物纤维横截面

中的纤维为草类纤维。

（8）故宫灰浆样品中的有机添加剂检测。

① 化学分析法。利用浙江大学文物保护材料实验室设计的化学分析方法，通过碘-淀粉反应、考马斯亮蓝染色法、班氏试剂法、酚酞试

验法、泡沫试验法分别检测灰浆样品中有无糯米、蛋白质、糖类、动物血、油脂等添加成分。检测限（即从干灰浆中可以检出有机物的最低质量百分浓度）分别为糯米 0.048%、蛋清 0.2%、蔗糖 0.8%、血液 0.2%、桐油 0.8%。检测结果见表 5.6.12，从表中可以看出燕喜堂灰浆没有添加糖类、动物血、油脂等成分，可能存在糯米和蛋白质。

样品的蛋白质检测过程见图 5.6.33，测试显色结果介于空白对照和阳性对照之间，至少在 YXT3-2、YXT5-1、YXT6-1、YXT7-2 样品中添加有蛋白质成分。其测试结果见表 5.6.12，

样品糯米检测过程见图 5.6.34。尽管某些样品的沉淀颜色较深，干扰了显色反应的观察，但是至少可以断定在 YXT3-1、YXT3-2、YXT5-2、YXT6-1 样品中含有淀粉。

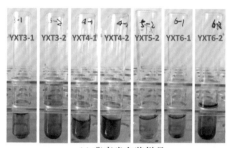

(a) 燕喜堂灰浆样品

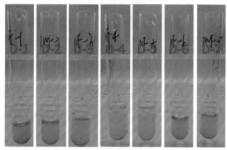

(b) 东围房灰浆样品

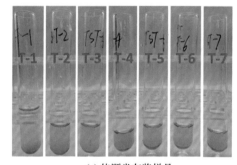

(c) 体顺堂灰浆样品

图 5.6.33　灰浆样品中蛋白质的检测

表 5.6.12　养心殿燕喜堂灰浆样品有机添加物化学检测结果

类型	样品编号	pH 值	淀粉	糖	油脂	蛋白质	血料
泥背	D-1	8	—	—	—	+	—
	D-2	8～9	—	—	—	+	—
	T-1	8	—	—	—	++	—
	T-2	8～9	—	—	—	++	—
灰背	YXT6-1	9	++	—	—	+++	—
	YXT6-2	10	—	—	—	++	—
	D-3	8～9	—	—	—	++	—
	D-4	8～9	—	—	—	++	—
	T-3	8～9	—	—	—	+	—
	T-4	8～9	—	—	—	+	—
底瓦泥	YXT3-1	9	++	—	—	++	—
	YXT3-2	10	++	—	—	+++	—
	D-5	8	—	—	—	+	—
	T-5	8～9	—	—	—	+	—
盖瓦泥	YXT5-2	8	++	—	—	+	—
	D-6	8	—	—	—	+	—
	T-6	8～9	—	—	—	+	—
夹垄灰	YXT4-1	7	—	—	—	—	—
	YXT4-2	7	—	—	—	—	—
	D-7	9	—	—	—	++	—
	T-7	9	—	—	—	—	—

注："+"表示反应不太明显；"++"表示反应明显；"+++"表示反应很明显；"—"表示无反应。

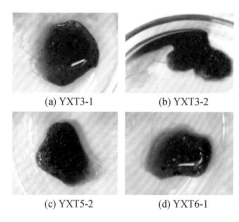

(a) YXT3-1　　　　(b) YXT3-2

(c) YXT5-2　　　　(d) YXT6-1

图 5.6.34　灰浆样品中淀粉的检测

灰浆中添加的有机成分能在一定程度上改善灰浆的性能。

② ELISA。样品的酶联免疫法分析结果见表 5.6.13。

(9) 不同灰浆样品的概况。

① 泥背。泥背类灰浆样品为东围房的 D-1、D-2 和体顺堂的 T-1、T-2。从组成成分和工艺角度进行分析，可以发现，泥背灰浆的钙含量约为 30%，且钙泥砂质量比接近 1∶1∶1，灰浆中的有机添加物均为蛋白质，且发现细小黄色纤维，初步断定为黄麻。4 个灰浆样品的 XRD 分析结果高度一致，表明泥背中添加的黏

表 5.6.13　养心殿灰浆酶联免疫法检测结果

类型	样品编号	酶联免疫法（ELISA）结果		
		蛋清	动物胶	牛奶
泥背	D-1	—	—	—
	D-2	—	+++	—
	T-1	—	+++	—
	T-2	—	—	—
灰背	YXT6-1	++	++	—
	YXT6-2	—	+++	—
	D-3	—	—	—
	D-4	—	—	—
	T-3	—	—	—
	T-4	—	—	—
底瓦泥	YXT3-1	—	—	—
	YXT3-2	—	—	—
	D-5	—	—	—
	T-5	—	—	—
盖瓦泥	YXT5-2	—	+++	—
	D-6	—	—	—
	T-6	—	—	—
夹垄灰	YXT4-1	—	—	—
	YXT4-2	—	—	—
	D-7	+	—	—
	T-7	+	—	—

注：“＋”表示反应不太明显；“＋＋”表示反应明显；“＋＋＋”表示反应很明显；“－”表示无反应。

土存在钠长石、云母、斜绿泥石等成分。泥粒径分布均存在 $20\mu m$ 和 $80\mu m$ 两个峰值，灰浆 0.1mm 以下细砂含量均较高，砂另外在 0.45～1mm 的区间内存在一个较小的峰。

从灰浆性能角度对分析结果进行讨论，并与其他类型灰浆进行对比，可以初步得到一些发现：泥背灰浆的表观密度性能较突出，明显高于其他种类的灰浆样品表观密度，同时泥背灰浆的平均吸水率最低，表明其防水性能较优越。泥背良好的性能或许与其功能有关（泥背又称灰泥背，它是在护板灰之后代替锡背防雨并完成屋面曲线的一层结构层），但也不排除泥背灰浆由于处在瓦顶灰浆的底层位置，与外界环境隔绝而保持有较好性能的可能性。

根据试验结果推测，泥背灰浆在制作时石灰、黏土、砂含量为 1∶1∶1，黏土可能取自周边含有白云母、斜绿泥石和钠长石等风化产物的土壤，且灰浆在制作时掺入了动物胶和黄麻纤维。

② 灰背。灰背灰浆样品包括燕喜堂 YXT6-1、XYT6-2、东围房 D-3、D-4 和体顺堂 T-3、T-4 共 6 个灰浆样品。

灰背灰浆中，YXT6-1、D-3、D-4、T-3、T-4 样品的钙含量均接近 70%（65.9%～73.9%），符合文献[17]中记载的青灰背的石灰与青灰之比为 7∶3 的配方。灰背灰浆中的砂含量普遍较低，最小仅有 5.6%，而最大也只有 7.6%，泥含量分布不等。灰浆中均添加了蛋白质（动物胶）和黄麻纤维（或草类纤维），此外在 YXT6-1 中还检测出了淀粉成分。矿物成分分析结果显示各灰背样品的黏土矿物种类不一致，东围房和体顺堂 T-4 样品中都分析出了白云母和斜绿泥石，T-4 样品中仅含有白云母，而 YXT6-1 样品中含有白云母和氢氧镁石，YX6-2 样品中分析出了透镁铝石和莫来

石。粒度分布方面，燕喜堂灰浆与其他两处的灰浆也不太相似，YXT6-1 样品中泥的主要粒径为 $50\mu m$，YXT6-2 为 $70\mu m$，小于 0.1mm 的细砂较多，其余主要分布在 $0.15\sim0.2mm$ 和 $0.45\sim1.0mm$；D-3、D-4、T-3、T-4 样品的泥粒度分布十分相似，均在 $20\mu m$ 之前有数个小峰且粒径越大含量越高，随后在 $20\mu m$ 处有一个较大的峰，$20\mu m$ 以后的粒径含量逐渐降低，最后在 $80\mu m$ 处有一个较小的峰值，砂粒径分布较为平均，分别在 $0.1\sim0.125mm$、$0.15\sim0.2mm$、$0.3\sim0.45mm$ 处存在 3 个峰值。

这 6 个灰浆在物理性能方面也表现出较大的差异。燕喜堂的 YXT6-1 和 YXT6-2 样品密度在 6 个样品中相对较高（灰背样品密度整体居中），吸水率较低（尤其是 YXT6-2 样品），表面硬度较大；东围房和体顺堂灰浆样品的物理性能较相似，特点是表观密度较低，吸水率较大，表面硬度低。

推测灰背灰浆制作时添加了 70% 左右的石灰、5% 左右的砂和 25% 左右的黏土混合而成，并添加有动物胶（或淀粉）和纤维（推断燕喜堂灰背使用的是黄麻纤维，体顺堂和东围房的纤维可能是草纤维）。不同建筑使用的黏土来源稍有不同。

③ 底瓦泥。底瓦泥类的灰浆样品为燕喜堂的 YXT3-1、YXT3-2、东围房的 D-5 和体顺堂的 T-5 样品。

除 T-5 样品外，YXT3-1、YXT3-2 和 D-5 中的钙均低于 50%（33.0%～47.5%），砂含量在 29.9%～46.5% 之间；而 T-5 样品的钙含量较高，达到 83.8%，砂和泥含量分别为 1.91%、6.17%。燕喜堂底瓦泥灰浆的泥粒径分布显示，泥呈现出粒径越大占比越大的趋势，最后在 $80\mu m$ 处有一个峰值，YXT3-1 样

品的砂粒径在 0.3～0.1mm 处有一个峰值，YXT3-2 样品中大于 1.5mm 的砂较多；东围房和体顺堂底瓦泥灰浆样品的泥粒径分布存在两个峰值，为 $20\mu m$ 和 $80\mu m$，D-5 样品的砂粒径分布与 YXT3-2 相似，T-5 样品粒径小于 0.1mm 的砂颗粒较多，在 0.3～0.45mm 处存在一个峰。X 射线衍射结果表明，燕喜堂底瓦泥灰浆样品中含有的黏土矿物成分为钠长石、氢氧镁石、白云母和莫来石，另外在 YXT3-2 中检测出赤铁矿，应为 YXT4 样品中的杂质；东围房 D-5 中的黏土矿物为莫来石，而体顺堂 T-5 样品中似乎不存在黏土矿物，单纯由方解石与石英组成。化学分析结果表明底瓦泥灰浆样品中均存在蛋白质成分，但蛋白质种类未确定；此外在燕喜堂底瓦泥灰浆中还检测出淀粉。另外，底瓦泥灰浆样品中没有发现纤维的添加。

底瓦泥灰浆样品的各个性能指数表现得较平均，其表观密度的平均值为 $1.15g/cm^3$，吸水率平均值为 41.85%（防水率在各个种类的瓦顶灰浆中排名第二），表面硬度的平均值为 253.5HLD。

④ 盖瓦泥。盖瓦泥样品包括燕喜堂的 YXT5-2、东围房的 D-6 和体顺堂的 T-6 号样品。

除 T-6 样品外，YXT5-2 和 D-6 中的钙含量分别为 38.4%、38.3%，砂含量为 48.3% 和 32.5%。T-6 样品与 T-5 相似，钙含量高达 83%，而砂和泥含量分别为 1.61%、8.44%。泥粒径分布方面，3 个灰浆样品呈现出一定的相似性，泥粒径在 $20\mu m$ 左右和 $70\sim80\mu m$ 有两个峰值，稍有不同的 T-6 样品中粒径在 $20\mu m$ 的细颗粒居多；YXT5-2 样品中砂粒径大于 1.5mm 的砂占 55% 左右，在 0.45～1.0mm 的砂也较多，D-6 样品中砂粒径位于 0.45～

1.0mm 的砂含量最高，而 T-6 样品中的砂则是分布较平均，粒径小于 0.1mm 的砂居多，粒径大于 1.5mm 的砂含量为零。X 射线衍射分析结果显示，YXT5-2 样品中的黏土矿物样品为白云母和莫来石，D-6 样品中的黏土矿物为莫来石，而 T-6 样品中没有检测出黏土矿物，只有方解石与石英。通过化学分析法和 ELISA 检测出盖瓦泥灰浆中含有蛋白质成分，其中 YXT5-2 添加的蛋白质来源于动物胶，YXT5-2 中还添加糯米浆。盖瓦泥样品中没有发现添加纤维。

盖瓦泥灰浆样品的表观密度和吸水率与其他种类瓦顶灰浆相比表现得较平均，其平均值分别为 1.17g/cm³ 和 42.74%；盖瓦泥灰浆的特点是灰浆表面硬度较高，平均值为 261HLD。

⑤ 夹垄灰。夹垄灰的灰浆样品包括燕喜堂的 YXT4-1、YXT4-2、东围房的 D-7 和体顺堂的 T-7。由于部分灰浆的样品量有限（D-7 和 T-7），且与盖瓦泥部分粘连难以取下完整样块，因此未对其进行某些项目的检测。

对 YXT4-1、YXT4-2 和 D-7 样品进行了灰浆组成成分和配比等测试，从分析测试结果可以了解样品的一些基本情况。夹垄灰样品的钙含量较高，平均值为 74.4%（波动在 ±1.2% 以内）；两处样品的泥砂含量各异，燕喜堂灰浆样品中砂含量为 0.40%，东围房样品中的砂含量为 7.64%。样品的泥砂粒度分布也呈现出不同的趋势，YXT4-1 样品中的粗泥较多，粒径从 30μm 开始泥含量逐渐升高，并在 70μm 处出现峰值，YXT4-2 中则以细泥为主，并粒径在 1μm 附近和 10μm 处出现峰值；砂颗粒分布方面，YXT4-1 样品的砂颗粒分布较平均，粒径在 0.1～0.125mm、0.15～0.2mm 和 0.3～0.45mm 三个区间内均有分布，YXT4-2

样品中粒径以小于 0.1mm 的细砂为主，另外含有 10% 左右粒径在 0.15～0.2mm 的砂，D-7 样品中的粗砂颗粒较多，含有大量砂粒径的区间是 0.45～0.1mm，另外还有少量大于 1.5mm 的砂，怀疑 D-7 样品中可能混有 D-6 的样品。对 YXT4-1 和 YXT4-2 样品进行 X 射线衍射分析，发现样品中除方解石与石英峰外只检测出赤铁矿存在，很有可能是使用了红土作为原材料。YXT4-1、YXT4-2、D-7 和 T-7 均进行了化学检测，灰浆中添加了蛋白质成分，进一步检测发现 D-7 和 T-7 中的蛋白质为蛋清。此外，在夹垄灰样品中均存在短纤维，根据鉴定结果初步推断其为草类纤维。

夹垄灰作为填补屋顶筒瓦板瓦之间夹垄的灰浆，其性能并不是很优越。表观密度方面，夹垄灰（YXT4-1、YXT4-2）的平均值低于其他种类灰浆；夹垄灰灰浆的吸水率也高于其他种类灰浆；硬度方面，夹垄灰处于平均水平。

（10）小结。

古建筑瓦顶屋面灰浆，虽然各地的做法有所差别，但主要功能是防渗。基本做法是防水和排水结合，整体均匀排布相互搭接。

根据故宫养心殿瓦顶灰浆的检测结果，可以大致了解故宫官式建筑瓦顶灰浆的材料构成及工艺情况。

屋顶灰作施工的操作过程称为"苫背"。苫背一般从木望板开始，随后在木望板上涂刷一层 1～2cm 厚的护板灰，据记载由泼灰与麻刀加水调制而成，其比例约为 2∶1（本次取样及检测不包括护板灰样品）。

护板灰上施泥背。分析结果表明泥背灰浆中石灰、黏土、砂含量接近 1∶1∶1，黏土可能取自周边含有白云母、斜绿泥石和钠长石等风化矿物的土壤，且灰浆在制作时掺入动物胶和麻刀；泥背灰浆涂抹在护板灰层上，厚度为 2～3cm，抹平，完全固化后再抹第二层。

泥背上是两层灰背。综合分析结果表明，灰背灰浆含有 70% 左右的石灰、5% 左右的砂和 25% 左右的黏土，并添加有动物胶（或糯米浆）以及麻刀或草类纤维。

灰背层上方是底瓦泥层。不同建筑的底瓦泥工艺各不相同——燕喜堂屋顶的底瓦泥灰浆有两层，表层底瓦泥中石灰、砂、土的比例为 48：47：5，底层底瓦泥中石灰、砂、土的比例为 33：30：37，灰浆中添加有蛋白质，从成分分析看可能使用了宫廷灰背的铁卤盐做法。东围房底瓦泥只有一层，其石灰、砂、土的比例为 33：40：27，制作时加入了蛋白质类胶结物。体顺堂底瓦泥也只有一层，其中石灰、砂、土的比例为 83：2：15，制作时加入了蛋白质类胶结物。

盖瓦泥层位于底瓦泥层上方，半圆形筒瓦之下。燕喜堂和东围房的盖瓦泥石灰含量为 38%，砂、土的含量分别为 48% 和 14%、33% 和 29%，其中燕喜堂盖瓦泥中添加有淀粉和动物胶。体顺堂盖瓦泥制作工艺与前两处相比差异较大，其中石灰含量极高，达 83%，砂和土含量分别为 2%、15%，盖瓦泥中添加有蛋白质胶结物。

夹垄是指将筒瓦两侧边与底瓦之间的空档用夹垄灰填满抹平。检测发现夹垄灰石灰含量高，在 74% 左右；燕喜堂夹垄灰中的砂较少，仅含 0.4%，黏土含量为 25.6%；东围房夹垄灰中砂含量为 8%，黏土含量为 18%。夹垄灰很可能使用的是富含氧化铁的红土，在制作时添加有草纤维，含有蛋白质，其中东围房夹垄灰中含有卵清蛋白。

5.6.5　中国东部地区古塔灰浆无机成分分析

中国古塔，是中国 5000 年文明史的载体之一，古塔为城市山林增光添彩，塔被佛教界人士尊为佛塔。矗立的古塔被誉为中国古代杰出的高层建筑。我国有大量古塔保留至今，但是由于年久失修以及自然和人为的破坏，它们急需合理的修缮。

（1）样品介绍。本节对取自浙江省延庆寺塔、龙德寺塔、六和塔、赤山塔和黄甲山塔上的 20 个灰浆样本进行了分析。所选 5 座塔中延庆寺塔、龙德寺塔和六和塔始建于约公元 1000 年。但不幸的是，六和塔后毁于战火，目前人们看到的是公元 1156 年在原址上重建的塔身。而赤山塔和黄甲山塔始建于约公元 1550 年。根据史料记载和现场调研发现，除了六和塔使用了石灰灰浆，其余 4 座塔在最初建造时使用的都是泥浆。而在现场取样时发现六和塔和龙德寺塔有多种外观不同的灰浆，这也证明，它们经历了数次修缮。另外，调研发现灰浆流失产生的结构松动和孔洞是灰浆主要的病害形式（图 5.6.35B、C 和 D）。

图 5.6.35　龙德寺塔照片

A—龙德寺塔全貌；B、C 和 D—龙德寺塔内外砂浆流失状况；
E—龙德寺塔 2013 年修复时用的泥浆

而一些现代仿制的灰浆在龙德寺塔上应用后发现，相容性不好。有些表现出物理性能不佳（图 5.6.35E），而有些表现出明显的色差（图 5.6.35C）。因此，维护保护需要寻找合适的灰浆。20 个古代灰浆样品的信息列于表 5.6.14 中。所有这些灰浆都是砌筑灰浆而不是抹面灰浆。

（2）灰浆中的无机矿物成分。灰浆的无机成分采用 X 射线衍射 XRD（AXS D8 ADVANCE）和光电子能谱 SEM-EDS（SIRION-100，FEI）进行分析。XRD 分析的过程：去除灰浆样品表面杂质，选取均匀处灰浆，用玛瑙研钵磨成粉，测试波长和波速分别为 1.54Å 和 $10°2\theta \cdot \text{min}^{-1}$。XRD 分析后，将回收后的样品分别压成小药片状，用碳胶固定在样品台上进行 EDS 分析。所有样品进行 3 次检测。

灰浆的无机成分分析结果见表 5.6.15。

由 XRD 结果与前面初步的宏观判断表明，这些灰浆大致可以分为 4 大类：泥浆、石灰-黄泥浆、石灰-砂浆、石灰-石膏灰浆。其中石灰-石膏灰浆发现于六和塔的样品中。泥浆和石灰-黄泥浆在课题组调查的这 5 座塔中均有发现。根据 EDS 检测结果，石灰-黄泥浆中，石灰和黄泥的配比为 0.3 左右（样品 CS、YQ2）和 2.5 左右（LD1-1、LD4-2、LH2、LH5-1）两种。

相比而言，石灰-砂浆的组成更复杂。这种灰浆在龙德寺塔和六和塔均有发现。根据分析，这种灰浆很有可能是在后续的修补中用到这些塔上的。能谱分析结果发现，这些灰浆有 5 种不同的比例，石灰和砂的比例分别是 0.3（样品 LD2、LD5、LD6）、0.5（LD7）、0.7（LD3）、1.0（LH3）和 1.5（LH4-3、LH5-2）。这些不同比例灰浆的发现，也证明了这两座塔在历史上经历过多次的维护和修建。

总体而言，此次研究的 20 个灰浆样品，除了样品 LH4-2 外，其他样品的石灰和集料的比例在 0.27～2.7。一些研究指出，欧洲古人使用的灰浆，其石灰和集料比在 0.5～2.5[18]。从这个角度讲，古代中国和欧洲石灰灰浆的制作工艺具有相似性。

表 5.6.14　不同灰浆样品信息以及外观描述

编号	样品来源	时期	初步判断	颜色	备注
YQ1	浙江省丽水市延庆寺塔	999—1002	泥浆	红色	
YQ2			泥浆含少量石灰	黄色	
CS	浙江省丽水市赤山寺塔	1535	泥浆含少量石灰	红色	
HJ	浙江省衢州市黄甲山寺塔	1573	泥浆	黄色	
LD1-1	浙江省金华市龙德寺塔	1016	泥浆	红色	第一层
LD1-2			石灰砂浆	白色	第一层
LD2			泥浆	灰色	第二层
LD3			石灰砂浆	白色	第三层
LD4-1			泥浆	灰色	第四层
LD4-2			石灰砂浆	白色	第四层
LD5			石灰砂浆	灰色	第五层
LD6			石灰砂浆	灰色	第六层
LD7			石灰砂浆	灰色	第七层
LH-2	浙江省杭州市六和塔	1156—1165	石灰砂浆	白色	第六层
LH-3			石灰砂浆	白色	第八层
LH-4-1			石灰浆	白色	第十层
LH-4-2			石灰砂浆	白色	第十层
LH-4-3			石灰砂浆含纤维	灰色	第十层
LH-5-1			石灰砂浆	白色	第十二层
LH-5-2			石灰砂浆含纤维	灰色	第十二层

表 5.6.15　不同灰浆样品无机成分分析结果

编号	XRD 分析	SEM-EDS 分析	
		元素	胶砂比
YQ1	SiO_2	Si，Al，K，Fe，O	—
YQ2	SiO_2，$CaCO_3$	Si，Ca，Al，C，Fe，O	0.31
CS	SiO_2，$CaCO_3$	Si，Ca，Al，C，Fe，O	0.27
HJ	SiO_2	Si，Al，K，Fe，O	—
LD1-1	SiO_2	Si，Ca，Al，C，Fe，O，K	0.01
LD1-1	SiO_2，$CaCO_3$	Si，Ca，Al，C，Fe，O	2.58
LD2	SiO_2，$CaCO_3$，$K_2O \cdot Al_2O_3 \cdot 6SiO_2$	Si，Ca，Al，C，Fe，O，K	0.33
LD3	SiO_2，$CaCO_3$，$K_2O \cdot Al_2O_3 \cdot 6SiO_2$	Si，Ca，Al，C，Fe，O，K	0.72
LD4-1	SiO_2	Si，Ca，Al，C，Fe，O，K	0.02
LD4-2	SiO_2，$CaCO_3$	Si，Ca，Al，C，Fe，O	2.65
LD5	SiO_2，$CaCO_3$，$K_2O \cdot Al_2O_3 \cdot 6SiO_2$	Si，Ca，Al，C，Fe，O，K	0.32
LD6	SiO_2，$CaCO_3$，$K_2O \cdot Al_2O_3 \cdot 6SiO_2$	Si，Ca，Al，C，Fe，O，K	0.29
LD7	SiO_2，$CaCO_3$，$K_2O \cdot Al_2O_3 \cdot 6SiO_2$	Si，Ca，Al，C，Fe，O，K	0.52
LH-2	SiO_2，$CaCO_3$	Si，Ca，Al，C，Fe，O	2.50
LH-3	SiO_2，$CaCO_3$，$K_2O \cdot Al_2O_3 \cdot 6SiO_2$	Si，Ca，Al，C，Fe，O，K	1.53
LH-4-1	$CaCO_3$，$CaSO_4 \cdot 2H_2O$	Si，Ca，Al，C，Fe，O，S	2.07[a]，4.12[b]
LH-4-2	SiO_2，$CaCO_3$	Si，Ca，Al，C，Fe，O	4.88
LH-4-3	SiO_2，$CaCO_3$，$K_2O \cdot Al_2O_3 \cdot 6SiO_2$	Si，Ca，Al，C，Fe，O，K	1.06
LH-5-1	SiO_2，$CaCO_3$	Si，Ca，Al，C，Fe，O	2.64
LH-5-2	SiO_2，$CaCO_3$，$K_2O \cdot Al_2O_3 \cdot 6SiO_2$	Si，Ca，Al，C，Fe，O，K	0.99

a 代表 Ca $(OH)_2$/$CaSO_4$；b 代表 Ca $(OH)_2$/土。

（3）灰浆的微观结构。灰浆的微观结构分析采用 SEM。方法是取样品，将其掰开后露出新鲜的截面，喷金后进行观察。

不同灰浆的微观结构分析见图 5.6.36～图 5.6.38。在这些 SEM 照片中，发现了两种特别的结构（图 5.6.36A、B 和图 5.6.38A）。第一种是长条状的，出现在使用石灰和泥土制成的灰浆中。而这种结构在使用石灰、砂子和纯泥土制备的灰浆中并没有发现（图 5.6.36C 和图 5.6.36D）。Bartz 和 Filar[19] 在他们的工作中也报道过这样的结构，他们指出是真菌。在这里，使用 EDS 对该结构分析发现，它含有 C、O、Ca 以及微量的 Si。在组成上，它与周围的大量普通结构并没有区别（图 5.6.37）。

唯一不同点是，它的 C 和 O 的含量比周围的普通结构低。如果这个结构是真菌，那么它的 C 和 O 元素含量应该更高。因此，结合所有信息推测，该结构应该可能是一种不同形貌的碳酸钙。

观察到的另一种特殊结构是在样品 LH4-1 中。在该样品中发现了很多小孔状结构（图 5.6.38）。这些小孔的尺寸在 $10\sim100\mu m$，分布十分均匀。这很可能是由于灰浆中的蛋白质引起的。Jasiczak 和 Zielinski[1] 认为在灰浆中加入动物血之后会引起灰浆中小孔的出现。这些小孔结构对于灰浆的性能有一定的改善作用。此外，本实验室制备的模拟血料灰浆，在它们中间也发现了相同的结构（图 5.6.38）。

而在纯石灰灰浆中，并没有发现类似的结构，在石灰-石膏灰浆和糯米灰浆中也没有发现。这些结果似乎表明，这种特殊结构和灰浆中添加的蛋白质有关。反过来，这种特殊结构的存在，也可以作为证明样品 LH4-1 中存在蛋白质的一种证据。此外，Alonso 等人[20] 报道了在南美洲有用牛血制备灰浆用于建筑，他们仿制了该类灰浆并用于古建筑的修复。这些发现也证明动物血作为石灰灰浆的改性材料，在世界范围内均有用到。

此外，在样品 LH4-3 和 LH5-2 中还发现了植物纤维（图 5.6.39）。这说明，六和塔的这两层在建筑和修复时采用了相同配方的灰浆。

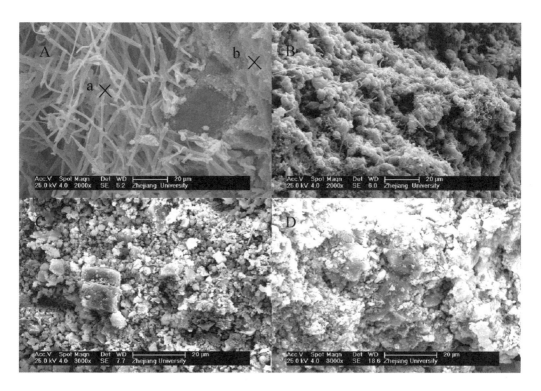

图 5.6.36　不同灰浆的 SEM 照片

A、B—灰浆含有石灰和泥土；C—灰浆含有石灰和砂子；D—灰浆只含有黄泥

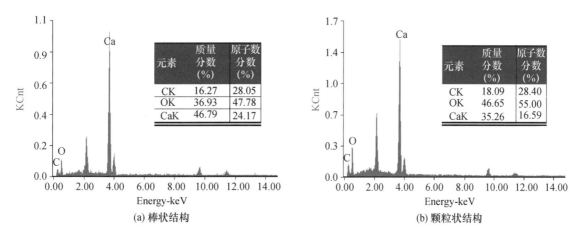

元素	质量分数(%)	原子数分数(%)
CK	16.27	28.05
OK	36.93	47.78
CaK	46.79	24.17

(a) 棒状结构

元素	质量分数(%)	原子数分数(%)
CK	18.09	28.40
OK	46.65	55.00
CaK	35.26	16.59

(b) 颗粒状结构

图 5.6.37　两种不同的结构的 EDS 分析结果

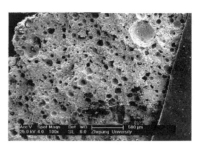

图 5.6.38　不同灰浆的 SEM 照片

A—样品 LH4-1；B—模拟制备的纯石灰灰浆；C—模拟制备的动物血灰浆

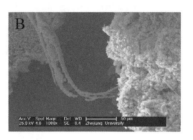

图 5.6.39　含有纤维的灰浆样品的 SEM 照片

A—LH4-3；B—LH5-2

（4）小结。对取自 5 座不同古塔的 20 个样品的综合分析发现，这些灰浆总体上可以分为 4 大类：泥浆、石灰-黄泥浆、石灰-砂浆和石灰-石膏灰浆。其中，石灰-黄泥浆和石灰-砂浆最常用于古塔的建造和修复。使用时，灰浆的石灰和集料比例在 0.3~2.7。此外，本工作中还发现了石灰-石膏灰浆。这种灰浆在中国用于砌筑并不常见，在中国相关文献中报道也很罕见。此外，发现一个样品中可能含有动物血。因为添加了动物血之后灰浆中出现了一些分布均匀的小孔。这种特殊的结构可以作为一种辅助证据，用于证明灰浆中含有动物血蛋白。

5.6.6　中国古城墙砌筑灰浆的分析与研究

城墙指旧时农耕民族为应对战争，使用土木、砖石等材料，在都邑四周建起的用作防御的障碍性建筑。中国古代城墙从建筑的原材料分为版筑夯土墙、土坯垒砌墙、青砖砌墙、石砌墙和砖石混合砌筑多种类型。

作为一个时代和地区的象征，城墙在经历历史的洗礼之后亟须保护。浙江大学文物保护实验室选择多处典型明清古城墙遗址进行田野调查并采集砌筑灰浆样品（图 5.6.40），在实验室对灰浆的物化特征等进行了深入分析研究，以全面了解中国传统灰浆的特征，如物质结构、材料配比、技术工艺等，为古城墙本体保护和保护材料的开发提供科学依据。

（1）城墙灰浆样品。

灰浆样品分别取自古代中国文明最发达的中、东部地区的 7 处古城墙遗址，横跨南北方，同时这些古城墙遗址具有一定的历史意义，都是全国重点文物保护单位，比较有代表性。从时代上看，跨越 14、15、17、19 世纪，分属中国的明清两代，有利于纵向考察中国传统灰浆工艺的发展演变。

中国地图

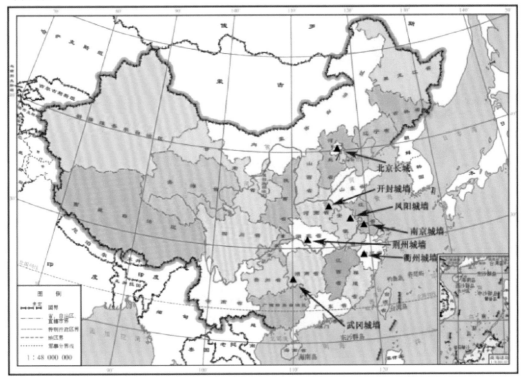

审图号：GS(2016)1600号　　　　　　　　　　　　自然资源部监制

图 5.6.40　中国古城墙遗址取样点分布示意图

① 北京明长城。明长城是明朝（1368—1644 年）在中国北部地区修筑的军事防御工程，由砖石砌筑而成，东起鸭绿江，西至嘉峪关，总长 8851.8km，北京明长城是中国明长城的代表。取样点位于北京明长城延庆段，修筑时代约在明景泰初年到天启初年（1450—1621 年）（图 5.6.41a）。

② 开封古城墙。开封古城墙位于河南开封市，现存古城墙建于清道光二十一年（1841年），青砖砌筑，周长 14.4km，是全国重点文物保护单位（图 5.6.41b）。

③ 凤阳古城墙。凤阳古城墙位于安徽凤阳县，建于明洪武二年至八年（1369—1375 年），从内向外由宫城、皇城、郭城三道城墙构成，青砖砌筑，周长约 30km。它是明代建造的第一座都城，并成为后来明清北京城的建设模本，全国重点文物保护单位（图 5.6.41c）。

④ 南京古城墙。南京是明朝首都，城墙始建于 1366 年，洪武末年完成，历时 28 年（1366—1393 年），从内向外由宫城、皇城、内城、外郭城四重城墙组成，青砖砌筑，周长约 35km，全国重点文物保护单位（图 5.6.41d）。

⑤ 荆州古城墙。荆州古城墙位于湖北省荆州市，是南方现存最完整的古城墙，现存古城墙是清顺治三年（1646 年）在明代城墙基础上重建，青砖砌筑，周长约 11km，全国重点文物保护单位（图 5.6.41e）。

⑥ 衢州古城墙。衢州古城墙位于浙江省衢州市，现存城墙建于明代（约 15 世纪），砖石砌筑，全国重点文物保护单位（图 5.6.41f）。

⑦ 武冈古城墙。武冈古城墙位于湖南省武冈市，现存城墙建于明洪武四年（1371），方条形青石砌筑，周长约 6km（图 5.6.41g）。

图 5.6.41　古城墙灰浆样品

a—北京明长城；b—开封古城墙；c—凤阳古城墙；d—南京古城墙；

e—荆州古城墙；f—衢州古城墙；g—武冈古城墙

（2）城墙灰浆的微观结构。

　　肉眼观察，这些古城灰浆样品的色泽因原始工艺、配料或环境影响的不同而呈现不同颜色，有白色、灰白色、黄白色三种。在超景深三维显微镜高倍率下观察，古城灰浆样品的物质构成初步可分为两类。第一类是由隐晶质的白色胶结材料和石英微粒构成，属于相对纯净的纯石灰灰浆，该类灰浆占大多数，包括北京明长城、凤阳古城墙、南京古城墙、荆州古城墙、衢州古城墙、武冈古城墙。石英微粒含量较少，粒度多在 $10\mu m$ 以下，属于土粒分类中的细粉粒级。第二类是由隐晶质的白色胶结材料和石英集料构成，属于含集料灰浆，如开封古城墙。其灰浆胶结类型属于基底式胶结，根据面积分析，石英集料 $30\%\sim40\%$。粒度大部分为 $10\sim100\mu m$，属于土粒分类中的细砂粒级和粗粉粒级（表 5.6.16 和图 5.6.42）。如前所述，"白色"灰浆在元明时期得到普及，而有意添加石英集料的中国古代砌筑灰浆以前没有报道过，开封古城墙算是首次发现。尽管相似的技术在公元 5 世纪的中国就已出现，却只应

表 5.6.16　古城灰浆样品的基本信息

样品	时期	颜色	包含物
北京明长城	明代（16 世纪）	白色	胶结材料、石英微粒
开封古城墙	清代（1841 年）	灰白色	胶结材料、石英集料
凤阳古城墙	明代（1369—1375 年）	黄白色	胶结材料、石英微粒
南京古城墙	明代（1366—1386 年）	黄白色	胶结材料、石英微粒
荆州古城墙	清代（1646 年）	黄白色	胶结材料、石英微粒
衢州古城墙	明代（15 世纪）	黄白色	胶结材料、石英微粒
武冈古城墙	明代（1371 年）	黄白色	胶结材料、石英微粒

用于古代灰土结构中，建造古建筑地基、室内地面和夯筑灰土墙，如三合土即是一种石灰、砂、土按比例级配而成的灰土材料。从用料看，三合土类似欧洲的罗马三组分砂浆，但材料处理工艺比罗马砂浆粗糙，石灰含量相对较低，不足 40%。另一方面，开封古城墙灰浆的集料属于特细级，而细集料能够有效改善砂浆

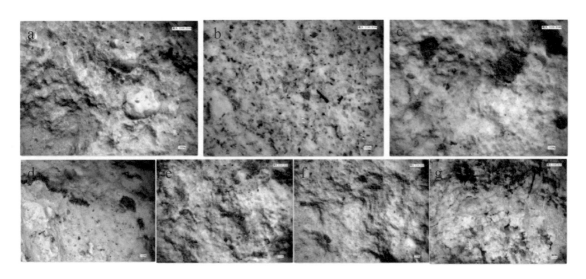

图 5.6.42 古城灰浆样品显微观察图片

a—北京明长城；b—开封古城墙；c—凤阳古城墙；d—南京古城墙；

e—荆州古城墙；f—衢州古城墙；g—武冈古城墙

的流变性质，增强灰浆屈服应力和塑性黏度，更关键的是开封古城墙灰浆的特细集料能够与消石灰一起填充和渗透陶砖表面的空隙，有利于灰浆与陶砖黏结，同时减小灰浆固化收缩，固化后的灰浆与陶砖紧密结合为一体，增强黏结强度。可以说开封古城墙灰浆是中国古代砌筑灰浆的一种技术进步。

（3）城墙灰浆的矿物组成。

图 5.6.43 是古城墙灰浆样品 XRD 分析结果。从图中可以看出，灰浆中的主要矿物成分为方解石晶型的碳酸钙，其次为石英。此外，开封古城墙的灰浆含有一种碱式碳酸镁矿物——水菱镁矿。TG-DSC 分析结果显示（图 5.6.44），除开封古城墙灰浆外，其他灰浆样品在30℃开始慢慢失重，游离水开始汽化，吸热峰在 100℃ 左右，600℃ 前后失重 5% ～ 10%，然后碳酸钙开始分解，释放大量二氧化碳，热重曲线急剧向下，在 600～830℃ 间失重约 40%，吸热峰在 800℃ 左右。最后分解成氧化钙，趋于稳定，热重曲线呈水平状态。碳酸钙吸热反应过程如下：

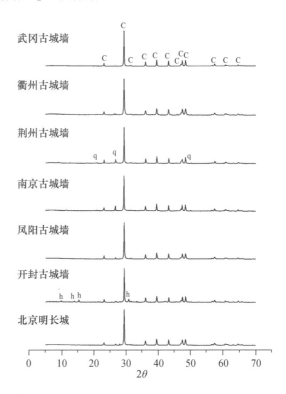

图 5.6.43 古城墙灰浆 XRD 分析结果

c—方解石；q—石英；h—水菱镁矿

$$2CaCO_3 \longrightarrow 2CaO + 2CO_2$$

开封古城墙灰浆因含有水菱镁矿而有所不同。其 TG-DSC 图谱显示：样品在 200℃ 前游离水失重 1.6%，相应的吸热峰位于 97℃ 处。

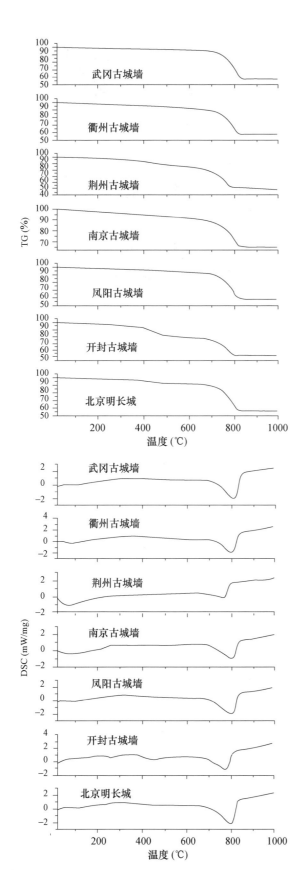

图 5.6.44 古城墙灰浆 TG-DSC 分析结果

200℃时水菱镁矿开始分解，到 330℃分解掉 4 分子的水，失重 3.5％，吸热峰在 262℃处。继续加热，开始释放出二氧化碳分子，至 550℃时共失重 15.8％，相应的吸热峰位于 449℃处。这时水菱镁矿分解为碳酸镁和氧化镁，与同组的碳酸钙混合，继续分解，大量二氧化碳释放，约 800℃时趋于稳定，失重约 26％，相应的吸热峰位于 775℃处，最终变成氧化镁和氧化钙的混合物。与单一的碳酸钙吸热分解过程相比，水菱镁矿降低了碳酸钙的分解温度和分解速度。水菱镁矿的吸热反应过程如下：

$$Mg_5(CO_3)_4(OH)_2 \cdot 4H_2O \longrightarrow$$
$$Mg_5(CO_3)_4(OH)_2 + 4H_2O$$
$$Mg_5(CO_3)_4(OH)_2 \longrightarrow$$
$$2MgCO_3 + 3MgO + 2CO_2 + H_2O$$
$$2MgCO_3 \longrightarrow 2MgO + 2CO_2$$

XRD 结合 TG-DSC 分析结果表明，古城灰浆的胶结材料主要是消石灰碳化而来的碳酸钙，开封古城灰浆的原料石灰石应伴有一定量的菱镁矿，菱镁矿和石灰石一起经过煅烧，生成氧化镁，然后氧化镁在氧化钙消化时的沸腾体系中与水反应生成氢氧化镁，并与消石灰混合成乳液 $[MgCO_3(calcinations) \longrightarrow MgO + CO_2$，$MgO + H_2O$（boiling water）$\longrightarrow Mg(OH)_2]$，而氢氧化镁乳液与通入的二氧化碳气泡在一定条件下反应可以生成水菱镁矿。

（4）城墙灰浆中有机添加剂的检测。

利用碘-淀粉反应法、班氏试剂法、酚酞试验法、考马斯亮蓝染色法和化学氧化法分别检测灰浆样品中常用的糯米、糖、动物血、蛋清、油脂类等有机添加剂，检测原理与方法见本实验室的前期工作。表 5.6.17 是灰浆检测结果，从表中可以看出，这些古城墙灰浆样品没有添加糖、动物血、蛋白质和油脂类物质，但都含有糯米淀粉。在碘淀粉显色试验中，开封古城墙灰浆呈强阳性反应，北京明长城、南京古城墙和荆州古城墙呈中阳性反应，可以确定这 4 座城墙灰浆添加了糯米材料（图 5.6.45）。凤阳古城墙和衢州古城墙呈弱阳性反应，说明可能添加了糯米材料。武冈古城墙呈阴性反应，未检测到糯米成分。检测呈阴性的古城墙灰浆并不能证明当初没有添加过糯米浆，可能由于年代久远而降解等原因而检测不到。有机添加剂检测结果充分表明，在中国明清时期建造古城墙时糯米灰浆的应用已十分普遍，并且应用地域广泛。从常理上讲，古代中国是水稻的最早起源地之一，相对于其他几种添加剂，糯米价格是最低的，也是最容易普及使用的。

糯米灰浆中糯米支链淀粉在消石灰碳化中起着生物模板的作用，控制着方解石结晶体的大小和形貌，使灰浆结构更致密，提高其机械强度和耐水性。这些古城灰浆样品的 SEM 观察结果也支持这一结果，明显含有糯米材料的灰浆样品，其显微结构更致密，孔隙也更少（图 5.6.46）。由于糯米材料相对易降解，灰浆中糯米的添加量已无法检测，但多数模拟结果表明，糯米浆的最佳添加量为 3%～5%。

表 5.6.17　古代灰浆有机添加剂检测结果

名称	pH 值	糯米	糖	血	蛋白质	油脂
北京明长城	7	++	—	—	—	—
开封古城墙	9	+++	—	—	—	—
凤阳古城墙	7	+	—	—	—	—
南京古城墙	7	++	—	—	—	—
荆州古城墙	8	++	—	—	—	—
衢州古城墙	8	+	—	—	—	—
武冈古城墙	7	—	—	—	—	—

注："＋＋＋"表示强阳性反应；"＋＋"表示中阳性反应；"＋"表示弱阳性反应；"－"表示阴性反应。

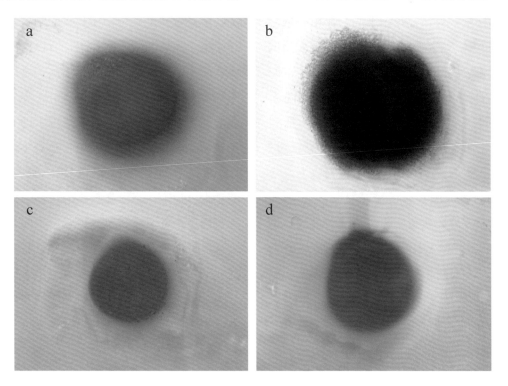

图 5.6.45　古城灰浆碘-淀粉分析结果
a—北京明长城；b—开封古城墙；c—南京明城墙；d—荆州古城墙

图 5.6.46　古城灰浆 SEM 图

a—北京明长城；b—开封古城墙；c—凤阳古城墙；d—南京古城墙；e—荆州古城墙；f—衢州古城墙；g—武冈古城墙

（5）城墙灰浆中石灰胶结材料的定量分析。

胶结材料历来是传统灰浆的研究重点，不同种类、配比的胶结材料甚至会呈现出截然不同的性能，所以定量分析灰浆胶结材料，对复原传统灰浆工艺以及开发新型保护材料具有重要意义。本工作采用酸解法定量分析灰浆样品的碳酸钙含量，为保证数据准确，在相同试验环境条件下（$T=25℃$，$RH=20\%$）首先测试了分析纯碳酸钙来标定误差，然后将每个古城灰浆样品并行测定 3 次，取平均值，扣除误差，得到样品的碳酸钙含量值，结果见表 5.6.18。结果显示，纯石灰灰浆样品的胶结材料碳酸钙含量都在 85%（质量分数）以上，含集料的开封古城墙灰浆的胶结材料约为 51%（质量分数）。反应残留物通过清洗、过滤、烘干，固体颗粒做 XRD 检测，分析结果见表 5.6.19，其主要物相是石英，北京明长城、凤

阳古城墙、衢州古城墙和武冈古城墙灰浆样品没有黏土矿物成分，其相应的碳酸钙含量就较高，都在 88% 以上。荆州古城墙和南京古城墙灰浆样品则含有少量的黏土矿物，有云母类、绿泥石、绿脱石、伊利石、沸石、蛭石等，其胶结材料含量稍微低于前者。由于灰浆原料石灰石多伴生黏土矿物，在灰浆的制备和使用过程中也会无意混入一些黏土，所以这些少量黏土物质不能确定是人工有意添加，可能并不是中国传统灰浆制作工艺的一部分。但是，添加适量黏土，有可能是古代灰浆技术的另一种进步，黏土中的胶态氧化硅和胶态氧化铝会与氢氧化钙溶液反应形成复杂的硅酸钙水合物和铝酸钙水合物等，能提高灰浆的机械强度，这类灰浆已经接近罗马三组分砂浆。中国是否存在有意适量配制的砌筑用黏土灰浆，看来仍需要继续深入调查和研究。

表 5.6.18　灰浆中碳酸钙定量分析结果

样品	北京明长城	开封古城墙	凤阳古城墙	南京古城墙	荆州古城墙	衢州古城墙	武冈古城墙
碳酸钙含量（质量分数，%）	95.58	50.64	89.79	85.11	85.06	88.06	94.25

表 5.6.19　稀盐酸溶解灰浆后残留物的 XRD 分析结果

名称	石英	长石类	云母类	绿泥石	伊利石	绿脱石	沸石	蛭石
北京明长城	＋	－	－	－	－	－	－	－
开封古城墙	＋	＋	＋	＋	－	－	＋	－
凤阳古城墙	＋	－	－	－	－	－	－	－
南京古城墙	＋	－	＋	－	－	＋	－	＋
荆州古城墙	＋	－	＋	＋	＋	－	－	－
衢州古城墙	＋	＋	－	－	－	－	－	－
武冈古城墙	＋	－	－	－	－	－	－	－

注："＋"表示有，"－"表示无。

(6) 小结。

综合上述分析研究结果，可以看出在明清时期是中国古代石灰灰浆应用最广泛、技术最成熟的时期，定量分析结果证实"白色"灰浆是石灰含量较高的灰浆，古人在建造古城墙时普遍使用石灰膏加糯米汁的灰浆配方，这类有机-无机复合材料能有效改善灰浆的各种性能，许多古城墙遗址能够保存至今糯米灰浆功不可没。在开封古城墙首次发现含有砂的灰浆，丰富了中国传统灰浆类型，其砂/灰质量比接近1∶1，说明中国传统灰浆技术在清代已更加完善。

5.7　本章小结

根据传统灰浆成分复杂、状态多样、添加物含量少、时间久、杂质多等特点，本章介绍了各种常规仪器分析技术，以及本实验室专为传统复合灰浆检测开发的一系列分析方法，包括有机添加成分检测的化学分析法、微量有机胶结物检测的酶联免疫法和免疫荧光法、纤维切片显微分析法等。同时，针对不同传统灰浆案例，介绍了根据需要利用多种分析方法完成检测鉴定的综合集成方法。

化学分析法结果显示，采用碘-碘化钾试剂、班氏试剂、还原酚酞试剂、考马斯亮蓝和乙酰丙酮显色法对特定有机物的分析检测限为淀粉 0.4mg/g、还原性糖 0.087mg/mL、血料0.001mg/mL、蛋白质 0.8mg/mL 和脂类0.1mg/mL。这套方法可以满足传统灰浆中五种有机添加物的分析检测。

通过 ELISA 法对古代灰浆样品中蛋清的检测表明，最低检出浓度达 0.003%，不仅灵敏度更高，而且可以克服黏土产生的颜色干扰，适合三合土类样品中蛋清的检测。IFM 法的优势在于其定位性，不仅能确定蛋白质的种类，还能确定蛋清所在的层位。另外，酶水解法的优点是不会受到样品中土体颜色和氧化硅成分的干扰，可以作为常规化学分析方法的补充检测方法。

以纤维横截面细胞形貌识别为基础，用切片显微鉴别纤维种类的方法适合传统灰浆中各种纤维的鉴定。所用仪器设备简单，不仅可以准确鉴别常见各类植物纤维的类别，也能根据细胞形貌识别同一类别纤维中不同的种属，不会因纤维部位的不同而引起错判。

多仪器联用是发展大趋势。激光粒度仪、孔隙率仪等是灰浆颗粒度和结构测定的有力工具；体视显微镜、电子显微镜分析灰浆微观结构必不可少；FTIR、热重分析是灰浆中有机物分析的重要手段；XRD 和光电子能谱可以测定灰浆中的成分和元素组成等。针对特定传统灰浆，包括城墙灰浆、古塔灰浆、古建筑灰浆和土遗址等，本实验室已经尝试通过选用适当的大型分析仪器，结合化学分析法、免疫分析法和纤维分析法等，经过综合集成，完成了各种复杂传统灰浆的检测任务，这套综合集成方法值得推广。

本章参考文献

[1] Jasiczak, J. and Zielinski, K. Effect of protein additive on properties of mortar [J]. Cement and Concrete Composites, 2006, 28 (5): 451-457.

[2] Singh, M. and Arbad, B. R. Characterization of traditional mud mortar of the decorated wall surfaces of Ellora caves [J]. Construction and Building Materials, 2014, 65 384-395.

[3] 曾庆光, 张国雄, 谭金花. 开平碉楼灰雕和壁画颜料碎片原材料的拉曼光谱分析 [J]. 光散射学报, 2011, 23 (2): 158-161.

[4] 郭瑞, 王丽琴, 杨璐. 拉曼光谱法在彩绘文物分析中的应用进展 [J]. 光散射学报, 2013, 25 (3): 235-242.

[5] Daniilia S, Tsakalof A, Bairachtari K, et al. The Byzantine wall paintings from the protaton church on Mount Athos, Greece: tradition and science [J]. Journal of Archaeological Science, 2007, 34 (12): 1971-1984.

[6] Chambery A, Di Maro A, Sanges C, et al. Improved procedure for protein binder analysis in mural painting by LC-ESI/Q-q-TOF mass spectrometry: detection of different milk species by casein proteotypic peptides [J]. Analytical and Bioanalytical Chemistry, 2009, 395 (7): 2281-2291.

[7] Cristiana N, Zuzana S. Hydrophobic lime based mortars with linseed oil: Characterization and durability assessment [J]. Cement and Concrete Research, 2014, 61-62: 28-39.

[8] Fang S Q, Zhang H, Zhang B J, et al. The identification of organic additives in traditional lime mortar [J]. Journal of Cultural Heritage, 2014, 15 (2): 144-150.

[9] 杨富巍, 张秉坚, 曾余瑶, 等. 传统糯米灰浆科学原理及其现代应用的探索性研究 [J]. 故宫博物院院刊, 2008, (05): 105-114.

[10] 杨富巍, 张秉坚, 潘昌初, 等. 以糯米灰浆为代表的传统灰浆——中国古代的重大发明之一 [J]. 中国科学 (E辑: 技术科学), 2009, 39 (01): 1-7.

[11] 张坤, 张秉坚, 方世强. 中国传统血料灰浆的应用历史和科学性 [J]. 文物保护与考古科学, 2013, 25 (2): 94-102.

[12] Chu V, Regev L, Weiner S, et al. Elisabetta. Differentiating between anthropogenic calcite in plaster, ash and natural calcite using infrared spectroscopy: implications in archaeology [J]. Journal of Archaeological Science, 2008, 35 (4): 905-911.

[13] Pandey S P, Sharma R L. The influence of mineral additives on the strength and porosity of OPC mortar [J]. Cement and Concrete Research, 2000, 30 (1): 19-23.

[14] Genestar C, Pons C, Mas A. Analytical characterisation of ancient mortars from the archaeological Roman city of Pollentia (Balearic Islands, Spain) [J]. Analytica Chimica Acta, 2006, 557 (1-2): 373-379.

[15] Li X J, Hu K L, Huang Y L, et al. IR spectra of dicarboxylate of alkali-earth metal [J]. Spectroscopy and Spectral Analysis, 2002, 22 (3): 392-395.

[16] Sedan D, Pagnoux C, Chotard T, et al. Effect of calcium rich and alkaline solutions on the chemical behaviour of hemp fibres [J]. Journal of Materials Science, 2007, 42 (22): 9336-9342.

［17］ 田永复. 中国古建筑构造答疑［M］. 广州：广东科技出版社，1997.

［18］ Montoya C，Lanas J，Arandigoyen M，et al. Mineralogical，chemical and thermal characterisations of ancient mortars of the church of Santa Maria de Irache Monastery（Navarra，Spain）［J］. Materials and Structures，2004，37（270）：433-439.

［19］ Bartz W，Filar T. Mineralogical characterization of rendering mortars from decorative details of a baroque building in Kozuchow（SW Poland）. Mater. Struct.，2010，61（1）：105-15.

［20］ Alonso E，Martinez-gomez L，Martinez W，et al. Preparation and characterization of ancient-like masonry mortars［J］. Adv. Compos. Lett，2002，11（1）：33-36.

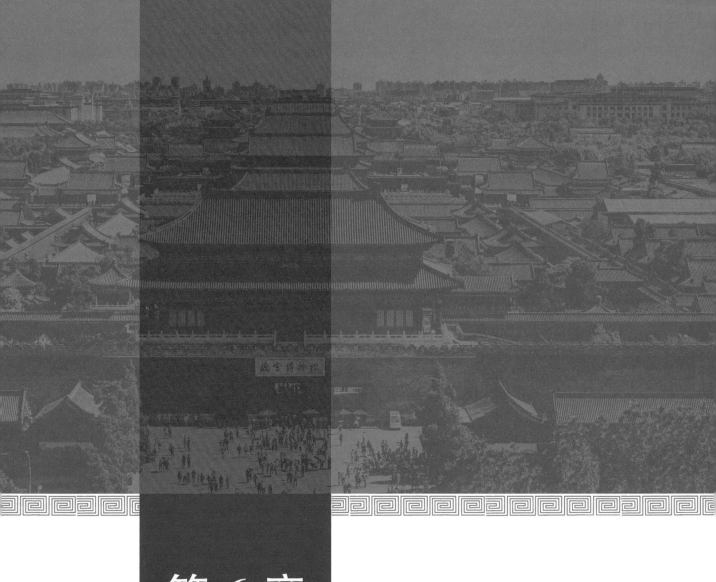

第 6 章

传统复合灰浆机理研究

6.1　石灰与添加物

石灰作为建筑胶凝材料曾经在全世界广泛应用。在漫长的使用历史中，人们对传统石灰基灰浆进行过许多改进以满足不同的需求。从大量古代建筑及遗迹发现，许多传统石灰基灰浆依然具有很好的力学性能。因此，研究传统石灰浆的科学机理，可以为古建筑修复保护和现代建筑胶凝材料的研究提供启示。在建筑材料历史上，关于传统石灰浆机理的研究主要围绕基料石灰和添加物进行。

6.1.1　石灰固化原理

石灰固化原理，从化学反应途径看主要有两种：气硬性原理和水硬性原理。气硬性原理是依靠石灰和空气中的二氧化碳（CO_2）反应生成碳酸钙（$CaCO_3$）而固化，简称碳化反应，化学反应式见式（6.1.1）和式（6.1.2）。

$$CaO + H_2O \longrightarrow Ca(OH)_2 \quad (6.1.1)$$
$$Ca(OH)_2 + CO_2 + H_2O \longrightarrow CaCO_3 + 2H_2O \quad (6.1.2)$$

石灰水硬性固化的化学反应比较复杂，既有碳化反应，也有水化反应。水化反应是利用石灰中的水硬性成分，如硅酸二钙（$2CaO \cdot SiO_2$），形成水化硅酸钙（C—S—H）而凝固，化学反应式见式（6.1.3）。

$$2CaO \cdot SiO_2 + nH_2O \rightarrow xCaO \cdot SiO_2 \cdot$$
$$yH_2O + (2-x)Ca(OH)_2 \quad (6.1.3)$$

石灰中的水硬性成分可以由含黏土或含二氧化硅的石灰岩（或贝壳）烧制的生石灰携带，也可以在石灰浆使用前添加适当活性硅酸盐和铝酸盐材料，如火山灰、煅烧过的陶土或偏高岭土等。石灰水硬性固化的能力、速度和

固化后的强度取决于所含的水硬性材料，包括其具体成分、比例、含量和活性状态等，化学过程相当复杂。

在欧洲，天然水硬性石灰有着悠久的应用历史，因此对它的现代研究也比较多。在国内，对于水硬性石灰比较陌生。实际上，我国也有类似的"水硬性石灰"案例，如烧料姜石，在甘肃秦安大地湾仰韶时期房屋遗址的地面就发现了这类胶凝材料制成的地面，虽然经历了 5000 多年的漫长岁月，现在的抗压强度仍与普通水泥地坪相近[1]。再如，蛎灰多在我国沿海地区使用，由于贝壳上常常沾有海泥等，煅烧后的生石灰就含有水硬性成分。

长期以来，中国人习惯于使用陈化的石灰膏。经过陈化以后的石灰浆，无论原料生石灰是否含有水硬性成分，其活性成分只剩下氢氧化钙 [$Ca(OH)_2$]，若不另外添加活性成分，一般只能依靠空气中的二氧化碳，通过碳化反应而固化。也就是说，陈化的石灰膏只具有气硬性固化的功能。因为在石灰陈化过程中，所有水硬性成分都会与水反应，成为没有固化活性的填料颗粒。

石灰的陈化（也称为陈伏），一般需要不少于半个月的水淹没放置时间。长久以来，人们认为该过程只是为了让石灰中的过火石灰完全消化，以消除在使用时造成局部膨胀的危害。现代研究发现，石灰经过陈化之后，它的流变性、保水性以及固化后的强度等性能均会有很大改善。Rodriguez-Navarro 等[2]对陈化石灰进行研究后发现，陈化过程中氢氧化钙晶体聚合是一个可逆过程，因此随着陈化时间的增长，石灰颗粒会逐渐变小，更小的石灰颗粒不仅提高了石灰的反应活性，还改善了石灰的流变性等性能。Ruiz-Agudo 等[3]研究也发现陈化过程中氢氧化钙的颗粒逐渐变小，因此使得石

灰浆的流变性更好。此外，Cazalla 等[4] 和 Rodriguez-Navarro 等[5] 分别对陈化石灰的碳化过程进行了研究，发现陈化过程会对灰浆的碳化产生影响，使得固化灰浆形成 Liesegang 环结构。

在国内，对于石灰的陈化过程，魏国锋等（附录 2）做了许多研究工作，发现陈化石灰能够改善糯米灰浆的性能，并且发现碳化过程中有 Liesegang 环结构形成，探讨了这种结构对灰浆强度等性能的影响。

6.1.2　添加物的作用

除了对石灰基材的研究，灰浆中添加物的作用机理是研究的重点。常用的石灰添加物有火山灰、砖粉、高岭土、动植物蛋白、植物纤维、多糖、干性油等。

火山灰质材料是指一些含有一定活性二氧化硅、活性氧化铝等活性组分的材料。在灰浆中，它们能够与氢氧化钙反应，生成水化硅酸钙、水化铝酸钙或水化硫铝酸钙等反应产物，即火山灰反应。常用的火山灰质材料有天然火山灰、偏高岭土、高岭土、硅粉、白水泥等。一般而言，影响火山灰反应的主要因素：①灰浆孔隙中石灰溶液的碱度；②原材料的性质，如钙/硅比、材料活性等；③环境的湿度和温度。Ciancio 等[6] 认为灰浆中发生火山灰反应需要孔隙中饱和石灰水的 pH 值超过 12.4，因为这样有利于黏土矿或者石英中硅、铝的溶解，从而与石灰反应形成 C—S—H 凝胶。Du 等[7] 通过计算机模拟研究发现，溶液中 Ca 的增加会提高早期 C—S—H 凝胶形成的动力学速率，但是对最终 C—S—H 凝胶形成量有负面作用，因此需要设计合适的钙/硅比。Cara 等[8] 对开采自意大利的一处高岭土研究发现，对高岭土进行一定温度的煅烧后与石灰一起使用，有利于灰浆强度提高，这是因为它的水化反应活性得到了增强。

除了无机材料，国外也有不少关于有机添加物对灰浆进行改性的研究。Nunes 等[9] 研究了亚麻籽油对灰浆性能的影响，试验结果表明亚麻籽油的最佳含量在 1.5% 左右，由于它的分子体积结构较大并含有非极性的碳氢键可以有效阻止可溶盐进入灰浆内部，对灰浆具有保护作用。Jasiczak 等[10] 研究了血粉对灰浆的作用，发现血蛋白质可以稳定气泡，起到引气作用，灰浆中的小孔可以提高灰浆的耐候性。Chandra 等[11] 研究发现仙人掌汁可以提高灰浆的流动性，改善灰浆的工作性能，原理是仙人掌汁中的多糖可以与氢氧化钙反应生成溶解度较大的糖钙。

根据文献调研和遗址灰浆检测结果，在我国主要以使用有机添加物为主，常用的有糯米汁、桐油、猪血、红糖、蛋清等。

本章以浙江大学文物保护实验室的研究工作为基础，从材料学角度探讨石灰陈化工艺的原理，有机添加物（糯米汁、桐油、动物血、蔗糖和蛋清）对石灰浆性能改善的机理，以及石灰与陶砖的界面作用。

6.2　陈化石灰

气硬性石灰在使用之前需要进行陈化，这样不仅可以让过火石灰完全消化，以消除局部膨胀的危害，而且经过陈化之后，石灰浆的流变性、保水性以及固化后的强度等性能均会有很大改善。为此，有不少科研工作者对此过程进行了研究，以期解答其中的原理。本节重点介绍陈化时间对石灰形貌的影响，以及陈化石灰对糯米灰浆性能的影响和原理。

6.2.1　陈化石灰的制备及陈化过程表征

（1）陈化石灰制备。称取定量氧化钙，置于密封容器中，加入适量 85℃ 蒸馏水，迅速搅拌后密封消化 10min，再加入适量水，保持水灰比 m（H_2O）：m（CaO）为 3：1 左右，之后密封保存一定时间，按时取样分析。

（2）石灰陈化过程的表征。分别抽取少量陈化时间分别为 0d（即未陈化的石灰）、24d、48d、63d、76d 的陈化石灰，分散在 95％ 的乙醇溶液中，用超声波清洗机超声振荡 10min，然后将其分散在硅片上，用 SEM 观察其形貌，得到其不同放置（陈化）时间的 SEM 照片，见图 6.2.1。

由图 6.2.1 可见，随着陈化时间的增加，陈化石灰中氢氧化钙的粒径和晶形发生了明显变化。未陈化石灰中，氢氧化钙呈柱状分布，长度大于 $1\mu m$，直径约 500nm（图 6.2.1a）。放置 24d 的陈化石灰中，出现粒径约 500nm 的板状氢氧化钙，团聚成层状堆积（图 6.2.1b），同时可见粒径不到 200nm 的球状氢氧化钙（图 6.2.1c）。陈化 48d 时，氢氧化钙的粒径和晶型进一步变化。球状氢氧化钙的粒径只有 50nm 左右（图 6.2.1f），分布密集；板状氢氧化钙的粒径约 300nm，分散性较好（图 6.2.1e）；同时可见少量近似柱状的氢氧化钙，高度约 $1\mu m$，直径 400～600nm，边沿有腐蚀现象，可进一步分解成板状粒子（图 6.2.1d）。陈化 63d 时，粒径约 50nm 的球状氢氧化钙显示出定向团聚的趋势，各个球状颗粒相互串联，形成长度约 200nm 的针状结构，交错分布，其中每个球状颗粒间的界限隐约可见（图 6.2.1g）；近似六角形的板状氢氧化钙粒径与陈化 48d 的相比变化不大，随机团聚成团（图 6.2.1h）。陈化 76d 时（图 6.2.1i），球状的纳米氢氧化钙已完全转变为直径约 50nm、长度约 200nm 的表面光滑的针状氢氧化钙，长而密集，相互交错；板状氢氧化钙粒径进一步变小，大部分在 100～200nm，随机团聚现象明显，分布致密、表面光滑（图 6.2.1j）。

综上所述，陈化石灰的粒径随着陈化时间的增加而减小，晶型发生明显变化。陈化 76d 时，形成了直径约 50nm、长度约 200nm 的针状氢氧化钙，以及粒径 100～200nm 的板状氢氧化钙。粒径的减小，使得陈化石灰的比表面积增大，化学活性大大增强。

粒径为 100～200nm 的板状氢氧化钙主要表现为随机团聚，成团分布；而球状的纳米氢氧化钙在陈化 48d 以后，表现出定向团聚的趋势，最终形成针状的氢氧化钙。研究[4] 表明，纳米氢氧化钙的随机团聚是一种可逆的胶体行为，而其定向团聚则是不可逆的。因此，粒径为 100～200nm 的板状氢氧化钙的形成可能是陈化石灰具有良好流变性和保水性的主要原因。

6.2.2　陈化石灰性能表征（以糯米灰浆为基础）

（1）糯米灰浆的制备。先配制质量分数为 5％ 的糯米浆。用研磨机将糯米预先磨成粉，按所需分别称取一定质量的糯米粉和去离子水，将两者置于电饭锅内混合均匀。记录此时糯米浆在电饭锅内的刻度，加热煮沸 4h。其间，定时加水，以使糯米浆的质量分数保持 5％ 不变。

称取一定量陈化 28d 和 48d 的陈化石灰，置入搅拌桶中，去除陈化时添加的过多水分；然后加入一定量熬制好的质量分数为 5％ 的糯米浆，用机械搅拌器搅拌均匀，即可得到所需

图 6.2.1 不同放置（陈化）时间的陈化石灰的 SEM 照片

a—未陈化；b、c—陈化 24d；d、e、f—陈化 48d；g、h—陈化 63d；i、j—陈化 76d

的糯米灰浆,测试其稠度。经计算,所配糯米灰浆中 m(氢氢化钙)$/m$(糯米)=0.042。为便于比较,采用分析纯氢氧化钙粉,按上述方法配制稠度大致相同的糯米灰浆,控制 m(氢氢化钙)$/m$(糯米)=0.042。所有制备好的糯米灰浆,密封备用。

(2)陈化石灰的性能。稠度测试参照《建筑砂浆基本性能试验方法标准》(JGJ/T 70—2009),采用水泥标准稠度凝结测定仪进行稠度测试,以控制糯米灰浆的用水量。

抗压强度测试参照《建筑砂浆基本性能试验方法标准》(JGJ/T 70—2009),采用规格为 50mm×50mm×50mm 的三联抗压试模制备立方体抗压强度试块。试块脱模后于室内条件下自然养护至相应龄期并测试其抗压强度。

表面硬度采用 LX-D 型硬度计测定,采用自然养护 28d 的糯米灰浆试样。测量时,压针距试样边沿至少 12mm,并与试样完全接触 1s 内读数。在样品表面测定 7 次,测点间距不小于 10mm。去除最大值和最小值后取平均值,单位为 HA。

以上糯米灰浆的性能测试结果见表 6.2.1。表 6.2.1 的结果显示,所制备糯米灰浆的稠度大致相等,在 60~63mm。陈化石灰制备的糯米灰浆其 28d、90d 抗压强度和 28d 表面硬度比采用分析纯氢氧化钙粉末配制的糯米灰浆均有大幅提高。其中,28d 抗压强度最大提高了 2.8 倍,28d 表面硬度最大提高了 2.6 倍。所有试块的 90d 抗压强度均比 28d 抗压强度有所增加,但陈化石灰增加的幅度较小。以放置 48d 陈化石灰制备的糯米灰浆其抗压强度和表面硬度比以放置 28d 陈化石灰制备的糯米灰浆稍有增加,这可能是因为两者的陈化时间间隔较短的缘故。

表 6.2.1　由不同陈化时间的石灰制备的糯米灰浆的物理力学性能

编号	石灰 (AR)	陈化时间 (d)	抗压强度(MPa)		28d 表面硬度 (HA)	稠度 (mm)
			28d	90d		
0	Ca(OH)$_2$	0	0.28	0.46	30.0	60
1	CaO	28	0.76	0.86	77.8	63
2	CaO	48	0.78	0.88	79.1	63

6.2.3　石灰陈化对糯米灰浆微结构和碳化过程的影响

(1)致密的微观结构。本课题组在前期研究中发现,糯米浆对碳酸钙结晶过程具有生物调控作用。在糯米浆的参与下,Ca(OH)$_2$ 碳化反应生成的碳酸钙结晶体是纳米尺度的具有方解石晶型的细小颗粒,比不加糯米浆的要细小和致密得多。对养护 28d 的陈化石灰和分析纯氢氧化钙的糯米灰浆试块,分别采用钢锯切割下一小块,制成电子显微镜样品以备观测。

电子显微镜观察结果(图 6.2.2)显示,分析纯氢氧化钙的糯米灰浆颗粒呈细小片状交联,较疏松(图 6.2.2a);与之相比较,陈化石灰的糯米灰浆颗粒更为细小,分布更为致密(图 6.2.2b、图 6.2.2c)。这种细密结构正是陈化石灰糯米灰浆抗压强度和表面硬度得以提高的微观解释。

(2)特殊的碳化进程。为了进一步了解陈化石灰的碳化速度,在基于陈化石灰和分析纯氢氧化钙的糯米灰浆的外部和内部分别取样,用玛瑙研钵研磨后,再采用德国 X 射线衍射光谱仪(AXSD8ADVANCE)进行 XRD 分析,结果见图 6.2.3。

由图 6.2.3 可见,以陈化石灰制备的糯米灰浆,其外部样品的主要物相为氢氧化钙,还

图 6.2.2　不同放置时间的陈化石灰和分析纯氢
氧化钙所制备糯米灰浆的 SEM 照片

a—28d 陈化；b—48d 陈化；c—分析纯氢氧化钙

有较多的方解石；但其内部样品方解石的衍射
峰很低，表明其含量很少，碳化程度很低。与
之不同的是，以氢氧化钙制备的糯米灰浆，其
外部样品中方解石衍射峰的强度高于氢氧化钙
的，说明外部的碳化程度高于陈化石灰制作的
糯米灰浆；同时，内部样品方解石的含量也明

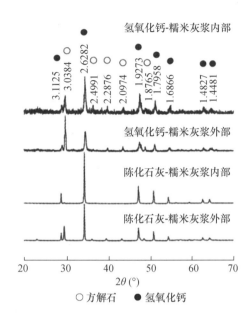

图 6.2.3　以陈化石灰、分析纯氢氧化钙
制备的糯米灰浆的 XRD 图谱

显较多，碳化程度相对较高。

　　根据 SEM 的观察结果（图 6.2.2），陈化
石灰糯米灰浆的内部结构比氢氧化钙糯米灰浆
的更致密，因而空气中的二氧化碳不易渗入；
同时，陈化石灰 100～200nm 的粒径大小和高
反应活性使糯米灰浆表面的碳化反应速度加
快，反应生成物方解石的体积要比氢氧化钙的
体积膨胀 11.8% 左右，其填充在糯米灰浆的孔
隙中，使糯米灰浆的孔隙度进一步降低，更加
不利于二氧化碳的渗入，从而导致其内部碳化
缓慢。由此可见，虽然陈化石灰的反应活性很
高，但用其制备的糯米灰浆的碳化却是一个长
期而缓慢的过程。这可能也是在古代糯米灰浆
中还可检测出氢氧化钙的原因。

　　研究表明，采用陈化石灰制备的糯米灰
浆，其碳化过程遵循一种类似李四光环的模
式，即碳化形成的方解石在灰浆中会出现周期
性沉淀，形成方解石层和氢氧化钙层相间分布
的现象。而用未陈化石灰制备的糯米灰浆呈现
出一种从外向内的渐进式的、均匀的碳化模
式，但其总的碳化程度，要远低于陈化石灰

浆。以陈化石灰制备的糯米灰浆的碳化过程是否也遵循李四光环模式，尚需进一步探讨。但从 XRD 的分析结果来看，以氢氧化钙制备的糯米灰浆的碳化程度要远高于以陈化石灰制备的糯米灰浆。这似乎表明，陈化石灰糯米灰浆的高强度主要来源于其细密的微观结构。

6.2.4 小结

（1）石灰在陈化过程中，随着陈化时间的增加，氢氧化钙的粒径呈现逐渐减小的趋势，形成了直径约 50nm、长度约 200nm 的针状氢氧化钙，以及粒径为 100～200nm 的板状氢氧化钙，这是陈化石灰具有良好流变性、保水性、密实粘连性和高反应活性的微观解释，为传统石灰工艺在文化遗产保护中的科学应用奠定了基础。

（2）陈化石灰 100～200nm 的粒径和高反应活性，使陈化石灰糯米灰浆具有细密的微组织结构，改善了灰浆的抗压强度、表面硬度等物理性能。

6.3 糯米灰浆

至少不晚于南北朝时期（386—589 年），以糯米灰浆为代表的中国传统灰浆已经成为比较成熟技术。本节将在实验室前期工作的基础上，对糯米灰浆的机理进行研究介绍，主要包括：①对西安明代古城墙和南京明城墙等多处的古灰浆样品进行分析检测。②探讨糯米成分对石灰碳酸化过程的调控机制，以及糯米成分与灰浆结构和性能之间的关系。③优化糯米灰浆配方和制作工艺条件。

6.3.1 古灰浆样品分析

（1）样品及处理。

西安明代城墙遗址灰浆样品，由西安城墙博物馆提供；南京明代城墙灰浆样品，城墙维修时自取。

上述样品取回实验室后，除去灰浆块表层，取中间部分；测试前将其粉碎或切块，然后在 60℃烘箱中干燥 48h 备用。

（2）分析方法。

① 碘淀粉测试。将灰浆样品粉碎研细，加入 100mL 水中，加热到 80～90℃ ，搅拌 10min；冷却至室温后用冰醋酸调节溶液 pH 值至 6.7，滴加淀粉碘化钾试剂 1～3 滴，观察显色效果。

② FTIR 测试。将灰浆样品 1～2mg 和溴化钾 100mg 在研钵中混匀、磨细后压片进行 FTIR 测试。

③ TG-DSC 测试。取磨碎的灰浆样品 15mg 做热重测试，同时收集 TG 和 DSC 数据。

④ SEM 微观形貌观察。将小块（1cm 见方）灰浆样品干燥、冷却后喷金，进行 SEM 观察。

（3）西安明代城墙样品分析。

西安明城墙灰浆样品的 FTIR 分析结果见图 6.3.1b。作为参照，同时也对纯糯米（图 6.3.1a）和纯碳酸钙粉末（图 6.3.1c）进行了分析。曲线图上，波数为 1000～1100cm^{-1}的吸收带应为糯米存在的证据；波数在 712cm^{-1}，876cm^{-1}，1429cm^{-1}，1794cm^{-1} 以及 2513cm^{-1}的吸收峰归结为方解石的特征峰吸收峰。通过谱图对比可知，西安明城墙灰浆样品中的无机物为方解石，有机物为糯米成分。

西安明城墙灰浆样品的 TG-DSC 分析结果见图 6.3.2。从图中 TG 线可以看出，样品在

200～600℃失重 10％左右，在 630～800℃失重 30％左右。同时，DSC 曲线在 380℃有一个放热峰，在 760℃有一个吸热峰。760℃的吸热峰为碳酸钙的分解峰。结合 FTIR 分析，380℃的放热峰应该是有机物氧化分解的放热峰，据此可认定灰浆样品中确实含有有机物。

糯米的主要成分为支链淀粉。碘与淀粉的显色反应非常灵敏，直链淀粉遇碘形成蓝色的络合物，而支链淀粉遇碘呈紫红色。西安明城墙灰浆样品的碘淀粉试验结果显紫红色（图 6.3.3），因此可以确认西安城墙灰浆中的

有机物是还没有完全降解的糯米支链淀粉成分。

为了进一步确认灰浆样品中碳酸钙的晶相，又做了 XRD 分析，结果见图 6.3.4a，方解石晶体（图 6.3.4b）的衍射曲线也同时列出以便比较。XRD 结果进一步确认了灰浆样品中的无机晶体成分主要是方解石，但是发现其衍射强度不高，说明灰浆样品中方解石的结晶度有限，其结晶过程被约束或受到了某种控制。

（4）南京明代城墙样品分析。

南京明代城墙建于明代初年（1366—1386），是明太祖朱元璋听取谋士朱升关于"高筑墙"的建议后而兴建的。根据最新的实测结果，它宽 10.0～18.0km，高 12.0m，周长 33.676km，堪称当时世界的第一大砖石城堡。

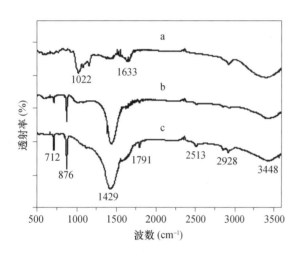

图 6.3.1　西安明代城墙遗址灰浆样品
傅里叶红外（FTIR）曲线
a—纯糯米浆；b—灰浆样品；c—纯方解石

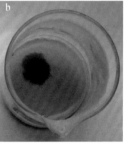

图 6.3.3　西安明代城墙灰浆样品碘-
淀粉试验前后
a—实验前；b—实验后

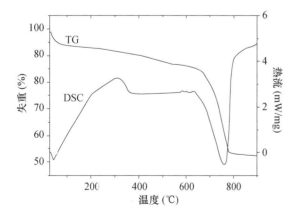

图 6.3.2　西安明代城墙灰浆样品热失重
（DSC-TG）曲线

图 6.3.4　西安明代城墙灰浆样品
a—方解石；b—X 衍射（XRD）曲线

灰浆样品的 FTIR 分析结果见图 6.3.5。其中图 6.3.5a 为糯米样品，图 6.3.5b 为南京明代城墙样品，图 6.3.5c 为添加了 3.0% 糯米浆的仿制灰浆，图 6.3.5d 为方解石样品。在 FTIR 图谱上，波数为 847cm^{-1}、761cm^{-1}、1000~1154cm^{-1} 和 1654cm^{-1} 处的吸收带为糯米成分存在的证据，其中 847cm^{-1} 和 761cm^{-1} 处为—CH$_2$ 的吸收峰，1000~1154cm^{-1} 处为葡萄糖环上—CO 吸收峰，1654cm^{-1} 处为—OH 的吸收峰。波数在 712cm^{-1}、876cm^{-1}、1429cm^{-1}、1794cm^{-1} 以及 2513cm^{-1} 的吸收峰则为方解石的特征峰吸收峰。通过谱图对比可知，南京明代城墙灰浆样品中的无机物为方解石，有机物为糯米成分。在图（图 6.3.5b）上，糯米成分在 847cm^{-1} 和 761cm^{-1} 处为—CH$_2$ 的吸收峰不可见，这是为方解石在 712cm^{-1} 和 876cm^{-1} 处强的吸收带遮盖所致，但 1000~1154cm^{-1} 处为葡萄糖环上—CO 吸收峰依然可见，说明南京明代城墙灰浆样品中有糯米成分。

糯米的主要成分为支链淀粉，含量在 97% 以上。碘试剂能够使直链淀粉溶液显蓝色，而使支链淀粉显红棕色，据此可以判断稻米的种类。在做碘-淀粉测试时，明代南京城墙灰浆样品悬浮液也呈红棕色，这说明灰浆样品中仍含有未降解的支链淀粉成分。通过以上测定结果可知，南京明代城墙灰浆样品中的无机物为方解石，其来源于消石灰的碳化；有机物糯米支链淀粉，其来源于灰浆制作时加入的糯米浆。类似地，浙江大学文物保护材料实验室之前也曾对绍兴清代牌坊等处的灰浆样品做过碘-淀粉测试，也曾发现古灰浆样品中有糯米淀粉存在。这些分析结果都与古代营造典籍的记载一致。

南京明代城墙灰浆样品和方解石的 XRD 分析结果见图 6.3.6。从图 6.3.6 可见，南京明代城墙灰浆的主要成分为方解石，这与 FTIR 的结果一致。但与纯的方解石相比，南京明代城墙灰浆中方解石的衍射峰峰强较弱，而且衍射峰有宽化现象，这说明灰浆样品中可能存在无定形的碳酸钙。

南京明代城墙灰浆样品的 TG-DSC 分析结果见图 6.3.7。在 DSC 曲线上可见两个吸热峰和一个放热峰。300℃ 和 800℃ 的吸热峰分别是水的吸热峰和碳酸钙的吸热分解峰；320℃ 附近的放热峰则是有机物燃烧分解所致。据研究，在氧化气氛中，作为糯米主要成分的支链淀粉在 320℃ 开始分解；当温度升至 400℃ 时

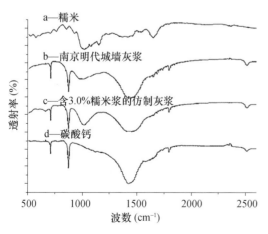

图 6.3.5　糯米、南京明代城墙灰浆样品、仿制灰浆样品和方解石的 FTIR 图谱

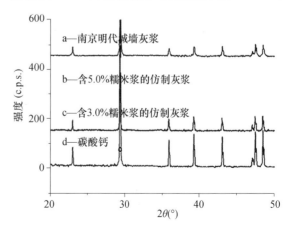

图 6.3.6　南京明代城墙灰浆样品、仿制灰浆样品和方解石的 XRD 图谱

94.0%的支链淀粉将会氧化分解。碳酸钙在600℃开始分解，温度升至800℃时基本分解完毕。因此，支链淀粉的分解温度范围为320～400℃，碳酸钙分解温度范围则在600～800℃。据此可以从TG数据估算样品中水、糯米支链淀粉和碳酸钙的含量。根据TG数据，南京明代城墙的糯米支链淀粉为1.0%～1.2%，碳酸钙含量为75.0%～81.0%。但是，灰浆中掺入的糯米浆这种易于腐败的天然多糖类物质为何历经百年而不腐。研究表明，这与糯米灰浆的制造和固化过程有关。在糯米灰浆的制作过程中，石灰发生了下述化学变化：

$$CaO + H_2O \longrightarrow Ca(OH)_2 \quad (6.3.1)$$

$$Ca(OH)_2 \longrightarrow Ca^{2+} + 2OH^- \quad (6.3.2)$$

反应式（6.3.1）是生石灰与水的消解反应，生成消石灰，即 $Ca(OH)_2$，同时放出大量的热。研究表明，生石灰消解过程会产生活性氧，而活性氧对细菌有极强的杀灭作用。反应式（6.3.2）是 $Ca(OH)_2$ 的电离反应。该反应产生了两种离子：Ca^{2+} 和 OH^-。研究已经证实，强的碱性环境能抑制和杀灭细菌，其作用机理在于强碱能溶蚀细菌的细胞膜。$Ca(OH)_2$ 饱和溶液的 pH 在值 12.4 左右，几乎没有细菌能在如此强的碱性环境下生存[12]。

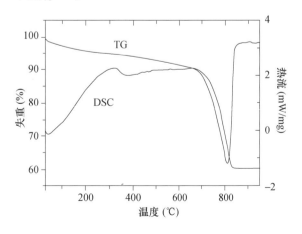

图 6.3.7　南京城墙灰浆样品的 TG-DSC 图谱

在糯米灰浆的固化过程中，消石灰发生了下述化学变化：

$$Ca(OH)_2 + CO_2 \longrightarrow CaCO_3 + H_2O$$

$$(6.3.3)$$

在该反应中，消石灰 $[Ca(OH)_2]$ 与空气中的二氧化碳（CO_2）反应生成方解石晶型的碳酸钙（$CaCO_3$）。随着反应式（6.3.3）的进行，生成的碳酸钙越来越多，糯米灰浆逐渐固化，强度也越来越大，直到 $Ca(OH)_2$ 完全转化为碳酸钙为止。在糯米灰浆内部，由于二氧化碳（CO_2）含量低，石灰的碳酸化反应进展缓慢，灰浆的完全固化是一个长期过程。在 $Ca(OH)_2$ 全部转化为 $CaCO_3$ 之前，反应式（6.3.2）一直存在，它维持了抑制细菌滋生所需的强碱性环境。腐生细菌难以滋生是糯米灰浆中的糯米成分得以保存的主要原因。由此看来，糯米灰浆巧妙地利用了石灰的防腐作用。

6.3.2　糯米灰浆配方复原

(1) 材料。

① 消石灰。将生石灰粉缓缓加入冷水中（25℃），控制消解温度为（80±10）℃，最终生石灰与水的质量比例为 1:3。消解步骤完成后将所得石灰膏在隔绝空气下陈化 6 个月备用。

② 糯米浆。将糯米放入粉碎机中粉碎。得到的糯米粉倒入冷的去离子水，控制糯米粉与水的质量比为 10:90，搅拌混合均匀后转入加热装置，维持液位不变，在 1.0bar，100℃下煮沸 4h。

③ 其他。氢氧化钙 $Ca(OH)_2$，粉末，分析纯，浙江建德莲花化工有限公司；重质碳酸钙石粉（1000 目）和碳酸钙颗粒（10 目）均

购自建材商店。

（2）分析仪器。

XRD 仪器为 AXS D8 ADVANCE（德国），测试波长为 1.54Å；SEM 仪器型号是 SIRION·100，FEI（美国）；FTIR 测试仪器型号为 NICOLET 560（美国），样品用溴化钾研磨压片方法，测试波长范围为 400～4000cm^{-1}；万能材料试验机（YC125B，银驰仪器股份有限公司）；硬度计型号为 LXA 和 LXD 型（无锡市前洲测量仪器厂），通过测试样品表面相互距离大于 10mm 的 5 点数值，然后进行平均，结果用邵氏硬度表示；热分析仪器型号为 NETZSCH STA 409 PC/PG（德国），测试温度范围 25～1000℃，升温速度为 25℃/min，同时收集 TG 和 DSC 数据。砂浆黏度（SC145），砂浆膨胀收缩仪器（SP175），粉碎机，电动搅拌器，磁力搅拌加热套等。

（3）仿制糯米灰浆的制备与性能测试方法。

① 糯米灰浆制备。将消石灰与糯米浆按所需比例混合，用电动搅拌器翻动 20min 以拌和均匀。

② 糯米灰浆试块制备。将拌和均匀的糯米灰浆倒入模具（70.7mm×70.7mm×70.7mm，用于抗冻、抗压强度等力学性能测试；70mm×70mm×20mm，用于黏结强度测试；70.7mm×70.7mm×215mm，用于弹性模量测试；40mm×40mm×160mm，用于收缩试验；锥形试样，上口径 70mm，下口径 80mm，厚30mm，用于抗渗性能测试）中，开启振动装置 1min，表面抹平后移入碳化房间自然碳化 6个月。碳化房间环境参数：温度 20℃，相对湿度（60±5）%。

③ 性能检测。灰浆基本性能按照国标《建筑砂浆基本性能试验方法标准》（JGJ/T 70—2009）进行测定，包括：灰浆稠度、灰浆保水性、灰浆干湿密度、灰浆收缩性、灰浆吸水性和灰浆力学强度（抗折强度、抗压强度、黏结强度、灰浆弹性模量）等。灰浆透气性参照 BS EN 1015-19（1999）所述方法进行。灰浆兼容性试验参照 BN EN 1015-21（2002）所述方法进行，基材为烧制黏土砖。

（4）糯米灰浆的性能。

仿制糯米灰浆的性能根据建筑灰浆标准测试方法进行测试。对于石灰灰浆，为了能达到合适的和易度，往往只加入适量的水。因为过量的水会严重影响灰浆的力学性能。为此，本研究中将水灰比设定在 0.8，这与标准消石灰的水灰比相同。灰浆稠度测定结果见表 6.3.1。根据《砌筑灰浆设计说明》（JGJ 98—2000），对砌筑灰浆来说，30～50mm 的稠度是合适的。在水灰比为 0.8 时，纯石灰灰浆的黏度为 55.0mm，流动性太高。高流动性灰浆适宜做抹灰灰浆，但不适合做砌筑灰浆。砌筑灰浆太稀薄就会被沉重的砌体材料如砖、石头等挤出，造成砖石砌体不牢固。糯米浆则可以提高灰浆的稠度。例如，当 3.0% 的糯米浆加入时，石灰灰浆的稠度就可以达到 30.0mm，可以作为砌筑灰浆使用。实际上，多糖类黏度修饰剂已经在水泥和混凝土工业中广泛使用了。

灰浆的保水性能测试结果见表 6.3.1。从测定结果来看，糯米浆可以有效提高石灰灰浆的保水性，灰浆中糯米浆的含量越高，灰浆的保水性就越好。这与糯米支链淀粉高的保水性有关。高的保水性对于石灰灰浆是至关重要的。它可以避免灰浆水分由于蒸发或建材吸收而过快损失；而水分的过快损失则会阻碍石灰灰浆的碳酸化反应和力学强度的提高。

自然碳化 6 个月以后，灰浆的收缩性测试结果见图 6.3.8。相比之下，纯石灰灰浆的收缩性较大，这应该是其水分过快损失的结果。

高的收缩性往往会导致灰浆开裂以及灰浆与建材黏结强度的降低。石灰灰浆也因此很少被单独用作砌筑灰浆或抹灰灰浆。在石灰灰浆中加入糯米浆以后，灰浆的收缩性就可以得到一定程度的抑制，其规律大致是糯米浆加得越多，灰浆干燥后的收缩性就越小。这也与糯米支链淀粉的高保水性有关。实际上，在灰浆中加入砂子和碎石等粗集料可以进一步减小糯米灰浆的收缩性能。

灰浆的干、湿密度测定结果见表 6.3.2。加入糯米汁以后，湿灰浆的密度略有下降。Chandra 曾研究过仙人掌汁对水泥灰浆的影响，他也发现过类似的现象[11]。但他将水泥灰浆密度减小归结为蛋白质的引气作用。本研究中的糯米浆是一种多糖，灰浆密度减小的机制应该与蛋白质添加剂不同，值得进一步研究。与纯石灰灰浆相比，糯米灰浆的干密度也略有降低，该结果与灰浆湿密度和灰浆收缩试验的结果一致。

表 6.3.1　灰浆稠度与糯米浆含量的关系

水灰比	0.8			
糯米浆含量（%）	0.0	1.0	2.0	3.0
稠度（mm）（目标值 30～50）	55.0	43.2	37.1	30.0
保水率（%）	85.5	91.6	93.4	93.7

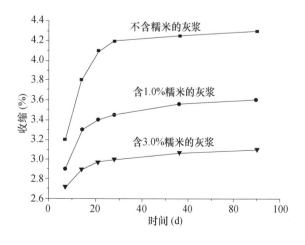

图 6.3.8　灰浆收缩性与糯米浆含量的关系

灰浆力学强度的测定结果见表 6.3.3。从结果来看，糯米汁的加入可以显著提高石灰灰浆的力学性能。经自然碳化 6 个月以后，纯石灰灰浆的抗折强度、抗压强度和黏结强度分别是 0.24MPa、0.60MPa 和 0.25MPa。当加入 3.0% 的糯米汁后，灰浆的相应强度分别增加到 0.38MPa、0.94MPa 和 0.50MPa，增加幅度在 1.5～2.0 倍。这与糯米支链淀粉的高保水性有关，高保水性有利于石灰灰浆碳化反应进行和力学强度提高。但保水性物质也不可加入过多，因为太多的水分反而不利于石灰碳化反应的进行，影响灰浆强度的形成。糯米灰浆也是这样，当糯米浆的含量超过 3.0% 时，灰浆强度的发展也开始受到限制。

灰浆弹性模量的测定结果见表 6.3.3。从结果来看，糯米浆的加入可以提高石灰灰浆的弹性模量。例如，当 3.0% 的糯米汁加入时，灰浆的弹性模量可以达到 2400MPa，而纯的石灰灰浆只有 1700MPa。即使如此，糯米灰浆的弹性模量仍远低于古砖（1～18GPa）。这说明糯米灰浆与传统建筑材料有良好的相容性。水泥砂浆等的现代建筑材料的强度太高，与黏土砖等传统建筑材料的相容性差，使用后往往会造成古建筑的破坏。

表 6.3.2　灰浆的干、湿密度与糯米浆含量的关系

糯米浆含量（%）	0.0	1.0	2.0	3.0
湿密度（kg/m³）	1543.2	1477.7	1460.4	1452.2
干密度（kg/m³）	1515.2	1432.6	1427.8	1402.7

表 6.3.3　灰浆的力学强度与糯米浆含量的关系

糯米浆含量（%）	0.0	1.0	2.0	3.0	4.0
抗折强度（MPa）	0.24	0.35	0.36	0.38	0.36
抗压强度（MPa）	0.60	0.82	0.91	0.94	0.93
黏结强度（MPa）	0.25	0.42	0.48	0.50	0.49
弹性模量（MPa）	1700	2250	2300	2400	2300
表面硬度（HA）	60.0	85.2	92.3	95.0	95.2

灰浆表面硬度的测试结果见表 6.3.3。纯石灰灰浆的表面硬度约为 60.0HA。随着糯米浆浓度的提高，糯米灰浆的表面硬度逐渐增加；当糯米浆的添加浓度为 3.0% 时，糯米灰浆的硬度可达 95.0HA，提高了近 1.6 倍。但是，当糯米浆添加浓度超过 3.0% 以后，糯米灰浆的表面硬度基本稳定，如加入 4.0% 的糯米浆时糯米灰浆的表面硬度为 95.2HA。

灰浆的透气性的测定结果见表 6.3.4。糯米浆的加入能降低石灰灰浆的透气性，这与糯米灰浆的致密结构有关。低透气性的灰浆对建筑物是不利的，因为它会影响建筑物内水汽的排出。但糯米浆对石灰灰浆的透气性影响并不大。即使加入 3.0% 的糯米汁，糯米灰浆仍然有足够的透气性（$2.7 \times 10^{11}\,kg \cdot m^{-2} \cdot s^{-1} \cdot Pa^{-1}$）。此外，透气性虽略有降低，但糯米灰浆的其他性质如毛细水吸收和渗透性可能会有所提高。

硬化灰浆吸水性的测定结果见表 6.3.4。从结果来看，糯米浆的加入可以显著降低石灰灰浆的吸水性。吸水性的降低一方面是因为糯米灰浆致密的组织结构；另一方面是因为灰浆碳化过程中碳酸钙和糯米多糖的相互作用。在石灰灰浆的碳化过程中，糯米支链淀粉分子中亲水性的羟基以共价键的方式与钙离子结合，而残留的烷基则会给出额外的憎水性。低的吸水性会保护建筑免受水和可溶盐的侵蚀。

灰浆与建材的兼容性参照 BS EN 1015-21 (2002) 所述方法测定。所用基材为中国建筑

使用最多的黏土砖。测试之前，试块在 20℃ 和 (60±5)% 相对湿度下养护两个月。冻融循环对灰浆的影响通过水渗透性和黏结强度两个指标来评估。

测试结果见表 6.3.5。与纯石灰灰浆相比，糯米灰浆更难以被水渗透。对古建筑来说，使用低渗透性的砌筑灰浆更加有利。此外，糯米灰浆也比纯石灰灰浆更耐环境的剧烈变化。经冻融循环以后，石灰灰浆的渗透性略有增加，与黏土砖的黏结力也略有降低。糯米灰浆则基本上没有变化，这也说明糯米灰浆与砖基材有更好的兼容性。

从上述测试结果来看，糯米灰浆的加入能显著提高石灰灰浆的性能。与石灰灰浆相比，糯米灰浆有更稳定的物理性质，更好的力学强度和更好的兼容性，因而是合适的古建筑修复灰浆。

（5）仿制糯米浆的碳化。

仿制灰浆自然碳化 6 个月后的 FTIR 分析结果见图 6.3.5c。从图上可见典型的方解石衍射峰（$712cm^{-1}$、$876cm^{-1}$、$1429cm^{-1}$、$1794cm^{-1}$ 和 $2513cm^{-1}$）和糯米支链淀粉的衍射峰（$1000 \sim 1154cm^{-1}$）。这与古灰浆样品的分析结果一致，这表明仿制灰浆样品和古灰浆样品在成分上是相同的。此外，与纯的糯米支链淀粉相比，仿制灰浆和古灰浆样品中支链淀粉糖环上羰基的（—CO，$1000 \sim 1154cm^{-1}$）吸收峰变窄，羟基（—OH $1654cm^{-1}$）的吸收峰消失了。这些变化是淀粉多糖和碳酸钙的相互作用所致。仿制

表 6.3.4　灰浆的透气性和吸水性与糯米浆含量的关系

糯米浆含量（%）	0.0	1.0	2.0	3.0
透气性 [$\times 10^{11}$kg/（m² · s · Pa）]	4.5	3.0	2.8	2.7
吸水性（%）	20.2	17.1	16.2	16.0

表 6.3.5　灰浆对黏土砖的兼容性

灰浆类型	石灰灰浆	糯米灰浆（糯米浆含量 3.0%）
渗水性（mL）	冻融循环前后 750/810	冻融循环前后 700/690
黏结强度（MPa）	冻融循环前后 0.25/0.23	冻融循环前后 0.49/0.49

灰浆的 XRD 结果见图 6.3.6b 和图 6.3.6c。很明显，经过 6 个月的碳化以后，所取样品已经全部转化成方解石型碳酸钙，这与图 6.3.5c 中 FTIR 的结果一致。通常情况下，多糖有利于方解石型碳酸钙的生成。方解石是碳酸钙在自然界最稳定的存在形式。有研究表明，在直链淀粉参与下，方解石的转化率几乎可以达到 100%。仿制灰浆中方解石的衍射峰略有降低，也略有宽化现象（图 6.3.6b 和图 6.3.6c），这可能是仿制灰浆中的无定形碳酸钙或纳米碳酸钙造成的。

（6）仿制糯米浆的微观结构。

糯米支链淀粉对灰浆样品微观形貌的影响见图 6.3.9。纯石灰灰浆的微观形貌（图 6.3.9b）较粗糙，为大块的斜方方解石晶粒，结构很松散。当加入 1.0% 的糯米浆后，方解石的颗粒开始变小，形状也变得不规则，方解石颗粒也彼此开始粘连起来：一种紧密的结构开始形成（图 6.3.9c）。形貌变化是碳酸钙和糯米支链淀粉相互作用的结果。晶粒尺寸的变化则可能与添加剂的高黏度有关。当灰浆中加入 3.0% 的糯米浆时，方解石晶粒进一步变小（图 6.3.9d），且其微观形貌与古灰浆样品极其相近（图 6.3.9a）；都为致密的结构，这种致密结构或许就是糯米灰浆具有良好性能的内在原因。当在灰浆中加入 5.0% 的糯米浆时，碳酸钙晶粒变得更小，几乎不可分辨了（图 6.3.9e）。这些结果说明，灰浆中的糯米成分可以作为抑制剂，调控碳酸钙晶粒的生长。

6.3.3 糯米成分对灰浆的调控机制

作为传统复合灰浆的关键组分，糯米浆和石灰对于灰浆黏结强度的提高起到主要作用；而对于糯米成分来讲，土和砂子是惰性组分，它们基本上只起填料的作用。

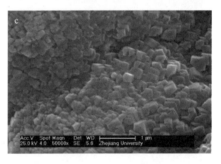

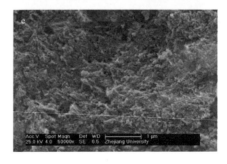

图 6.3.9 糯米支链淀粉对灰浆样品
微观形貌的影响

a—南京明代城墙灰浆；b—石灰浆；c—含 1% 糯米的灰浆；
d—含 3% 糯米的灰浆；e—含 5% 糯米的灰浆

那么，糯米浆加入石灰浆中有什么科学意义呢？比较糯米浆加入石灰浆之后形成的糯米灰浆的性能或许就可以找到答案。浙江大学文物保护材料实验室在研究石质文物的生物矿化保护材料时发现：石灰中加入 3% 的糯米浆以后，它的抗压强度提高了 30 倍，表面硬度提高了 2.5 倍，耐水浸泡性大于 68d 以上。结合本节 6.3.2 的分析，糯米浆加入之后灰浆的性能之所以提高，是因为糯米浆至少有如下两个科学作用：

（1）糯米浆对石灰的碳酸化反应，即反应式（6.3.3）有调控作用。前面已经提到，糯米是一种多糖，现代科学研究表明生物多糖类物质往往可以作为生物矿化过程的模板剂，约束和调控无机物离子在结晶过程中形成的结晶颗粒的大小、形貌和结构。例如，杨林等[13]发现，在葡聚糖作为模板参与的碳酸钙矿化过程中生成了菜叶状的文石型碳酸钙晶体，而没有葡聚糖参与时生成的则是多层重叠的块状方解石晶体；张秀英等[14]研究了 β～环糊精作为模板剂的矿化体系，发现生成的碳酸钙也是文石型的晶体，但形貌为奇特的鹿角状。丁唯嘉等[15]研究了以羧甲基淀粉、醚化淀粉、磷酸酯淀粉作为模板剂的碳酸钙晶体的矿化过程，发现羧甲基淀粉使生成的碳酸钙呈多孔蜂窝状的文石型晶体，醚化淀粉和磷酸酯淀粉则使生成的碳酸钙呈球形的球霰石晶体。浙江大学文物保护材料实验室直接研究了糯米浆作为碳酸钙矿化过程的模板剂的调控作用，发现在糯米浆的参与下，由 $Ca(OH)_2$ 溶液矿化反应生成的碳酸钙是纳米尺度的方解石晶型的细小颗粒，比不加糯米浆的结果要细小和致密得多，这种细密结构正是前面所述的糯米灰浆抗压强度和表面硬度会大大提高的内在原因。

（2）糯米浆与生成的碳酸钙颗粒之间有协同作用。浙江大学在对灰浆取样和仿制灰浆分析后发现，在固化的糯米灰浆中，糯米浆成分和碳酸钙颗粒分布均匀，它们之间互相包裹，填充密实，形成了有机-无机协同作用的复合结构，这种结构使得糯米灰浆具有较好韧性和强度。类似地，更典型的有机-无机复合结构常见于骨骼、牙齿和贝壳等生物矿化物之中。在人与动物的骨骼和牙齿中，胶原蛋白和羟基磷灰石就是以复合结构方式结合的。软体动物的贝壳也是由多糖、蛋白质等有机物和碳酸钙组成的复合物质构成，并由此表现出优异的力学强度和韧性。

综上所述，我们有理由相信，在一定程度上，糯米浆参与的石灰灰浆的硬化过程实际上就是天然生物多糖（糯米浆）参与的碳酸钙的生物矿化过程。在此过程中，糯米浆既起到了调控碳酸钙结晶过程和微结构的作用，还与生成的碳酸钙紧密结合，形成了有机物-无机物相互搭配、密实填充的复合结构，这应该就是糯米灰浆具有强度大、韧性强等优良力学性能的微观基础。

6.3.4　小结

灰浆样品分析测试结果表明，明代西安城墙和明代南京城墙都曾使用糯米灰浆技术。这也印证了糯米灰浆技术在古建筑中使用的普遍性。

通过多种技术研究显示，糯米支链淀粉对灰浆的硬化过程有调控作用，它通过抑制碳酸化过程中碳酸钙晶粒的生长而使糯米灰浆形成致密的有机-无机复合结构，该结构应该是糯米灰浆良好性能的内在原因。古灰浆中糯米成分长期存在的原因在于石灰的防腐作用。在自然条件下，灰浆的完全碳化是个漫长的过程。石灰的强碱性可以使糯米成分在相当长的时间内免受微生物的侵蚀而得以保存。

根据对古灰浆分析后仿制而成的糯米灰浆进行物理化学性质测试得到，糯米灰浆比纯石灰灰浆物理化学性质更稳定、力学强度更大、与古建筑材料如砖的兼容性也更好，适合古建筑的保护和修复。糯米灰浆在全国重点文物保护单位浙江德清寿昌桥和杭州梵天寺石经幢的修复保护效果也显示，糯米灰浆是一种适宜的修复材料，可以推广使用。

6.4 桐油灰浆

桐油-石灰灰浆是由熟桐油和石灰经人工反复春捣制备而成，具有出色的防水、黏结和防蛀效果，并且不易着火。在我国古代船舶防水密封、园林石砌结构黏结、井盐工业防漏防蚀、古建筑防潮防腐等方面有着广泛的应用，是中国古代重要的技术发明之一，使得当时中国在航海、木构建筑等领域的技术水平远远领先于西方。

作为一种用途广泛和历史悠久的传统胶凝材料，桐油-石灰灰浆在古建修复、木构建筑防腐以及古船船体复原等文物保护工程中具有难以替代的地位。然而长期以来，相关机理研究却不多。本节将通过实验室模拟和文物样品分析，对桐油-石灰灰浆的性能和原理进行讨论。

6.4.1 桐油灰浆样品

（1）考古样品。古代桐油灰浆样品，分别取自古代沉船"华光礁1号"（1127—1279）（泉州海外交通史博物馆提供）和浙江省一处墓葬棺椁（1368—1644）（中国丝绸博物馆提供）；近现代船舶修补用桐油灰浆（10年前），

泉州海外交通史博物馆提供。

（2）仿制样品。按比例称取所需的石灰和熟桐油，分批次加入铁质容器中，然后用木棍不停春捣，直到油灰断面细腻光滑，用手能拉成细长条状时，即制备成功。试验中制备灰浆所用原料与配比见表6.4.1。

表 6.4.1　油灰配比

编号	干性油	石灰	干性油含量（质量分数，%）
A	桐油	Ca (OH)$_2$	17.5
B	桐油	Ca (OH)$_2$	20
C	桐油	Ca (OH)$_2$	22.5
D	桐油	Ca (OH)$_2$	25
E	桐油	CaCO$_3$	22.5
F（对照组）	—	Ca (OH)$_2$	—

6.4.2 仿制桐油灰浆的性能

（1）测试样品制备。由于油灰的黏性大，不易脱模，根据特殊情况下可采用非标准试样的原则[16]，试验中采用底面直径3.5cm、高4.0cm的模具制备抗压强度和抗氯离子侵蚀试验用的样品；采用底面直径3.5cm、高2.0cm的模具制备测试表面硬度、耐冻融性和吸水性试验用的样品。样品制备时，先在模具内表面涂抹少量脱模剂，然后将拌好的上述灰浆分别一次性倒入试模中，振动密实，抹去多余灰浆。试样放置1d后脱模，然后转移至养护室[$RH=(60\pm5)\%$，$T=(23\pm2)℃$]中备用。另外用调制好的灰浆，将两块大理石（5cm×5cm×2cm）黏结起来，同样也转移至养护室养护，用于剪切强度测试。

（2）力学性能。桐油灰浆的力学性能测试参照《建筑砂浆基本性能试验方法标准》（JGJ/T 70—2009）的规定进行测定，结果见表6.4.2。通过比较C组和E组样品可见，使用碳酸钙制备的E组灰浆样品，它们在28d和

90d 的抗压强度均低于 0.05MPa，表明该配方的桐油灰浆在正常养护条件下无法固化。此外，该种灰浆的表面硬度（<10HD）也大大低于普通石灰灰浆（47HD）（F 组）。这些数据证明，碳酸钙制备的桐油灰浆不具备建筑所需的承压能力。相反，采用氢氧化钙制备的 A～D 组桐油灰浆样品具有较好的力学性能。它们在 28d 的抗压强度（平均值 0.19MPa）和普通石灰灰浆（0.24MPa）（F 组）接近，但在 90d 的抗压强度（平均值 0.55MPa）和 28d 的表面硬度（平均值 52HD）均高于普通石灰灰浆（分别为 0.36MPa 和 47HD）（F 组）。此外，氢氧化钙制备的桐油灰浆 90d 的抗压强度和 28d 的表面硬度，随着桐油含量的增加而增加；当桐油含量在 22.5％～25％时（C 组和 D 组），强度的增长趋势变小。

所有灰浆的黏结性能与上述抗压强度和表面硬度测试结果规律相似。使用碳酸钙制备的桐油灰浆（E 组）几乎没有黏结能力；而使用氢氧化钙制备的桐油灰浆黏结性能较好，它们的黏结强度约为普通石灰灰浆（F 组）的 25 倍。总体而言，氢氧化钙和桐油制备的灰浆具有更好的力学性能，并且桐油和氢氧化钙的最佳比率在 22.5％～25％。

（3）耐候性和防水性。灰浆的耐候性和防水性测试分别参照《建筑砂浆基本性能试验方法

表 6.4.2　不同石灰样品强度性能测试结果

编号	抗压强度（MPa）		28d 表面硬度（HD）	28d 剪切力（N）
	28d	90d		
A	0.18	0.48	46	48.735
B	0.20	0.50	49	56.362
C	0.20	0.60	56	56.037
D	0.18	0.62	57	54.892
E	<0.05	<0.05	<10	—
F（对照组）	0.24	0.36	47	1.876

标准》（JGJ/T 70—2009）和 EVS-EN 1925（2001）的规定进行。由于采用碳酸钙制备的桐油灰浆（E 组）力学性能无法满足实际应用要求，因此，不再对其进行耐候性和防水性测试，其他灰浆耐候性和防水性测试结果见表 6.4.3。结果显示，普通石灰浆样品（F 组）只能承受 4 个冻融循环，而氢氧化钙制备的桐油灰浆可以承受 6～7 个冻融循环，表明采用氢氧化钙制备的桐油灰浆耐候性更好。

相比普通石灰灰浆（F 组），氢氧化钙-桐油灰浆（A、B、C、D 组）的吸水性降低了约 620 倍。经过 Cl^- 侵蚀试验，氢氧化钙-桐油灰浆（A、B、C、D 组）的抗压强度降低量也只有普通灰浆（F 组）的 1/10。上述结果表明，氢氧化钙-桐油灰浆具有很好的防水性，氯化钠等可溶盐不易渗入灰浆内部。这些特性使得氢氧化钙-桐油灰浆作为密封材料能够很好地应用于船舶、水坝等领域。

6.4.3　桐油灰浆的微观结构

灰浆的微观结构借助 SEM 进行分析，分别在养护 28d 和 90d 的氢氧化钙-熟桐油（C 组）

表 6.4.3　冻融循环试验、防水性和抗氯离子侵蚀试验测试结果

编号	冻融循环（次）	吸水系数 $[g/(m^2 \cdot s^{0.5})]$	Cl^- 破坏抵抗能力		强度损失（％）
			CS_b（MPa）	CS_a（MPa）	
A	7	0.16	0.48	0.46	4.17
B	7	0.15	0.54	0.50	7.41
C	6	0.19	0.60	0.58	3.33
D	7	0.13	0.62	0.58	6.45
E					
F	4	99.2	0.38	0.18	52.6

注：CS_b：氯离子破坏试验前的抗压强度；CS_a：氯离子破坏试验后的抗压强度。

和碳酸钙-熟桐油试块（E 组）以及养护 90d 的普通石灰灰浆试块（F 组）外部切割一小块样品，断面喷金后采用扫描电子显微镜（SEM）进行观察，结果见图 6.4.1。

碳酸钙-熟桐油灰浆样品的 SEM 照片（图 6.4.1A、C）中显示，碳酸钙颗粒被桐油包裹着，并呈不均匀分布，样品中桐油呈胶状，该灰浆的固化似乎主要是由桐油交联固化引起的。

氢氧化钙-熟桐油灰浆样品的 SEM 照片（图 6.4.1B、D）中显示，在固化 28d 的灰浆样品中，氢氧化钙均匀分布在桐油中，随着固化时间的增加（90d），灰浆的结构由起初的颗粒状（图 6.4.1B）变成片状（图 6.4.1D），灰浆的固化程度显著增强。与普通石灰灰浆（图 6.4.1E）相比，此时该灰浆孔隙率大大降低。研究表明，灰浆致密的结构有助于改善灰浆的强度、耐水性和耐冻融性能[17]。

6.4.4　桐油灰浆的固化机理

为了进一步研究氢氧化钙和碳酸钙是如何对桐油固化产生影响的，对未固化纯桐油样品、养护 90d 的氢氧化钙-熟桐油样品和碳酸钙-熟桐油样品分别进行红外分析，结果见图 6.4.2。

根据红外谱图（图 6.4.2 中谱线 A）可知，～3030cm^{-1} 处为＝C—H 伸缩振动峰，～1773cm^{-1}、～1165cm^{-1} 和～993cm^{-1} 是酯类的特征吸收峰；这些吸收峰表明，未固化的熟桐油中含有大量的不饱和脂肪酸，结果与文献记载相符[18]。

碳酸钙-熟桐油和氢氧化钙-熟桐油样品的红外图谱（图 6.4.2 谱线 B、C）显示，＝C—H 伸缩振动峰（～3030cm^{-1}）依然存在。研

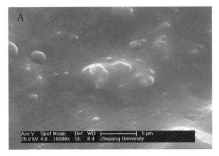
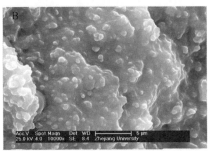
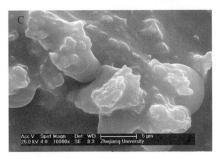
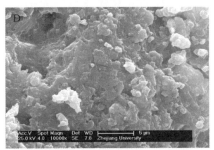

图 6.4.1　不同灰浆样品 SEM 照片

A、C—碳酸钙-熟桐油，分别养护 28d 和 90d；

B、D—氢氧化钙-熟桐油，分别养护 28d 和 90d；

E—普通灰浆，养护 90d

表明，当干性油与氧气接触时能发生多种交联反应，从而导致干性油聚合形成坚硬的薄膜[19]。桐油灰浆样品固化后所形成的非常致密的微结构（图 6.4.1），能够阻碍外部空气进入，所以在桐油灰浆内部，桐油的氧化交联反应较难进行，导致灰浆固化程度不高，这与碳酸钙-熟桐油和氢氧化钙-熟桐油的 SEM 观察结果一致（图 6.4.1A、B、C）。

对比谱线 C 和谱线 A 可以发现，最明显的变化是谱线 C 中～1773cm⁻¹ 处 C＝O 伸缩振动峰和～1165cm⁻¹ 处 C—O 伸缩振动峰消失了，而在～1565cm⁻¹ 和～1464cm⁻¹ 处出现了 2 个峰，这些变化是形成羧酸盐的特征变化，表明氢氧化钙和桐油酸酯进行反应生成了羧酸钙。而谱线 B 和谱线 A 相比并没有发生明显变化，表明碳酸钙无法与桐油酸酯进行反应。根据～1565cm⁻¹ 处的峰，可以判断 Ca²⁺ 和 —COO⁻ 之间以配位共价键的形式结合。Ca²⁺ 与 —COO⁻ 能结合，使原有的桐油分子发生链增长。同时，不饱和的桐油酸酯之间发生氧化交联反应，使得分子链上可能含有多个酯基，这些酯基在氢氧化钙的作用下与 Ca²⁺ 形成配位键，最终形成各种巨大的网状分子链结构。这可能是氢氧化钙-熟桐油灰浆固化的机理。

6.4.5 桐油灰浆性能改善的原因

对实验室模拟桐油灰浆（分别已保存 90d 和 10 年）和古代桐油灰浆样品（分别取自古沉船和古代棺椁，距今超过 600 年），共 4 种灰浆分别进行 FTIR 和 XRD 分析。FTIR 分析条件同上，XRD 分析条件为从距离样品外部约 1mm 处取样，用玛瑙研钵研磨后进行 XRD 分析，测试波长 1.54Å，扫描速度 8°2θ·min⁻¹。分析结果见图 6.4.3 和图 6.4.4。

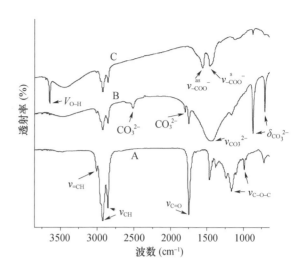

图 6.4.2 桐油不同条件下的 FTIR 图谱

A—未固化桐油；B—桐油和碳酸钙反应；C—桐油和氢氧化钙反应

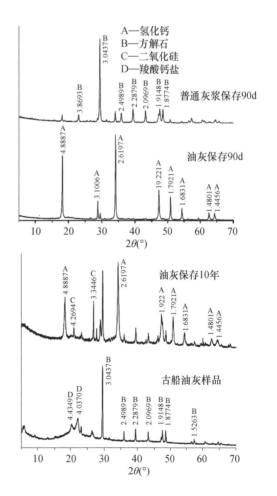

图 6.4.3 保存不同时间的灰浆的 XRD 分析结果

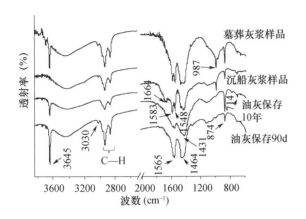

图 6.4.4 桐油灰浆保存不同时间成分变化的
FTIR 分析结果

XRD 分析结果（图 6.4.3）显示，普通石灰灰浆的主要物相为方解石，其中含有少量氢氧化钙；养护 90d 的氢氧化钙-熟桐油样品，其主要物相是氢氧化钙，并且含有少量的方解石（$d=3.0266$）；保存 10 年的氢氧化钙-熟桐油样品的主要物相是氢氧化钙、方解石和二氧化硅，其中二氧化硅来自桐油石灰中所添加的石英砂；古代样品中检测出的物相是方解石和羧酸盐。对比 3 个模拟样品发现，即使桐油灰浆保存 10 年，其相对碳化程度也不及养护 90d 的普通灰浆的碳化程度，表明桐油灰浆中氢氧化钙很难发生碳化。氢氧化钙的碳化需要 H_2O 和 CO_2，在 SEM 分析（图 6.4.1）中已经发现，桐油灰浆固化后形成致密的片层堆积结构，阻碍了外部 CO_2 和 H_2O 进入；另外，桐油的憎水性使被桐油包覆的氢氧化钙难以与 H_2O 接触，从而导致桐油灰浆难以发生碳化反应。

桐油灰浆的红外分析（图 6.4.4）显示，$1431cm^{-1}$、$874cm^{-1}$、$714cm^{-1}$ 的峰和 $3645cm^{-1}$ 的峰分别由碳酸钙和氢氧化钙引起，结合上述分析可知，这 4 个样品中均含有羧酸盐；但是，这些样品中 ν_{as}（$—COO^-$）和 ν_s（$—COO^-$）的值有差别。首先，在模拟样品中，ν_s（$—COO^-$）对应的峰，随着养护时间的增加向右偏移（从

$1464cm^{-1}$ 移到 $1431cm^{-1}$）；在古代样品中，该峰发生了裂分。这是因为随着时间的增长，灰浆碳化程度升高，碳酸钙的 ν（$—CO_3^{2-}$）增强，与羧酸盐的 ν_s（$—COO^-$）分开。其次，古代样品中 ν_{as}（$—COO^-$）分裂成两个峰（$1583cm^{-1}$ 和 $1548cm^{-1}$）。根据记载，桐油灰浆由石灰和桐油制成，很少会添加其他金属氢氧化物。因此，该现象可能是灰浆中 Ca^{2+} 和 COO^- 不同的配位方式形成的。

综上所述，桐油灰浆的早期固化主要是源于氢氧化钙与熟桐油发生配位反应形成羧酸钙，其次是少量的氢氧化钙发生碳化反应。因此，与普通石灰灰浆不同，桐油灰浆早期强度主要由反应形成的结构致密的羧酸钙提供。随着反应的进行，灰浆中的氢氧化钙最终消耗殆尽，转化为羧酸钙和碳酸钙。Lovegrove[20] 指出，桐油灰浆的有效作用期限为 30 年左右，这可能是因为灰浆基体在氢氧化钙反应完全后失去碱性，基体中的有机成分容易被环境中的微生物分解，导致材料整体性能的降低。Mendoza[20] 考证发现，桐油灰浆既牢固又不怕虫蛀，因此中国制造的船舶的寿命是西方的两倍，这可能也是桐油-石灰中未反应的氢氧化钙所提供强的碱性环境能抑制和杀灭细菌，起到防蛀作用。在本工作中，FTIR 分析结果显示取自古代棺椁的桐油灰浆在 $3645cm^{-1}$ 处有一个强峰，而取自古代沉船的桐油灰浆在此处却没有出峰。这表明前者中氢氧化钙未碳化完全，而后者中氢氧化钙已完全碳化。此外，取自古代棺椁的桐油灰浆微观结构明显比取自古代沉船的桐油灰浆的微观结构致密（可能是后者中部分有机物被微生物分解了）（图 6.4.5），表面硬度也高于后者。根据以上分析，桐油灰浆中的有效成分应该是羧酸钙、固化的桐油以及氢氧化钙，碳酸钙起到一定的补强作用。

图 6.4.5 古代桐油样品的 SEM 照片

注：A 样品取自"华光礁 1 号"古船；B 样品取自古代棺椁。

6.4.6 小结

实验室模拟试验证明氢氧化钙和熟桐油制备的灰浆与普通石灰灰浆相比，具有更好的力学性能和防水密封性能。其抗压强度比普通石灰浆提高 72%，表面硬度值提高 19%，剪切强度提高近 25 倍，黏结效果优异。在耐候性和防水性方面，氢氧化钙-熟桐油样品在抗氯离子侵蚀测试中的强度损失值只有普通灰浆强度损失值的 6.3%，吸水系数降低近 3 个数量级，表明其具有良好的防水性能。本研究发现，桐油的最佳添加量在 22.5%～25%。

微观结构与组成分析表明，桐油灰浆中氢氧化钙和熟桐油会发生配位反应，部分生成羧酸钙配合物，形成致密的微观结构。这是桐油灰浆强度提高、耐水性和耐冻融性改善的内在原因。此外，灰浆中未反应完的氢氧化钙对灰浆中的有机物桐油可起到防腐保护作用。

6.5 血料灰浆

动物血作为石灰灰浆添加剂，在世界各地都有应用。经文献调研显示，已有不少国内外学者对动物血改性传统建筑灰浆进行了探索研究。但是，对于血料灰浆的科学机理、材料配比、应用范围及性能等的研究还是比较匮乏。

本节将通过实验室模拟研究血料灰浆的配方和性能检测；了解传统工艺对血料灰浆性能的影响；最后，探讨动物血对气硬性石灰作用的机理。

6.5.1 血料灰浆及掺比样品制备

（1）传统血料灰浆。首先，称取一定量的新鲜血液和石灰水（5%，w/w），混合后搅拌均匀，然后将该混合液置于 30℃水浴锅中保存 3h。将该混合物称作"血胶"，其中动物血和石灰水的比例是 10∶7（w/w）。其次，取一定量的氢氧化钙、碳酸钙或二氧化硅加入上述"血胶"中并搅拌均匀。"血胶"和所添加无机物的质量比为 1∶1（根据灰浆的可操作性和老工匠的经验得到）。最后，将该混合物在密封容器中保存 24h 备用（图 6.5.1）。

（2）非传统工艺的血料灰浆。取一定量的氢氧化钙和猪血，将两者直接混合并搅拌均匀，制成的灰浆密封存放 24h 备用（该过程中保持猪血和无机物的比例与传统方法制备血料灰浆时一致）。

（3）普通石灰灰浆。取一定量的氢氧化钙和水（水灰比为 0.7），混合后搅拌均匀，备用。

各类灰浆的比例和制备信息如表 6.5.1 所示。

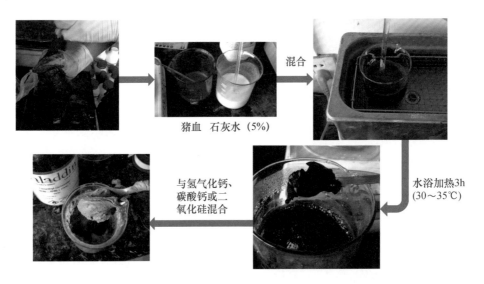

猪血　石灰水（5%）　混合　水浴加热3h（30～35℃）　与氢气化钙、碳酸钙或二氧化硅混合

图 6.5.1　中国古代传统血料灰浆制作工艺流程

表 6.5.1　不同灰浆制作信息

编号	无机物	有机物	$m_血/m_{无机物}$	工艺
A	Ca（OH)$_2$	猪血	45%	传统工艺
B	CaCO$_3$	猪血	45%	传统工艺
C	SiO$_2$	猪血	45%	传统工艺
D（对照组）	Ca（OH)$_2$	猪血	45%	直接混合
E（对照组）	Ca（OH)$_2$	—	—	直接混合
F	Ca（OH)$_2$	羊血	45%	传统工艺
G	Ca（OH)$_2$	牛血	45%	传统工艺

6.5.2　血料灰浆的性能

（1）测试样品制备。

黏结强度测试样品：黏结强度测试试验中使用的砂岩、木块和大理石规格均为 5cm×5cm×2cm，取适量调配好的灰浆均匀涂抹在试块侧面，然后将两块试块拼接，黏结层的厚度控制在 1mm 左右。每次进行 5 组样品的平行试验。

表面硬度及耐久性测试样品：将配制好的灰浆均匀浇筑在 5cm×5cm×0.5cm 的塑料模具中，轻轻振荡使其内部气泡排出，并刮去表面多余的浆液。样品在实验室内放置一定时间后进行性能测试。

（2）性能表征。

① 保水性。各灰浆样品的保水性测试参考《建筑砂浆基本性能试验方法标准》（JGJ/T 70—2009）的规定。另外，表面观察法作为辅助方法用于评价灰浆保水性，具体方法为将灰浆均匀涂敷在砂岩表面，2d 后观察其表面变化。

图 6.5.2 显示了不同灰浆保水性能的测试结果以及它们在砂岩上自然固化后的状态。保水试验测试结果显示，所有灰浆均具有不错的保水效果，这可能是因为石灰本身就是一个很好的保水材料。相对而言，添加动物血的灰浆保水性能更好，在试验期间几乎没有水分流失。

为了更加直观地展示各类灰浆的保水效果，在试验中将不同灰浆抹在砂岩表面进行观察（砂岩吸水能力更强）。从图中可以清晰地看到，普通石灰浆固化后表面大量开裂并有与砂岩脱离的现象产生（图 6.5.2 右 E）；而所有添加了动物血的石灰浆固化后牢牢黏附在砂岩表面，没有发现任何大裂缝（偶尔几个样品表面有几条微小裂缝）。很可能是因为加入动物血之后，灰浆具有更好的保水性，使得血料灰浆

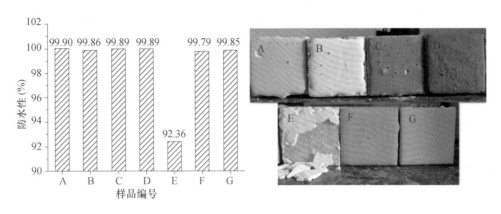

图 6.5.2 不同灰浆保水性能测试（左）与在砂岩上的固化结果（右）

中的水分不易立刻被砂岩吸走，产生干缩开裂。同时，充足的水分使灰浆具有更持久的流动性，有更多的机会渗入砂岩表面的孔隙中。因此，当灰浆固化后，灰浆界面的锚固作用提高了血料灰浆的黏结性，正是这些性能的改善使得血料灰浆成为一种优秀的抹面打底材料。

② 黏结强度。黏结强度采用自动拉压力试验仪进行测试，见图 6.5.3。测试中，将样品固定在样品台上，确保底部两支点间相距 9cm。每组样品重复测试 5 份，去掉最大和最小值后求平均值。

不同灰浆的黏结强度测试结果（图 6.5.4 左）显示，普通石灰浆（样品 E）对砂岩、大理石和木头的黏结能力很差，几乎没有黏结性；而血料灰浆对这些材料的黏结效果相对较好。总体而言，血料灰浆对粗糙表面（砂岩）的黏结效果比对光滑表面（大理石）的黏结效果好 60%～70%。尽管血料灰浆对木材和大理石的黏结能力并不十分突出，但依然比普通灰浆的表现好。比较养护 7d 和 14d 的黏结样品测试结果发现，其黏结强度没有发生明显变化，表明血料灰浆具有早强特性。此外，对比不同工艺制备的灰浆黏结强度结果可知，通过传统工艺制备的血料灰浆，可以使灰浆黏结能力提高 2 倍左右，而且在光滑表面提升效果更加突出（约提高 200 倍）。

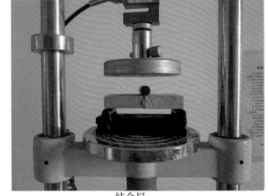

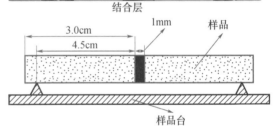

图 6.5.3 黏结强度测试示意图

③ 灰浆的固化速率。灰浆的固化速率对灰浆的保存和施工有重要影响。本工作采用表面硬度值来衡量灰浆的固化速度。测试方法：使用邵氏硬度计，每隔 6h、24h、2d、3d、4d、7d、14d 对样品进行表面硬度测试，每个样品每次随机测定 7 个点，去除最大值和最小值后求平均值。

灰浆表面硬度测试结果（图 6.5.4 上）显示，普通灰浆表面硬度在前 14d 内没有明显变化，在第 14d 时其硬度值为 12HD。相对而言，血料灰浆在固化 6h 后，表面硬度就达到

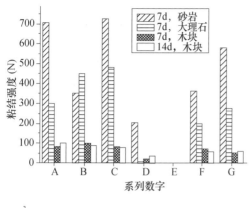

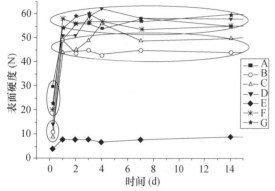

图 6.5.4　不同灰浆的黏结强度（上）

和表面硬度（下）

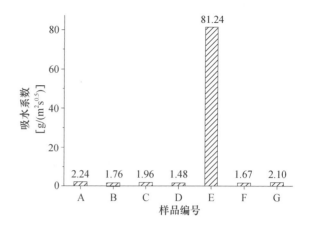

图 6.5.5　不同灰浆的吸水性系数

10HD，特别是使用动物血和氢氧化钙制备的灰浆，此时表面硬度达到 20HD 以上。通过观察表面硬度变化趋势可知，血料灰浆几乎在 1d 内可以完成固化，在之后的 13d 内均没有明显变化。所有血料灰浆的表面硬度在 14d 后达到 40HD，其中，使用氢氧化钙制备的血料灰浆表面硬度比使用碳酸钙和二氧化硅制备的灰浆高约 10HD。不同动物血对灰浆表面硬度几乎没有影响。

④ 防水性。灰浆防水性测试参考标准 EVS-EN 1925（2001），采用吸水系数来表示。吸水系数越小，表明样品防水性越好。

不同灰浆的吸水系数见图 6.5.5。普通灰浆的吸水系数是 81.24 g/（m²s⁰·⁵），而血料灰浆的吸水系数只有普通灰浆的 1/40。这表明，血料灰浆具有良好的防水性，防水能力达到

W1 级。此外，比较不同血料灰浆，它们的吸水系数并没有明显差异。这表明不同的组成和工艺对灰浆的防水性能没有明显的影响，而加入的动物血对该性能起决定性作用。

⑤ 耐候性。耐候性是评价建筑材料好坏的一个重要指标。采用冻融干湿循环的方法来实现灰浆样品的加速破坏，根据加速破坏后灰浆的性能变化来评价它们的耐候性。具体方法：样品在实验室养护 28d 后进行表面硬度测试；然后将样品在水中浸泡 24h，擦干表面水分并放入冰箱（-30℃）中冷冻 4h；样品从冰箱中取出后，在实验室中放置 4h 并测试表面硬度；最后将样品放入烘箱（65℃）烘干 4h 并测试强度。如此往复循环 7 次。测试结果见表 6.5.2。

结果显示，普通灰浆经过 3 次循环后样品已经破损；而血料灰浆样品在经历 7 次循环之后依然保持完整。为了评价冻融循环对灰浆性能的影响，对试验中各灰浆表面硬度损失进行了统计。数据表明，经过冻融循环，使用氢氧化钙制备的血料灰浆样品，解冻后直接测量与解冻并烘干后测量的表面硬度较冻融前分别降低约 42% 和 14%。使用碳酸钙或二氧化硅制备的血料灰浆，这两项数据较冻融前分别降低约 67% 和 18%。此外，比较不同工艺制备的血

表 6.5.2　不同灰浆冻融-干湿循环测试结果

编号	循环次数	现象	表面硬度（HD）				
			测试前	湿	损失率（%）	干	损失率（%）
A	7	无变化	58	34	41.38	51	12.07
B	7	无变化	45	13	71.11	39	13.33
C	7	无变化	49	18	63.26	37	24.49
D	7	无变化	58	26	55.17	41	29.31
E	3	开裂	—	—	—	—	—
F	7	无变化	54	33	38.89	47	12.96
G	7	无变化	57	31	45.61	45	17.05

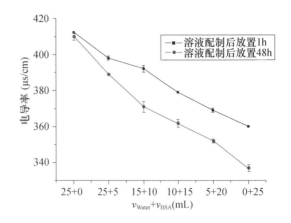

图 6.5.6　BSA 对氢氧化钙溶液电导率的影响

料灰浆发现，通过传统工艺制备的血料灰浆具有更好的抗冻融性能；这意味着血料灰浆的耐候性受组成成分和工艺的共同影响。

6.5.3　血料灰浆中血蛋白的结构和作用

通过前期的试验可知，血料灰浆具有黏结性、适应性和耐候性好，固化速度快，固化后表面平整等优点。有研究报道，一些类似的蛋白胶也具有良好的黏结性和防水性能，原因是由于蛋白质在碱性条件下性质改变引起的[21]。

本工作通过电导率、红外光谱（NICOLET 560）和接触角仪（JC2000C1），对氢氧化钙溶液中血蛋白的性质进行分析。

（1）电导率。电导率通过 DDS-307 型电导率仪进行测定。试验中，氢氧化钙溶液的浓度是饱和氢氧化钙溶液的 1/10，BSA（牛血清白蛋白）溶液的浓度是 1.5mg/mL。所用去离子水和 BSA 溶液的电导率分别是 1.125μs/cm 和 17.86μs/cm。测试溶液分别由 25mL 的氢氧化钙溶液和去离子水或 BSA 溶液配制而成，详见图 6.5.6。测试溶液在配制完成 1h 和 48h 后进行电导率测量。

氢氧化钙溶液的电导率随 BSA 添加量的变化见图 6.5.6。结果表明，氢氧化钙溶液中加入 BSA 后，电导率开始降低；BSA 加入的量越多，电导率下降的幅度越大。经过 48h 后继续测量各溶液电导率发现，不含 BSA 的氢氧化钙溶液电导率在此期间并没有明显变化；而含有 BSA 的氢氧化钙溶液电导率一直在降低。这表明氢氧化钙和 BSA 之间发生了反应，试验结果和其他学者采用 UV 测得的结果一致[21]。

（2）FTIR。红外光谱分析时，首先将新鲜的血液和血胶在 50℃真空干燥箱中进行干燥，完全干燥后研磨成粉。然后取适量样品经溴化钾压片用于红外测试。

FTIR 分析发现（图 6.5.7），血粉和"血胶"之间有三处明显差别。首先，"血胶"在 3643cm⁻¹、1440cm⁻¹ 和 874cm⁻¹ 处有 3 个峰，分别是—OH 和 CO_3^{2-} 的伸缩振动峰，属于原料中碳化和未碳化的氢氧化钙。其次，"血胶"中属于酰胺Ⅰ带、Ⅱ带和Ⅵ带的峰（1654cm⁻¹、1530cm⁻¹ 和 1392cm⁻¹）相较于血粉中的对应峰（1657cm⁻¹、1545cm⁻¹ 和 1387cm⁻¹）分别往右移动了—3、—15 和 5 个单位。其中，酰胺

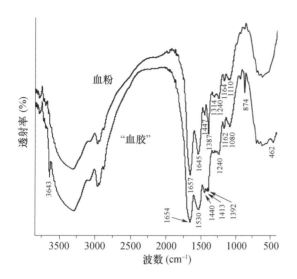

图 6.5.7 血粉和"血胶"的红外光谱图

Ⅰ带的峰型变宽，酰胺Ⅱ带的峰型变宽且发生较大偏移，酰胺Ⅲ带的峰在血粉样品中位于 $1314cm^{-1}$，但是在"血胶"样品中几乎看不到。最后，"血胶"样品在 $1413cm^{-1}$ 处有一个弱峰，可能是 Ca (OH)$_2$ 与血蛋白反应产生的 COO^- 的对称伸缩峰。

为了进一步分析灰浆中氢氧化钙对血蛋白性质和结构的影响，对图 6.5.7 中酰胺Ⅰ带和酰胺Ⅲ带进行拟合分析。研究证实，蛋白质酰胺Ⅰ带和酰胺Ⅲ带包含了很多关于蛋白质结构的信息。通过解析酰胺Ⅰ带和酰胺Ⅲ带可以研究蛋白质结构变化。在酰胺Ⅰ带中，$1610\sim1640cm^{-1}$ 为蛋白质 β-折叠结构，$1640\sim1650cm^{-1}$ 为无规卷曲，$1650\sim1658cm^{-1}$ 为 α-螺旋，$1660\sim1700cm^{-1}$ 为 β-转角。在酰胺Ⅲ带中，$1220\sim1250cm^{-1}$ 为蛋白质 β-折叠结构，$1245\sim1270cm^{-1}$ 为无规卷曲，$1265\sim1295cm^{-1}$ 为 β-转角，$1290\sim1330cm^{-1}$ 为 α-螺旋。采用二阶导数与曲线拟合对血蛋白和"血胶"中酰胺Ⅰ带和酰胺Ⅲ带的分析结果见图 6.5.8 和表 6.5.3。结果显示，与血蛋白粉末相比，"血胶"的酰胺I带中 β-转角明显降低，α-螺旋和无规卷曲有所升高，β-折叠结构变化较小；"血胶"

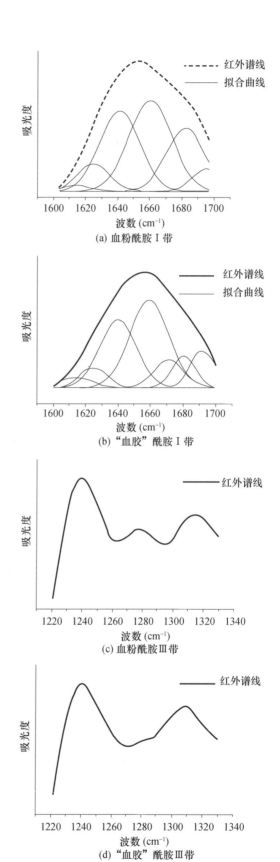

(a) 血粉酰胺Ⅰ带

(b) "血胶"酰胺Ⅰ带

(c) 血粉酰胺Ⅲ带

(d) "血胶"酰胺Ⅲ带

图 6.5.8 酰胺Ⅰ带和Ⅲ Ⅰ带曲线

拟合分析结果

的酰胺Ⅲ带中，血蛋白β-转角结构对应的峰基本消失。这表明，当血蛋白中加入氢氧化钙后，血蛋白β-转角结构会向α-螺旋和无规卷结构转变。

（3）接触角。对接触角进行分析时，首先，将新鲜的血液和血胶在50℃真空干燥箱中进行干燥，完全干燥后研磨成粉。然后，取适量样品轻轻压成约2mm后的薄片用于接触角测试。

接触角分析结果（图6.5.9）显示氢氧化钙粉末是亲水的，水滴滴到氢氧化钙粉末表面之后立刻被吸收（图6.5.9a）；当水滴滴到血粉表面时，接触角初始为129°，60s后降到91°，表明血粉具有一定的疏水性（图6.5.9b）。与血粉相比，"血胶"的疏水性更强，在测试期间，接触角几乎没有变化（图6.5.9c）。

表 6.5.3　血粉和"血胶"中蛋白质二级结构定量测算结果

样品	α-螺旋（%）	β-折叠（%）	β-转角（%）	无规卷曲（%）
血粉	34.6	9.3	27.0	29.1
"血胶"	36.3	9.8	22.4	31.5

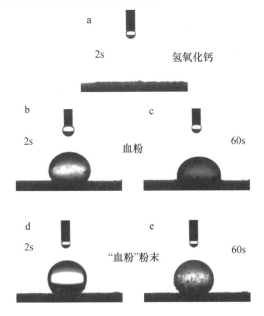

图 6.5.9　接触角测试结果

a—纯氢氧化钙粉末；b、c—血粉；d、e—"血胶"粉末

以上试验结果表明，氢氧化钙和动物血结合反应，血蛋白结构发生变化，疏水性增强。

6.5.4　血料灰浆的微观结构及对灰浆性能的影响

不同灰浆固化后的表面和内部结构采用扫描电子显微镜（SEM，FEI SIRION100）进行观察。此外，为了展示灰浆与被黏结物体界面结构，选择玻璃为基体，对玻璃和灰浆之间的界面结构进行观察。

图6.5.10～图6.5.13是普通灰浆与血料灰浆表面、内部和界面的SEM照片。很显然，从照片中可以发现这两者之间有很多不同。首先，观察普通灰浆与血料灰浆可以发现，它们都有一层壳覆盖在表面（图6.5.10A、C）。普通灰浆的壳层很脆（图6.5.10A），除去壳层后裸露出松散的表层（图6.5.10B）；血料灰浆的壳层坚硬而平滑（图6.5.10C），无论是长期用水浸泡还是用锋利的刀片都无法揭去，而使用双氧水可以使该壳层破裂并裸露出紧密的表层（图6.5.10C、D）。这意味着，血料灰浆的壳层可能由大量有机物组成。前面已证实动物血在氢氧化钙作用下疏水性增强，因此在灰浆失水固化过程中它们会向灰浆表面聚集。

其次，观察普通灰浆断面发现，从灰浆表层到内部，结构并未发生明显变化（图6.5.10E、e）。而观察血料灰浆发现，近表层的灰浆结构十分紧密，这个特殊层的厚度为$20\sim30\mu m$（图6.5.10F、f）。对图6.5.10f观察发现，这个特殊层并不是简单的由有机物构成，而是一层层片状结构有序叠加形成的。为了揭示其中的原理，将新鲜的血料灰浆涂覆在玻片上，然后在血料灰浆上滴几滴去离子水降低表面有机物浓度。该样品在室内养护几天后，灰浆表面

图 6.5.10　血料灰浆与普通灰浆不同部位的 SEM 照片

A、B—普通灰浆的表面；C、D—血料灰浆的表面；E—普通灰浆的截面；F—血料灰浆的截面

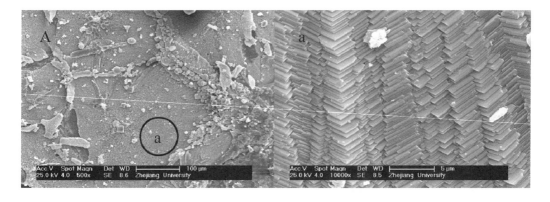

图 6.5.11　血蛋白控制血料灰浆表面形成有序结构的 SEM 照片

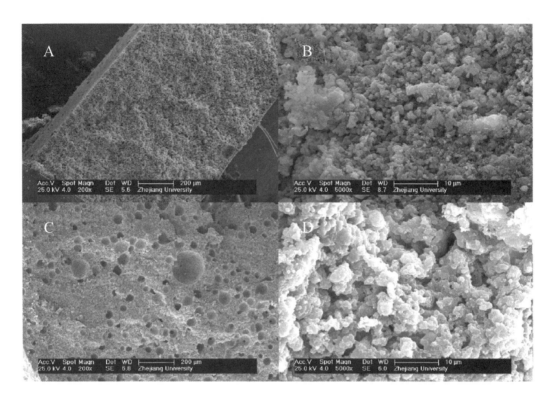

图 6.5.12　普通灰浆（A、B）和血料灰浆（C、D）断面的 SEM 照片

图 6.5.13　不同灰浆和玻璃接触面的 SEM 照片

A、C—普通灰浆；B、D—血料灰浆

形成了排列规律的晶体（图6.5.11A、a）。与图6.5.10B比较，在血料灰浆近表面，晶体的生长似乎受到了蛋白质的控制。尽管这种晶体的生长机理还需要更多的研究，但是可以肯定的是，这种紧凑而有规律的表层结构有助于提高灰浆的表面性能和防水性。

再次，在固化的血料灰浆内部均匀分布着大量孔径为10~300nm的微孔，其中多数孔径在100nm以下（图6.5.12C）。但是，从图6.5.12A中发现，固化的普通石灰中并未有这种结构，这很可能也是动物血蛋白与氢氧化钙结合反应后疏水性增强导致。因为这些蛋白质具有两亲性，可以稳定新鲜灰浆中的气泡，使灰浆固化后留下这些微孔。它的作用和原理与现代胶凝材料中添加的引气剂类似，使材料固化后内部形成许多小孔，这些微孔可以有效隔断灰浆中的毛细作用，同时给灰浆中水分在固-液变化时产生的体积变化提供更多空间，而这些作用使得材料的耐久性得到提高。此外，放大后发现，普通灰浆中的物质颗粒大小不一且结构松散（图6.5.12B）；血料灰浆中微小的颗粒物紧密连接在一起（图6.5.12D）。

图6.5.13是固化灰浆和玻璃接触面的SEM照片。观察其截面可以发现，普通灰浆和玻璃之间有明显裂隙（图6.5.13A）；而血料灰浆和玻璃紧密黏结（图6.5.13B）。这个结果与以上宏观力学分析结果一致。将玻片移除发现，普通灰浆结构凹凸不平，与玻璃几乎没有接触点（图6.5.13C）；相反，血料灰浆接触面呈现扁平状，是与玻璃紧密贴合产生的（图6.5.13D）。在保水性试验中已经证实在灰浆中添加动物血可以提高灰浆保水性。良好的保水性使血料灰浆能够维持较长时间的流动性，从而石灰浆有更多机会进入被粘物表面的孔隙中，最终提高血料灰浆的黏结性能。

6.5.5　血料灰浆中有机/无机组成的梯度分布

固化灰浆样品中不同深度的物质组成，采用DSC-TG（TA Instruments, model NETZSCH STA 409 PC/PG）进行分析。测试样品分别采集自固化灰浆样品表面、中心以及灰浆和基底接触部位。试验条件：温度范围为室温1000℃，升温速率20℃/min，氮气保护。

图6.5.14是普通灰浆和血料灰浆热重分析结果。根据普通灰浆的TG和DSC曲线可以得到，普通灰浆有两个明显的失重过程，位于420~480℃和670~780℃，它们分别属于氢氧化钙和碳酸钙的分解。通过比较取自不同深度的样品发现，位于样品近表面处灰浆碳化程度相对较高。血料灰浆的TG与DSC曲线显示，血料灰浆除了以上两处失重，在260~

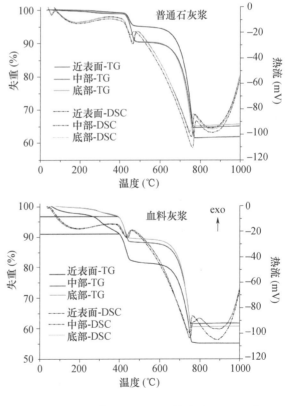

图6.5.14　普通灰浆和血料灰浆不同深度处灰浆成分TG-DSC分析结果

400℃时还有一处较弱的失重过程，是血料灰浆中有机物的分解峰。此外，比较失重的量可以发现，取自不同深度的样品除了在 260～400℃阶段有差异，其他阶段都相同，即有机物含量不同。样品近表面处有机物含量是内部和底部的 3 倍左右，这个结果证实了 SEM 分析中关于血料灰浆表面有机物积聚形成特殊结构的推测。

6.5.6　血料灰浆固化速度快的原因

对于普通石灰浆，它的固化源于氢氧化钙的碳化和结晶析出，这是一个缓慢的过程。但是为什么血料灰浆的固化速度这么快呢？在这里，主要通过 XRD 试验和固化试验对这个问题进行探讨。

灰浆的碳化情况采用 XRD［AXS D8 ADVANCE（Germany）］进行分析。试验条件：在灰浆样品分别固化 6h、3d、8d 和 28d 后，采集距离灰浆试块表面 1～2mm 处的样品；将采集得到的样品进行研磨、制片并进行XRD测试。测试范围 5°～75°，扫描速度 8°2θmin^{-1}。

血料灰浆（A 组）和普通石灰浆的 XRD 图谱见图 6.5.15。总体而言，这两种灰浆中的无机晶体是氢氧化钙和方解石。在血料灰浆中，氢氧化钙和方解石的主峰强度比值在前 28d 内并没有明显变化；相反，在这段时间内，普通灰浆中氢氧化钙和方解石的主峰强度比值变化显著。这表明，血料灰浆固化速度快、早期强度高与氢氧化钙的碳化无关。此外，尽管较低的碳化程度会影响灰浆的性能，但有利于保护灰浆中的有机添加剂。杨富巍（附件 2）提出，灰浆中的有机添加剂之所以能够保存上千年是因为石灰浆的碳化过程十分缓慢，这样灰浆体系能够长期保持强碱性，避免微生物滋生破坏有机添加剂。

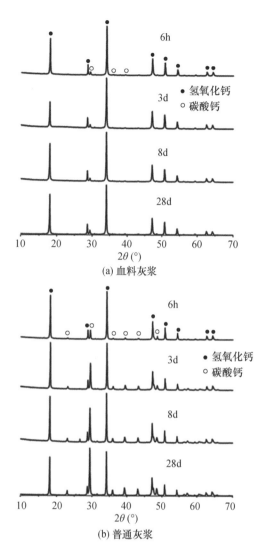

图 6.5.15　血料灰浆和普通灰浆
不同时期的 XRD 图谱

固化试验结果见表 6.5.4。试验方法：将制备好的血料灰浆（A 组）装入 5cm×5cm×0.5cm 的塑料模具中；然后分别连同模具放置在实验室内，充满空气、氧气或二氧化碳的封闭环境中（密闭空间尺寸 1000cm^3），充满空气并放入干燥剂的封闭环境中（密闭空间尺寸 1000cm^3）；放置一定时间后，测量各样品表面硬度。试验结果表明，血料灰浆样品在充满空气、氧气或二氧化碳的封闭环境中都无法固化。但是，在这些封闭环境中放入适量干燥剂后，血料灰浆样品的表面硬度迅速提高，并且

表6.5.4　血料灰浆在不同条件下固化的试验结果

条件	表面硬度（HD）				
	1d	2d	3d	4d	5d
充满空气的封闭环境	0	0	0	0	0
充满氧气的封闭环境	0	0	0	0	0
充满二氧化碳的封闭环境	0	0	0	0	0
敞开环境	49	56	56	54	55
有干燥剂的封闭环境	47	60	60	62	60

表面硬度值达到稳定后比敞开环境中养护的样品还高。这表明，灰浆中的水分蒸发是血料灰浆固化的主要原因。

前面的试验结果已表明，血蛋白在氢氧化钙作用下疏水性增强，蛋白质会大量积聚在灰浆表面，降低灰浆表面张力，加快灰浆中水分蒸发。另外，大量蛋白质在表面聚集，会吸引灰浆中的钙离子向表面移动、富集，使灰浆内部形成离子浓度差。这个过程同样会使水分子向表面移动，加快蒸发速度。

综上所述，血料灰浆的科学机理可以通过图6.5.16表述。首先，动物血与 Ca（OH）$_2$ 结合反应使动物血蛋白疏水性增强，这些蛋白质在灰浆近表面积聚形成坚硬的壳层并提高了灰浆的防水性能。与此同时，物质的不均匀分布使灰浆内部形成浓度梯度，加速灰浆中水分蒸发，最终使灰浆固化速度加快。其次，在灰浆内部，由于动物血蛋白疏水性增强，可以稳定气泡，使灰浆固化后形成许多微孔，有利于提高灰浆耐候性。最后，在灰浆和被粘物界面处，由于血料灰浆良好的保水性，使灰浆长时间保持流动性，有助于灰浆颗粒进入被粘物体表面的孔隙中。当灰浆固化后，锚固作用使灰浆和被粘物体黏结更加牢固。

6.5.7　小结

本研究表明，与普通石灰灰浆相比，传统

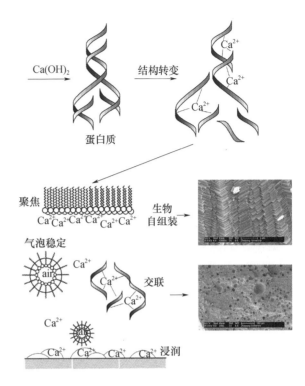

图6.5.16　血料灰浆中蛋白质所起
作用的原理示意图

血料灰浆具有更好的黏结性、防水性、耐候性以及装饰性。而且，在古建筑实际修缮中，血料灰浆的快干、早强特性具有重要的应用优势。

通过工艺对比发现，血料灰浆的性能受无机物成分和制备工艺的影响较明显，而与采用何种动物血没有明显关系。性能测试结果发现，通过传统工艺采用氢氧化钙制备的血料灰浆性能最佳。

电导率、FTIR、XRD、SEM、TG分析和固化速率试验证明血料灰浆性能的提升与灰浆中动物血蛋白疏水性增强有关。在灰浆表面，这些血蛋白通过控制晶体生长、形成坚硬的表皮从而改善固化灰浆的表面性能；在灰浆内部，它们扮演着引气剂的角色，提高灰浆的耐候性；在灰浆与被粘物界面，良好的保水性能增强了灰浆的黏结能力。

动物血对灰浆性能改善作用明显，且价格

低廉，血料灰浆有望在古建筑修复保护中得到更多应用。

6.6　糖水灰浆和蛋清灰浆

糖水灰浆和蛋清灰浆在很多典籍和民间传说中均有大量出现，如福建土楼、广东客家围楼、南通地区一些砖墙等都由土、石灰等掺入红糖筑成，李莲英坟冢、安徽三县桥、北京紫禁城宫殿地面金砖等砌筑时都掺入蛋清。遗憾的是，目前为止，还未有考古发现这两类灰浆的实物，对它们详细的试验研究在国内也鲜有报道。虽然在现代工业中，蔗糖也会作为减水剂用于水泥材料，蛋清被证明具有加气作用、黏结作用、杀菌作用、防水作用等性能，但是这些作用在灰浆中是否依然有效还需要更多研究。

本工作以选取中国传统红糖灰浆和蛋清灰浆为研究对象，对模拟样品进行性能比较与结构分析。希望能丰富和完善我国传统灰浆的研究。

6.6.1　糖水灰浆和蛋清灰浆的制备

（1）原料。工业灰钙粉（氢氧化钙质量≥90%），购自浙江省建德市李家新兴涂料粉剂厂；红糖、白砂糖、鸡蛋、鸭蛋购自超市；蔗糖和分析纯氢氧化钙购自国药集团化学试剂有限公司。

（2）灰浆调制。称取一定量含有添加剂的溶液加入灰钙粉中，加入搅拌桶中使用机械搅拌均匀，当灰浆稠度基本不变时即可使用，试验搅拌速度为70～90r/min。试验中所配灰浆信息见表6.6.1。

表6.6.1　不同灰浆配制信息记录

编号	石灰	添加剂	含量（w/w%）	水灰比	稠度（mm）
A1-1	工业灰钙粉	红糖	2	0.55	41
A1-2			4		47
A1-3			6		51
A2-1		蔗糖	2		42
A2-2			4		49
A2-3			6		51
A3-1		白砂糖	2		41
A3-2			4		48
A3-3			6		52
B1-1		鸡蛋清	2	0.8	53
B1-2			4		50
B1-3			6		45
B2-1		鸭蛋清	2		53
B2-2			4		49
B2-3			6		43
对照组		—		0.7	42

（3）测试样块。根据《建筑砂浆基本性能试验方法标准》（JGJ/T 70—2009）的规定，使用规格 50mm×50mm×50mm 的试模，制备抗压和吸水试验样品；用 40mm×40mm×160mm 的试模，制备收缩率试验试样。制备时先在试模内表面喷涂适量脱模剂晾干，然后将调制好的灰浆转入试模中，插捣密实，将灰浆表面抹平。样品放置 1d 后脱模，转入养护室进行养护 [$T=（20±3）℃$，$RH=（65±5）%$]。

6.6.2　糖水灰浆和蛋清灰浆的物理性能

（1）稠度。灰浆稠度、抗压强度和表面硬度测试方法参照标准《建筑砂浆基本性能试验方法标准》（JGJ 70—2009）进行。

不同灰浆稠度和配比之间的关系见

图 6.6.1。水灰比在 0.4～0.6 时见图 6.6.1（a），测得纯石灰浆稠度数值很小（数值越小，稠度越高），无法达到砌筑灰浆所要求的工作性能（稠度 $S \geq 30mm$）。而在灰浆中加入 2% 的各类糖以后，稠度值得到显著增长，当水灰比为 0.5 时，灰浆稠度值大于 30mm。但是不同糖对于稠度的影响不大，因此对灰浆稠度起主要作用的是三类糖中的蔗糖成分。灰浆中加入 2% 的蛋清之后与纯石灰灰浆相比，除了 1 组灰浆的数据比纯石灰浆略高以外，其余 9 组灰浆稠度值都比纯石灰浆有所降低 [图 6.6.1（b）]，这可能与蛋清蛋白自身黏结性和凝胶性有关。

控制水灰比一定，改变添加剂（蔗糖和鸡蛋清）浓度，糖水灰浆的稠度值随着添加剂的增加而增加，当浓度超过 4% 时，变化趋于缓和；而蛋清灰浆的稠度值随着添加剂的增加而减小 [图 6.6.1（c）]。

以上结果表明糖类中的蔗糖成分对石灰灰浆有减水作用，而蛋清对石灰灰浆有一定的增稠作用。

（2）强度。各类灰浆的表面硬度和抗压强度见表 6.6.2。养护 28d 后纯石灰浆样品的表面硬度达到 37.4HD；添加糖类之后，样品的表面硬度值得到明显提高，其平均值在 50HD 以上，当糖类添加量在 4% 时有最大值；而蛋清的加入会降低灰浆表面硬度，下降程度与添加量关系并不明显，与纯石灰比较表面硬度降低约 42%。

比较 28d 和 60d 抗压强度结果得到，两类添加剂的加入均会导致抗压强度值下降，添加剂的含量与纯度差异对强度下降没有规律性影响。含糖灰浆 28d 和 60d 的平均抗压强度值为 0.27MPa 和 0.34MPa，分别降低 40% 和 35%；含蛋清灰浆相应值为 0.34MPa 和 0.43MPa，分别降低 15% 和 17%。

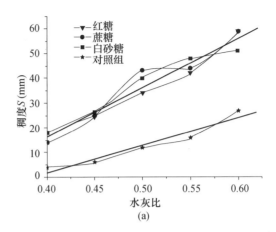

(a)

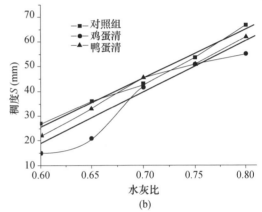

(b)

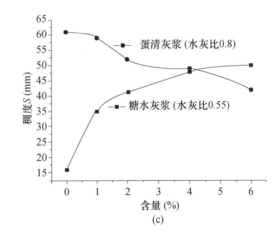

(c)

图 6.6.1　不同添加剂和水灰比对灰浆稠度的影响

（3）收缩性。灰浆收缩性使用游标卡尺直接测量；测量时，在 4 个侧面上分别测量 3 次，最后求平均值。

纯石灰灰浆具有较大的收缩性，因此固化后容易产生开裂，对它的使用产生不良效果。图 6.6.2 是试验中各类灰浆样品在前 28d 内的收缩统计结果。结果显示，纯石灰浆制备的样

表6.6.2　不同灰浆表面硬度和抗压强度

编号	28d 表面硬度（HD）	抗压强度（MPa）	
		28d	60d
A1-1	51.2	0.26	0.34
A1-2	56.0	0.24	0.34
A1-3	55.2	0.38	0.42
A2-1	57.6	0.30	0.38
A2-2	58.4	0.28	0.34
A2-3	40.0	0.22	0.32
A3-1	59.5	0.20	0.28
A3-2	62.7	0.28	0.34
A3-3	52.8	0.26	0.34
B1-1	22.8	0.32	0.40
B1-2	23.2	0.30	0.42
B1-3	19.4	0.34	0.42
B2-1	24.0	0.36	0.48
B2-2	21.6	0.36	0.42
B2-3	22.1	0.34	0.44
对照组	37.4	0.40	0.52

品在前7d内会发生强烈的干缩，收缩率达到4.4％，28d内总收缩率为7.0％。在添加了糖类之后，由于直接减少了水灰比，因此有效降低了该类灰浆的干缩，28d内总收缩率仅为1.9％。蛋清的加入对于灰浆收缩性稍有改善，前7d收缩率达到3.8％，28d内总收缩率为5.7％。

6.6.3　成分比例变化对灰浆的影响

（1）糖水灰浆中氢氧化钙的溶解度。糖水灰浆中氢氧化钙的溶解度采用差减方法。配制所需浓度糖水溶液100mL，准确加入4.0g氢氧化钙，搅拌均匀。离心分离，收集沉淀，用真空干燥箱（105℃）干燥后称重，根据前后氢氧化钙质量差计算氢氧化钙在糖水中溶解量。平行测定3次。氢氧化钙溶解度随溶液中蔗糖含量的变化见图6.6.3。

结果表明，氢氧化钙的溶解度随着蔗糖含量的增加而增加。当加入6％的蔗糖后与不含糖时相比氢氧化钙溶解度提高了约4.5倍，这是因为蔗糖和氢氧化钙可以反应生成溶解度更大的蔗糖钙。此外，研究发现，糖类物质会吸附在氢氧化钙晶体的（0001）晶面上，从而限

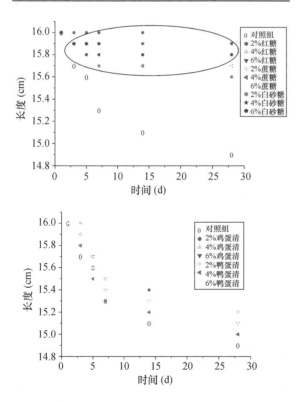

图6.6.2　不同灰浆样品收缩率

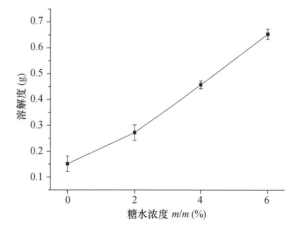

图6.6.3　氢氧化钙溶解度和蔗糖
含量的关系曲线

制其在［001］方向的生长，形成片状晶体[22]。这样形成的晶体，尺寸小于不含糖类下的氢氧化钙晶体，且具有较高的稳定性，不易团聚。因此，引入蔗糖可以减少石灰灰浆的用水量，从而降低由于灰浆强烈干缩引起的开裂等风险。

但是，由于蔗糖钙溶解度大，在试验中发现如果灰浆长时间受水浸泡会导致结构破坏，严重影响糖水灰浆的耐水性。然而根据文献，红糖水作为灰浆添加剂，在福建、广东和台湾等地区有较多使用[23]。本实验室张坤等对福建客家土楼调研也证实，当地在制作室内地面时，会在三合土中添加蔗糖等有机物，这样制作的地面十分结实。在另一项研究中发现，在生石灰-土混合物中添加蔗糖后，由于蔗糖吸附在石灰颗粒表面，会导致生石灰水化放热时间延长（图6.6.4），并且延长的时间与蔗糖含量有关。当石灰-土混合物长时间保持较高温度，可以促进钙-硅反应形成水硬性物质（图6.6.5），从而赋予该种灰浆更好的物理性能。因此，蔗糖单独与石灰混合使用会有耐水方面的问题，但加入土、砖粉、糯米汁等其他成分后会有改善。

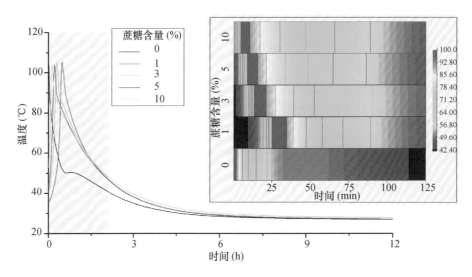

图6.6.4　不同蔗糖含量下生石灰-土混合物水化时的温度变化趋势

图6.6.5　不含蔗糖（a）和含5％蔗糖（b）的生石灰-土混合物在水热反应时生成硅酸钙的情况

（2）灰浆碳化速率的变化。灰浆中无机成分采用 X 射线衍射（XRD）进行分析。将灰浆试块养护一定时间，然后在试块近表面和内部分别进行取样，所取样品用玛瑙研钵研磨后，采用 X 射线衍射光谱仪（XRD）进行分析，测试扫描速度 $20°2\theta \cdot min^{-1}$，扫描步数 0.02，测试波长 1.54Å。

图 6.6.6 是普通灰浆、蛋清灰浆（B1-2）和糖水灰浆（A2-2）的 XRD 图谱。从图谱分析得到，这三种灰浆在实验室放置 1 年后，灰浆中检测出的无机成分都是方解石和氢氧化钙。当不考虑两种结晶物质晶型缺陷、颗粒度等问题时，通过软件计算大致可以看出它们在灰浆中的组成情况。对于普通灰浆和糖水灰浆，在放置 1 年后灰浆外部和内部氢氧化钙与方解石的比例已经十分接近，相对而言，糖水灰浆的碳化程度比普通灰浆的高一些。对于蛋清灰浆，外部碳化程度远高于内部。而且与其他两种灰浆相比，蛋清灰浆的外部碳化程度比普通灰浆和糖水灰浆均高，而内部碳化程度又远低于两者。本实验室杨富巍等研究认为，适度延缓碳化速率不仅有利于维持灰浆高碱性，也有利于保存灰浆中的有机添加剂，稳定有机-无机复合灰浆的性能。

（3）蛋清灰浆自修复能力的提升。研究认为，石灰浆的耐久性和其相对较慢的碳化速率有关，因为随着时间的推移，氢氧化钙持续碳化不仅可以逐渐提高灰浆强度，还能自我修复内部缺陷[24]。因为 $Ca(OH)_2$ 的溶解性大于 $CaCO_3$ 的溶解性，在石灰含水量较多（毛细作用）情况下灰浆中 $Ca(OH)_2$ 溶解并发生迁移；当水分减少之后，这些 $Ca(OH)_2$ 又析出沉淀下来，填充微裂缝，起到黏结和阻止微裂缝发展的作用。本文对放置半年的三类灰浆样品断裂面做自修复试验，试验过程和结果见图 6.6.7。

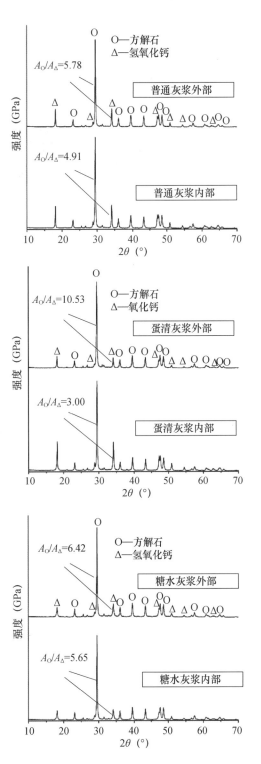

图 6.6.6 普通灰浆、蛋清灰浆和糖水灰浆的 XRD 谱图

结果显示，碳化程度较低的蛋清灰浆样品（B1-2）在水中浸泡 14d 后，断开的两截样品又重新黏合，即使提起也不会掉落；而碳化程

图 6.6.7　三类灰浆样品裂缝自修复试验示意图

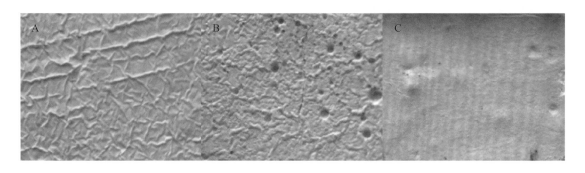

图 6.6.8　不同灰浆固化后表面照片
A：普通灰浆；B：蛋清灰浆；C：糖水灰浆

度较高的另外两种灰浆样品（A1-2 和空白对照）虽然也有一定修复但是提起即断。由此可以预测，蛋清的加入对灰浆保持长期工作性能，提高耐久性会有促进作用。

6.6.4　糖水灰浆和蛋清灰浆的微观结构

灰浆样品固化后的微观结构采用扫描电子显微镜进行分析。选取养护 28d 的不同灰浆样品，在试块外部切割一小块，断面喷金后采用扫描电子显微镜（SEM）进行观察。

图 6.6.8 和图 6.6.9 分别是灰浆固化后表面照片和截面 SEM 照片。首先，从养护 60d 的灰浆表面照片发现，普通灰浆固化后表面留下很脆的表皮，使得灰浆表面不是那么平滑。

蛋清灰浆则在表面产生了很多小坑，这是因为蛋清具有很好的加气作用，因此当灰浆固化后会留下许多小孔，这可能是该类灰浆表面性能降低（表 6.6.1）的原因，从这方面讲，蛋清作为添加剂不能加入太多。蔗糖灰浆的表面显得十分平滑且致密，适合作为抹面装饰用。

其次，对固化后灰浆截面进行 SEM 观察（图 6.6.9）发现，普通灰浆在样块近表面处与内部的形貌结构并没有明显差异，灰浆颗粒大小差异较大（图 6.6.9A 和图 6.6.9B）。蛋清灰浆在近表面发现一些条形的固体并聚集在一起，分布不均匀，这些结构应该是氢氧化钙受到蛋清调控影响形成的特殊形貌的碳酸钙，但是在灰浆内部并没有发现这种结构（图 6.6.9C 和图 6.6.9D）。图 6.6.8B 已展示，蛋清灰浆表面有许多小孔，而 SEM 观察蛋清灰浆内部并

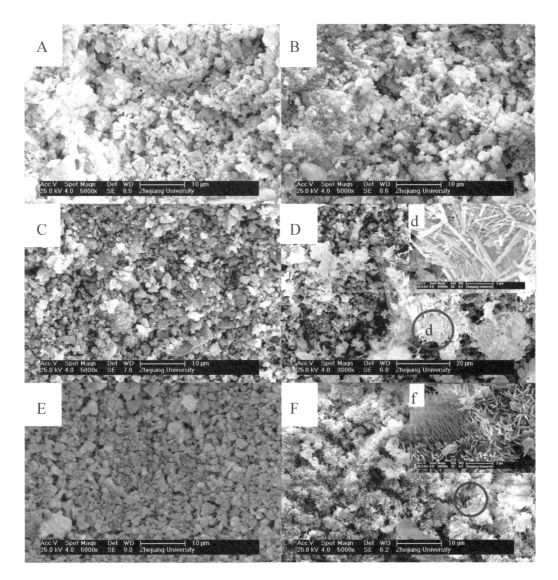

图 6.6.9　不同灰浆固化后表面和

断面的 SEM 照片

A、B—普通灰浆表面和断面；C、D—蛋清灰浆表面和断面；

E、F—糖水灰浆表面和断面

没有特征微孔。因此，蛋清引气作用对蛋清灰浆并未起到正面作用（引气主要是为了使灰浆内部形成微孔，提高耐候性）。

灰浆中加入蔗糖之后，灰浆近表面有很多分布均匀的针状绒球结构（图 6.6.9F），该结构被认为是蔗糖钙的特殊形貌；在内部结构并没有发生明显变化（图 6.6.9E）。这可能是由于蔗糖钙溶解度较大，在灰浆失水固化过程中，它往灰浆表面迁移导致。

6.6.5　小结

（1）试验表明蔗糖对石灰浆具有减水效果，蔗糖含量为 2% 时，减水量达到 20% 以上（稠度 40mm 左右），并且减水值随着蔗糖含量的升高而升高；而蛋清对石灰浆具有增稠作用，增稠效果随着蛋清含量的增加而增加。

（2）添加蔗糖可以增加固化后石灰浆的表面性能，但是对抗压强度有一定负面效应，添加量在 4% 时，综合效果较好；由于蛋清具有引气作用，它会使固化后灰浆的表面硬度降低 40% 左右，抗压强度降低 15% 左右，因此实际应用时应综合权衡利弊。

（3）成分与结构分析显示，蔗糖对石灰浆性能的改善主要源于蔗糖与石灰反应生成溶解度更大的蔗糖钙，固化过程中糖钙向灰浆表面聚集形成坚硬的外壳，提高灰浆表面性能。蛋清对石灰浆性能的影响主要是减缓了灰浆碳化速率，使固化后的灰浆能够更持久地保持碱性，提高灰浆对抗因外力而产生的损伤的自修复能力，但它的引气作用对灰浆力学性能有负面作用。

6.7 灰浆-青砖界面作用机理

灰浆作为建筑胶粘剂，在建筑砌筑中主要起黏结砖石的作用。除对灰浆本身性质进行讨论外，对灰浆和砖石之间的相互作用的研究也是不可或缺的内容。本节探讨砖灰界面的分析方法和相互作用机理。

6.7.1 古砖-灰浆样品与研究方法

古砖-灰浆样品取自建于 1841 年的开封古城北城墙，由青砖和石灰砂浆砌筑而成（图 6.7.1a）。为全面表征砖-灰的相容性和黏结机理，采用多种分析方法研究了样品的显微结构、矿物结构、化学成分、热解特征和显微机械强度等。

使用 Keyence VHX-2000 数字显微镜和 HITACHI SU-8010 场发射扫描电子显微镜分析样品的微观结构，放大倍率为 100～100000 倍。用 Rigaku Ultima Ⅳ 粉末 X 射线衍射法分析样品的矿物结构特征，铜靶，管电流 40mA，

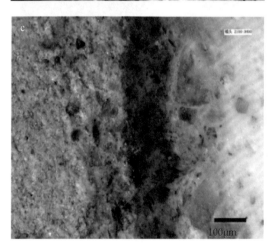

图 6.7.1　青砖和灰浆黏结处呈现一条清晰的黏结界面（不同尺度照片）

管电压 40kV，角度 5°～80°，步长 0.02。利用热分析技术研究砖-灰黏结界面的水硬性特性，加热范围 30～1000℃，加热速度 10℃/min，氮气气氛。运用钙吸附法和电导率法分析青砖

的火山灰活性。运用 Agilent Technologies G200 纳米压痕仪分析样品的微观强度特征。

6.7.2　青砖-灰浆界面的微观结构

光学显微镜观察结果显示（图 6.7.1b、c），在青砖和灰浆的黏结处有一条清晰的黏结界面，镜下呈深灰色条带状，厚 100～150μm。相似的黏结界面在其他历史建筑的砖-灰黏结处也有发现。

图 6.7.2 是砖-灰样品的扫面电子显微镜观察结果。图 6.7.2a 清楚展示了从青砖到灰浆的逐渐过渡，在黏结界面和灰浆的结合处还存在少量气泡，可能与当时所用灰浆未完全消化有关。图 6.7.2b 和图 6.7.2c，放大 1000 倍，分别揭示了青砖和黏结界面、黏结界面和灰浆之间的黏结效果，可以看出该区域表现出很好的材料同质性，没有明显的中断，再次证明了灰浆和陶砖具有良好的相容性。值得指出的是，陶砖里存在许多不规则、未被溶蚀的片状铝硅酸盐矿物，陶砖的 XRD 分析结果（图 6.7.3）也没有发现莫来石、方石英、鳞石英等高温物相的生成，说明陶砖样品的烧成温度应低于 900℃，属于低温烧制。而在 600～900℃ 烧制的黏土砖具有较好的火山灰活性，在建筑砌筑过程中，火山灰质建筑材料与灰浆之间能够发生火山灰反应，生成水化硅酸钙和水化铝酸钙凝胶，能够增强砖-灰之间的黏结强度、机械强度和自修复能力。

图 6.7.2d、e、f 放大 10000 倍，分别显示了青砖、黏结界面和灰浆的显微结构，从图中可以看出，经过焙烧的陶砖内部充满大量无定型物质，这些无定型物质大多是铝硅酸盐矿物。黏土焙烧过程中由于无机物相变和有机物杂质碳化释放气体，还在陶砖内部留下大量气孔。相反地，在黏结界面中，消石灰沿着陶砖表面的缝隙和孔洞向内部渗透，碳化后生成的碳酸钙填充了陶砖内部孔隙，使黏结界面内的孔隙率大大减小，结构更紧密。灰浆中主要是棒状和片状的碳酸钙结晶相互交叉排列（图 6.7.2f、i）。在放大 50000 倍下观察发现，陶砖内的无定型铝硅酸盐矿物颗粒大小不一，排列相当无序，在很多地方出现颗粒团聚现象（图 6.7.2g）。这些无定型铝硅酸盐物质在长期的潮湿强碱性环境中缓慢的与氢氧化钙发生火山灰反应，在生成水硬性物质的同时，使黏结界面中的矿物颗粒变得大小均匀，排列有序，团聚颗粒松散，填充了周边孔隙（图 6.7.2h）。

6.7.3　青砖-灰浆界面区域的物质构成

图 6.7.3 是陶砖、黏结界面及灰浆的 XRD 分析结果，从中可以看出经过焙烧后的陶砖主要物相为石英、长石族、云母族矿物。EDS 分析结果显示（表 6.7.1），青砖的主要化学组分是硅、铝、钙、铁、钠、镁、钾，作为主体的硅元素含量低于 30%，说明开封古城墙的陶砖的主要成分为硅酸盐矿物，制坯原料为黏土。黏土矿物粒径较小，多以黏粒和胶体分散状态存在，在经过一定的温度焙烧后，大多熔融成具有相当活性的非晶态物质。在建筑工程中，这些非晶态黏土矿物质能够与灰浆发生缓慢的火山灰反应，生成水化硅酸钙或水化铝酸钙等胶体。但黏结界面的 XRD 分析结果其衍射图谱为陶砖和灰浆图谱的组合，并没有发现 CSH 或 CAH 等其他新物质生成，这应与水硬性物质以非晶态的胶体形式存在和含量偏少有关。

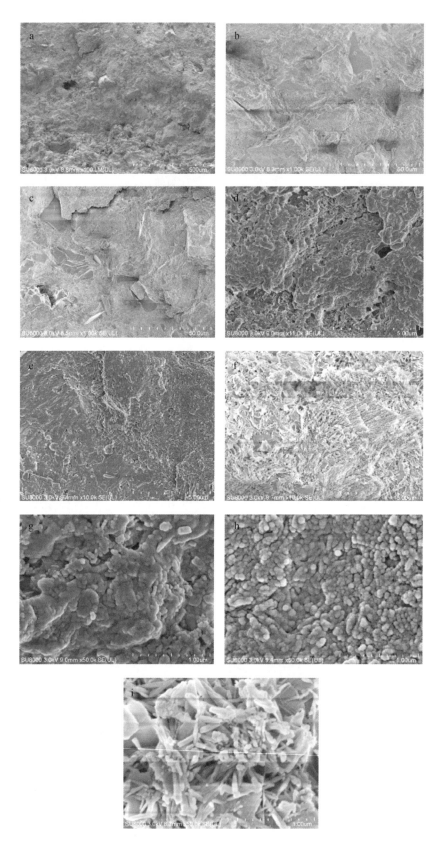

图 6.7.2   不同放大倍数的青砖（a、d、g）黏结界面（b、e、h）和
灰浆（c、f、i）的扫描电子显微镜图片

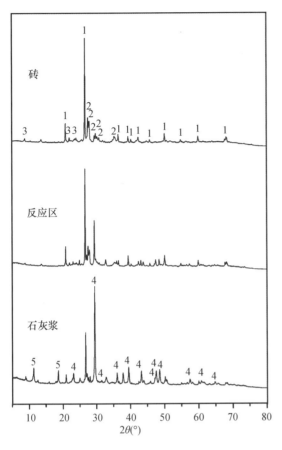

图 6.7.3 陶砖、黏结界面和灰浆的
XRD 分析结果

1—石英；2—长石类；3—云母类；
4—方解石；5—碳酸镁矿物

表 6.7.1 青砖的主要化学成分

元素	砖	反应区	石灰浆
C	0.496	6.635	4.097
O	42.302	45.066	53.021
Na	2.146	1.694	—
Mg	2.024	1.074	5.719
Al	11.237	6.682	2.009
Si	26.005	19.410	9.270
Cl	0.538	—	—
K	1.781	2.951	—
Ca	6.999	14.418	25.884
Fe	6.472	2.070	—
	100.000	100.000	100.000

注：表中数据为质量分数，单位为％。

陶砖到灰浆的硅、铝、钙能谱线扫描结果显示（图 6.7.4），硅、铝元素含量在砖-灰结合部突然下降，说明由于黏土砖经过焙烧，内部的微粒结合力较强，几乎不会向灰浆方向迁移，而硅元素约 $750\mu m$ 处高强度峰和灰浆内的石英集料有关。钙元素线扫描结果表明，从灰浆到陶砖，根据钙元素的丰度可分为 4 个区域，一是灰浆区（$130\sim620\mu m$），钙元素丰度最高，然后依次是黏结界面（$620\sim500\mu m$）、渗透区（$200\sim500\mu m$）、陶砖区（$0\sim200\mu m$），钙元素的丰度逐渐降低。从图中可以看出，钙的渗透深度约 $420\mu m$，即 $200\sim620\mu m$ 段，其中又以砖-灰结合部黏结界面的集中度较高，受灰浆本体环境影响较深，易于与陶砖中的火山灰活性物质发生火山灰反应，形成化学结合。

6.7.4 青砖-灰浆界面的水硬性特征和青砖的火山灰活性

理论上，灰浆与黏土砖在潮湿环境下能够生成 CSH 或 CAH，形成化学黏合，这一点与陶砖的火山灰活性密切相关。利用热分析技术（TG-DSC）评估黏结界面的水硬性特性，即黏结界面中是否有水硬性物质的存在。试验中，120℃之前的失重主要是吸附水的汽化；120～200℃的失重和某些含水盐中结晶水的失去有关，如石膏；200～600℃的失重则归结为化学结构水的失去，如水化硅酸钙、水化铝酸钙、氢氧化钙、氢氧化镁、页硅酸盐等；大于600℃的失重是因为碳酸钙的分解。当二氧化碳和结构水的比值低于10，可以被认为有水硬性物质的存在。

为更好地反映黏结界面的水硬性特征，本工作比较了陶砖黏结界面，灰浆和硅酸钙水泥的热解特征，热分析失重结果见表 6.7.2 和

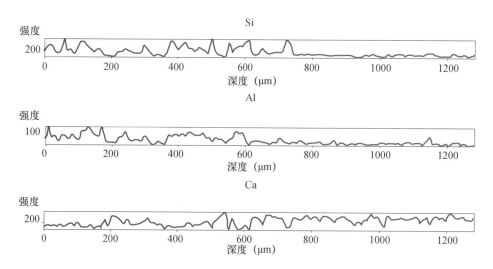

图 6.7.4 青砖到灰浆的线扫描结果

表 6.7.2 水泥、黏结界面和灰浆的热重分析结果

样品	每个温度范围内的失重量（μg）					CO_2（%）	CO_2/水
	<120℃	120～200℃	200～400℃	400～600℃	>600℃		
C-1	89.93	52.53	110.92	290.54	805.15	8.83	2.01
C-2	46.2	34.95	69.92	212.52	662.51	6.93	2.35
C-3	86.5	52.97	98.44	284.34	818.8	8.42	2.14
R-1	13.75	15.37	37.01	155.65	943.42	11.23	4.90
R-2	9.09	13.02	32.94	144.05	884.97	11.06	5.00
R-3	4.77	10.36	16.16	135.06	814.75	11.01	5.39
L-1	134.87	38.00	87.31	142.34	2997.06	33.41	13.05
L-2	90.25	12.25	71.85	147.94	3006.86	31.99	13.68
L-3	173.19	37.15	76.40	166.25	3148.71	34.04	12.98

注：C：水泥；R：黏结界面；L：灰浆。

图 6.7.5。从中可以发现，硅酸钙水泥的二氧化碳含量都在 10% 以下，二氧化碳和水的比值小于 2.5；黏结界面的二氧化碳含量集中度较高，在 11%～12%，二氧化碳和水的比值在 5% 左右；而灰浆中的二氧化碳含量全部大于 30%，二氧化碳与水的比值大于 10%。说明水泥样品具有最好的水硬性特征，黏结界面含有一定的水硬性物质，而灰浆可以说完全没有水硬性特征。

由于灰浆不具有水硬性成分，因此黏结界面中的水硬性物质应来源于灰浆中氢氧化钙与

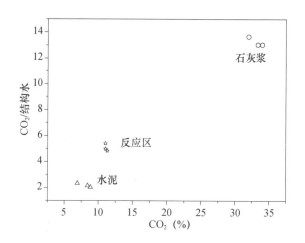

图 6.7.5 水泥、黏结界面和灰浆的二氧化碳含量与二氧化碳/结构水的关系

陶砖中活性火山灰物质的反应。本书利用钙吸附法和电导率法分别测定陶砖的火山灰活性，结果见图 6.7.6 和图 6.7.7。从图中可以看出，砖粉样品与氢氧化钙溶液经过 28d 的反应，约有 76％的钙元素与砖粉中的活性物质发生化学反应。3min 内电导率下降了约 0.7ms/cm，这说明开封古城的陶砖样品尽管不是非常好的火山灰物质，但仍具有一定的火山灰特性。所以，开封古城的青砖能够与灰浆发生火山灰反应在砖-灰结合部生成水化硅酸钙或水化铝酸钙物质。

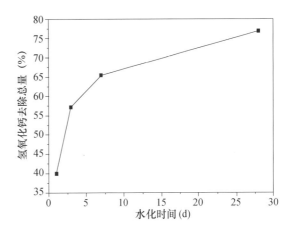

图 6.7.6　不同反应时间的钙离子吸附量

6.7.5　青砖-灰浆界面的力学性能

灰浆对陶砖的渗透与化学结合，深刻影响陶砖边缘部位的物理性质和机械性能。如前所述，利用显微观察方法可以清楚地看到灰浆对陶砖微观组织结构的影响，利用纳米压痕仪可以检测砖-灰砌筑体不同区域的压痕硬度。试验结果（图 6.7.8）表明，陶砖的平均压痕硬度为 1.97GPa，黏结界面为 1.2GPa，灰浆为 0.02GPa。在灰浆的影响下，黏结界面的硬度降低了近 40％。而灰浆的硬度则比较低，这应与灰浆样品已完全碳化有关；随着碳化程度的加深，灰浆的强硬度逐渐增强，完全碳化时达到顶峰，然后受自然环境的侵蚀和风化，机械性能逐渐下降，直到最终失去黏结作用。因此，在不考虑灰浆风化的情况下，陶砖到灰浆的强度应该是逐渐降低的，黏结界面在这里成为一个过渡，使陶砖与灰浆更好地黏结。最重要的是，在黏结界面里灰浆对陶砖的软化还能够提高砌筑体的抗振能力，使古建筑更好的得以保存。

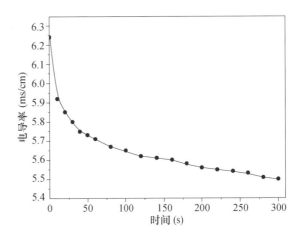

图 6.7.7　5min 反应时间内电导率下降结果

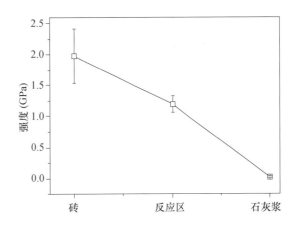

图 6.7.8　青砖、黏结界面和灰浆的
压痕硬度对比

6.7.6　小结

通过上述分析可以看出，在古建砖-灰砌筑体系中传统灰浆与陶砖具有很好的相容性。其主要原因在于：首先是良好的机械啮合力，陶砖表面粗糙，孔隙率较高，在毛细作用下，灰浆逐渐向陶砖内部渗透，固化后与灰浆紧密黏结在一起，形成陶砖与灰浆之间互锁结构。陶砖表面孔隙率和粗糙度越大越有利于机械啮合力的提高。其次是化学作用力，主要源自灰浆与陶砖在接触面发生火山灰反应生成的水化产物，如水化硅酸钙和水化铝酸钙等。在 $600 \sim 900℃$ 下烧制的黏土砖具有良好的火山灰活性，在潮湿的环境下能够与渗入的灰浆发生火山灰反应，改变陶砖表层微观结构，使晶体颗粒变小，分布更加均匀，生成的水硬性物质增强了灰浆的黏结强度和砌筑体的稳定性与抗振性。最后是范德华力，源自灰浆与陶砖晶体分子与晶体分子之间的相互作用。由于范德华力与分子距离的 6 次方呈反比，分子间距较大，分子作用力较弱，所以对传统灰浆与陶砖这类多孔材料而言，范德华力较小。

6.8　本章小结

本章探讨了中国传统复合灰浆的机理问题，包括石灰陈化机理，糯米浆、动物血、干性油、红糖和蛋清对石灰浆的改性机理，以及石灰与青砖界面的作用机理。

研究表明，石灰在陈化过程中，随着陈化时间的增加，氢氧化钙的粒径呈现逐渐减小的趋势，形成了直径约 50nm、长度约 200nm 的针状氢氧化钙，以及粒径为 $100 \sim 200nm$ 的板状氢氧化钙，这是陈化石灰具有良好流变性、保水性、密实粘连性和高反应活性的微观解

释，揭示了传统石灰膏为何需要陈化数月时间的基本原理。

通过西安明城墙和南京明城墙灰浆样品的检测，以及模拟相应糯米灰浆的试验，系统研究了糯米灰浆的微观机理和浓度-性能关系。发现糯米灰浆相比普通灰浆抗压强度和表面硬度分别提高了 $1.5 \sim 2.0$ 倍和约 1.6 倍，弹性模量提高 33%，在保持良好透气性的同时，防水性能得到了提高。经过显微分析和成分分析认定，糯米灰浆的碳化过程实际上就是天然生物多糖（糯米浆）参与的碳酸钙的生物矿化过程。在此过程中，糯米浆既起到了调控碳酸钙结晶过程和微结构的作用，又与生成的碳酸钙紧密结合，形成了有机物/无机物相互搭配、密实填充的复合结构，这应该就是糯米灰浆强度大、韧性强等优良力学性能的微观基础。

实验室模拟试验证明，与普通石灰灰浆相比，氢氧化钙和熟桐油制备的桐油灰浆具有更好的力学性能，其抗压强度和表面硬度分别提高 72% 和 15%，黏结效果优异，具有良好的防水密封性和憎水作用。桐油灰浆在微观上呈层状堆积的片状体，结构致密，比普通石灰的孔隙率大大降低，这是桐油灰浆强度、耐水性和耐冻融性能提高的原因之一。通过检测分析表明，氢氧化钙和熟桐油反应形成羧酸钙配合物，其强度主要由羧酸钙致密的片层微结构提供。另外灰浆中未反应的氢氧化钙对灰浆效果的持续性起到了保障作用。

血料灰浆研究结果显示，传统血料灰浆相比普通灰浆具有更好的黏结性、平整性、防水性和耐候性。此外，它的快速固化性能对于灰浆方便施工具有重要意义。研究发现血料灰浆的机理：首先，在强碱性环境下，血大分子部分断裂，血蛋白内部的疏水性基团裸露出来，使得变性后的蛋白质具有两亲性。这些改性的

蛋白质在灰浆表面聚集，使灰浆固化后形成坚硬壳层，提高了石灰浆的防水性能。同时大量蛋白质在表面聚集吸引了钙离子在近表面聚集，造成灰浆内部浓度差，加快了灰浆中水分的蒸发，使得血料灰浆固化速度加快。其次，改性的蛋白质在灰浆内部能够稳定气泡，使灰浆固化后形成分布均匀的小孔，提高了灰浆的耐候性。最后，由于血料灰浆具有两亲性和良好的流动性，使灰浆具有更多与基底表面接触的机会，提高了黏结强度。

研究发现，蔗糖对石灰浆有明显减水作用，在蔗糖含量为 2％时，减水量在 20％以上（稠度 40mm 左右），并且随着蔗糖含量的升高而升高。蔗糖灰浆可以有效降低收缩开裂的风险。但是，蔗糖含量进一步提高会影响灰浆的强度性能，建议添加量在 4％以下。由于灰浆中形成的蔗糖钙溶于水，因此建议蔗糖灰浆在较干燥的环境下使用。

蛋清作为添加剂可以有效防止灰浆开裂，并且对灰浆黏结强度有一定促进作用，但是对灰浆的抗压强度和表面硬度有一定负面作用。主要原因可能是蛋清的加入使灰浆结构致密，减缓了碳化作用，另一方面其加气作用会使灰浆表面形成许多小孔，降低表面机械强度。

对古代样品砖-灰界面综合分析发现，钙离子可以渗透砖块表面 1.5mm 深处，使砖-灰之间具有良好的黏合性；孔隙分析和显微硬度表明，古建砖-灰砌筑体相容性好的主要原因：首先是机械啮合力，陶砖表面粗糙度和孔隙率较高，在毛细作用下，灰浆逐渐向陶砖内部渗透，固化后与灰浆紧密黏结在一起，形成互锁结构。其次是化学作用力，主要源自灰浆与陶砖在接触面发生火山灰反应生成的水化产物，如水化硅酸钙和水化铝酸钙等，生成的水硬性物质增强了灰浆的黏结强度和砌筑体的稳定性。

本章参考文献

[1] 李最雄. 世界上最古老的混凝土 [J]. 考古，1988，(8)：751-756.

[2] Rodriguez-navarro C, Ruiz-agudo E, Ortega-huertas M, et al. Nanostructure and irreversible colloidal behavior of Ca (OH)$_2$: Implications in cultural heritage conservation [J]. Langmuir, 2005, 21 (24): 10948-10957.

[3] Ruiz-agudo E, Rodriguez-navarr, C. Microstructure and rheology of lime putty [J]. Langmuir, 2010, 26 (6): 3868-3877.

[4] Cazalla O, Rodriguez-navarro C, Sebastian E, et al. Aging of lime putty: Effects on traditional lime mortar carbonation [J]. Journal of the American Ceramic Society, 2000, 83 (5): 1070-1076.

[5] Rodriguez-navarro C, Cazalla O, Elert K, et al. Liesegang pattern development in carbonating traditional lime mortars [J]. Proceedings of the Royal Society A: Mathematical, Physical and Engineering Sciences, 2002, 458 (2025): 2261-2273.

[6] Ciancio D, Beckett, Cts Carraro, et al. Optimum lime content identification for lime-stabilised rammed earth. Constr. Build. Mater. 2014, 53, 59-65.

[7] Du T, Li H, Zhou Q, et al. Chemical composition of calcium-silicate-hydrate gels: Competition between kinetics and thermodynamics. Phys. Rev. Mater. 2019, 3: 065603.

[8] Cara S, Carcangiu G, Massidda L, et al. Assessment of pozzolanic potential in lime-water systems of raw and calcined kaolinic clays from the Donnigazza Mine (Sardinia-Italy) [J]. Applied Clay Science. 2006, 33 (1): 66-72.

[9] Nunes C, Slizkova Z. Hydrophobic lime based mortars with linseed oil: Characterization and durability assessment [J]. Cement and Concrete Re-

search，2014：61-62，28-39.

[10] Jasiczak J，Zielinski K. Effect of protein additive on properties of mortar [J]. Cement and Concrete Composites，2006，28（5）：451-457.

[11] Chandra S，Eklund L，Villarreal R R. Use of cactus in mortars and concrete [J]. Cement and Concrete Research，1998，28（1）：41-51.

[12] Sawai J，Shiga H，Kojima H. Kinetic analysis of the bactericidal action of heated scallop-shell powder [J]. International Journal of Food Microbiology，2001，71（2-3）：211-218.

[13] 杨林，丁唯嘉，安英格，等. 以葡聚糖为模板控制合成文石型碳酸钙 [J]. 高等学校化学学报，2004，（8）：1403-1406.

[14] 张秀英，廖照江，杨林，等. β-环糊精与碳酸钙结晶的相互作用 [J]. 化学学报，2003，（01）：69-73.

[15] 丁唯嘉，安英格，杨林，等. 3 种变性淀粉与 $CaCO_3$ 相互作用的红外光谱研究 [J]. 光谱学与光谱分析，2005，25（5）：701-704.

[16] 中华人民共和国住房和城乡建设部，国家市场监督管理总局.《混凝土物理力学性能试验方法标准》：GB/T 50081—2019 [S]. 北京：中国建筑工业出版社，2019.

[17] Lanas J，Alvarez J I. Masonry repair lime-based mortars：factors affecting the mechanical behavior [J]. Cement and Concrete Research，2003，33：1867-1876.

[18] Mills J S，White R. Oils and fats [M]. In：The organic chemistry of museum objects，Butterworth and Heinemann，Oxford，1994，31.

[19] Lazzari M，Chiantore O. Drying and oxidative degradation of linseed oil [J]. Polymer Degradation and Stability，1999，65（2）：303-313.

[20] Li Y S. Science and Civilization in China，vol. 4，part 3 [M]. Science Press，Peking，2008：458，520.

[21] Lin H L，Gunasekaran S. Cow blood adhesive：Characterization of physicochemical and adhesion properties [J]. International Journal of Adhesion and Adhesives，2010，30：139-144.

[22] Rodriguez-navarro C，Ruiz-agudo E，Burgos-Cara A，et al. Crystallization and Colloidal Stabilization of $Ca(OH)_2$ in the Presence of Nopal Juice (Opuntia ficus indica)：Implications in Architectural Heritage Conservation [J]. Langmuir，2017（33），10936-10950.

[23] 戴志坚. 福建民居 [M]. 北京：中国建筑工业出版社，2009.

[24] Lubelli B，Timo G，Nijland T G，et al. Simulation of the self-healing of dolomitic lime mortar [J]. Materiali in Tehnologije，2012，46（3）：291-296.

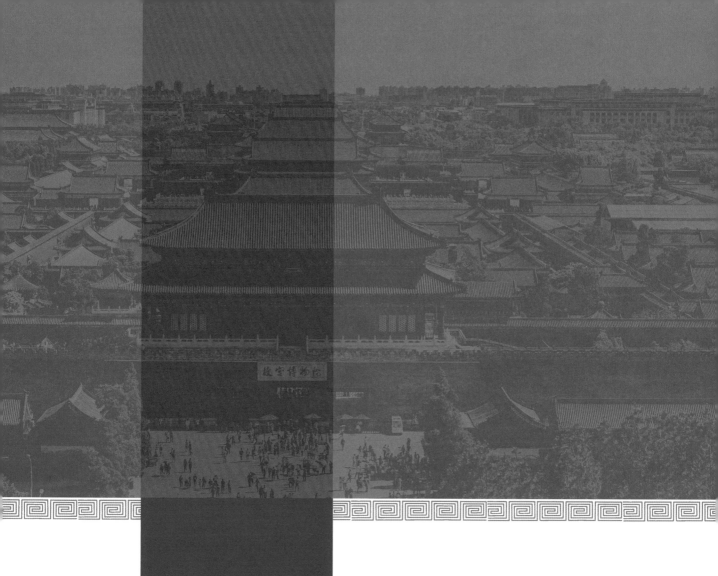

第7章

检测结果汇总分析与
历史原因研究

7.1　灰浆样品检测结果情况

对现存古建筑及遗址进行调研和取样分析，是了解中国古代传统复合灰浆应用情况和材料构成的重要方式。到目前为止，浙江大学文物保护材料实验室已经取得 159 处古建筑及遗址的 378 个古代灰浆样品（见本书第 4 章表 4.8.1），在地域上覆盖了我国 22 个省、自治区和直辖市。

由于所取灰浆样品年代久远、有机物含量少、杂质多，为了取得比较准确的检测结果，实验室专门研究建立了一套传统复合灰浆有机添加物检测的化学分析方法，以及相关配套多种分析技术（见本书第 5 章），制定了传统灰浆取样规程和分析检测技术规范（见本书第 10 章）。

研究建立的《传统灰浆中有机添加物的化学分析法》，主要基于五种化学分析技术：采用碘-淀粉反应检测淀粉、班氏试剂法检测还原糖、酚酞试剂法检测血料、考马斯亮蓝法检测蛋白质、过氧化法检测油脂。对各有机添加物的分析检测限为淀粉 0.4mg/g、还原性糖 0.087mg/mL、血料 0.001mg/mL、蛋白质 0.8mg/mL 和脂类 0.1mg/mL。这套方法可以满足传统灰浆中五种有机添加物的分析检测。

经过数届研究生的传承接班和连续工作，已完成对这 378 个古代灰浆样品有机添加物的分析检测任务，以及部分代表性样品的多技术综合检测研究。

在化学分析检测过程中，首先对灰浆样品进行了 pH 值和加酸起泡检测。样品加酸后产生气泡说明存在石灰。灰浆样品的 pH 值可以反映样品中石灰的碳酸钙化程度。pH>7，说明灰浆碳化程度较低，样品中还存在Ca(OH)$_2$，这样的碱性环境可以防止有机物腐败，是灰浆中可以检出有机物的必要条件。pH<7 说明灰浆的碳化程度较高，通常 pH 值过低的灰浆样品，无法检出有机物。

在这 159 处古建筑及遗址的 378 个古代灰浆样品的检测结果中，有 63 处 159 个灰浆样品检测结果呈阴性，即未检出任何有机物添加物成分。这些灰浆的年代包括从陶寺文化（公元前 2300—1900 年）到清代（1644—1911 年），建筑类型以民间建筑为主，其次是城墙、墓葬和寺观建筑。检测结果呈阴性的原因可能有以下 3 点：

（1）灰浆中原本就没有添加有机材料。

（2）灰浆中添加了有机材料，但含量过低因此无法检测。

（3）灰浆中添加了有机材料，但因年代久远有机成分已降解至检测限以下而无法检出。

因此，检测试验中未检出有机物的样品也不能完全确定在原始灰浆制备过程中没有使用有机添加物。

通过对这 159 处 378 个灰浆样品的化学检测，共在 96 处古建筑及遗址的 219 个样品中检出了有机物成分，即检测结果为阳性（见本书附录 1）。总检出率对建筑和样品分别为 60.4％和 57.9％。阳性程度分为 3 个级别："＋＋＋"表示反应状况很明显，"＋＋"表示反应状况一般，"＋"表示反应状况较弱；阴性则用"－"表示。

其中，检出的年代最早的样品为战国时期，大部分检出的样品为宋代至清代。34 处古建筑和遗址的 53 个样品中检出两种或两种以上有机添加物。

7.2　灰浆检测结果讨论

7.2.1　年代分布

检出有机物的灰浆样品中，年代最早的样

品来自战国时期，安徽六安文一战国墓的灰浆样品中检测到了油脂和蛋白质成分。本研究对各历史时期灰浆样品的检出情况进行统计，结果见图7.2.1。宋代、明代和清代的取样建筑中有机物检出数较高，这可能也与这些时期建筑的存世量较多有关。根据国家文物局发布的全国重点文物保护单位名单（第1—7批），共有794处建筑修建于宋代或曾在宋代进行修缮，占全国重点文物保护单位总数的18.50%。明清建筑存世量较大，年代相对较近，有机物可能尚未被降解，可能也是较多明清样品检出有机物的原因之一。

（1）淀粉。

本次研究中共有52处古建筑和遗址的112个样品碘-淀粉检测呈现阳性结果，即检测出淀粉成分，其中的大多数样品碘-淀粉检测结果呈蓝紫色，说明样品中含有较多的支链淀粉，推测当时的添加物为糯米。检出淀粉的样品数量占所有检出有机物样品数量的51.15%，检出率为29.63%。

从附录1检出有机物汇总表和图7.2.1分

析，宋代和明代的灰浆样品中淀粉的检出数最多。8处建于宋代建筑的22个样品、31处始建于明代建筑的67个样品灰浆中检出了淀粉成分。检出淀粉成分最早的灰浆样品来自江苏苏州的东汉墓葬，说明含有淀粉的添加物的使用至少有1800多年的历史，也远早于文献中糯米灰浆在墓葬中的应用记载（元《义门郑氏家仪》）。检出含有淀粉的早期建筑，还包括寺观建筑（唐代山西长治天台庵）、城墙（唐代西安城墙）、塔（五代江苏苏州虎丘塔）等建筑类型。

陕西西安唐代城墙遗址是检出含有淀粉成分最早的城墙样品，早于糯米灰浆在城墙中应用的历史记载（宋《宋会要辑稿》）。重庆渝中区老鼓楼遗址和合川县钓鱼城遗址的灰浆样品中检出含有淀粉成分，与《宋会要辑稿》中记载的和州城墙均属于南宋时期，说明此时用糯米灰浆建造城墙的技术已在多地使用。本次工作中，取自南京明代城墙的灰浆样品检出含有糯米成分，也可与《明朝小史》中南京城墙建造情况的记载相互印证。

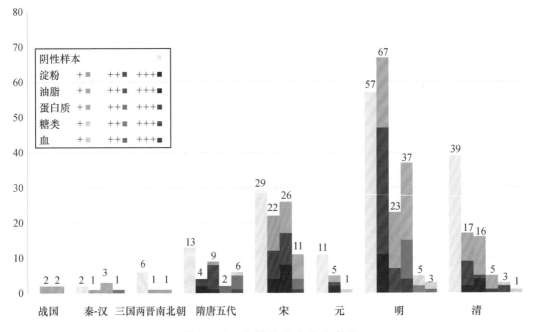

图 7.2.1　取样结果年代分布图

（2）油脂。

本次汇总中，共有 52 处古建筑和遗址的 87 个样品检测含有油脂成分，占所有检出有机物样品数量的 39.73％，检出率为 23.02％。目前仅用化学检测法还不能确定油脂的种类。宋代和明代的取样建筑中，含有油脂成分的样品数量最多。11 处建于宋代建筑的 26 个样品和 17 处始建于明代建筑的 23 个样品，经检测含有油脂成分。

最早检出油脂成分的灰浆样品为安徽六安文一战国墓的灰浆样品。检出含有油脂的早期建筑，包括墓葬（安徽六安文一战国墓、安徽固镇县连城镇西汉蔡庄古墓、浙江临平南朝古墓）、炮台（西汉新疆库车烽燧）、城墙（陕西西安唐代城墙）、塔（甘肃瓜州唐代锁阳城塔尔寺塔、江苏苏州虎丘塔）等建筑类型，5 处检出含有油脂的墓葬灰浆来自宋代及之前的墓葬，早于文献记载。

本次工作检测了海南“华光礁 1 号”南宋沉船和江苏太仓河元代沉船的两处舱料，在两处沉船的舱料样品中均检出含有油脂成分，与宋代苏轼《物类相感志》中的记载相对应。

（3）蛋白质。

本次统计的古建筑灰浆样品中，共有 30 处古建筑和遗址的 59 个样品检测发现含有蛋白质，占所有检出有机物的样品数的 26.94％，检出率为 15.61％。检出含有蛋白质的样品数量最多的是明代的灰浆样品。15 处明代建筑的 37 个灰浆样品经检测含有蛋白质。

最早检出蛋白质成分的灰浆样品来自安徽六安文一战国墓。来自江苏徐州东汉墓的灰浆样品也检出含有蛋白质成分。此外，检出含有蛋白质的早期建筑还有五代江苏苏州虎丘塔。

（4）糖类。

本次汇总中共有 8 处古建筑和遗址的 14 个样品检测发现含有糖类成分，占所有检出有机物的样品数的 6.39％，检出率为 3.70％。

最早检出含有糖类成分的样品来自五代时期江苏苏州虎丘塔（公元 959—961 年）的 6 个灰浆样品，其余样品均来自明清时期，与文献中记载的糖水灰浆使用时期基本一致。

（5）血。

本次汇总中共有 5 处古建筑和遗址的 5 个样品发现血液成分，占所有检出有机物的样品数的 2.28％，检出率为 1.32％。

建于元末明初的浙江建德严州城墙的灰浆样品是本次检测中检出血料年代最早的样品。在之前的文献和考古报告中提到，严州城墙的灰浆是用石灰、糯米汁[1]、豆浆和桐油制成[2]，本次的分析中，未发现含有糯米和桐油成分，但在灰浆中检出了血类成分，为严州城墙灰浆的研究提供了新的研究资料。

本次检测在江苏南京宝庆公主墓的灰浆样品中检出含有血料成分。此外，明代定陵的发掘中发现，万历帝棺的棺盖与侧板接口缝隙中用血料灰浆填缝后磨平用漆，因此外观不显露缝隙痕迹，保存完好[3]。可见血料灰浆在明代被用于高规格的皇室墓葬中且具有良好的密封效果。古文献中记载的不宜在墓葬中使用血料的观点，也许并不能完全反映当时墓葬中血料灰浆的应用情况。

（6）含有两种及以上有机物的样品。

在淀粉、油脂、蛋白质、糖及血料五种有机物的化学分析检测结果中发现，同时含有两种或两种以上有机添加物的有 34 处共 53 个样品，即存在有机物的复配现象。其中，两种有机物复配的有 48 个样品，三种有机物复配的有 5 个样品。

安徽六安文一战国墓的灰浆样品中同时检出了油脂和蛋白质，是本次研究中同时检出两种以上有机物年代最早的样品。江苏徐州东汉墓同一灰浆样品中检出的淀粉和蛋白质，江苏苏州虎丘塔的3个灰浆样品同时检出油脂和糖，1个样品检出油脂、蛋白质和糖类成分，为本次检测中发现的复配灰浆的早期使用证据。

含有3种有机物的灰浆样品为来自江苏苏州虎丘塔、浙江余姚南宋史嵩之墓、安徽凤阳明中都、河南开封城墙的5个灰浆样品。

油脂和淀粉是复配添加物中最常用的品种，在53个复配样品中有33个涉及油脂，这很可能与添加桐油以增强防水性能有关；32个样品检出淀粉，这可能与淀粉可以增加灰浆黏结强度有关。

7.2.2　地域分布

（1）淀粉。

本次取样的22个省（区）市中，在17个省（区）市的建筑灰浆样品中检出含有淀粉成分。分别为安徽、北京、甘肃、广东、河南、河北、湖北、湖南、吉林、江苏、江西、山东、山西、陕西、云南、浙江、重庆。已检测出含有淀粉的古代建筑主要分布于我国长江流域和黄河流域，见图7.2.2。

（2）油脂。

本次取样的22个省（区）市中，有14个省（区）市的古建筑灰浆样品中检出含有油脂成分，包括安徽、甘肃、海南、河南、湖北、湖南、江苏、山东、山西、陕西、四川、新疆、浙江、重庆。含有油脂的取样建筑分布较广，除本次研究主要取样的华东、华南和西北地区外，海南"华光礁1号"沉船、新疆库车烽燧等灰浆样品中均检出含有油脂成分，见图7.2.3。

（3）蛋白质。

本次取样的22个省（区）市中，有14个省（区）市的古建筑灰浆样品中检出含有蛋白质成分，包括安徽、北京、江苏、浙江、宁夏、重庆、海南、陕西、河北、河南、山东、四川、湖南、广东，主要集中于华东地区和西北地区（图7.2.4）。

（4）糖类。

本次研究中，检出含有糖类成分的古代建筑来自江苏、陕西、安徽、福建、湖北、甘肃、山西等7个省份，分布于华东地区和西北地区（图7.2.5）。

（5）血。

本次研究中，检测发现含有血类成分的样品来自浙江、湖北、北京、江苏4个省份的取样建筑（图7.2.6）。

（6）含有两种及以上有机物的灰浆样品。

本次研究中共有34处取样建筑的灰浆样品中检测出含有两种及以上的有机物成分，分布于安徽、江苏、浙江、重庆、海南、陕西、湖北、甘肃、山东、北京、湖南、河南、广东、山西等14个省（区）市（图7.2.7）。因检出有两种及以上有机物的灰浆样品中，淀粉和油脂为主要的复配种类，复配灰浆的分布与含有淀粉和油脂的建筑分布基本一致。

7.2.3　建筑类型分析

本次研究将检出有机物的古建筑按建筑类型和检出的有机物种类进行了分类汇总，以了解有机物种类与古建筑类型之间的关系。其中，民居与纪念建筑（祠堂、牌坊等）建筑工艺存在相似性，合并为民间建筑进行统计；堤坝、桥梁合并为水利工程进行统计。

中国地图

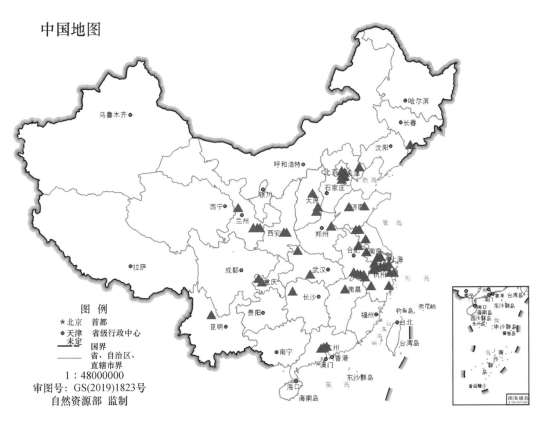

图 7.2.2 含有淀粉的取样建筑分布图

中国地图

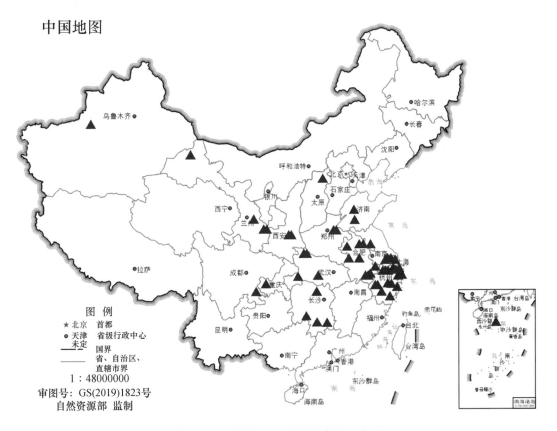

图 7.2.3 含有油脂的取样建筑分布图

中国地图

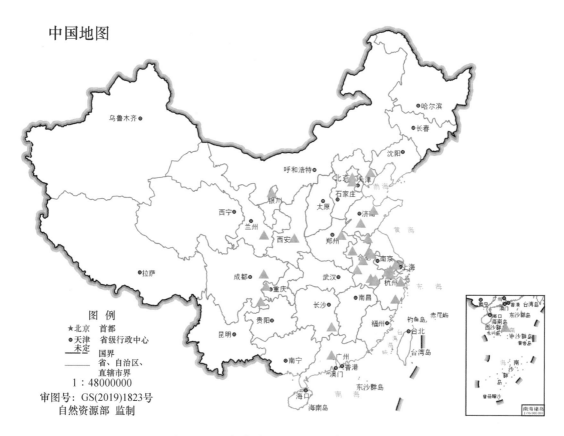

图 7.2.4　含有蛋白质的取样建筑分布图

中国地图

图 7.2.5　含有糖的取样建筑分布图

图 7.2.6　含有血的取样建筑分布图

图 7.2.7　含有两种及以上有机物的取样建筑分布图

（1）检出各类有机物的建筑类型统计。

不同类型的建筑中，检出有机物的灰浆样品在种类和数量上均有所差异，表7.2.1为各类建筑中有机物的检出数量统计。检出含有淀粉最多的取样灰浆类型为长城和城墙，含有油脂最多的取样建筑类型为塔，检出含有蛋白质最多的取样灰浆类型为官方建筑，检出含有糖类最多的灰浆类型为塔，检出血液料最多的取样灰浆类型为长城和城墙。

① 淀粉。本次研究中，共有52处遗址的112个样品检出了淀粉成分，包括21处城墙的40个样品（S16、S33、S34、S53、S55、S56、S58、S65、S69、S70、S76、S79、S86、S94、S98、S100、S101、S110、S111、S119、S132）、8处民间建筑的12个样品（S83、S89、S96、S97、S123、S137、S138、S139）、7处墓葬的19个样品（S6、S10、S31、S37、S41、S64、S143）、6处塔的10个样品（S18、S39、S42、S68、S73、S99）、4处水利设施的7个样品（S32、S90、S91、S121）、4处官方建筑的20个样品（S59、S112、S113、S114）和2处寺观建筑的4个样品（S12、S87）。检测结果表明，在中国古代，人们使用糯米灰浆建造各类建筑是十分普遍的工程技术，其中糯米灰浆最广泛的应用为建设长城和城墙，其次为修建宫殿等官方建筑和修筑墓葬。

② 油脂。本次研究中，共有52处遗址的87个样品检出含有油脂成分，包括12处塔的30个样品（S14、S18、S21、S23、S24、S36、S39、S42、S47、S77、S145、S146）、10处城墙的15个样品（S33、S54、S55、S86、S88、S94、S95、S110、S119、S132）、7处墓葬的15个样品（S2、S5、S9、S25、S31、S143、S159）、11处民间建筑的灰浆样品（S49、S67、S85、S89、S115、S125、S127、S134、S140、S144、S147）、4处堤坝灰浆样品（S32、S44、S90、S91）、2处寺观建筑的3个样品（S87、S92）、2艘古船的3个样品（S35、S43）、1处古桥梁灰浆样品（S124）、1处炮台三合土样品（S4）、1处官窑建筑遗址的4个样品（S93）和1处由安徽考古所提供的未知建筑类型的灰浆样品（S158）。由统计结果推测，中国古代桐油灰浆主要用于修建塔、城墙、墓葬和民间建筑。

③ 蛋白质。本次研究中，共有30处遗址的59个样品检测发现含有蛋白质成分。其中，包括12处城墙的16个样品（S34、S54、S55、S57、S65、S69、S70、S76、S101、S102、S103、S132）、5座塔的8处样品（S18、S24、S26、S42、S73）、5处墓葬的8个样品（S2、S6、S25、S31、S159）、4处民间建筑样品（S85、S96、S127、S137）、2处宫殿的21个样品（S113、S114）、1处桥梁灰浆样品（S124）和1处古船舱料样品（S35）。根据检测结果推测，修筑城墙是中国古代蛋清灰浆最常见的应用，其次为修筑墓葬和民间建筑。

表 7.2.1　古代各类建筑中有机物的检出数量统计

	民间建筑	长城、城墙	塔	官方建筑	墓葬	寺观建筑	水利工程	船	其他
淀粉	12	**40**	10	20	19	4	7	0	0
油脂	11	15	**30**	0	15	3	5	3	6
蛋白质	4	16	8	**21**	8	0	1	1	0
糖类	3	2	**8**	0	0	1	0	0	0
血料	1	**2**	0	0	1	1	0	0	0

④ 糖类。本次研究中，共有 8 处遗址的 14 个样品在检测中检出含有糖类成分，包括 3 座民间建筑（S67、S74、S128）、2 座塔的 8 个样品（S18、S145）、2 处城墙（S54、S104）样品和 1 处寺观建筑（S87）。由此推测，糖水灰浆在中国古代主要用于民间建筑、塔、城墙等类型建筑的建造中。

⑤ 血。本次研究中，共有 5 处遗址的 5 个样品发现血液，包括 2 处城墙样品（S48、S98）、1 处寺观建筑（S87）、1 处墓葬（S105）和 1 处民间建筑（S144），检测结果可以大致反映血料灰浆在古代各类建筑中的应用情况。

（2）民间建筑。

本次研究中的民间建筑包括古民居和祠堂、牌坊等地方营造的纪念意义的建筑。取样建筑中年代最早的古民居为建于唐代的福建永定馥馨楼，最早的纪念建筑为建于明代 1520 年的浙江衢州孔庙。本次取样的民间建筑共 45 处，其中 20 处建筑的 28 个样品中检出含有机物成分，包括 8 处建筑的 12 个样品中检出含有淀粉成分，11 处建筑的灰浆样品中检出含有油脂，4 处建筑样品中含有蛋白质成分，3 处建筑样品中含有糖类成分，1 处建筑样品中含有血类成分，其中 6 处民间建筑的样品中同时检出两种有机物成分。

检出有机物最早的民间建筑样品来自元明时期的湖北恩施唐崖完言堂，其灰浆样品中检出了油脂成分。其余检出有机物的民间建筑样品均来自明清时期。建于明 1521 年的安徽歙县龙兴独对坊的灰浆样品中检出含有油脂和糖，是本次研究中检出含有两种有机物的年代最早的民间建筑样品。

（3）长城、城墙。

本次研究取样的长城和城墙建筑及遗址共 40 处，其中 29 处长城和城墙的 60 个灰浆样品中检出含有有机物成分，包括 22 处长城和城墙的 40 个样品中检出含有淀粉成分，10 处城墙的 15 个样品中检出油脂成分，12 处城墙的 16 个样品中检出含有蛋白质，2 处城墙样品中含有糖，2 处城墙样品中含有血，其中 9 处城墙的 10 个样品中同时含有两种及以上有机物。

陕西西安唐代城墙的灰浆样品中含有淀粉，是本次研究中检出含有有机物的年代最早的城墙灰浆样品。重庆合川县钓鱼城遗址的灰浆样品中含淀粉和蛋白质，是年代最早的检出两种有机物的城墙灰浆样品。

（4）塔。

本次研究取样的古塔共 20 处，其中 16 处古塔的 45 个灰浆样品中检出含有有机物成分，包括 6 处古塔的 10 个样品中检出含有淀粉，12 处古塔的 30 个样品中含有油脂成分，5 座塔的 8 处样品中含有蛋白质，2 座塔的 8 个样品中含有糖，其中 5 处古塔的 10 个样品中含有两种及以上有机物，且未在古塔样品中检测到血料成分。灰浆样品中检出含有有机物的 16 处古塔，共有 9 处修建年代在宋代及之前的时期。

建于唐代的甘肃瓜州锁阳城塔尔寺塔的两个灰浆样品中检出含有油脂，是本次研究中检出有机物的年代最早的古塔灰浆样品。建于五代时期的江苏苏州虎丘塔的灰浆样品中检出同时含有油脂、蛋白质和糖，是年代最早的检出含有两种及以上有机物的古塔灰浆样品。

（5）官方建筑。

本次研究中宫殿、土司衙署等建筑归为官方建筑一类进行分析。5 处取样的官方建筑中，4 处建筑的 29 个样品中检出含有有机物成分，包括 4 处官方建筑的 20 个样品中检出含有淀粉，2 处宫殿的 21 个样品中检出含有蛋白质，未在此类建筑灰浆样品中检出油脂、糖、血成分。

其中，2 处宫殿的 12 个样品中检出同时含有淀粉和蛋白质。

始建于元代的甘肃永登县连城镇鲁土司的照壁灰浆中检出含有淀粉，其余检出有机物的官方建筑灰浆均来自北京故宫，包括慈宁宫花园、养心殿燕喜堂、怡情书史三处宫殿。

（6）墓葬。

本次研究取样分析的 20 处古代墓葬中，13 处墓葬的 31 个灰浆样品中检出含有有机物，包括 7 处取样墓葬的 19 个样品中检出含有淀粉，7 处墓葬的 15 个样品中含有油脂，5 处墓葬的 8 个样品中含有蛋白质，1 处墓葬的灰浆样品中检出含有血，其中 6 处墓葬的 9 个样品中同时含有两种及以上有机物。墓葬灰浆样品中未检出糖类成分。9 处检出有机物的墓葬建于宋代及之前的历史时期。

检出含有有机物年代最早的墓葬灰浆样品来自安徽六安文一战国墓，样品中检出含有油脂和蛋白质。

（7）寺观建筑。

本次研究取样的 10 处寺观建筑中，有 3 处建筑的 8 个灰浆样品中检出含有有机物，包括 2 处寺观的 4 个样品中检出含有淀粉，2 处寺观的 3 个样品中含有油脂，1 处寺观建筑样品中含有糖，1 处寺观建筑样品中含有血，其中 1 处建筑样品中含有两种有机物。寺观建筑样品中未检出蛋白质。

建于唐代的山西长治天台庵的灰浆样品中检出淀粉成分，是本次研究中检出有机物年代最早的寺观建筑样品。湖北武当山明代玉真宫遗址的灰浆样品中检出同时含有淀粉和糖，是年代最早的检出含有两种有机物的寺观灰浆样品。

（8）水利工程。

本次研究取样的 6 处古代堤坝、桥梁等水利工程建筑的样品中均检出含有有机物，包括

4 处古代堤坝的 7 个样品中检出含有淀粉，5 处水利工程灰浆样品中含有油脂，1 处桥梁的灰浆样品中含有蛋白质，所有水利工程的样品灰浆中均未检出糖和血液成分，4 处水利工程的 4 个样品中同时含有两种有机物。

检出含有有机物最早的水利工程样品来自建于南宋时期的浙江海宁长安闸，其灰浆样品中含有淀粉和油脂。

（9）船。

本次研究对两处沉船的舱料进行取样分析，在其中 3 个样品中检出油脂和蛋白质成分。南宋时期的海南"华光礁 1 号"沉船的灰浆样品中检出含有油脂和蛋白质，元代江苏太仓河出土沉船的 2 个灰浆样品中检出含有油脂。其余有机物类型均未检出。

（10）其他。

本次研究中其余类型的取样建筑共 6 处，仅在湖北丹江口武当山明代官窑遗址的 4 个样品中检出含有油脂。其余有机物类型均未检出。

7.2.4　小结

通过对我国 22 个省（区）市的 159 处古建筑和遗址的 378 个古代灰浆样品进行检测，共有 96 处古建筑及遗址的 219 个样品中检出有机添加物成分。含有淀粉成分的样品 112 个，含有油脂成分的 87 个，含有蛋白质的 59 个，含有糖类的 14 个，含有血料的 5 个，同时含有两种有机物的样品 48 个，含有三种有机物的样品 5 个。

年代最早的检出含有淀粉的灰浆样品为江苏徐州东汉墓的灰浆样品，检出含有油脂和蛋白质成分最早的样品为安徽六安文一战国墓的灰浆样品，最早检出含有糖类成分的样品来自

五代时期江苏苏州虎丘塔，最早检出血料成分的样品为元末明初的浙江建德严州城墙样品，均早于古文献中记载的传统复合灰浆的使用时期。

从 22 个省（区）市取样的古建筑灰浆样品中，检出含有有机物的古建筑基本分布于我国华东、华南和西北地区。

本研究中，淀粉和血料检出数最多的建筑类型为长城和城墙，油脂和糖类检出数最多的建筑类型为塔，蛋白质检出数最多的建筑类型为官方建筑。民间建筑和长城、城墙类建筑是样品中检出有机物种类最多的建筑类型。本研究中所有类型古建筑（其他类除外）的灰浆样品中均存在同时添加两种及以上有机物的使用情况。

检测结果大体反映了中国古代糯米灰浆、桐油灰浆、蛋清灰浆、糖水灰浆、血料灰浆以及复配灰浆的应用情况。

7.3　中国传统复合灰浆的应用历史

本研究汇总了过去几年本课题组从全国 22 个省（区）市收集的 378 个古建筑灰浆样品的有机添加物（淀粉、油脂、蛋白质、糖、血）检测结果。这些检测结果为研究传统复合灰浆的应用历史提供了新的素材。本节在结合有机物检测结果、传统复合灰浆古文献记载以及其他考古发现和研究成果的基础上，对传统复合灰浆的应用历史进行梳理。

7.3.1　传统复合灰浆的出现

（1）文字记载之前的灰浆样品检测结果分析。传统复合灰浆的文献记载，最早可以追溯

到宋代，糯米灰浆和桐油灰浆的记载最先出现在宋代的《宋会要辑稿》和《物类相感志》中。在此之前的传统复合灰浆的应用情况，可以通过考古发现和分析检测结果来进行了解。本研究采集的样品中，19 处样品采自宋代之前的古建筑和遗址（S1～S19），其中一些灰浆样品的有机物检测中检出含有油脂、蛋白质和淀粉成分。

以往的研究中，通常认为传统复合灰浆的使用年代不晚于南北朝时期，其依据是这一时期的河南邓县彩色画像砖墓（公元五世纪末至六世纪初）的黏结灰浆样品中，检测出了淀粉成分[4]。本次检测中，检出含有淀粉的最早的灰浆样品为江苏徐州东汉墓的灰浆样品（S6），根据取样情况，其年代相对明确，样品污染的可能性较低，因此有机物的检测结果相对比较可信。

目前最早发现的桐油灰浆的应用是在唐代，江西如皋县发现的唐代木船使用了石灰桐油作为船体勾缝材料[5]。本次汇总的检测结果中，安徽六安文一战国墓（S2）的青膏泥样品、新疆库车烽燧（S4）的西汉灰浆样品、安徽固镇县连城镇蔡庄古墓（S5）的西汉灰浆样品、浙江临平南朝古葬（S9）的灰浆样品中均检出含有油脂成分。然而，化学法无法判定油脂种类，且唐代《本草拾遗》中才出现了关于桐油的记载（文献相比于实际情况通常会有滞后性），因此早期检测到油脂的灰浆样品，无法确定其使用的有机物为桐油，但从取自多地的多处样品中均检出油脂的情况也可以推测，灰浆中油脂类添加物的使用历史要早于早期考古发现的唐代。

此前的文献中，蛋清灰浆的应用最早可以追溯到宋代，安徽省三县桥在修建时，桥体的大青石用糯米汁、明矾、鸡蛋清等材料灌

浆[6]。最早的古文献记载则是在明代的《农政全书》中。本次汇总的样品中，宋代及之前的古建筑和遗址（S1～S42）共 42 处，其中来自安徽、江苏、宁夏、浙江、重庆、海南等地的10 处古建筑和遗址（S2、S6、S18、S24、S25、S26、S31、S34、S35、S42）的 16 个灰浆样品中检出含有蛋白质成分，包括墓葬灰浆、古塔灰浆、城墙灰浆和沉船舱料等。最早检出含有蛋白质的样品来自安徽六安文一战国墓，宋代之前的灰浆样品还包括江苏徐州东汉墓、江苏苏州虎丘塔的灰浆样品。化学法无法判定蛋白质的种类和来源，但也可以推测，蛋白质类有机添加物的使用历史要早于之前文献记载的年代。

据现有文献分析，明代福建一带修建的寨、堡、土楼等三合土建筑，可能是最早使用糖水灰浆的一批建筑，最早记载糖水灰浆的古文献为《城守筹略》，也是明代的文献。本次汇总的检测结果中，建于明代之前的取样建筑共 52 处（S1～S52），最早检出含有糖的灰浆

样品来自建于五代时期的江苏苏州虎丘塔，其中 2 个样品为草茎层样品，检出糖类成分可能来自植物纤维的降解产物，其余 4 个白灰层和灰塑等不含草茎的样品中也检出含有糖类成分，推测其灰浆中应添加了糖水。

文献中最早记载血料灰浆的年代为明代，目前考古发现的最早的血料灰浆实物为明代万历帝棺的填缝灰浆。本次汇总的检测结果中，共有 5 处古建筑和遗址的 5 个样品中检出含有血液成分，建于元末明初的浙江建德严州城墙（S48）的灰浆样品是其中年代最早的样品，其余为明代和清代的灰浆样品（S87、S98、S105、S144）。

（2）各类有机添加物的最早应用。

根据本次汇总的检测结果、文献记载及以往的考古发现，本工作整理了灰浆中淀粉、油脂、蛋白质、糖、血等五类有机添加物的最早应用时间（表 7.3.1），并根据灰浆保存情况、检测结果和相近时期其他建筑灰浆的文献记载和检测结果，给出最早应用时间的可信程度。

表 7.3.1   复合灰浆中五类有机添加物最早应用时间

有机物类型	最早文献记载	以往研究发现的最早应用	取样检测发现的最早的应用	检测可信度	提早
淀粉	《宋会要辑稿》 北宋（1170 年）	河南邓县彩色画像砖墓 南北朝（5—6 世纪）	江苏徐州东汉墓 东汉（25—220 年）	+++	200—500 年
油脂	《物类相感志》 北宋（11 世纪）	江西如皋唐代木船 唐代（618—907 年）	六安文一战国墓 战国（公元前 475—221 年）	++	800—1300 年
蛋白质	《农政全书》 明末（16—17 世纪）	安徽三县桥 宋代（960—1279 年）	六安文一战国墓 战国（公元前 475—221 年）	++	1200—1700 年
糖	《城守筹略》 明代（1644 年）	福建土楼 明代（1368—1644 年）	江苏苏州虎丘塔 五代（961 年）	+	400—600 年
血	《豳风广义》 清代（1742 年）	北京明代定陵 明代（1584—1590 年）	浙江建德严州城墙 元末明初（14 世纪）	+++	200 年

注：可信度指灰浆检测结果和年代的可信程度，根据取样建筑保存情况、文献资料和同时期灰浆检测结果对比综合分析确定。"＋＋＋"可信度较高；"＋＋"可信度一般；"＋"可信度较低。

7.3.2 复合灰浆的第一个发展高峰——宋代

根据本研究检出有机物的灰浆样品年代分布，结合传统灰浆的古文献记载推测，传统复合灰浆的第一个发展高峰可能出现在宋代。

（1）宋代传统复合灰浆的文献分析。

传统复合灰浆在文献中首次出现的年代最早可以追溯到宋代。《宋会要辑稿》中记载了乾道六年（1170 年）修筑和州城墙时使用了糯米灰浆，"其城壁表里各用砖灰五层包砌，糯粥调灰铺砌城面，兼楼橹城门，委皆雄壮，经久坚固，实堪备御"。《许国公奏议》中还记载了单独使用糯米糊作为黏结材料并不牢固："用糯米糊迭砖砌城，验视之际，以手揭起。"当时的人已经认识到，糯米灰浆良好的黏结性能来源于糯米与石灰的复合，且好于糯米糊的黏结性能。《物类相感志》中记载了桐油灰浆用于黏合船缝："豆油可和桐油作舱船灰，妙。"以上记载对糯米灰浆、桐油灰浆的应用（城墙、造船）和效果都进行了叙述。但成书于北宋的建筑技术类书籍《营造法式》中，并未记载有机添加物在灰浆中的应用。

（2）宋代灰浆样品检测结果。

宋代之前的取样建筑（S1～S19）中，已检测出含有淀粉、油脂、蛋白质和糖等四类有机物，检出数均为个位数。本研究中共有 23 处取样建筑（S20～S42）建于宋代或曾在宋代进行修缮，占取样建筑总数（159）的 14.47%。建于宋代或在宋代修缮的 23 处取样建筑和遗址中，共有 15 处建筑的 47 个样品中检出含有淀粉、油脂、蛋白质等成分，占检出样品总数（219）的 21.46%。这一时期的有机物的检出率（检出有机物样品数量占样品总数的比值）为 61.84%。含有有机物的取样建筑的类型有

古塔、墓葬、堤坝和城墙，此外还包括宋代沉船的舱料。8 处古建筑和遗址的 22 个样品中检出含有淀粉，10 处取样建筑的 26 个灰浆样品中检出含有油脂成分，7 处取样建筑的 11 个灰浆样品中检出含有蛋白质，检出数量较宋代之前的历史时期有了明显增长。

（3）宋代传统复合灰浆发展情况。

传统复合灰浆最早的文献记载在宋代，《宋会要辑稿》中记载了官员建造城墙的功绩，提及了糯米灰浆的使用。《物类相感志》是苏轼整理乡野市井间流传的生活知识而成的作品。两者均不是工匠所写的营造类书籍，而是文人士大夫所著。传统复合灰浆的文献记载出现在宋代文人士大夫所写的书籍中，推测在当时，传统复合灰浆不再只是工匠中手口相传的技艺，而是已发展为社会主流文化以及文人士大夫阶层认可的建筑工艺，具有一定的传播度。本次汇总的检测结果中，建于宋代或在宋代修缮的取样建筑的灰浆样品中，检出含有淀粉、油脂、蛋白质等成分，检出数量和检出率都较之前的时期有了明显增长。结合文献记载和分析检测结果推测，传统复合灰浆在宋代取得了较大发展。

7.3.3 复合灰浆的第二个发展高峰——明代

（1）明代传统复合灰浆的文献分析。

从古代文献研究中发现，明代文献中记载传统复合灰浆的内容增多，共有 23 篇，首次出现了蛋清灰浆（《农政全书》）、糖水灰浆（《城守筹略》）、植物汁类灰浆（《宋氏家仪部》）等的文字记载，糯米灰浆和桐油灰浆的记载也更丰富。同时文献中记载了堙城堰坝、黄浦江入海口海塘、江苏高邮湖湖堤、台湾赤

嵌楼等在明代建造或重修中使用了传统复合灰浆的具体建筑。此外，记载的文字中，除了描述传统复合灰浆的材料及使用效果的文字外，还出现了对传统复合灰浆的社会文化意义方面的评述，如王在晋《越镌》中记载督造陵寝时仔细检验和使用糯米灰浆对朝廷尽忠的表现："凡合缝灌浆，块灰、米汁一一经验，人臣非藉此一抔土称报效，然体事必忠。"可见传统复合灰浆不再只是单纯的建筑材料，而是已经融入当时的建筑文化中，具有了自身的文化意义。

（2）明代灰浆样品检测结果。

本研究中共有 76 处建筑修建于明代（S53~S118）或在当时重修（S20、S39~S42和S48~S52），共有 51 处取样建筑和遗址的灰浆样品中检出含有有机物，占取样建筑的32.08%，含有有机物的样品共 133 个，占检出样品总数（219）的 60.73%。明代灰浆样品中有机物的检出率为 70.00%。25 处取样建筑和遗址的 78 个样品中检出含有淀粉，19 处取样建筑的 35 个样品中检出含有油脂，13 处取样建筑的 39 个样品中含有蛋白质，5 处取样建筑的 5 个样品中含有糖，4 处取样建筑的 4 个样品中含有血料成分，含有有机添加物的建筑类型包括塔、墓葬、城墙、民居、官方建筑、纪念建筑、寺观建筑、堤坝、宫殿等。元末明初修建的浙江建德严州城墙，灰浆中检出含有血料成分，也略早于之前的考古发现和文献记载的历史时期（明万历年间）。检测结果说明，在明代，糯米灰浆、桐油灰浆、蛋清灰浆、糖水灰浆、血料灰浆等都被应用到了不同类型的建筑中，与之前的历史时期相比，复合灰浆的类型更多，应用的建筑范围也更广。

（3）明代传统复合灰浆的发展情况。

明代文献中，传统复合灰浆的文献记载更为丰富，蛋清灰浆、糖水灰浆、植物汁类灰浆的应用首次出现，且复合灰浆的使用已具有一定文化意义。汇总明代取样建筑的检测结果发现，糯米灰浆、桐油灰浆、蛋清灰浆、糖水灰浆、血料灰浆等都被应用到了不同类型的建筑中，复合灰浆的种类和应用范围均有所增加。

此外，本次研究在南京明代城墙（S57）的灰浆样品的检测中证实了淀粉成分，可以与古代文献的记载相互印证："帝筑京城用石灰秫粥锢其外……故金陵城最固。"南京是明初的都城，其城墙建设应代表了当时城墙建设的最高规格。明清时期作为皇宫的紫禁城宫殿（S112~S114）的灰浆样品中检出了淀粉和蛋白质成分，明代宝庆公主墓（S105）、明代万历皇帝棺椁中使用了血料灰浆，《南船纪》中记载皇家出现的"大黄船"使用了桐油灰浆为舱料。综合以上检测结果与记载，明代的首都城墙、皇宫建筑、皇室墓葬等高规格建筑中均使用了有机-无机复合灰浆，因此可以推测，当时传统复合灰浆材料应代表了灰浆材料的最高规格。

综合文献记载和检测结果分析，传统复合灰浆的第二个发展高峰可能出现在明代。

7.3.4　传统复合灰浆的衰落

从本次古建筑和遗址的灰浆样品中有机物的检测结果，以及相关文献研究推测，传统复合灰浆在清代开始由盛转衰。这一时期传统复合灰浆延续了明代的发展，但文献中开始出现因灰浆性能和经济成本等原因而反对使用复合灰浆的记载。

（1）清代灰浆样品检测结果。

本研究的取样点中共 39 处建筑和遗址建于清代（S119~S157），灰浆样品共 70 个，其中 21 处建筑的 39 个样品未检出有机物成分，检出率为 44.3%，低于有机物样品总检出率（57.94%）和明代样品检出率（70.00%）。由检测结果推测，这一时期许多取样建筑在修建时已经不再使用复合灰浆材料。

清代是本次有机物检测结果汇总分析中距今时间最近的历史时期，取样建筑中如果使用了有机复合灰浆，其有机物降解程度应低于其他历史时期，灰浆中有机物降解至检测限以下而无法检出的情况应相对较少；因此，清代灰浆样品中有机物检出率低的原因与有机物降解的关联不大。清代样品中有机物检出数和检出率低，主要有两个原因：一是清代时间较近，建筑物考察调研价值相对较小，建筑存世量又大，因此本次调研和取样过程中，清代灰浆样品主要为调研其他更早期建筑时顺便调研与取样的灰浆样品，重要建筑相对较少，建筑类型以民居和纪念建筑为主，对灰浆的要求相对较低，未使用有机添加物。二是这一时期，有机复合灰浆的不足已慢慢显现，因此在建筑中使用比例下降。

（2）清代复合灰浆的文献分析。

清代记载传统复合灰浆的文献共 34 篇，超过本研究收集古文献数量的 1/2。这其中既有当时建筑情况的记录，也有对之前历史时期中建筑工艺的总结和评价。根据记载，大沽炮台、永定河河堤、南宁府城河岸、徐州城北门石堤、西安丰利渠、海宁城南石塘、松江海塘等在清代修建或重修的重要防卫建筑和水工建筑中均使用了传统复合灰浆。同时，清代官方修订的建筑类文献《大清会典则例》记载了官方在水利建设时使用的糯米灰浆配方。根据文献推测，传统复合灰浆在清代仍得到了广泛的应用，并被官方用于较重要的防卫建筑和水利工程中。

然而，清代的文献中，开始出现了对传统复合灰浆的负面评价。这些评价既有对传统复合灰浆性能的批评，也有出于成本考虑的负面评价。对性能的批评包括：糯米灰浆三合土若拍打不均反而比不加糯米汁的三合土容易拆裂（"然拍打不匀，工夫不到，虽用米汁无益，且易拆裂"）；用糯米浆三合土修造的墓葬最终会分层而不能成为整体（"世俗用糯米粥暂时调粘，久则性过，又逐层缓筑，久但如薄石片，终不融成一块"）；含有桐油和猪血的漆料会加速棺木腐朽，不应用于墓葬中（"然与做里，使猪血、油漆秽气侵尸""土中无物不朽，此数物徒滋污秽，有何功力？不须十年，必皆解散脱落"）。出于复合灰浆使用成本考虑的评价包括：使用糯米桐油灰浆修建海塘成本较高，不如直接用平整的条石层层紧密堆砌（"既无圆碎小石填补于中，亦不必灌糯米浆抿油灰致多虚费"）；关于在修建墓葬中使用糯米灰浆，也有古人用了"暴殄天物"这样语义严重的词汇来表达对浪费材料的批评（"世俗又有以糯米捣和沙灰，谓尤坚固可久。抑知暴殄天物，不可为训"）。

综合文献记载与检测结果分析，清代传统复合灰浆延续了明代的发展，在许多重要建筑中得到了应用，记载复合灰浆的文献也多于之前的历史时期。然而，这一时期的记载中开始出现对复合灰浆的负面评价，灰浆样品检测中的检出率也低于明代和总体的检出率。由此可以推测，清代应是传统复合灰浆开始衰弱的时期。

（3）衰落原因分析。

综合中国近代建筑史的发展和传统复合灰浆的文献记载，可以推测传统复合灰浆在清代的衰弱主要有以下原因：

一是传统复合灰浆的工艺相对复杂，效率

较低。如古代文献中对糯米灰浆和糯米三合土的记载中，有"（糯米三合土）锤炼夯硪打成一片""（糯米三合土）以八寸捣至二寸为度""（糯米灰浆）石子沙土一层、灰粥一层""（糯米灰浆）逐层缓筑"和"（糯米灰浆）然拍打不匀，工夫不到，虽用米汁无益"等描述，对植物汁类灰浆的记载，也有"（樟树汁灰浆）汁须漉尽渣滓，单以汁水拌入灰土，筑时方得坚细""（乌橦藤灰浆）藤叶碎捣，水浸经宿，酿汁如胶，以调灰土"等描述，均说明了传统复合灰浆的工艺的复杂性。其余有机物灰浆虽未有相关工艺的文字描述，但综合桐油灰浆、蛋清灰浆、糖水灰浆、血料灰浆的古文献记载，传统复合灰浆的制作工艺通常包括两部分，一是有机添加物的制备，二是石灰浆或三合土的制备，两部分制备产物再依据比例配制为建筑中最终使用的传统复合灰浆，或两类材料分层使用再夯筑成一体。而糯米、桐油、糖、猪血、植物的叶和藤的制备过程中，往往需要通过加热、加水、浸出，或调灰等工艺预先加工成适合使用的液体添加物，因此与未添加有机物的灰浆相比，工序更多，灰浆的调配和使用工艺也更加复杂。

二是传统复合灰浆的成本更高。传统复合灰浆中有机添加物的来源通常为粮食作物、经济作物和畜牧业产品，其材料成本要高于普通的灰浆，制作工艺更复杂也相对增加了人工成本，古代文献中也有"致多虚费"和"暴殄天物"等对传统复合灰浆使用成本的评述。因此，传统复合灰浆的衰弱可能与制作成本较高有关。

三是在传统复合灰浆制作工艺更为复杂、成本更高的情况下，如若使用不当，效果反而并不理想。如文献中"然拍打不匀，工夫不到，虽用米汁无益，且易拆裂""久但如薄石片，终不融成一块"和"不须十年，必皆解散脱落"等表述，均是从使用效果角度提出的对传统复合灰浆的负面评价。

四是水泥等新型胶凝材料的应用对传统复合灰浆的影响。清晚期，西方建筑开始传入中国，出现砖石混凝土结构、钢筋混凝土框架结构等建筑形式，水泥开始成为中国建筑的胶凝材料。1889 年，开平矿务局在河北唐山开平煤矿附近建立了中国第一个水泥厂——唐山细绵土厂，1906 年改建为启新洋灰公司，生产商标为"龙马负太极"图案的马牌水泥[7]。随后水泥逐渐取代了传统的灰浆，成为最常见的建筑胶凝材料。传统有机-无机复合灰浆渐渐退出了历史舞台。

（4）衰弱情况分析。

传统复合灰浆虽然在清代开始衰弱，但并未立即停止使用。在民国时期，许多建筑中仍使用了传统复合灰浆，或将传统复合灰浆中的有机添加物应用到新的胶凝材料中。

民国《杭州府志》中记载了海宁海塘在修筑时也使用了糯米、桐油及莴萝汁的情况："用严州所产之莴萝，捣浸和灰，参以米汁，层层灌砌。复于临水一面，用桐油、麻绒仿照舱船之法，加工捻缝，此现办石塘较之历办章程格外讲求之实在情形也。"这一时期的乡土建筑材料仍以砖、石、土、木等传统材料为主，也保留了一些传统复合灰浆的应用。例如，广东仁化的夏富村，保留了许多明清、民国时期的徽派建筑，这些建筑均用青砖和糯米灰浆砌筑而成[8]。

民国时期一些城市建筑则开始采用混凝土，传统复合灰浆作为水泥材料的补充，在部分建筑中保留了下来。《泉州市志》中记载："民国 7 年凡作钢筋混凝土体屋面，均现浇混凝土板以钢钎捣实，木板抹平（20 世纪 50 年代以电动振动器捣实找平）以达到抗渗、抗裂的目的，而后于混凝土板上以糖水灰浆盖面抹光，心位稍高并向四周略做倾斜（一般坡度1～2cm），以促雨水自泻。"[9] 糖水灰浆作为抹面及防水灰浆，在混凝土建筑中依然得到了应用，传统复合灰浆材料在新的建筑工艺中找到了新的应用方式。

7.3.5 小结

根据传统复合灰浆样品检测结果，结合古文献记载、考古发现和研究分析，传统复合灰浆从出现、发展到衰落可分为 4 个发展阶段，共有宋代、明代两次发展高峰。

根据灰浆样品的检测结果分析，灰浆中使用油脂、蛋白质等有机添加物的历史应不晚于战国时期，桐油灰浆、蛋清灰浆的出现也应早于之前记载的宋代。糯米作为添加物的历史应不晚于东汉时期，糖成为灰浆中的添加物的历史应不晚于五代时期，血料灰浆的应用历史应不晚于元末明初时期，各类有机物复合灰浆的应用历史均早于之前研究中的传统复合灰浆的出现时期。

传统复合灰浆的第一个发展高峰可能出现在宋代，这一时期取样的灰浆样品中有机物检出数量增多，检出率提高。古代文献中也首次出现了糯米灰浆、桐油灰浆的记载。

传统复合灰浆的第二个发展高峰可能出现在明代。明代灰浆样品的有机物检出数量最高，复合灰浆的类型更多，应用的建筑范围也更广。明代文献中记载传统复合灰浆的内容增多，首次出现了蛋清灰浆、糖水灰浆、植物汁类灰浆等文字记载。明代的都城城墙、皇宫建筑、皇室墓葬等高规格建筑的灰浆样品中均检出有机物成分，推测当时传统复合灰浆材料应

代表了灰浆材料的最高规格。

传统复合灰浆在清代开始衰弱，灰浆样品中有机物检出数和检出率下降，文献记载中也开始出现对复合灰浆性能和成本的负面评价。

传统复合灰浆衰弱的因素包括，与普通灰浆相比，其工艺更复杂，材料成本和人工成本更高，且其使用效果受制作工艺影响。清代晚期水泥开始应用于中国的近代建筑中，传统复合灰浆逐渐退出历史舞台。

7.4 中国传统复合灰浆应用原因探究

以糯米、桐油、蛋清、糖、血料等有机物为主要添加物是中国古代灰浆区别于世界其他地区历史灰浆的重要特点。传统复合灰浆是中国传统建筑体系中重要的胶凝材料，也是与中国传统的木构架建筑相适应的建筑材料。探究这一工艺的形成原因对理解和利用传统复合灰浆具有重要意义，也是深入了解中国传统建筑体系的重要内容。

7.4.1 中国传统灰浆与世界其他地区的差异

在人类使用过的建筑胶凝材料中，已知最古老的黏合剂是泥浆（与水混合的土壤或淤泥），紧随其后的是黏土（具有塑性的富含页硅酸盐的泥土），石灰也是建筑中古老的胶凝材料之一。

石灰的使用可以追溯到公元前 12000—7000 年的巴勒斯坦和土耳其地区，考古人员在当地发现了石灰灰浆的建筑结构和地面[10]。石灰的早期使用证据往往以灰泥的形式发现，多

用于覆盖墙壁和地板。这些遗址的例子包括 Ain Ghazal，Yiftahel（以色列西加利利）和 Abu Hureyra（叙利亚上幼发拉底河），可追溯到前陶新石器时代（公元前 7500—6000 年）[11]。公元前 6000 年左右的土耳其地区，人们开始烧制砖块作为建筑材料，石灰作为砖的黏合材料被用于建筑中，这是石灰作为建筑胶凝材料使用的早期证据之一[12]。

（1）欧洲及近东地区的传统灰浆。

在欧洲及近东地区，传统建筑灰浆大致可分为泥浆、灰泥、气硬性石灰和水硬性石灰。有研究分析，灰浆技术是从中东地区传播到希腊，然后传播到罗马。在古美索不达米亚平原，考古人员发现了公元前 2450 年前后用于生产石灰的窑址[13]。距今约 2000 年前，古希腊和古罗马人尝试将动物血、脂肪或者牛奶等富含蛋白质的物质用于建筑材料[14]。尽管在一定时期内和某些地区在欧洲使用了泥浆、石膏和有机添加物，但欧洲大多数古老的灰浆都是基于石灰制成的。欧洲地区发现的约公元前 7000 年的古代灰浆中，就已经使用了火山灰，但不能确定这些火山灰是否为有意识添加的。公元前 1500 年，古希腊人将锡拉岛火山喷发形成的火山灰用于石灰浆中，创造了火山灰灰浆，火山灰本身并不具有胶凝作用，火山灰灰浆则是具有水硬性特性的胶凝材料[15]。在没有天然火山灰，又需要具有水硬性的灰浆时，人们发现，将碎砖、碎陶瓷、压碎的烧黏土加入石灰浆中，也能达到水硬性的效果，从而发明了人造火山灰灰浆。人造火山灰的考古证据和历史文献可以追溯到克里特文明和迈锡尼文明（公元前 1700—1400 年）。塞浦路斯青铜时代晚期的遗址中（公元前 1200 年），考古人员发现了故意添加碎砖作为人造水硬性材料的石灰灰浆[16]。公元前 1 世纪，古罗马建筑师维特鲁威（Vitruvius）的《建筑十书》（De Architectura）为混合灰浆提供了基本的指导方针，火山灰添加灰浆才开始有规律和广泛的使用[13]。随着罗马帝国在公元 5 世纪的崩溃，这一灰浆技术在西欧逐渐失传。直到文艺复兴时期，人们根据维特鲁威的准则选择和制备灰浆，火山灰和人造火山灰灰浆才再次得到重视。这一时期，拉斐尔、瓦萨里、米开朗基罗等艺术家，在壁画灰浆中使用了大理石碎末和天然火山灰作为添加物[17]。在工业时代早期，人们开始尝试使用砂浆以改进当前的设计。约翰·史密顿（John Smeaton）于 1756 年，在建造 Eddystone 灯塔之前，首先认识到石灰的水硬性可能来自石灰石中的黏土杂质，即水石灰[18]。后来，路易斯·维卡特（Louis Vicat，1786—1861）创造了"水硬性石灰"一词，并根据其水硬性质设计了这种石灰的分类[19]。1796 年，牧师詹姆斯·帕克（James Parker）改进出了"罗马水泥"——一种使用天然水硬性黏结剂的水泥[20]。直到 19 世纪波特兰水泥发明和使用前，这一胶凝材料一直很受欢迎。

（2）美洲地区的传统灰浆。

古代美洲地区的主要文明为玛雅文明、印加文明和阿兹特克文明。石灰砂浆的使用集中在中美洲地区。中美洲和南美洲的灰浆研究主要集中于玛雅文明及其材料的使用。玛雅文明属于拉丁美洲的古代印第安人文明，约始于公元前 1500 年。玛雅文明时期最早使用石灰的是伯利兹 Cuello 的灰泥平台，其历史可追溯到公元前 1100—600 年。考古人员在公元前 900—600 年玛雅时期的危地马拉石砌建筑遗址中，发现了石灰作为黏合灰浆、铺路材料和抹面灰泥的应用。在墨西哥发现的建于公元前 400 年的玛雅金字塔，其抹面材料也为石灰灰浆[21]。玛雅人曾将石灰作为建筑砌筑勾缝的黏合砂浆和铺路材料，但更多的是以灰泥的形式使用。玛雅文献中对石灰的提及非常简短。在 Sierra de Chiapas 山麓的帕伦克城建筑群 E 宫（公元 5—8 世纪），发现了一个可以翻译为 Sak Nuk（ul）Naah 的雕文，意思是白色粉刷的房子[22]。后来玛雅人提到的石灰灰泥（由生石灰、集料及其他成分组成）可以在 1544 年玛雅文明的圣书《波波尔·乌》中找到，其中提到了石灰灰泥的研磨和粉饰的使用。一般而言，玛雅灰泥由于使用了诸如柴卡（Chacah）之类的柴火燃烧而含有钙质集料和少量木炭碎片，燃烧后不会留下任何残留物[22]。Magaloni[23] 等人研究了 16 个玛雅遗址的石灰灰泥样品，检测是否有氨基酸的存在，以确定混合物中是否包含生物添加剂。他们发现样品中存在大量的谷氨酸和天冬氨酸，尽管目前不能明确这些氨基酸的来源。但他们发现，这些氨基酸与石灰反应，限制了石灰灰泥中碳酸钙晶体的生长，并且所产生的小晶体质地使石灰灰泥不易受热和受潮。

（3）南亚地区的传统灰浆。

位于南亚次大陆的印度河流域文明，形成于公元前 5500 年左右，是除古中国文明、古埃及文明和美索不达米亚文明外的世界另一古老文明。从公元前 3000 年到公元前 1200 年属于印度河流域的青铜时代，在此期间，发现的主要城市遗址为位于巴基斯坦的哈拉帕遗址（Harappa）。从公元前 2600 年开始，哈拉帕人开始在大型城市居住；城市由市政府规划，由砖砌建筑组成，其中包括非常复杂的卫生系统以及坚固的砖砌城墙。当时唯一使用的砂浆是用泥浆制成的，或者是金刚砂浆（Vajralepa mortar，一种由木焦油制成的沥青质物质，曾用作浴室内墙壁和结构的防水涂料）[24]。石灰在早期只是偶尔使用，这可以从拉贾斯坦邦（Kalibangan）遗址内发现的炉灶内衬和圆柱形坑洞中的石灰灰泥沉积物得到证明，这些建筑遗迹可以追溯到公元前 3500 年至公元前 2500 年的前哈拉帕时期[25]。石灰灰泥在印度早期文明中较常见，这种灰泥通常含有大量的沙子和黏土（可能是使用结核灰岩"kankar"的缘故）。印度北部北方邦的 Kausambi（35—350 年）考古发现的石灰灰泥，砂和石灰的比例从 1∶1 到 4∶3 不等，这些灰泥纯度不高，除石灰和砂外，还含有石膏、黏土和磷酸盐。然而，直到伊克什瓦库王朝时期（225—325 年），石灰才在古代印度建筑中被广泛使用[21]。古代印度的灰浆中使用的有机添加物有凝乳、棕榈糖、果肉、扁豆、楝树油、蛋清、血、无花果汁、蛋黄、动物胶、啤酒、蔬菜汁、丹宁等[26,27]。

（4）中国传统灰浆的特点。

中国是四大文明古国之一，留下了丰富且令人瞩目的建筑遗产。与世界其他地区相似，中国古代的建筑灰浆也经历从天然的泥浆和黏土，到由石灰、集料和添加剂组成的灰浆的发展历程，并最终形成了以有机材料为主要添加物的独具特色的复合灰浆种类。

与世界其他地区的古代灰浆相比，中国传统灰浆有两个较明显的差异。其一，中国传统灰浆的发展及使用具有延续性。其他古老文明中的建筑及其灰浆技术，往往随着战争及文明的更迭而失传。例如，诞生于古希腊和古罗马的火山灰灰浆，因公元 5 世纪东罗马帝国的灭亡而逐渐失传，直到文艺复兴时期（14—16 世纪）才再次得到重视。中南美洲的建筑及灰浆技术，由于玛雅文明、印加文明和阿兹特克文明的消失而失传。而中国文明作为世界上持续时间最长的文明，其建筑文化及与此相关的技术也具有其他文明的建筑所缺乏的持续性。以木构架为主体的建筑体系，以及与之相适应的传统灰浆技术，也具有着持续发展及使用的特点。有机物作为主要添加物的灰浆材料，是中国传统灰浆的第二个差异点。尽管其他地区的古代灰浆中，也有有机材料的应用发现。然而，唯有古代中国的建筑中，有机添加物成为最重要的添加物种类，有机物灰浆在古代宫殿、民居、墓葬和水利工程等各类建筑及壁画、造船等领域中得到了广泛的应用，并有相应的文献记载。另外，中国有机添加物的种类，如糯米浆、桐油等，已被当今科技证明具有明显改进灰浆性能的作用，这些品种也是世界其他地区没有的。因此，有机添加物的发明和持续使用是中国传统灰浆的重要特点。

7.4.2 地理位置与自然环境

在分析地理与自然环境对传统复合灰浆应用的影响时，可以发现，无论是传统复合灰浆还是中国传统木构架建筑，都是在适应中国的地理气候环境的基础上产生的。可以用于传统复合灰浆中的添加物应是相对容易获取及认识的，它们应分布较广且具有相对悠久的生产史，有着相对稳定和便利的来源，可以被古代中国人认识其性能、持续利用并进行改进。

中国位于亚洲的东南部，东南滨海，西北部深入欧亚大陆内部，南北横跨亚热带、温带和亚寒带，独特的地理位置造就了中国丰富多样的地理地貌和气候类型。中国的地势西高东低，成阶梯状分布，涵盖了高原、山地、平原、丘陵、盆地等多种地形。从南至北，中国的气候类型依次为热带季风气候、亚热带季风气候、温带季风气候、温带大陆性气候（广义的温带大陆性气候包括温带草原气候、温带沙漠气候和亚寒带针叶林气候）和高原地区的高

原山地气候。多种多样的气候类型对中国传统建筑及胶凝材料产生了三方面的影响，一是木构架结构成为主要建筑方式；二是农、林、渔、牧业物产丰富，拓展了胶凝材料添加物的选择范围；三是不具备发展火山灰灰浆的条件。

（1）木构架的主体地位。

在原始社会晚期，黄河中游一带的"穴居"和长江中下游地区的"巢居"演进为仰韶文化中木骨泥墙与内木柱混合承重建筑和河姆渡文化中带榫卯构件的干栏式建筑，已经出现了木构架建筑的雏形。在古代中国大部分地区，木料比砖石更容易就地取材，而且加工比较容易，可迅速而经济地解决材料供应问题，因而木构架结构被广泛地用于各类建筑中。春秋时期，木构架已成为主要的建筑结构方式。木构架建筑承重结构与围护结构分离，只要在房屋高度、墙体与屋面的材料和厚薄、窗的位置和大小等方面加以变化，就能广泛地适应不同地区的气候条件和地形地段。中国的北方冬季气候寒冷，夏季炎热，以砖、土、石灰等材料为主的建筑能延缓室内与室外环境间的热传导，提高夏季隔热性和冬季保温性。中国的南方气候温暖湿润，木材丰富，木构架可以提升地面，石灰可以起到防潮、防虫的作用。随着建筑材料和工艺的发展，木构架与砖、石等材料相结合的结构方法，具有稳固、美观和适应不同的气候条件等优点，逐步发展成为古代中国独特的建筑体系。

（2）农、林、渔、牧业物产丰富。

木构架建筑的特点是承重结构与围护结构分工明确，木结构提供了承重功能，砖石等材料用于砌筑墙体和地面，提供隔断，瓦片用于屋顶防水，在这种建筑方式中，灰浆可以起到黏合砖石、修饰墙面、防虫和防水等作用。然

而单纯使用石灰作为黏结材料不仅成本较高，还存在固化时间长、前期强度低等缺陷，因此人们通常会在石灰浆中添加其他材料来降低成本并提高性能。

中国的河流湖泊、山地丘陵、草原等多种地形和多样气候为因地制宜地发展农、林、渔、牧等多种经营提供了有力条件。中国是世界古代农业起源发展的最早地区之一，有悠久的糯稻栽培史、油桐种植史和制糖业。多种多样的农、林、畜、牧产品为灰浆中有机添加物的发明和改进提供了广阔的空间。

中国驯养家禽和家畜的历史悠久。在距今约 10000 年前新石器时期的黄河中游地区，已经存在现代家鸡的 3 个主要类型，华北地区是亚洲家鸡驯化的重要起源地之一[28]。距今约 9000 年的河南舞阳贾湖遗址，通过考古资料和技术手段，证明是我国最早的家猪起源地[29]。根据《中国养猪史》的研究，古代中国家猪的驯化在新石器时期出现，从各地遗址中考古出土的猪骨遗存分析，猪的驯化有多个起源地，家猪的分布范围相当广泛，遍及全国各地，仅新疆、江西、宁夏、吉林、黑龙江、天津、上海等少数地区未见报道。在此后的历史时期，猪一直是重要的饲养家畜，从历代的文献中，都能找到关于猪和养猪的文字记载。明清时期养猪业尤为繁荣，这一时期由于人口增加和人均土地减少，可用于放牧牛、羊、马等动物的土地减少因而养殖受到限制，而可以舍饲养殖的猪则被保留了下来，养猪业和养鸡业的养殖技术都有了明显的进步[30]。清代养猪业更是发达，全国各府（包括台湾府）州县方志中，通常都将猪作为"物产"列入方志中，其中四川养猪业最发达，藏区、滇西、滇南等边远地区的猪种也见于这一时期的方志或见闻、杂记类书中[31]。家鸡、家猪的驯养增加了蛋清、猪血

等材料获取的便利性与固定性，为传统灰浆中蛋清、猪血等添加物的使用成为可能。

考古资料表明，我国在 10000 年前就已经开始栽培谷物。河南贾湖遗址（距今 9000—7800 年）出土了中国北方最早的稻米遗存。浙江省浦江县上山遗址发现了 10000 年前的稻米遗存，说明早在全新世早期（距今 9000—8000 年），中国南方和北方已经在收获野生稻并开始种植水稻[32]。糯稻在我国具有悠久的栽培历史，《诗经》及当时的其他文献中的"稻"字，指的就是糯稻[33]。春秋时期，吴越人就以糯米为主食[34]。北魏时期的《齐民要术》中记载水稻品种 24 个，其中糯稻品种 11 个[35]。明朝《稻品》记载了太湖地区的 32 个水稻品种，糯稻占 12 个[36,37]。说明在中国古代南北地区（黄河流域和长江流域[38]）都有糯稻的种植史，且糯稻具有和籼粳稻基本相等的地位。日本学者渡部忠世[39]在 20 世纪 60 年代提出"糯稻栽培圈"的概念，包括了老挝、泰国北部和东北部、缅甸的掸邦和克钦邦的一部分，中国的云南和广西的一部分，印度阿萨姆邦的东部等地区，并指出在 10 世纪以前，"糯稻栽培圈"的范围应该是远大于今日的。游修龄[40]从饮食文化的角度提出"糯米饮食文化圈"，包括了西至印度，东至日本九州，涵盖中南半岛的缅甸、泰国和老挝地区，并横跨我国西南的贵州、广西、云南地区、长江流域和黄河流域，向北延伸至朝鲜半岛的南亚、东南亚、东亚的广大地域。糯米不仅具有食用（包括主食和糕点）、饮用（酿酒）等用途，还具有入药、书画糊裱、建筑黏合剂等用途，并可作为祭品及礼品，多样的功能使得糯稻在古代占据了重要的地位。糯稻的广泛种植为传统灰浆中糯米类添加物的发明和使用提供了物质基础，而糯米灰浆的使用在某种程度上也可能促进了糯稻的

种植。本工作将检出含有淀粉的取样建筑的地域分布与糯稻栽培圈、糯米饮食文化圈的地域进行对比，从图7.4.1可见，使用糯米灰浆的取样建筑基本在糯米饮食文化圈范围内。

桐油是油桐树籽榨出的一种具有良好性能的干性油，具有干燥快、密度小、耐潮湿、防腐防锈等优点。油桐是原产于我国的油料树种，在唐代《本草拾遗》中就有油桐的记载。油桐喜光性强，适合生长于温暖湿润的环境中，多生长于丘陵、山麓、山谷、河岸等海拔低于800m的地区。桐油的产地包括我国四川、重庆、贵州、湖南、湖北、陕西、甘肃、安徽、河南、浙江、江西、广西、广东、江苏、云南、福建、台湾等17个省（市）区约700个县，全分布区面积约210多万平方千米。其中，四川东南部、重庆东部、贵州东北部、湖南西部、湖北西部为我国桐油的中心产区，桐

油产量约占全国总产量的70%[41]。将检出含有油脂的取样建筑的地域分布与油桐的种植范围进行对比，从图7.4.2可见，本工作检出含有油脂的取样建筑大部分位于桐油产区内，可见桐油应是本次灰浆检测中油脂的主要来源。

我国是世界上最早制糖的国家之一，北魏《齐民要术》中记载了饴糖的制作方法，距今已有1500多年。饴糖也称麦芽糖，是由糯米或大麦的麦芽熬制而成，与现行制作方法基本相同。蔗糖由甘蔗榨汁后熬制而成。甘蔗是生长于我国南方的作物，早在春秋时期，我国广东、广西一带已有甘蔗种植[42]，目前甘蔗的主要产地为广东、四川、福建和台湾。我国甘蔗制糖始于战国时期，《楚辞·招魂》中有"柘浆"，指的就是加热煮沸后的甘蔗汁，长沙马王堆汉墓的竹简中发现了"蔗糖"字样，其记载时期为战国末期，因此战国时期的楚国是

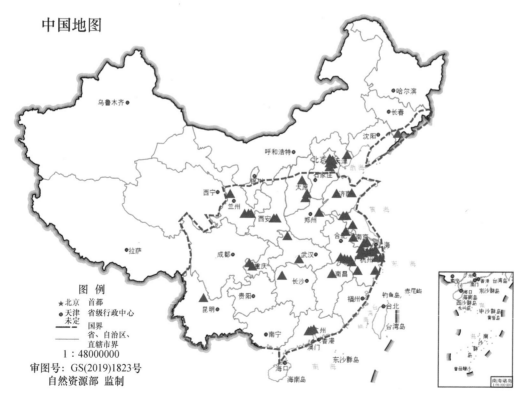

图7.4.1　公元10世纪中国境内的糯米饮食
文化圈范围（依据文献绘制）

中国地图

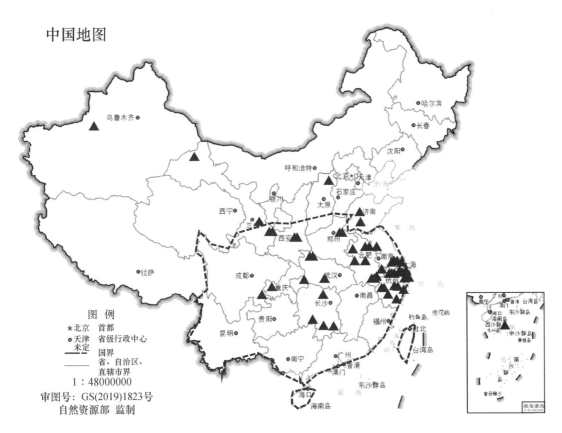

图 7.4.2　检出油脂的取样建筑与当今中国
油桐种植范围（依据文献绘制）

我国最早用甘蔗制糖的地区[42]。东汉到唐初，我国制的蔗糖为含有大量糖蜜的赤砂糖[43]。唐代印度制糖术传入中国，我国制糖技术得到提升，可以制较纯的白砂糖和冰糖[44]。从图 7.4.3可见，本研究中，检出含有糖的取样建筑分布于我国的华东和西北地区，部分位于蔗糖主产区内，因此推测传统复合灰浆中的添加物除蔗糖外，可能还有其他来源。

（3）中国的火山分布及喷发记录。

用于提升石灰浆性能的添加物可以是无机的或有机的。典型的无机添加材料是公元前1500 左右开始在欧洲使用的火山灰和人工火山灰材料。本次工作整理了中国的火山分布情况及历史上的喷发记录，探讨火山灰材料作为灰浆添加物使用的可能性。中国新生代（约 6500万年前至今）火山群有 120 个，火山 1000 余

座，主要分布于东北—华北火山带、青藏火山带、东南沿海火山带及台湾火山带[45]。全新世以来（约 11000 年至今）具有喷发活动的活动火山群（现在正在喷发的火山，或过去 1 万年以来有过喷发活动的火山）有 8 处，分布于黑龙江、吉林、云南、腾冲、台湾和海南，在地域上处于人口稀少的地区，也处于华夏文明的边沿区域，而近 1 万年来在华夏文明的腹地则几乎没有火山活动[46]。根据火山喷发时间的记载，中国及周边地区的火山活动主要集中在1597—1724 年、1795—1854 年以及 1898 年后这三个时段[47]，这一时期有机-无机复合灰浆的发展已相对成熟和完善，并不需要使用和发展火山灰灰浆。

木结构建筑是广泛适应中国多样的气候和地形条件的建筑方式，当纯石灰灰浆无法满足

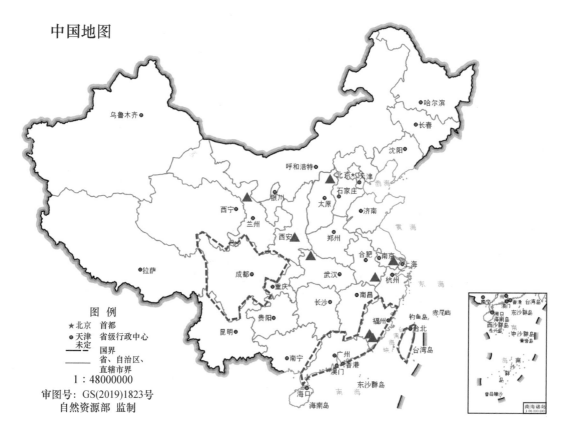

图 7.4.3　含有糖的取样建筑分布与当代
甘蔗主要种植范围

木结构建筑的建造需求时，中国的地理环境又不具备发展火山灰灰浆的条件，然而中国农、林、渔、牧业历史悠久、物产丰富，拓展了灰浆中有机添加物的选择范围，将糯米、桐油、蛋清、蔗糖、动物血等农林畜牧产品作为改善石灰基灰浆性能的添加物成为自然的选择。

古代中国是家鸡、家猪、糯稻、桐油、甘蔗的重要起源地，有着悠久的驯养史和栽培史。野生猕猴桃也广泛分布在古代中国的疆域内。这些农林业活动使古代中国人对鸡蛋、猪血、糯米、桐油、蔗糖等农林业产品有着广泛且深入的认识和利用，为有机-无机复合灰浆的发明提供了物质基础。同时，以上家养动物和农林产品的培育和发展也使传统复合灰浆中有机添加物具有稳定和便利的材料来源，这样的便利性和稳定性也有利于传统复合灰浆的持续

发展和不断改进。

7.4.3　有机添加物的性能与作用

有机添加物本身具有的特性，可能恰好符合某些建筑灰浆的需求，因此被尝试加入灰浆中，具有良好试验结果的添加物被保留下来并继续改进。

分析传统复合灰浆中有机添加物的特性，可以发现，成为有机添加物的材料，如糯米、蛋清、糖、猪血、猕猴桃藤等材料，自身就具有一定黏性，或经过简单加工后就能成为有黏性的产物，而且这种黏性很容易被古人所认识。例如，糯米在煮熟之后具有很高的黏性，它作为中国古代重要的一种主食，其食用方法主要为蒸煮，因此古人对糯米黏性的认识与其成为食物的时间几乎是相同的。甘蔗和猕猴桃

藤中流出的液体本身具有黏性，其榨汁或浸出后的产物糖、猕猴桃藤汁（羊桃藤汁）等也具有黏性，且这一特性非常容易被感知。类似地，蛋清与猪血也具有相同的黏性，且容易被认识其黏性。桐油虽然没有黏性，但其良好的防腐、防水性能也可通过油漆、油纸伞等工艺被认识。基于有机材料的特性推测，当纯石灰灰浆需要增加某些性能时，工匠优先考虑了自身具有这一特性的材料进行尝试，如需要增加灰浆黏合力时，选择糯米、糖水等材料进行试验，需要防水性灰浆时，选择桐油等本身具有防水性的材料进行试验，试验效果良好的有机添加物被保留下来，效果不理想的材料则被剔除，经过反复的试验和改进，有机添加物的种类和配比被逐渐明确和固定下来，世代相传。

古人虽然不知道传统复合灰浆中有机添加物的作用，但可以通过长期的建筑经验认识到传统复合灰浆良好的黏结性能。本实验室针对有机添加物的作用，进行了大量试验研究。研究表明，灰浆中有机添加物的使用不仅可以改善灰浆的性能，还拓展了灰浆的应用范围，特别适应中国木构架建筑的工艺，使建筑物更加牢固和舒适。例如，糯米浆具有一定的生物矿化的模板作用。仿制样品中，当糯米浆浓度在4%时，抗压强度和表面硬度接近最大值，分别比空白样品提高了10倍和3倍左右。同时，糯米淀粉能够很好地黏结碳酸钙纳米颗粒并填充其微孔隙。熟桐油加入石灰浆中，可以提高灰浆的抗压强度和剪切强度，改善抗氯离子侵蚀能力和耐冻融循环性能，还降低了灰浆的吸水率。用桐油、石灰和麻絮制成的浆体在造船中的运用，推动了航海技术和船舶安全性的提高。蛋清在灰浆中起了加气作用、黏结作用、杀菌作用和防水作用。蛋清蛋白自身的黏结性和胶凝性可以减缓灰浆的碳化，使灰浆能够更

持久的保持碱性，提高灰浆对抗因外力而产生损伤的自修复能力。蔗糖对石灰浆具有减水作用。动物血在灰浆中起了加气作用、减水作用、黏结作用、防水作用和平整抗龟裂作用等。以上研究从科学的角度，解释了传统复合灰浆中有机添加物的作用，以及其具有良好性能的原因。

根据有机添加物的特性和作用推测，成为复合灰浆中有机添加物的材料，通常自身具有一定的黏性或防水性，恰好符合了建筑灰浆的需求，因此被尝试添加到灰浆中，并证实有良好效果而得以保留。现代研究也表明，被保留下来的有机添加物改善了灰浆的黏结性能，拓展了灰浆的应用范围。这些基于相似性的随意添加经受住了时间的考验，证明了有机添加物的作用，逐渐形成了富有特色的有机-无机复合灰浆体系。

7.4.4　古代建筑的发展对传统灰浆应用的影响

（1）古代建筑的发展对传统灰浆应用的影响。

中国古代建筑在唐代形成了完整的建筑体系。这一建筑体系的成熟与发展，也影响了传统复合灰浆的应用与发展。考古发现和灰浆样品检测表明，糯米灰浆、桐油灰浆、蛋清灰浆、糖水灰浆在唐代均已出现，并且复合灰浆的发展在宋代迎来第一次发展高峰。从两者在时代上的关联分析，建筑体系的成熟可能也促进了复合灰浆的发展。其次，相对封闭的社会环境和建筑体系，促使传统复合灰浆的发展和完善。宋代以后，政府无法控制西北地区，陆上丝绸之路衰弱，中国与外界的交流多靠海路，交流范围缩小。明清两代，政府多次海

禁，社会环境更为封闭。在这样封闭的环境下，中国本土的建筑体系则更趋于完善和封闭，难以从国外吸收建筑材料与工艺。在没有外来建筑材料冲击，以及传统复合灰浆自身发展的情况下，中国传统复合灰浆的应用在宋代、明代达到了两次发展高峰。

（2）建筑类型对传统灰浆应用的影响。

通过本工作对不同建筑类型中复合灰浆的应用汇总，以及中国古代建筑文化分析，传统复合灰浆的应用受到建筑类型的影响。

中国早期文化中，提倡"事死如事生"的厚葬文化，认为活着的人要像侍奉生者那样侍奉死者，因此墓葬建筑及随葬品均应仿照世间。本研究中，隋代之前的样品中，检出有机物的样品主要来自墓葬，说明当时建造墓室时在选材用料上的不惜财力，也与当时推崇墓室建筑宏大豪华的厚葬文化有关。

本研究中，平民用于居住和纪念的建筑，以及城墙是检出有机物种类最多的建筑类型。民间建筑注重实用性，寻求建筑成本与实用性之间的平衡，因此通常会因地制宜地选用材料，糯米、桐油、蛋清等有机材料作为农林业的产品，相对容易获得和使用，在此基础上，古代工匠积累了丰富的复合灰浆使用经验。

古代中国主流的儒家思想，注重宗法和等级观，使建筑成为等级制度的反映。古代的宫殿、城墙等体现统治阶级意志的大型建筑的修建中，往往追求材料的奢华，而不计较成本因素，相对奢侈的蛋清灰浆，也主要应用在此类建筑中。此外，官方大型建筑的修建，通常集中了大量的工匠，全国各地的工匠将最顶尖的建筑材料与工艺进行交流比较，将当地的民间建筑经验在更大范围内扩散，使官家建筑在民间建筑经验的基础上，进一步提升了材料和工艺，有机物的应用也更加广泛。如清代工部官修《大清会典则例》中，就记载了在水利工程建设时官方使用的糯米灰浆的配方。

北京明清时期建筑灰浆中有机物的应用，是传统复合灰浆中等级性的典型表现。作为明清两代的都城，北京的长城、宫殿的灰浆样品中检出含有淀粉、蛋白质、血等成分，但北京并不是糯米、桐油等有机物的产地，其灰浆中使用的糯米等添加物很可能需要从其他地区运入，因此这些建筑中有机添加物的使用并不是出于便利性的原因，而是出于在重要建筑中使用规格最高、性能最好的灰浆材料的需求。这些重要建筑在修造时也可能吸收了其他地区的建筑经验，如糯米、桐油、红糖等产区的更成熟的复合灰浆的使用经验，从而提升了灰浆材料，选择了性能更好的有机添加物。明代的都城城墙、皇宫建筑、皇室墓葬等高规格建筑的灰浆样品中，也均检出了有机物成分，因此可以推测当时传统复合灰浆材料应代表了灰浆材料的最高规格。

（3）建筑装饰艺术中传统复合灰浆的应用。

建筑装饰是体现建筑的建造者和使用者艺术审美与追求的重要方式，是建筑体系中的重要组成部分。装饰与抹面功能也是古代灰浆的重要功能和应用范围。灰浆的使用可以追溯到公元前 12000—7000 年的巴勒斯坦和土耳其地区，考古人员在当地的遗址中发现了石灰灰浆的建筑结构和地面[10]。石灰也是古埃及金字塔[13]和玛雅金字塔[21]的抹面材料。中国也是最早使用石灰灰浆的地区之一。新石器晚期建筑中使用的石灰灰浆制成的"白灰面"，具有防潮、防虫的功能，也能使房间更加干净、明亮，起到装饰地面的作用。有时还会在白灰层上绘制花草、兽面等图案，制成地画，更具艺术效果[48]。古代文献中记载的蛎灰的旧称"白盛"，也是因其可以作为白色的墙面涂料起到装饰的作用而得名。由此可见，从人们发明和利用灰浆之时起，装饰功能就是灰浆的重要功能之一。

中国古代建筑中，传统复合灰浆是实现建筑的装饰功能和体现艺术审美的重要材料。根据明代《武备志》记载，水库、宫殿等建筑墙体的抹面灰浆时"欲令光润者，以鸡子清或桐油和之，如法击摩之"，可见蛋清灰浆、桐油灰浆在作为抹面灰浆应用时，其主要作用是使墙面光滑圆润，以达到装饰的目的。此外，油饰彩画、壁画、漆作、灰塑、彩绘泥塑等中国传统建筑中主要的装饰工艺中，传统复合灰浆均发挥了重要功能。

传统复合灰浆是油饰彩画、壁画地仗层的材料，油饰彩画通常绘制于古代建筑的木构件上，如屋檐、房梁、木柱等，壁画通常会绘制于建筑、洞窟及墓葬的内壁上。两种彩绘工艺在绘制前，通常会在颜料层下制作一层地仗层，其作用是用于彩绘面的找平。油饰彩画中，地仗层常用油满（桐油、面粉、石灰水混合物）、猪血、牛血等材料[49]，油漆层细腻子的制作中也会使用血料、桐油等材料[50]。壁画的地仗层材料有明胶、植物纤维、蛋清、石灰等，可见传统复合灰浆是古建筑表面装饰艺术的重要材料。

彩绘泥塑是中国古代各类宗教建筑中常见的雕塑种类，胎体主要由砖木、泥土、大量各种纤维和少量连接件构成，制作胎体时可在土料中添加胶料，如蛋清、蛋黄、糯米汁、桐油等，使泥塑胎体更坚固[51]。

灰塑是岭南地区传统的建筑装饰工艺，是国家级的非物质文化遗产。灰塑是以草筋灰（沙粒、石灰、稻草、红糖制成）、纸筋灰（石灰、红糖、糯米粉、元宝纸制成）、贝灰为主

要塑形材料，以竹钉、铁钉、铜丝、瓦片为骨架，结合雕刻和绘画工艺的建筑装饰物[52]。灰塑的主要制作材料为生石灰，以石灰、红糖、糯米配合，并添加植物纤维等塑性材料的传统复合灰浆是灰塑的主要材料。

建筑装饰工艺是提升建筑使用环境、体现使用者艺术审美的重要方式，中国古建筑中，传统复合灰浆是实现装饰功能的重要建筑材料，这也可能是传统复合灰浆的发明和使用的原因之一。

7.4.5 其他工艺中有机物应用的影响

有机添加物不仅可以应用于中国古建筑的灰浆中，在其他一些需要胶结物的工艺制作中，也可以找到有机物使用的情况。

（1）传统彩绘工艺中有机材料的应用。

本研究中，最早使用复合灰浆的古建筑为安徽六安文一战国墓，其灰浆样品中检测出了油脂和蛋白质成分。而与这一建筑相近的历史时期，中国人在彩绘中也使用了蛋清作为黏合剂。Bonaduce I[53]和本实验室 Hu W[54]等人分析了秦始皇兵马俑彩绘层的胶结物，在胶结材料中也发现了蛋清成分。可见在战国时期及其之后的秦代，蛋清已成为灰浆工艺及彩绘工艺等多种工艺中的胶凝材料。

（2）造船工艺中有机材料的应用。

传统中国造船工匠为了使船只密封防水，通常会采用"艌船"的工艺。"艌料"是用于密封船只的胶凝材料，以桐油、石灰并加入麻丝的混合物为常见的艌料。考古发现的最早应用桐油灰浆的实例，是江西如皋县发现的唐代木船，桐油灰浆作为船只艌料使用。文献中最早记载桐油灰浆的宋代文献《物类相感志》中，记载的也是桐油灰浆在造船工艺中的应

用："豆油可和桐油作舱船灰，妙。"可见桐油灰浆在船只制作中的使用有上千年的历史，其在船只舱缝中良好的密封性能和防水性能，也可能影响了传统复合灰浆在城墙、水库等建筑建造中的应用。

（3）造纸工艺中有机材料的应用。

纸是中国古代书画的主要载体，造纸术是中国古代四大发明之一，其过程大致为原料（麻、竹等）进行一系列处理后制成植物纤维，在纸槽中和水搅拌成浆液，用捞纸器捞浆，使纸浆在捞纸器上形成薄薄的湿纸，干燥后揭下成为纸张。然而，植物纤维在水中往往分散不均，搅拌后便开始下沉，捞出的纸张也厚薄不均。为解决这一问题，需要提高浆液对纤维的悬浮能力，因此一般还会在纸槽中加入适当的植物黏液（在民间通常称为"纸药"或"滑水"）或淀粉浆液，增加纤维的分散度和悬浮时间后再开始捞纸，或在纸制成后在表面施一层淀粉糊剂。根据新疆、甘肃等地考古出土的早期纸张，最晚在晋代，我国造纸技术中开始采用淀粉浆液和糊剂，淀粉浆液的材料为用米磨制的淀粉汁。宋元明清时期，手工造纸多用纸药，羊桃藤汁是常用的纸药原料，最晚在宋代就已用于造纸中[55]。元代时徽州用羊桃藤汁做药造纸，使用植物黏液做纸药提高了宋元时期安徽的造纸质量[56]。在用作纸药时，羊桃藤汁的取用方法是将新鲜的猕猴桃枝叶切成小段，捶破表皮后放入水中浸泡出透明药汁。该方法与传统复合灰浆中羊桃藤汁的加工方法基本一致，利用的也是羊桃藤汁本身具有的植物黏性。

（4）其他工艺中有机材料的应用。

综合古籍记载和现代研究可以发现，中国古代许多工艺中，均使用了与复合灰浆相同的有机材料。如蛋清可以用于粘瓷器。中国传统书法和绘画的陈列与保存中，都需要将书画进行裱糊，其中，一部分裱糊的原料就是糯米制成的薄浆糊。糯米浆糊还可以用于封糊门窗、糊制布鞋鞋底、浆衣除皱等。桐油、糯米糊、猪血等还可作为漆器制作中漆胎的黏合剂。羊桃藤汁还可代替龙胶、海藻胶等，用作印染画布的胶液。

从以上研究可以发现，有机材料不仅应用于中国古代建筑中，还被用于彩绘、造船、造纸、书画装裱以及许许多多与日常生产和生活息息相关的工艺中。这些工艺中有机材料基本充当了黏合剂的作用，其加工和利用方式也与传统复合灰浆中有机材料的加工方式类似。因此可以推测，传统复合灰浆中有机材料的应用并非偶然，可能受到了古代彩绘、造纸、漆艺等各类民间传统工艺的影响，存在着不同技术工艺中有机材料相互借鉴的情形。

7.4.6　传统复合灰浆与中国传统文化的契合点

（1）因地制宜、物尽其用的实用理念。

中国人崇尚的"天人合一"的自然观，在建筑上体现就是追求建筑与环境的协调与融合，因地制宜，就地取材。传统复合灰浆中有机添加物来源于富有生命力的动物和植物，恰好符合了中国传统木构架建筑中对"厚生、贵生、生生不息的生命精神"[57]的追求和意义。中国是世界古代农业起源发展的最早地区之一，以农业为主的生活方式，催生了中华民族对土地与植物的感情。建筑材料中使用农林畜牧业的产品，与其追求建筑和自然融为一体的建筑审美有关。

李允鉌在《华夏意匠》中提到，"就地取材"是建筑发展所必然产生的普遍现象，"客观存在的条件决定材料的选用，基于对材料的了解和认识去决定结构和构造的方法，方法和功能决定各个部件以至整体的形式"[58]，优秀的建筑应当合乎这一建筑发展的规律。中国传统复合灰浆是基于中国古代的地理与自然条件，将糯米、桐油、蛋清、蔗糖、动物血等农林畜牧产品作为改善石灰基灰浆性能的添加物而发明的灰浆材料。古代中国人发现糯米、蛋清、糖、猪血、猕猴桃藤等材料的黏性和桐油的防水性等材料自身性能并加以利用，是发明传统复合灰浆的认识基础。这种基于材料认识的朴素实践与按需取材、就地取材的实用做法，符合了古代中国人认识自然、利用自然，追求与自然融为一体的自然观，以及因地制宜、物尽其用的实用理念。

（2）调和思想。

宋代《营造法式》中有"五材并用，百堵皆兴"的记载，其意是"典型的中国建筑是一种混合结构，尽量使用各种材料，使之能够各尽所能，各展所长"[58]。"五材"指的是砖、瓦、木、石、土五类建筑材料，这其中除一部分土具有黏结性能外，其余材料均不具备黏结性能，需配合胶凝材料使用。传统复合灰浆作为中国古代建筑中木构建筑和砖石建筑的胶凝材料，其定义中本就具备调和的意义（胶凝材料：通过自身物理化学作用，由可塑性浆体变为固体或表面膜层，能将散粒或块状材料黏结成整体的材料），这一意义也符合中国文化中协调、和谐的传统思想。

传统复合灰浆的调和思想还体现在灰浆中各种材料之间的配比与调和。中国建筑中的木材、石材、砖、瓦、土等材料，通常是用单一的原材料（木、石、土）经过切割、烧制等加工后使用的，而传统复合灰浆的原料来源则并不单一，是根据当地物产选择基料（石灰、蛎

灰）、有机添加物（糯米、桐油等）以及集料，并经过配比与调和，从而获得的黏结性能更加良好的胶凝材料，这一过程更能体现人工的选择与调和对建筑的影响。

传统复合灰浆在中国传统建筑中的调和作用，另一个表现就是其具有的灵活性。宋代《营造法式》中，以"材、栔、分"作为大木作木构件的度量标准，确定了不同等级和规格的建筑中木材的使用标准和尺寸。砖、瓦等通常定点烧制和分散使用的材料，也具备一定的通用尺寸，在选材和使用上的灵活度较小。而灰浆材料作为这些建材的黏结材料，则具有更大的灵活性，使其可以满足各类建筑的需要。传统复合灰浆作为一种由有机添加物、石灰调和而成的黏结材料，在实际应用中，可根据建筑需求和当地物产因地制宜、就地取材地使用不同的有机添加物，并可根据当时当地的气候条件调整灰浆中有机物、石灰和水的配比及制备时间，人工把握复合灰浆的配合比与制作工艺，不仅能得到黏结性能良好的胶凝材料，而且具备了较大程度的灵活性，可以适应不同气候和地理环境中建筑的使用，使木材、砖、瓦等已有定制的建材的应用更灵活。

（3）传统复合灰浆衍生的忠、孝等社会文化意义。

与其他胶凝材料相比，传统复合灰浆的材料成本更高，制作工艺更加复杂，古人也因此赋予了传统复合灰浆相关的文化意义。例如，明代王在晋在《越镌》中记录了他在督造皇妃陵寝的过程中一一检验石灰、米汁的情景："凡合缝灌浆，块灰、米汁一一经验，人臣非藉此一抔土称报效，然体事必忠"，认为这也是臣子对朝廷尽忠的一种表现。清代曾国荃记载的一位孝子事迹中，详细描述了其为母亲修建墓葬时亲自制作藤汁、糯米灰浆的情景，并

因此在死后进入忠义孝弟祠，受后人景仰：
"段永类，字百原，诸生蠩生长子，性孝父，
宦游闽粤，母刘多病不能偕，永类留侍汤药。
母卒，寝苦枢侧三年不移。及葬，躬负泥沙和
藤汁米粥，手自捶捣。年五十五卒，同治四年
旌入忠义孝弟祠。"以上文献表明，古人将修
建墓葬时，使用工艺复杂的传统复合灰浆被赋
予了忠、孝等社会文化意义，这些意义也反过
来促进了传统复合灰浆的使用与发展。

古代文献中将传统复合灰浆赋予社会文化
意义的文字记载的出现时间，要远远晚于传统
复合灰浆的应用历史，且其被赋予的意义也与
传统复合灰浆中有机添加物的较高成本及复杂
工艺有关，因此可以推测，使用有机添加物的
传统复合灰浆，其最初的应用应是基于提升灰
浆性能的考虑，并非出于有机材料具有的文化
意义；但在传统复合灰浆体现出了良好的性能
并成为中国古建筑材料中的重要部分之后，人
们逐渐将其与忠、孝等社会文化意义联系起
来，衍生出了传统复合灰浆的文化意义。

7.4.7　小结

有机添加物的发明和持续使用是中国传统
灰浆的重要特点。

中国传统复合灰浆的发明和使用与中国的
地理位置和气候环境相关。中国多样的气候和
地形条件下，木结构建筑是最合适的建筑类
型。中国农、林、渔、牧业历史悠久、物产丰
富，在不具备发展火山灰添加物的情况下，发
明并使用农、林、畜、牧产品作为改善石灰基
灰浆性能的添加物成为自然选择，农、林业的
发展为传统复合灰浆中的有机添加物提供了种
类广泛、供应稳定且便利的材料来源，有利于
传统复合灰浆的持续发展和不断改进。

现代研究表明，有机添加物的使用改善了
灰浆的黏结性能，拓展了灰浆的应用范围，这
也是传统复合灰浆的使用原因之一。

传统复合灰浆的发展与中国古建筑体系的
成熟和发展具有一致性，且传统复合灰浆的应
用受到建筑类型的影响，不同类型建筑中对成
本、实用性等因素的不同要求，会影响复合灰
浆中有机物的选择与使用。传统复合灰浆是实
现建筑装饰功能的重要材料，也可能是传统复
合灰浆的发明和使用的原因之一。

在中国古代许多需要黏合剂的技术工艺
中，有机材料也充当了良好的胶凝作用，这些
技术可能与传统复合灰浆的制作工艺相互借
鉴，拓展了有机添加物的应用。

传统复合灰浆的认识和利用过程体现了古
代中国人对材料认识的朴素实践与按需取材、
就地取材的实用做法，符合了古代中国人认识
自然、利用自然，追求与自然融为一体的"天
人合一"的自然观。传统复合灰浆作为中国古
代建筑中黏结砖、瓦、石等材料的胶凝材料，
其作用本身就体现了中国古代调和、和谐的传
统思想。传统复合灰浆在使用中可以人工把握
复合灰浆的配合比与制作工艺，具备了较大程
度的灵活性，可以适应不同气候和地理环境中
建筑的需求，也能满足已有定制的木材、砖、
瓦等材料的灵活使用。传统复合灰浆在发展
过程中被逐渐赋予了忠、孝等社会意义，这
也可能反过来促进了传统复合灰浆的使用与
发展。

7.5　本章小结

(1) 古建筑灰浆样品检测分析结果

通过对我国 22 个省（区）市的 159 处古
建筑和遗址的 378 个古代灰浆样品的检测结果

进行统计，发现共有96处古建筑及遗址的219个样品中含有有机添加物成分。其中含有淀粉成分的样品112个，含有油脂成分的87个，含有蛋白质的59个，含有糖类的14个，含有血料的5个，同时含有两种有机物的样品有48个，含有三种有机物的样品有5个。统计结果大致反映了中国古代糯米灰浆、桐油灰浆、蛋清灰浆、糖水灰浆、血料灰浆，以及复配灰浆的应用情况。可与古文献记载相互印证的有南京明代城墙灰浆样品检出含有糯米成分、海南"华光礁1号"南宋沉船的舱料样品中检出含有油脂成分。

(2) 传统复合灰浆应用历史研究

通过对传统复合灰浆检测成果的检索，并与古文献和考古报告比对，发现本研究中检出含有淀粉成分最早的样品为江苏徐州东汉墓的灰浆样品（东汉，公元25—220年），比之前考古发现的南北朝时期灰浆材料早了至少300年；检出含有油脂和蛋白质成分最早的样品为安徽六安文一战国墓的灰浆样品（战国，公元前475—221年），比之前考古发现的唐代木船早了至少800年；检出含有糖类成分最早的样品来自五代时期江苏苏州虎丘塔（公元961年），比福建地区土楼早了约400年；检出血液成分最早的样品为元末明初的浙江建德严州城墙样品（约公元14世纪），比明代定陵发现的血料灰浆早了约200年。本研究以试验证据使现知的中国各类有机物复合灰浆的应用历史均提早了。

研究表明，传统复合灰浆的发展可分为出现、第一个发展高峰、第二个发展高峰、衰落共4个发展阶段。第一个发展高峰出现在宋代，这一时期检出有机物的灰浆样品数量增多，检出率提高。古代文献中也首次出现了糯米灰浆、桐油灰浆的记载。第二个发展高峰出

现在明代，明代灰浆样品的有机物检出数量最高，文献中记载传统复合灰浆的内容增多，首次出现了蛋清灰浆、糖水灰浆、植物汁类灰浆等文字记载。明代的都城城墙、皇宫建筑、皇室墓葬等高规格建筑的灰浆样品中均检出有机物成分，推测当时传统复合灰浆材料应代表了灰浆材料的最高规格。

传统复合灰浆在清代由盛转衰，灰浆样品中有机物检出数和检出率下降，文献记载中也开始出现对复合灰浆性能和成本的负面评价。传统复合灰浆衰弱的因素包括，与普通灰浆相比，其工艺更复杂，材料成本和人工成本更高，且其使用效果受制作工艺影响，以及水泥等新材料使用的影响。

(3) 传统复合灰浆的应用原因研究

本研究表明：中国传统复合灰浆的发明和使用与中国的地理位置和自然环境相关，农、林业的发展为传统复合灰浆中的有机添加物提供了种类广泛、供应稳定且便利的材料来源，有利于传统复合灰浆的持续发展和不断改进。

糯米、蛋清、糖、猪血、桐油等材料自身具备一定的黏性、防水性等容易认知的特性，为其成为灰浆添加物的试验材料增加了合理性。现代研究也表明，有机添加物的使用可以改善灰浆的黏结性能，拓展灰浆的应用范围，这也是传统复合灰浆的使用原因之一。

传统复合灰浆的应用受到了中国古代建筑发展的影响，中国古代建筑在唐代成熟，复合灰浆在宋代达到第一次发展高峰，两者在时代上存在关联性。在明清时期相对封闭的社会环境和建筑体系下，传统复合灰浆的发展也更趋于完善和封闭。复合灰浆也是中国古代厚葬文化以及建筑等级性的反映。传统复合灰浆是实现建筑的装饰功能和体现艺术审美的重要材料。油饰彩画、壁画、漆作、灰塑、泥塑彩绘

等中国传统建筑中主要的装饰工艺中，传统复合灰浆均发挥了重要功能。

中国传统彩绘工艺、造船业、造纸等需要胶结物的工艺制作中，都能找到有机物的应用情况，传统复合灰浆的发明和应用也与其他技术工艺中有机黏合材料的使用存在相互借鉴的情况。

传统复合灰浆的使用符合中国人"天人合一"的自然观和因地制宜、物尽其用的实用理念，其材料组成及黏合的作用也符合中国文化中调和、和谐的思想。复合灰浆复杂的制作工艺也被赋予了忠、孝等社会意义，反过来促进了传统复合灰浆的使用与发展。

通过应用原因的探讨，本研究表明，传统复合灰浆所蕴含的艺术价值、科学价值、文化价值和社会价值，是其成为中国古建筑体系中重要胶凝材料的主要原因。

本章参考文献

［1］尧志刚．建德梅城明清严州府南城墙发掘报告［J］．东方博物，2015（04）：46-62.

［2］建德市第三次全国文物普查办公室．建德古韵［M］．杭州：西泠印社，2012.

［3］中国社会科学院考古研究所．定陵 上［M］．北京：文物出版社，1990.

［4］缪纪生，李秀英，程荣逵，等．中国古代胶凝材料初探［J］．硅酸盐学报，1981（02）：234-240.

［5］夏鼐．考古学和科技史——最近我国有关科技史的考古新发现［J］．考古，1977（02）：81-91.

［6］汤先新．肥西揽胜［M］．合肥：安徽人民出版社，2009.

［7］余德新．唐山细棉土厂史话［J］．中国建材，1981（01）：63.

［8］龙兆康．仁化历史文化丛书 仁化古村［M］．广州：暨南大学出版社，2015.

［9］泉州市地方志编纂委员会．泉州市志［M］．北京：中国社会科学出版社，2000.

［10］Sierra E J，Miller S A，Sakulich A R，et al. Pozzolanic Activity of Diatomaceous Earth［J］. Journal of the American Ceramic Society，2010，93（10）：3406-3410.

［11］Mazar A. Archaeology of the land of the Bible：10，000-586 BCE［M］. New York，NY：Doubleday，1992.

［12］Elsen J. Microscopy of historic mortars-a review［J］. Cement and Concrete Research，2006，36（8）：1416-1424.

［13］Vejmelkova E，Keppert M，Rovnanikova P，et al. Properties of lime composites containing a new type of pozzolana for the improvement of strength and durability［J］. Composites Part B-engineering，2012，43（8）：3534-3540.

［14］White K D. Greek and Roman technology［M］. London：Thames and Hudson，1984.

［15］Grist E R，Paine K A，Heath A，et al. Compressive strength development of binary and ternary lime-pozzolan mortars［J］. Materials & Design，2013，52：514-523.

［16］Theodoridou M，Ioannou I，Philokyprou M. New evidence of early use of artificial pozzolanic material in mortars［J］. Journal of Archaeological Science，2013，40（8）：3263-3269.

［17］Salavessa E，Jalali S，Sousa L M O，et al. Historical plasterwork techniques inspire new formulations［J］. Construction and Building Materials，2013，48：858-867.

［18］Blezard R G. The history of calcareous cements［Z］. London，UK：Arnold Publishers，1998.

［19］Vicat L. Mortars and cements［M］. High Holborn，UK：John Weale，1837.

［20］Hughes J J，VáLek J. Mortars in historic buildings：A review of the conservation，technical and science literature［M］. Historic Scotland：Technical Conservation，Research and Education Division，2003.

［21］ Carran D，Hughes J，Leslie A，et al. A short history of the use of Lime as a building material beyond europe and north america ［J］. International Journal of Architectural Heritage，2012，6 (2)：117-146.

［22］ Alonso M I V. Lowland Maya lime plaster technology：A diachronic approach ［D］. London，UK：University College London，2009.

［23］ Magaloni D，Pancella R，Fruh Y，et al. Studies on the Mayan mortars technique，materials issues ［Z］. May 16-21，Cancun，Mexico，1995：483-489.

［24］ Sengupta R. Influence of certain Harappan architectural features on some texts of early historic period ［J］. The Indian Journal of History of Science，1971，1 (6)：23-26.

［25］ Archaeological Survey of India. Excavations-Important-Rajasthan ［Z］.

［26］ Panda S S，Mohapatra P K，Chaturvedi R K，et al. Chemical analysis of ancient mortar from excavation sites of Kondapur，Andhra Pradesh，India to understand the technology and ingredients ［J］. Current Science，2013，105 (6)：837-842.

［27］ Singh M，Waghmare S，Kumar S V. Characterization of lime plasters used in 16th century Mughal monument ［J］. Journal of Archaeological Science，2014，42：430-434.

［28］ 向海. 利用古代 DNA 信息研究家鸡起源驯化模式 ［D］. 北京：中国农业大学，2015.

［29］ 罗运兵，张居中. 河南舞阳县贾湖遗址出土猪骨的再研究 ［J］. 考古，2008 (01)：90-96.

［30］ 徐旺生. 中国养猪史 ［M］. 北京：中国农业出版社，2009.

［31］ 张仲葛. 中国养猪史初探 ［J］. 农业考古，1993 (1)：210-213.

［32］ 刘莉，李炅娥，蒋乐平，等. 关于中国稻作起源

证据的讨论与商榷 ［J］. 南方文物，2009 (03)：25-37.

［33］ 游修龄. 稻作史论集 ［M］. 北京：中国农业科技出版社，1993.

［34］ 游修龄，曾雄生. 中国稻作文化史 ［M］. 上海：上海人民出版社，2010.

［35］ 周跃中. 试谈中国古代农作物种类及其历史演变 ［J］. 吉林农业，2010 (08)：1-3.

［36］ 游修龄. 我国水稻品种资源的历史考证 ［J］. 农业考古，1981 (02)：2-12.

［37］ 游修龄. 我国水稻品种资源的历史考证（续完） ［J］. 农业考古，1982 (01)：32-41.

［38］ 黄剑华. 中国稻作文化的起源探析 ［J］. 地方文化研究，2016 (04)：40-57.

［39］ 渡部忠世. 稻米之路 ［M］. 尹绍亭，译. 昆明：云南人民出版社，1982.

［40］ 游修龄. 农史研究文集 ［M］. 北京：中国农业出版社，1999.

［41］ 张玲玲，彭俊华. 油桐资源价值及其开发利用前景 ［J］. 经济林研究，2011 (02)：130-136.

［42］ 李木田. 中国制糖三千年 ［M］. 广州：华南理工大学出版社，2016.

［43］ 袁翰青. 中国化学史论文集 ［M］. 北京：生活·读书·新知三联书店，1956.

［44］ 李治寰. 唐代引进印度制沙糖法考证 ［J］. 中国科技史杂志，2010 (02)：187-195.

［45］ 吕宗文，孙盛杰，何永志. 我国新生代火山活动特征及危险活动区的初步划定 ［J］. 东北地震研究，1990 (01)：20-32.

［46］ Wei H，Sparks R，Liu R，et al. Three active volcanoes in China and their hazards ［J］. Journal of Asian Earth Sciences，2003，21 (P II S1367-9120 (02) 00081-05)：515-526.

［47］ 张晓东，时振梁. 中国及周边地区历史火山喷发与历史强震关系研究 ［J］. 地震学报，1999 (01)：99-106.

［48］ 侯晓斌. 从材料的使用和制作工艺看中国古代壁画的变化与发展 ［J］. 文博，2011 (04)：

58-64.

[49] 胡道道，李玉虎，李娟，等 . 古代建筑油饰彩绘传统工艺的科学化研究 [J]. 文博，2009（06）：435-450.

[50] 严静 . 中国古建油饰彩画颜料成分分析及制作工艺研究 [D]. 西安：西北大学，2010.

[51] 王丹阳 . 古代泥塑彩绘分析中的植物纤维检测技术研究 [D]. 杭州：浙江大学，2016.

[52] 林畅斌 . 岭南广府地区建筑灰塑工艺及保护研究 [D]. 广州：华南理工大学，2011.

[53] Bonaduce I，Blaensdorf C，Dietemann P，et al. The binding media of the polychromy of Qin Shihuang's Terracotta Army [J]. Journal of Cultural Heritage，2008，9（1）：103-108.

[54] Hu W，Zhang K，Zhang H，et al. Analysis of polychromy binder on Qin Shihuang's Terracotta Warriors by immunofluorescence microscopy [J]. Journal of Cultural Heritage，2015，16（2）：244-248.

[55] 潘吉星 . 中国造纸技术史稿 [M]. 北京：文物出版社，1997.

[56] 安徽省地方志编纂委员会编，夏勤农卷主编 . 安徽省志 51 科学技术志 [M]. 北京：方志出版社，1997.

[57] 张慧 . 先秦生态文化及其建筑思想探析 [D]. 天津：天津大学，2010.

[58] 李允鉌 . 华夏意匠 [M]. 天津：天津大学出版社，2010.

第 8 章

传统灰浆的优化
与改性研究

8.1　传统灰浆改性方向

单纯的石灰浆固化速度缓慢、强度较低、易开裂。古人根据生活和生产经验，曾经做过许多改进，一些性能比较优异的灰浆制作配方和工艺曾被广泛使用。但是，随着水泥的出现，传统灰浆逐渐淡出了人们的视野，从而导致它的许多制作配方和工艺失传。

当前，由于古建筑保护的需要，追求性能更加优异的石灰灰浆的研究任务又开始提上议事日程。从传统灰浆的构成看，可从三个方面进行改进，即石灰、添加物和填料。

8.1.1　减小石灰颗粒度

使用经验和科学研究都证明，石灰粒径的减小可以改善灰浆的整体性能。此外，石灰粒径的减小也提高了石灰浆的渗透性，可用于渗透加固，拓展了石灰浆的应用。因此，许多的改进研究都是从减小石灰颗粒度开始的，如制备纳米级/亚微米级氢氧化钙。目前，纳米粉体制备方法主要有三类：固相法、气相法和液相法。其中，液相法因其反应条件温和、设备简单、操作方便、制成的纳米粉体粒度均匀等优点，是目前实验室和工业上广泛采用的纳米粉体制备方法。纳米氢氧化钙粉体的合成也多采用液相沉淀法，包括均相沉淀法和多相沉淀法。均相沉淀法通常以氢氧化钠和氯化钙为原料在液相中反应生成。多相沉淀法则通过生石灰的水合作用实现。相对而言，多相沉淀法的制作成本低、生产方便，可以满足实际工程所需石灰浆的制备，在实际应用中具有明显优势。多相沉淀法制备纳米级/亚微米级氢氧化钙的经典工艺有陈化法和反复煅烧-消解熟石灰法。

（1）陈化法。石灰陈化是获取纳米级/亚微米级氢氧化钙最简单实用的方法。研究表明，在生石灰的消解陈化过程中，石灰颗粒的聚集是非定向的，因此，随着陈化时间的增加，石灰粒径会变小，石灰浆的整体性能将得到改善。如 Rodriguez-Navarro 等[1]将陈化石灰分散在乙醇中，采用渗透加固的方法对脆弱的石质文物进行加固保护。但是，陈化得到的氢氧化钙往往颗粒度分布较宽。Du 等[2]在氧化钙消解过程中加入了两种模板试剂以改善此缺陷，使用 PEG600 和 SDS 分别制备了粒径在 300～400nm 和 200～300nm 的氢氧化钙。

（2）反复煅烧-消解熟石灰法。反复煅烧-消解熟石灰法是另一种比较方便获得小颗粒度石灰的方法。本实验室魏国锋等（附录 2）采用煅烧分析纯氢氧化钙再消解的方法，成功制备出粒径在 250nm 左右的氢氧化钙。Mirghiasi 等[3]也研究了煅烧氢氧化钙制备纳米氧化钙的过程。由于氢氧化钙煅烧后可以得到纳米级别的氧化钙，这可能是消化后成为纳米级氢氧化钙的主要原因。

8.1.2　掺入添加物

添加物对石灰性能的改善作用十分明显，一直以来都是改进灰浆性能的重要途径，即配制各种复合灰浆。常用的传统添加物有火山灰、高岭土、明矾、多糖、蛋白质、纤维素等。

（1）火山灰质材料。火山灰质材料作为一类常用添加物，在欧洲有着大量研究。其主要作用原理是火山灰质材料与氢氧化钙发生火山灰反应，加速石灰浆的固化速度，提高灰浆的力学性能，改善孔隙结构等。Nezerka 等[4]研究了偏高岭土和砖粉与石灰的火山灰反应，试验证实偏高岭土更容易与石灰发生反应，但是灰浆的力学性能和这些添加物的存在与否并没有必然关系。Vejmelkova 等[5]采用煅烧过的黏土页岩作为火山灰质材料用于石灰浆，与石灰-高岭土灰浆比较其抗冻性更好，该添加物的最佳颗粒度在 $4\mu m$ 左右。Wang[6]研究了生物质灰飞用于水硬性石灰，得到加入灰飞后石灰具有较快的固化速度，1 个月强度能达到 1 年强度的 $60\%\sim80\%$，并且最终强度可以达到水泥灰浆的 $60\%\sim90\%$。Pavia 等[7]研究了使用稻壳烧成的灰飞作为水硬性石灰的添加物，发现水化反应在 24h 后开始，14d 以后形成连续的网状结构，提高了灰浆的强度性能。

（2）膨胀剂。膨胀剂作为石灰添加物，可以改善灰浆的收缩性，常用的有硫酸铝、明矾、石膏等。明矾与氢氧化钙反应生成的钙矾石具有更大的体积，可以降低石灰浆的收缩，但明矾中的钾离子会对灰浆的耐久性和耐候性造成负面影响。本实验室（附录2）曾分别做过明矾、石膏和硫酸铝对糯米灰浆改性影响的研究。Aguilar 等[8]在研究飞灰、高岭土等对水硬性石灰改性时也使用了铝盐作为膨胀剂。

（3）有机物。在传统复合灰浆的添加物中，有机物占了不小比例，它们种类繁多，对灰浆的改进原理和改进方向也不尽相同。常用有机添加物包括多糖、蛋白质、干性油等。

Chandra[9]等探讨了仙人掌汁（多糖）对石灰浆的影响，认为一方面仙人掌汁的黏性对石灰颗粒具有黏结作用，另一方面它还具有减水作用，可降低灰浆的干缩。Le 等[10]使用小麦淀粉和大麻对石灰浆改进，结果发现改进效果令人比较满意。浙江大学文物保护材料实验室做了大量关于糯米汁对石灰浆作用机理的研

究（附录 2），得到糯米汁的最佳含量在 3% 左右。

历史上，石灰浆中使用过的蛋白类添加物有动物血、蛋清、酪素、牛奶等。这些物质作为超塑化剂具有不少的研究，在传统灰浆与现代砂浆中也都有应用研究。Jasiczak 等[11]使用不同比例的血粉对砂浆进行处理，发现血粉可起到引气作用，使固化后的灰浆具有更好的抗冻融能力。Alonso 等[12]使用公牛血、牛奶等材料制作灰浆用于南美洲一处古迹的修复工作，评价了这些添加物对石灰性能的影响。本课题组方世强等（附录2）对我国传统血料灰浆的机理与制作工艺进行过详细研究，发现传统制作工艺对该类灰浆的性能有重要影响。

干性油由于和水不溶，常被用来改善石灰浆的防水性。Nunes 等[13]使用亚麻籽油对水硬性石灰进行改进，发现亚麻籽油可以提高灰浆的耐久性，减小毛细吸水作用，降低氯化钠的侵蚀，但是对灰浆强度并没有太大的改善。赵鹏[14]、陈佩杭[15]等使用桐油作为灰浆添加物，发现加入桐油后不仅可以提高石灰浆的强度和黏结能力，还可以有效提高灰浆的防水能力。本实验室方世强等（附录2）对我国传统桐油灰浆做过综合性研究，通过考古样品与实验室模拟分析，得到了该类灰浆固化原理与有效成分。

（4）纤维。建筑灰浆中加入纤维是改善材料抗裂、防振、增韧的常用方法，即便在现代水泥材料中，它也是重要的添加物。Walker 等[16]研究了大麻对石灰灰浆力学性能、耐久性、水分传递和传热性能的影响。Olivito 等[17]研究了剑麻和亚麻对石灰浆的巩固作用，他们认为这两种纤维都有很好的拉伸性能，其中亚麻的抗拉性能更强一些。本实验室（附录2）参考传统工艺使用纸浆作为气硬性石灰添

加物，发现灰浆强度可以大幅提升。

　　本章主要介绍浙江大学文物保护实验室在传统灰浆优化与改性方面的研究工作，包括纳米级/亚微米级氢氧化钙的制备和应用，传统糯米灰浆和桐油灰浆配方优化等工作，希望为古建筑保护提供更多的选材依据。

8.2 "二次石灰"技术及其在灰浆中的应用

　　石灰作为灰浆的基料，对灰浆的整体性能具有重要影响。因此，对灰浆的改进首先可以从石灰入手。二次煅烧形成的生石灰简称"二次石灰"，是减小石灰粒径的方法之一。

8.2.1　二次石灰的制备和表征

　　（1）二次石灰制备。称取适量分析纯氢氧化钙于坩埚中，在 650℃ 下用马弗炉煅烧 1.5h后，取出坩埚放入干燥器中冷却至室温，然后转入试剂瓶中密封保存。

　　（2）二次石灰表征。采用 X 射线衍射仪（XRD）对二次石灰进行物相分析，采用扫描电子显微镜（SEM）对其进行形貌和粒径分析。

　　图 8.2.1 的 XRD 图谱表明，氢氧化钙在650℃ 下用马弗炉煅烧 1.5h 后，大多转变为氧化钙，即二次石灰。图 8.2.2a 和图 8.2.2b 分别为二次石灰直接用乙醇分散和二次石灰用少量水消化后分散在乙醇中的 SEM 照片。从图中可以看出，氢氧化钙二次煅烧后成为一种直径为 50nm、长度为 200nm 左右的针状纳米氧化钙，彼此交错分布（图 8.2.2a）；当将二次石灰消化成氢氧化钙后，晶形发生转变，成为一种大小十分均匀的扁平椭圆状纳米氢氧化钙颗粒，粒径在 200～300nm（图 8.2.2b）。

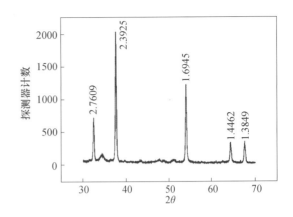

图 8.2.1　二次石灰的 XRD 图谱

图 8.2.2　二次石灰 a 及其消化产物 b 的 SEM 照片

a—二次石灰；b—消化产物

　　可见，消石灰脱水法制备的二次石灰及其消化产物二次熟石灰是一种纳米材料，比表面积的增加使其反应活性大大提高。

8.2.2　二次石灰的应用——制备糯米灰浆

（1）糯米灰浆的制备。

用研磨机预先将糯米磨成粉，按配制浓度

为5%的糯米浆所需的糯米量和水量，分别称取一定质量的糯米粉和去离子水，将两者置于电饭锅内混合均匀。记录此时糯米浆在电饭锅内的刻度，加热煮沸4h。期间定时加水，使糯米浆的浓度保持不变。

分别采用二次石灰、分析纯氧化钙和工业灰钙粉制备3份糯米灰浆。工业灰钙粉的主要成分为氢氧化钙。称取一定量的灰钙粉放入搅拌桶中，加入灰钙粉质量0.84倍的5%糯米浆，用机械搅拌器搅拌至稠度不变。所配糯米灰浆的水灰比大致为0.8，氢氧化钙/糯米=0.042。

称取一定量的二次石灰置入搅拌桶中，加入二次石灰质量0.61倍的5%糯米浆和一定量的水，快速搅拌后测其稠度，控制其稠度与工业灰钙粉制备的糯米灰浆大致相同，密封保存备用。分析纯氧化钙糯米灰浆的制备方法同二次石灰的制备方法。

（2）性能表征。

表8.2.1的抗压强度、表面硬度和稠度测试结果显示，所制备糯米灰浆的稠度大致相等，在34～37mm；二次石灰制备的糯米灰浆，其28d抗压强度和28d表面硬度均高于采用分析纯氧化钙和工业灰钙粉配制的糯米灰浆的。工业灰钙粉糯米灰浆的强度和表面硬度最低，分别仅为0.26MPa和41.7HB。

表8.2.1 不同石灰制备的糯米灰浆的
力学性能测试结果

编号	石灰	陈化时间（d）	28d抗压强度（MPa）	28d表面硬度（HA）	稠度（mm）
1	二次石灰	14	0.88	75.1	34
2	分析纯氧化钙	14	0.76	65.7	37
3	工业灰钙粉	0	0.26	41.7	35

（3）微观结构。

对养护28d的用二次石灰和分析纯氧化钙制备的糯米灰浆试块，采用钢锯切割一小块，制成电子显微镜样品。电子显微镜观察采用美国FEI公司制造的SIRION-100扫描电子显微镜。

电子显微镜观察结果显示，分析纯氧化钙制作的糯米灰浆，其颗粒大小不均，分布较为致密（图8.2.3b）。与之相比较，采用二次石灰制作的糯米灰浆，其颗粒更为细小、均匀，相互咬合成网状结构（图8.2.3a），这应该是二次石灰糯米灰浆具有较高强度与表面硬度的微观解释。

(a) 二氧化碳

(b) 分析纯氧化钙

图8.2.3 二次石灰和分析纯氧化钙制备的
糯米灰浆的SEM照片

（4）碳化速率。

XRD 分析采用德国制造的 X 射线衍射光谱仪（AXS D8 ADVANCE），测试波长为 1.54Å。

XRD 分析结果（图 8.2.4）显示，二次石灰制备的糯米灰浆，其外部样品的主要物相为方解石，同时还有较多的氢氧化钙存在，但其内部样品方解石的衍射峰很低，表明内部方解石的量很少，即内部碳化程度很低。与之不同的是，采用灰钙粉制备的糯米灰浆，其内部样品方解石的含量明显较多。

二次石灰糯米灰浆内部碳化程度较低，可能正是因为二次石灰粒径较小、反应活性较高所致。二次石灰的高反应活性，使其表面的碳化反应速度很快，反应生成的方解石的体积比氢氧化钙的体积膨胀 11.8% 左右，其填充在灰浆的孔隙中，使灰浆外部的孔隙度降低，结构更为致密，从而导致其表面硬度和抗压强度提高（表 8.2.1）；同时，灰浆外部致密的结构，不利于二氧化碳的渗入，这使得灰浆内部的碳化较为缓慢。因此，二次石灰糯米灰浆的完全

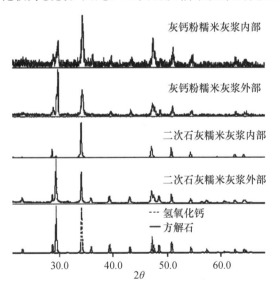

图 8.2.4　二次石灰与灰钙粉制备的
糯米灰浆的 XRD 图谱

碳化是一个长期的过程，随着时间的推移，二次石灰糯米灰浆的强度会随着灰浆内部的进一步碳化而提高。

综上所述，二次石灰糯米灰浆的高强度与高表面硬度，主要与其细小均匀的组织结构和二次石灰的高反应活性有关。

8.2.3　小结

（1）研究表明二次石灰技术在文化遗产保护领域具有广泛的应用前景。其微观基础是氢氧化钙经高温（650℃）煅烧以后，脱水成一种直径为 50nm、长度为 200nm 左右的针状纳米氧化钙，彼此交错分布；这种氧化钙经水消化以后，即成为一种大小十分均匀的扁平椭圆状纳米级/亚微米级氢氧化钙颗粒，其粒径在 200～300nm，具有极好的分散性和流平性，比表面积远大于一般氢氧化钙，使化学反应活性和胶结效率大为提高。

（2）采用二次生石灰制作的糯米灰浆具有更致密的结构和更高的强度。其 28d 抗压强度和 28d 表面硬度都高于普通分析纯氧化钙和工业灰钙粉制作的糯米灰浆的；SEM 和 XRD 分析结果表明，二次生石灰制作的糯米灰浆的微结构更为细小均匀，相互咬合成网状结构，相当致密。

8.3　纳米石灰基复合材料制备及在土遗址加固中的应用

对于潮湿土遗址，一般有机加固材料，如丙烯酸树脂、有机硅树脂和环氧树脂等，很难达到满意的加固效果。本项研究希望探索一种在传统石灰改性基础上的石灰基液态水硬性无机胶凝材料。该材料以纳米氢氧化钙作为钙

源，引入纳米二氧化硅和纳米氧化铝，使其能在水中硬化；同时，由于所用材料为纳米颗粒，可以改善传统石灰溶解度较小、渗透性较差等问题。可为潮湿环境土遗址和江河湖岸土质边坡的加固提供一种无机材料。

8.3.1 纳米材料的制备

（1）纳米氢氧化钙。将装有 600mL 氯化钙溶液（0.3mol/L）的烧瓶置入温度控制在 90℃ 的恒温水浴锅内，对溶液进行剧烈搅拌，同时将 600mL 浓度为 0.6mol/L 氢氧化钠水溶液迅速倒入氯化钙溶液中。继续搅拌 5min 后，将烧瓶移出水浴锅，冷却至室温，并静置分层，吸去上层清夜，用去离子水洗涤 3 次后对其进行抽滤，将滤饼用适量无水乙醇洗涤 3 次，待乙醇挥发后称量，配制成纳米 Ca(OH)$_2$ 的乙醇分散体系以备用。

（2）纳米二氧化硅。分别称取一定量的硅酸钠、PEG-6000（表面活性剂）、氨水和无水乙醇，按比例 [0.3mol/L 硅酸钠、3.5% 表面活性剂（质量分数）、1mol/L 氨水、10% 无水乙醇（质量分数）] 配置成 500mL 的溶液。在磁力搅拌条件下，采用体积比为 1:1 的盐酸溶液对其滴定，待其 pH 值达到 9 时停止滴定。继续搅拌 2～3h 后，将生成的硅凝胶抽滤，并用去离子水洗涤数次，直至滤液为中性，再用无水乙醇洗涤 3 次，将滤饼在马弗炉中于 450℃ 煅烧 1h，取出称量，配置成乙醇分散体系备用。

（3）纳米氧化铝。称取 11.25g Al(NO$_3$)$_3$·9H$_2$O，配成 0.1mol/L 的硝酸铝溶液；再称取 14.23g 碳酸氢铵和 1.78g PEG6000（占反应物总量 7%），配置成 0.6mol/L 的碳酸氢铵溶液；在超声波清洗机中，将硝酸铝溶液迅速倾入碳酸氢铵溶液中，15min 后，将沉淀抽滤，用无水乙醇清洗 2 次；然后将滤饼在鼓风干燥箱（100℃）中干燥 1h，再放入马弗炉中在 900℃ 下煅烧 1.25h，取出研磨、称量，配置成乙醇的分散体系备用。

8.3.2 纳米材料的表征

图 8.3.1 为自制纳米氢氧化钙、纳米二氧化硅和纳米氧化铝的 XRD 图谱。将其与 JCPDS 标准数据进行对比，可以确定自制材料分别为氢氧化钙 [图 8.3.1（a）]、无定形二氧化硅 [图 8.3.1（b）] 和 γ-氧化铝 [图 8.3.1（c）]。扫描电子显微镜分析结果显示，自制材料的粒径普遍达到纳米级。其中，自制氢氧化钙为椭球状，粒径大多在 350nm 以下 [图 8.3.2（a）和图 8.3.2（b）]；自制二氧化硅为球状，粒径为 200～400nm [图 8.3.2（c）和图 8.3.2（d）]；自制氧化铝的粒径小于 100nm [图 8.3.2（e）和图 8.3.2（f）]。

8.3.3 石灰基液态水硬性材料的室内加固试验

（1）土样的理化性质分析。

① 土样品处理。试验用土采自浙江大学玉泉校区老和山东面山脚。所采土样经室内自然风干 7d，过 8mm 粗筛去除石块，然后砸碎大颗粒土块，再过 2mm 细筛，收集粒径 2mm 以下的土，测定含水率，密封保存。

② 土样成分分析。采用 X 射线荧光光谱仪对试验所用老和山土样进行成分分析。同时，采集了浙江良渚古城夯土遗址的土样和西安市高陵县鹿宛镇的土样进行比较。测试结果见表 8.3.1。

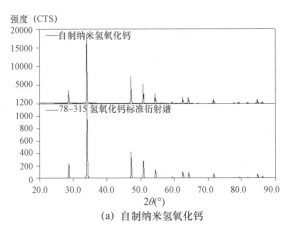

(a) 自制纳米氢氧化钙

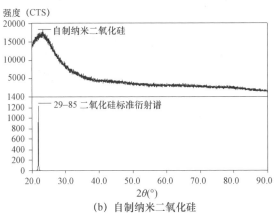

(b) 自制纳米二氧化硅

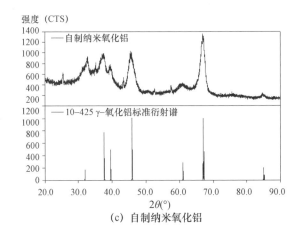

(c) 自制纳米氧化铝

图 8.3.1　自制纳米材料的 XRD 图谱

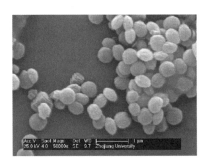

(a) 自制纳米氢氧化钙(50000倍)

(b) 自制纳米氢氧化钙(100000倍)

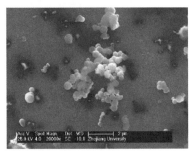

(c) 自制纳米二氧化硅(20000倍)

(d) 自制纳米二氧化硅(50000倍)

(e) 自制纳米氧化铝(20000倍)

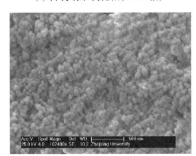

(f) 自制纳米氧化铝(102400倍)

图 8.3.2　自制纳米材料的 SEM 照片

表 8.3.1　各地土样的 XRF 分析结果（%）

	Mg	Al	Si	K	Ca	Ti	Fe	Mn
老和山土	1.25	16.58	60.47	4.23	0.52	1.62	13.94	0.30
良渚遗址土	1.35	15.86	60.43	4.81	0.77	1.49	14.31	0.25
西安地区土	3.08	9.27	45.07	6.72	17.68	1.24	15.90	0.37

从表 8.3.1 的数据可知，老和山土样的成分与良渚遗址的土样比较接近，两者的钙含量较低，不到 1%，而硅、铝含量较高，不同于采自西安地区的土样，其钙含量高达 17.68%，而硅、铝的含量又较低。

③ 含水率测试。土样的含水率测试参照《土工试验方法标准》（GB/T 50123—2019）中的方法进行测试。

从土样的外观判断，老和山土样应属于比较典型的南方酸性红壤，且黏性不大，比较松散，初步认为是砂土。样品直接测试的含水率为 15.9%，风干后测得的含水率为 2.0%，说明取样点比较潮湿，取得的样品具有代表性。

④ 击实试验。击实试验参照《土工试验方法标准》（GB/T 50123—1999）中的有关规定，采用自制圆柱体击实装置进行（规格：d39.8mm×80mm）（图 8.3.3）。老和山土样的击实曲线图（图 8.3.4）显示，其最佳击实的含水率大约为 17%，最佳含水率下的击实密度为 1.62g/cm³，呈现比较典型的砂土特征。

（2）石灰基液态水硬性材料的加固效果评估。

① 潮湿土样制备。根据本课题组前期研究的结果，当土遗址本体的年均含水量大于 18% 时，可以称为潮湿环境。据此，本试验中重塑土样的含水率控制在 17%～19%。

重塑土样的制备参照《土工试验方法标准》（GB/T 50123—1999）中的相关规定，采用自制圆柱体模具（规格：d39.8mm×80mm）制作不同高度的潮湿土样。

图 8.3.3　自制击实模具

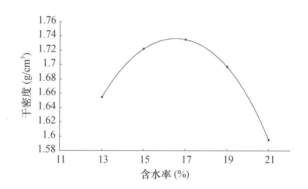

图 8.3.4　老和山土样的击实曲线图

② 钙源物质浓度的选择。"不改变文物原状"是文物保护的基本原则之一。传统的石灰加固剂，容易使土遗址表面变白。一般来说，氢氧化钙的浓度越大，渗透性越差，处理后遗址的表面越容易变白。本试验，选择浓度分别为 5mg/mL、10mg/mL、15mg/mL、20mg/mL 的纳米氢氧化钙-乙醇溶液，采用滴管对室内重塑土样进行滴注加固。通过考察加固土样外观颜色的变化，以期确定纳米氢氧化钙-乙醇溶液的最佳使用浓度。

从图 8.3.5 的试验结果可以看出，纳米

Ca（OH）$_2$-乙醇分散体系对土样外观的影响是随其浓度增加而增加。浓度为 5mg/mL 和 10mg/mL 的 Ca（OH）$_2$-乙醇分散体系对土样外观基本无影响，而浓度为 15mg/mL 和 20mg/mL 的 Ca（OH）$_2$-乙醇分散体系使土样表面泛白。综合考虑引起钙量和外观颜色的变化，后续加固试验中选择 Ca（OH）$_2$-乙醇分散体系的浓度为 10mg/mL。此浓度已远大于石灰水的饱和浓度（1.7mg/mL），大大提高了引钙量。

③ 渗透性试验。本次试验同时考察了纳米氢氧化钙、二次生石灰、放置 76d 的陈化石灰和分析纯氢氧化钙四种石灰材料的乙醇分散体系的渗透性。四种石灰的乙醇分散体系的浓度全部为 10mg/mL，分析纯氢氧化钙-乙醇分散体系的稳定性明显较差，放置不到 10min 就会出现沉淀。其他三种石灰-乙醇分散体系的稳定性很好，放置 2h 以上不会有明显沉淀。

做渗透性试验前，在土样侧面不同高度处用小刀刻一深约 2mm 小槽，并用密封胶带在

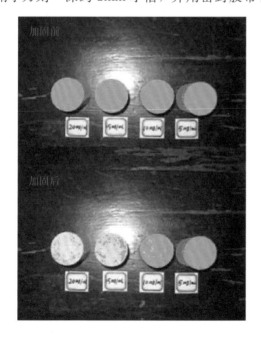

图 8.3.5 不同浓度的 Ca（OH）$_2$-乙醇分散
体系对加固土样外观的影响

土样侧面上部缠绕一周，胶带边缘高出土样 2mm 左右。土样水平放置于玻璃板上，并在土样底部和不同高度处放置 pH 值试纸。试验时，从土样上端滴加浓度为 10mg/mL 的四种加固剂，通过试纸的颜色变化确定渗透深度。渗透性试验结果见图 8.3.6。

根据图 8.3.6 可知，四种石灰材料的乙醇分散体系的渗透性，按纳米氢氧化钙、二次生石灰、陈化石灰、分析纯氢氧化钙的顺序依次减小，纳米氢氧化钙的渗透性大约是分析纯氢氧化钙的两倍。

④ 抗压强度。

a. 钙源物质加固土样的抗压强度。

选择 10mg/mL 的纳米氢氧化钙-乙醇溶液和 10mg/mL 二次生石灰-乙醇溶液，采用滴管对室内重塑潮湿土样进行滴注加固。加固完成后养护 7d 测试其抗压强度，测试结果见表 8.3.2。

表 8.3.2 的测试结果显示，单独使用钙源物质时，纳米氢氧化钙-乙醇分散体系加固土样的抗压强度，在溶液用量较小的情况下，随着

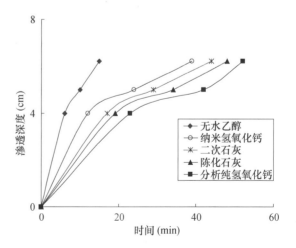

图 8.3.6 不同种类石灰的 10mg/mL 乙醇分散
体系对潮湿土样的渗透性曲线

（土样形状：圆柱体；高度：6.23cm；直径：3.98cm；
密度：1.386g/cm^3；含水率：17%）

溶液用量的增加而增大，当溶液用量在8～12mL时到最大值0.24MPa；之后，随着溶液用量的增加，抗压强度的增加值开始下降，用量为30mL时的抗压强度与空白样品相比反而下降了10%。据此结果，在后续加固试验中，加固高土样时，单次加固的溶液用量控制在8～12mL。因短土样的高度约为高土样的1/2，在加固短土样时，溶液用量减半。

随着溶液用量的增加，强度反而呈现下降趋势，这可能与乙醇对土样的破坏作用有关。在实际操作中，也发现当溶液用量增多时，土样容易出现裂缝。关于这一点，将在后续工作中进一步探讨。

b. 石灰基水硬性材料加固土样的抗压强度。

石灰基水硬性材料的成分配比初步按照生成硅酸三钙和铝酸三钙的摩尔比进行选择。各成分用量及加固土样的7d抗压强度见表8.3.3和表8.3.4。

表8.3.3的数据表明，加入硅源物质和铝源物质后的水硬性材料，其加固土样养护7d的抗压强度比单独使用钙源物质（即石灰加固剂）的抗压强度有进一步的提高。当使用PS材料作为硅源溶液时，其抗压强度比单独使用石灰加固剂时提高得较少，加固效果似乎不如给钙源物质中引入纳米二氧化硅和纳米氧化铝明显。以纳米氢氧化钙作为钙源物质的水硬性材料加固土样时，当第一次加固完成后，待土样中的乙醇挥发完毕，对其进行了第二次加固。从表中的数据可以看出，第二次加固后土样的抗压强度比第一次加固有明显提高。试验编号4中，2次加固的抗压强度比1次加固有所下降。该样品测试时，发现有细小裂纹，因而强度的下降可能与乙醇的破坏作用有关。从总体来看，加固2次的抗压强度要优于加固1次的。

表8.3.2　纳米氢氧化钙-乙醇分散液加固土样养护7天后的抗压强度

试验编号	纳米Ca(OH)$_2$ (mL)	7d抗压强度 (MPa)	强度增加值
1	0	0.20	
2	8	0.24	20%
3	12	0.24	20%
4	16	0.22	10%
5	20	0.20	0%
6	30	0.18	−10%

注：试验用土样的形状：圆柱体；高度：4.45～4.55cm；直径：3.98cm；密度：1.60～1.63g/cm³；含水率：17%。

表8.3.3　不同配方的石灰基水硬性材料加固潮湿土样养护7d的抗压强度

试验编号	钙源物质纳米Ca(OH)$_2$ (mL)	硅源物质		铝源物质	加固1次抗压强度		加固2次抗压强度	
		纳米SiO$_2$ (mL)	5%PS (mg)	纳米Al$_2$O$_3$ (mL)	7d抗压强度 (MPa)	强度增加值 (%)	7d抗压强度 (MPa)	强度增加值 (%)
1	0	0	0	0	0.30			
2	6				0.38	27		
3	6	3.2			0.41	37	0.44	47
4	6			5.5	0.44	47	0.41	37
5	6		460g		0.40	33	0.42	40

注：土样形状为圆柱体；高度2.3cm；直径3.98cm；密度1.71g/cm³；含水率17%；纳米氢氧化钙和二次生石灰的乙醇分散体系的浓度为10mg/mL；纳米SiO$_2$和纳米Al$_2$O$_3$的乙醇分散体系浓度均为5mg/mL。

表 8.3.4　不同硅铝比的石灰基水硬性材料加固潮湿土样养护 7d 的抗压强度

试验编号	纳米 Ca (OH)₂ (mL)	纳米 SiO₂ (mL)	纳米 Al₂O₃ (mL)	Si/Al	7d 抗压强度 (MPa)	强度增加值 (%)
1	12	0	0		0.20	
2	12	16	28	1∶1	0.27	35
3	12	13	33	2∶3	0.27	35
4	12	6	44	1∶4	0.24	20
5	12	19	22	3∶2	0.27	35
6	12	26	11	4∶1	0.26	30

注：土样的形状为圆柱体；高度 4.45～4.55cm；直径 3.98cm；密度 1.60～1.63g/cm³；含水率 17%。纳米氢氧化钙的乙醇分散体系的浓度为 10mg/mL；纳米 SiO₂ 和纳米 Al₂O₃ 的乙醇分散体系浓度均为 5mg/mL。

表 8.3.4 的数据显示，在同时引入纳米二氧化硅和纳米氧化铝的情况下，纳米二氧化硅和纳米氧化铝的不同配比之间，加固土样的抗压强度并无明显区别，说明纳米二氧化硅和纳米氧化铝对水硬性材料加固土样抗压强度提高的贡献大致相当。

⑤ 耐水浸泡性试验。对采用滴注方式加固的土样进行耐水浸泡性试验时（材料配方及用量同上），发现加固土样的耐水性普遍较差，放置在水中 5min 之内几乎崩解。试验中，尝试将 PS 材料的用量增加，以考察其加固土样的耐水浸泡性。当浓度为 5% 的 PS 材料的体积用量为 4mL 时，加固土样放置在水中 7d 没有明显变化（图 8.3.7）。据相关文献，PS 材料的耐水性并不好[18]。但是，当将其与纳米氢氧化钙联用，并加大其用量的情况下，加固土样的耐水性大幅度提高。这很可能与材料中的钙硅比发生变化有关。

图 8.3.7　纳米氢氧化钙和 PS 加固土样的耐水浸泡性照片

8.3.4　石灰基液态水硬性材料的反应产物与加固原理

石灰基液态水硬性加固剂是通过在石灰加固剂中引入硅源物质和铝源物质，使其与石灰反应生成水硬性物质硅酸钙和铝酸钙，从而对土起到胶结、支撑作用。水硬性物质能否生成以及生成物质的形貌，对加固效果至关重要。

（1）水化硅酸钙凝胶膜的杯中试验及表征。

将钙源物质与硅源物质按不同比例混合均匀，滴入一次性塑料杯中，放置一段时间，待其干燥成膜后，采用 XRD 和 SEM 对其进行分析。其具体材料配比及反应条件见表 8.3.5。

图 8.3.8 是试验 1 中纳米氢氧化钙与纳米二氧化硅（Ca/Si＝1∶1）反应生成物质的 XRD 图谱，经与 JCPDS 标准数据进行对比，可以确

表 8.3.5 水化硅酸钙杯中试验方案

试验编号	材料选择	Ca/Si	反应条件
1	纳米氢氧化钙＋纳米二氧化硅	1:1	在相对湿度100%的密闭容器中保存7d
2	二次石灰＋纳米二氧化硅	1:1	在相对湿度100%的密闭容器中保存7d
3	纳米氢氧化钙＋纳米二氧化硅	1:1	加入适量去离子水，40℃下烘12h，干燥成膜
4	纳米氢氧化钙＋纳米二氧化硅	3:1	加入适量去离子水，40℃下烘12h，干燥成膜
5	6mL纳米氢氧化钙＋4mL5%PS水溶液		加入适量去离子水，40℃下烘12h，干燥成膜

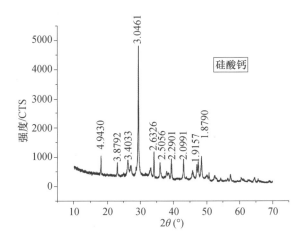

图 8.3.8 杯中试验所得水化硅酸钙的 XRD 图谱

定其主要物相为水化硅酸钙，还有少量的方解石。方解石的形成应是未反应的纳米氢氧化钙碳化后的产物。扫描电子显微镜观察结果显示，生成的水化硅酸钙为细小的针棒状[图 8.3.9 (a)]，以纳米二氧化硅为核心向四周发散生长；图中可见未反应的氢氧化钙碳化后的产物，与 XRD 的分析结果一致。二次石灰和纳米二氧化硅（Ca/Si=1:1）反应 7d 后生成的水化硅酸钙形貌与之相似，为针棒状，但晶粒更粗大[试验 2，图 8.3.9 (b)]。试验 3 中生成的水化硅酸钙也为针棒状[图 8.3.9 (c)]，相互交叉，杂乱分布，晶粒比试验 1 和试验 2 的都更粗大，可能是干燥过程中的加热加快了晶体生长速度所致。试验 4 中的 Ca/Si=3:1，生成的水化硅酸钙形貌为片状纤维，分布较杂乱[图 8.3.9 (d)]。试验 5 中的硅源物质为 5%的 PS 水溶液，其用量采用耐水浸泡性试验中耐水性最好时的 PS 用量，此时生成的水化硅酸钙呈凝胶状[图 8.3.9 (e)]，相互胶联。

(a) 实验1的SEM照片

(b) 实验2的SEM照片

(c) 实验3的SEM照片

(d) 实验4的SEM照片

(e) 实验5的SEM照片

图 8.3.9　杯中试验所得水化硅酸钙的 SEM 照片

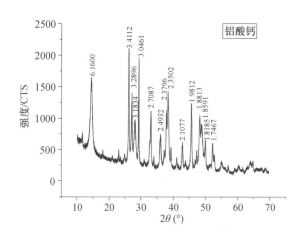

图 8.3.10　杯中试验所得水化铝酸钙的 XRD 图谱

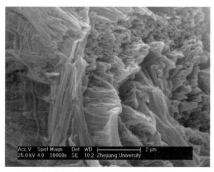

(a) 纳米氢氧化钙+纳米氧化铝

(b) 二次石灰+纳米氧化铝

图 8.3.11　杯中试验所得水化铝酸钙的 SEM 照片

（2）水化铝酸钙的杯中试验及表征。

将纳米氧化铝的乙醇分散体系分别与纳米氢氧化钙和二次石灰的乙醇分散体系按 Ca/Al＝3∶2 进行混合，滴入一次性塑料杯中，并加入适量去离子水，在温度为 40℃的电热恒温鼓风干燥箱中烘 12h，干燥成膜后采用 XRD 和 SEM 对其进行分析检测。

图 8.3.10 是纳米氧化铝与纳米氢氧化钙反应生成物的 XRD 图谱，经与 JCPDS 标准数据进行对比，可以确定其主要物相为水化铝酸钙，同时可见少量的方解石，应是纳米氢氧化钙的碳化产物。

从图 8.3.11 的 SEM 照片可以看出，纳米氢氧化钙与纳米氧化铝反应生成的水化铝酸钙呈纤维状，相互胶联形成致密结构［图 8.3.11（a）］；二次生石灰与纳米氧化铝反应生成的水化铝酸钙为针片状，相互交联，较致密［图 8.3.11（b）］。

（3）石灰基液态水硬性材料的加固机理。

通过对杯中试验所得水化硅酸钙和水化铝酸钙进行 XRD 分析与 SEM 观察，发现不管是纳米氢氧化钙还是二次石灰，与硅源物质和铝源物质都能发生反应，生成不同形态的水化硅酸钙和铝酸钙。

当石灰基水硬性材料滴入土样中，材料中的纳米氢氧化钙或二次熟石灰，会与土体中的活性硅、活性铝以及引入的硅源物质和铝源物质发生反应，并在土体中水分的作用下，生成不同形貌的水化硅酸钙和水化铝酸钙。从水化硅酸钙和水化铝酸钙的显微结构来看，针棒状的水化硅酸钙和针片状的水化铝酸钙，会填充在土团颗粒间的孔隙中，交错穿插于土团颗粒间，杂乱分布，构成了结构骨架，对土团颗粒起到支撑作用，虽然增加了土样的抗压强度，但对其耐水浸泡性并无多大改善。而相互胶联的凝胶状的水化硅酸钙和水化铝酸钙，可对土团颗粒起到胶结作用。可以说，相互胶联的凝胶状水化硅酸钙和水化铝酸钙对土体的加固作用会更显著，不但会提高土样的强度，还会改善土体的耐水性。在耐水浸泡性试验中，当硅源物质为 5％PS 材料且体积用量为 4mL 时，加固土样的耐水性得到明显改善，很可能与其内部生成了凝胶状的水化硅酸钙有关。研究表明，溶液中的钙硅比对水化硅酸钙的形貌有重要影响[19]。因此，要生成相互胶联的凝胶状水化硅酸钙和水化铝酸钙，探索材料配方中的钙硅比和钙铝比至关重要。

8.3.5　小结

经过对潮湿土样的室内加固试验和石灰基水硬性材料的反应产物分析，可以得出以下结论：

（1）纳米氢氧化钙的乙醇分散液的渗透性优于分析纯氢氧化钙，从而较好地解决了传统石灰加固剂溶解度较小和渗透深度有限等问题。以纳米氢氧化钙的乙醇分散液作为钙源溶液的石灰基水硬性加固剂，对潮湿土样的加固效果较明显，有望成为一种适于潮湿环境土遗址加固的新型材料。

（2）水硬性材料的加固机理是其钙源物质与硅源物质和铝源物质发生水硬性反应，并在土体中水分的作用下生成不同形态的水化硅酸钙和水化铝酸钙，填充在土团颗粒间的孔隙中，交错穿插于土团颗粒间，对土团颗粒起到支撑、交联作用，从而提高加固土的强度和水稳定性。

（3）液态水硬性加固剂的引钙量、钙硅比和钙铝比的控制是影响潮湿土体加固效果的两个重要因素。

8.4　糯米灰浆优化研究

近年来，中国传统糯米灰浆由于具有耐久性好、自身强度和黏结强度高、韧性强、防渗性好等优点，引起了文物保护工作者的极大关注。本课题组通过大量研究发现，糯米灰浆良好性能源于糯米支链淀粉对灰浆碳化过程的调控，使之形成一种有机-无机复合结构的结果。但是它也存在着石灰基胶凝材料的一些通病，如收缩性较大、易开裂、早期强度较低等。为了促进糯米灰浆在现代文物保护中的应用，本节探讨通过改变石灰、米浆和集料种类，以及引入其他添加物的方法对糯米灰浆进行改进，以期其更好地在文物保护中发挥作用。

8.4.1　米浆种类对传统灰浆性能的影响

选择糯米、糯黄米、血糯米、大米、高粱米作为代表性米种，探讨对传统灰浆性能的影响。

（1）试验材料。

工业灰钙粉（氢氧化钙含量≥90％），购自浙江建德李家新兴涂料粉剂厂；乙醇、正丁醇和二甲基亚砜，购自国药集团化学试剂有限公司。以上材料在使用前均未做处理。

乐购牌糯米、糯黄米、血糯米、大米和高粱米，购自超市。以上材料在使用前需要熬制，具体方法：用研磨机预先将糯米、糯黄米、血糯米、大米和高粱米分别磨成米粉。按配制浓度为5%的米浆所需的米量和水量，分别称取一定质量的某种米粉和去离子水，将两者置于电饭锅内混合均匀。记录米浆在电饭锅内的刻度，加热煮沸4h后，冷却至室温备用。米浆加热期间需定时加水，使米浆的浓度保持5%不变。

（2）灰浆样品的制备。

称取一定质量的工业灰钙粉放入搅拌桶中，分别加入浓度为5%的各种米浆并控制 m（氢氧化钙）/m（米浆）＝0.042（纯灰浆则不加米浆）。用机械搅拌器搅拌至稠度（30～35mm）不变。控制所配灰浆的水灰比为0.8。

参照《建筑砂浆基本性能试验方法标准》（JGJ/T 70—2009）的规定，采用规格为5.0cm×5.0cm×5.0cm的三联抗压试模制备立方体抗压强度试块；采用规格为4.0cm×4.0cm×4.0cm的水泥胶砂试模制备收缩试验用试块；采用内径5.0cm、高1.5cm的圆柱体试模制备耐冻融循环试块。制备试块时，先在各试模内表面涂抹少量脱模剂，然后将拌好的灰浆一次性转入试模中，插捣密实后沿试模顶面抹平灰浆。试块放置1d后脱模，再转移至养护室〔（20±3）℃，相对湿度（65±5）%〕中养护，养护过程中，定期对试块表面喷洒一定量的去离子水，以保证试块碳化过程顺利进行。

（3）采用不同米浆所制灰浆的性能。

① 灰浆稠度。依照《建筑砂浆基本性能试验方法标准》（JGJ/T 70—2009）的规定，采用水泥标准稠度凝结测定仪（江苏东台迅达路桥工程仪器厂）测试灰浆稠度。

表 8.4.1　不同种类米浆对灰浆性能的影响

编号	石灰	米浆种类	水灰比	稠度（mm）	28d 表面硬度（HA）	抗压强度（MPa）	
						28d	60d
M-0	工业灰钙粉	—	0.8	40.5	52.0	0.28	0.36
M-1		糯米		33.0	66.4	0.49	0.59
M-2		糯黄米		33.0	65.4	0.57	0.61
M-3		血糯米		33.5	61.6	0.49	0.56
M-4		大米		35.5	53.6	0.37	0.44
M-5		高粱米		34.5	54.0	0.32	0.40

由表8.4.1可见：与纯灰浆（M-0）相比，各种米浆灰浆的稠度均下降，其中糯米灰浆（M-1）和糯黄米灰浆（M-2）的稠度下降幅度最大。

米浆中的支链淀粉是一种多糖类黏度修饰剂，具有良好的保水性，可将灰浆中的一部分游离水分子固定在其分子结构中，从而减少了灰浆中的自由水，使其稠度下降。

② 表面硬度。采用 LX-D 型硬度计（无锡市前洲测量仪器厂）测定灰浆试块表面硬度。测量时，硬度计的压针距离试块边缘至少12mm，并在其与试块完全接触1s内读数。在试块表面均匀取点测定7次，去除最大值和最小值后取平均值。

由表8.4.1可见，各种米浆灰浆的28d表面硬度均较纯灰浆有所提高，其中糯米灰浆28d表面硬度提高幅度最大，其次为糯黄米灰浆。

③ 抗压强度。参照《建筑砂浆基本性验方法标准》（JGJ/T 70—2009）的规定，采用抗压强度测试仪（天津市科学器材公司设备厂）测试灰浆试块抗压强度。测试时，将待测试块固定在抗压强度测试仪的样品台（自制）上，调整样品台高度，使试块的上表面与测试仪压力杆充分接触，然后以0.02MPa/s的加载速度加压，记录试块破坏时测试仪的最高读

数。即为灰浆试块的抗压强度。

表8.4.1显示，各种米浆均使灰浆28d和60d抗压强度提高，其中，糯黄米浆对灰浆抗压强度的改善效果最佳，可使灰浆28d和60d抗压强度分别提高103.6％和69.4％。米浆中支链淀粉的高保水性有利于灰浆碳化反应的进行，从而使灰浆的抗压强度得到提高。

④ 收缩性。参照《建筑砂浆基本性能试验方法标准》（JGJ/T 70—2009）的规定，测试灰浆试块收缩性，结果见图8.4.1。

由图8.4.1可以看出：纯灰浆的收缩率较大，这与其水分过快损失有关。添加了各种米浆的灰浆，其收缩率均较纯灰浆有所降低，表明各种米浆对灰浆的收缩性均有一定程度的改善效果，其中血糯米浆对灰浆收缩性的改善效果最佳。米浆中支链淀粉较好的保水性是米浆灰浆收缩性得以改善的重要原因。随着养护时间的增加，灰浆收缩率趋于稳定。

⑤ 耐冻融性。依据《建筑砂浆基本性能试验方法标准》（JGJ/T 70—2009）的规定，测试灰浆试块的耐冻融性。试验时，首先将养护60d的圆饼状试块置于常温去离子水中浸泡48h，浸泡时水面至少应高出试块上表面2.0cm。将浸泡过的试块放入−30℃的冰箱中冷冻，12h后取出放入常温去离子水中进行融化。水中融化12h后，观察试块表面的变化情况，然后进行下一次冻融循环，直到试块出现明显破坏（分层、裂开、贯通缝），记录此时的循环次数即为试块耐冻融循环次数，结果见图8.4.2。

由图8.4.2可见，各种米浆添加后，灰浆耐冻融循环次数均较纯灰浆明显增加，表明米浆可以提高灰浆的耐冻融性。糯黄米和血糯米对灰浆耐冻融性的改善效果最好，可使灰浆的耐冻融性较纯灰浆提高150％。

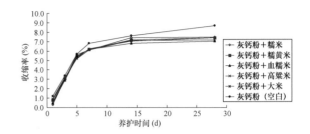

图8.4.1　灰浆的收缩率曲线

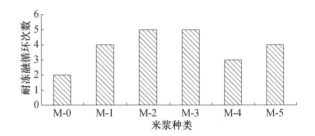

图8.4.2　灰浆的耐冻融性

（4）不同种类米浆对灰浆性能的影响原理。

① 支链淀粉含量影响。米浆中支链淀粉含量见图8.4.3。由图8.4.3可以看出，米浆中支链淀粉含量按大米、高粱米、血糯米、糯黄米、糯米的顺序依次升高。

总体来看，糯黄米、血糯米和糯米对灰浆表面硬度、抗压强度、耐冻融性的改善效果要优于高粱米和大米（表8.4.1和图8.4.2），这正是因为糯黄米、血糯米和糯米中含有较多支链淀粉的缘故。米浆中支链淀粉的螺旋形空腔结构上存在大量的羟基等亲水性官能团，因此支链淀粉具有良好的保水性，最终使得米浆灰浆的性能得到改善。作为一种保水性物质，支链淀粉不可加入过多。因为太多的水分不利于灰浆碳化反应的进行，从而影响灰浆强度的形成。糯米浆中的支链淀粉含量最高，而糯米灰浆的抗压强度却低于糯黄米灰浆（表8.4.1），究其原因即在于此。

② 灰浆微观结构。采用美国SIRION-100型扫描电子显微镜对养护28d的灰浆试块微观形貌进行观察，结果见图8.4.4。

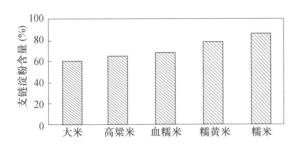

图 8.4.3　米浆中支链淀粉含量

图 8.4.4　各种米浆-石灰浆的 SEM 照片

a—糯米-石灰浆；b—糯黄米-石灰浆；c—血糯米-石灰浆；
d—大米-石灰浆；e—高粱米-石灰浆；f—纯石灰浆

　　由图 8.4.4 可见：纯灰浆微观结构松散、多孔；各种米浆灰浆的微观结构较紧密。多孔材料强度、表面硬度、耐冻融性等与其孔隙度呈负相关。由于米浆中的支链淀粉能抑制碳酸钙晶粒的生长，调控灰浆的碳化过程，使灰浆形成细密的有机-无机复合结构，因此，添加米浆能使灰浆抗压强度、表面硬度和耐冻融性得到提高。在各种米浆灰浆中，糯米灰浆和糯黄米灰浆的结构较细密，而高粱米灰浆的结构较疏松，因此糯米灰浆和糯黄米灰浆抗压强度、表面硬度和耐冻融性高于高粱米灰浆。

　　③ 灰浆碳化程度。采用德国 AXS D8 AD-VANCE 型 X 射线衍射仪对养护 28d 的大米灰浆试块进行物相分析，结果见图 8.4.5。

　　与其他几种米浆灰浆不同，大米灰浆的微观结构中出现较多的针片状颗粒（图 8.4.4d）。经对其内部和外部样品进行 XRD 分析，结果发

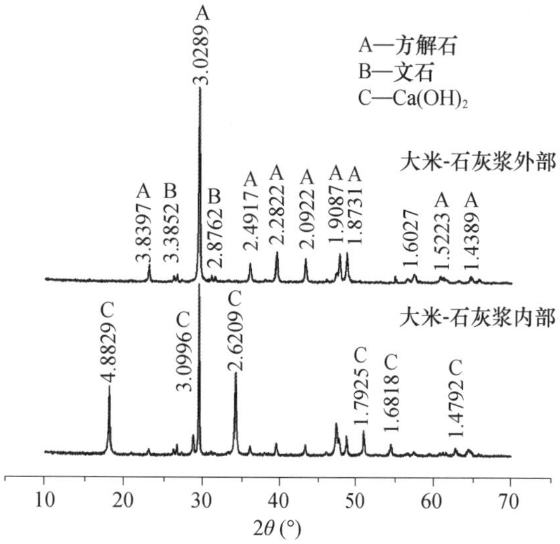

图 8.4.5　养护 28d 的大米灰浆的 XRD 图谱

现大米灰浆的碳化产物除有方解石晶型的碳酸钙外，还有少量的文石晶型碳酸钙（图 8.4.5），这表明在大米灰浆的碳化中存在延迟成核过程。此外，在大米灰浆内部样品的衍射图谱中，发现有氢氧化钙的衍射峰（d=4.8829，3.09962，2.6209nm），而外部样品的衍射图谱中则没有发现该衍射峰，表明大米灰浆外部碳化程度较高，这与糯米灰浆碳化程度外高内低的模式一致。究其原因，是因为米浆的添加，使灰浆的结构致密，空气中的二氧化碳和水分不易渗入，导致其内部碳化较缓慢的缘故。

（5）小结。

① 糯米、糯黄米、血糯米、大米和高粱米米浆的添加，均使灰浆的稠度和收缩率降低，表面硬度、抗压强度和耐冻融性提高。

② 在各种米浆灰浆中，糯黄米灰浆的综合性能最佳，其 28d 抗压强度和 60d 抗压强度较纯灰浆分别提高了 103.6％ 和 69.4％，耐冻融性提高了 150％。在砖石质文物保护中，建议使用糯黄米浆作为灰浆的有机添加物。

③ 米浆灰浆良好的力学性能源于其细密结构，与米浆中的支链淀粉含量相关。

8.4.2　石灰种类对传统糯米灰浆性能的影响

选择分析纯氢氧化钙、分析纯氧化钙、工业灰钙粉、工业氧化钙作为代表性石灰种类，探讨对糯米灰浆性能的影响。

（1）试验材料与仪器。

分析纯氢氧化钙和分析纯氧化钙，购自国药集团化学试剂有限公司；工业灰钙粉（氢氧化钙含量≥90％）和工业氧化钙，购自浙江建德李家新兴涂料粉剂厂；乐购牌糯米购自超市。

水泥标准稠度凝结测定仪，江苏东台迅达路桥工程仪器厂；LX-A 型硬度计，无锡市前洲测量仪器厂制造；自制抗压强度测试仪；扫描电子显微镜，SIRION-100，FEI（美国）。

（2）灰浆样品制备。

① 工业灰钙粉和分析纯氢氧化钙糯米灰浆的制备同本章 8.4.1。

② 分析纯氧化钙和工业氧化钙糯米灰浆的制备。

首先，对分析纯氧化钙和工业氧化钙进行陈化处理，方法：分别称取一定量的分析纯氧化钙和工业氧化钙，置于密封容器中。加入适量 85℃ 蒸馏水，迅速搅拌后密封消化 10min，再加入适量水，保持水灰比为 3∶1 左右，之后密封保存 14d 备用。

然后，称取一定量的陈化 14d 的分析纯氧化钙或工业氧化钙，置入搅拌桶中，去除陈化时添加的过多水分。然后加入一定量熬制好的糯米浆，用机械搅拌器搅拌均匀并测试其稠度，控制其稠度在 32～33mm。所配糯米灰浆中氢氧化钙/糯米＝0.042。

所制糯米灰浆配方见表 8.4.2。

表 8.4.2　仿制灰浆的材料配方和性能测试结果

编号	石灰种类	米浆	稠度（mm）	28d 表面硬度（HA）	28d 抗压强度（MPa）
M-1	分析纯氢氧化钙	糯米浆	34	52.8	0.46
M-2	工业灰钙粉		33	47.0	0.49
M-3	分析纯氧化钙		33	65.8	0.76
M-4	工业氧化钙		32.5	57.0	0.61

③ 性能测试样块制备同本章 8.4.1。

（3）采用不同石灰所制糯米灰浆的性能。

① 表面硬度。表面硬度测试方法同本章 8.4.1。

根据表 8.4.2 和图 8.4.6 的 28d 表面硬度测试结果可以看出，采用氧化钙（生石灰）制备的糯米灰浆，其 28d 表面硬度高于分析纯氢氧化钙-糯米灰浆和工业灰钙粉糯米灰浆的。相较而言，分析纯氧化钙-糯米灰浆的 28d 表面硬度最高。

② 抗压强度。抗压强度测试方法同本章 8.4.1。

表 8.4.2 和图 8.4.7 的抗压强度测试结果显示，采用氧化钙制备的糯米灰浆的 28d 抗压强度高于分析纯氢氧化钙-糯米灰浆和灰钙粉-糯米灰浆的。其中，分析纯氧化钙-糯米灰浆的 28d 抗压强度最高，与表面硬度的测试结果较一致。

③ 收缩性。收缩性测试方法同本章 8.4.1。

收缩率试验结果（图 8.4.8）显示，各种灰浆试块在脱模后 1 周内，其收缩率明显随养护时间的延长而增加，表明灰浆试块的收缩主要发生在脱模后 1 周内。之后，灰浆试块的收缩率逐渐趋于稳定。在四种糯米灰浆中，采用分析纯氢氧化钙和工业灰钙粉制备的糯米灰浆，

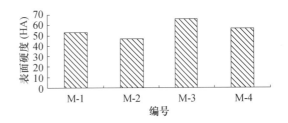

图 8.4.6　仿制灰浆样品的表面硬度柱状图

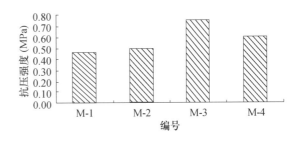

图 8.4.7　仿制灰浆样品的抗压强度柱状图

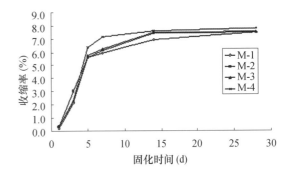

图 8.4.8　仿制灰浆样品的收缩率曲线

其收缩率低于两种氧化钙-糯米灰浆。其中，分析纯氢氧化钙-糯米灰浆的收缩率最低，表明分析纯氢氧化钙的使用对糯米灰浆的收缩性的改善效果优于其他几种石灰，对早期收缩性的改善尤为明显。

④ 耐冻融性。耐冻融性测试方法同本章 8.4.1。

耐冻融循环试验结果（图 8.4.9）表明，分析纯氧化钙-糯米灰浆和工业氧化钙-糯米灰浆的耐冻融性优于分析纯氢氧化钙-糯米灰浆和工业灰钙粉-糯米灰浆。其中，分析纯氧化钙-糯米灰浆的耐冻融性最佳，其耐冻融循环次数高达 7 次；工业灰钙粉-糯米灰浆的耐冻融性最

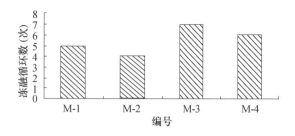

图 8.4.9　仿制灰浆样品的耐冻融循环柱状图

差，仅经历 4 个冻融循环样品表面就出现明显损坏。

（4）不同石灰对糯米灰浆性能影响的微观原理。

① 不同种类石灰的尺寸与形貌。

研究表明，石灰的形貌比其化学成分对灰浆的流变性影响更大[20]。为深入了解不同种类石灰对糯米灰浆性能的影响，将不同种类石灰分散在无水乙醇溶液中，采用 SEM 对不同种类石灰进行 SEM 观察。结果见图 8.4.10。

分析纯氢氧化钙、工业灰钙粉、分析纯氧化钙和工业氧化钙四种石灰的形貌完全不同（图 8.4.10）。分析纯氢氧化钙呈长板状和短柱状晶体（图 8.4.10a），而工业灰钙粉的氢氧化钙为较小的板状颗粒，团聚较明显（图 8.4.10b）；分析纯氧化钙的为短柱状，交错分布，比分析纯氢氧化钙的短柱状更细小（图 8.4.10c）；工业氧化钙表面光滑，颗粒粗大，呈六边形板状（图 8.4.10d）。

采用生石灰制备灰浆时，一般需经过长时间的消化处理（即"陈化"）方可使用。对于生石灰而言，观察其陈化处理之后的形貌更重要。图 8.4.11 为分析纯氧化钙和工业氧化钙陈化两周之后的扫描电子显微镜照片。可以看出，较之分析纯氢氧化钙和工业灰钙粉，分析纯氧化钙和工业氧化钙经陈化处理后，所形成的氢氧化钙均为粒径较小的近六边形板状晶体，形貌较接近（图 8.4.11）。其中，分析

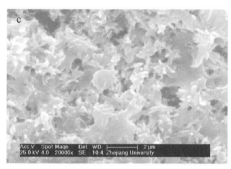

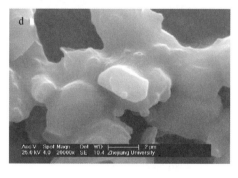

图 8.4.10　不同种类石灰的 SEM 照片
a—分析纯氢氧化钙；b—工业灰钙粉；
c—分析纯氧化钙；d—工业氧化钙

纯氧化钙形成的氢氧化钙板状晶体颗粒末端有较多细小颗粒，呈现进一步分解的趋势（图 8.4.11a）。

氧化钙陈化处理后形成的较小板状晶体，使陈化石灰颗粒的比表面积增大，石灰颗粒表

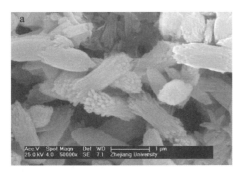

图 8.4.11 氧化钙陈化 14d 后的扫描电子显微镜照片

a—分析纯氧化钙；b—工业氧化钙

面吸附的水分增加，从而改善了石灰浆的塑性、和易性和保水性，有利于碳化反应的进行。采用氧化钙制备的糯米灰浆，其性能普遍优于分析纯氢氧化钙-糯米灰浆和工业灰钙粉-糯米灰浆的原因即在于此。分析纯氧化钙陈化后形成的板状粒子末端的细小颗粒，增强了陈化石灰的反应活性，使其碳化反应速度加快，从而使分析纯氧化钙-糯米灰浆的强度等性能优于工业氧化钙-糯米灰浆的。

② 采用不同种类石灰制备的糯米灰浆的微结构。为进一步了解采用不同种类石灰制备的糯米灰浆在性能上有明显差异的原因，选择养护 28d 的采用不同种类石灰制备的糯米灰浆试块，制成电子显微镜样品后进行 SEM 观察。

采用不同种类石灰制备的糯米灰浆的电子显微镜照片（图 8.4.12）显示，分析纯氢氧化钙-糯米灰浆的结构疏松、多孔（图 8.4.12a），工业灰钙粉-糯米灰浆的结构较致密，细小片状颗粒交错分布，相互咬合（图 8.4.12b）；与之

图 8.4.12 采用不同种类石灰制备的
糯米灰浆的电子显微镜照片

a—分析纯氢氧化钙；b—工业灰钙粉；

c—分析纯氧化钙；d—工业氧化钙

相比较，分析纯氧化钙-糯米灰浆和工业氧化钙-糯米灰浆的颗粒更细小，结构更致密（图 8.4.12c 和图 8.4.12d）。这种细密结构的形成，是氧化钙陈化后形成的板状粒子有利于

碳化反应发生的结果，从微观结构上解释了氧化钙-糯米灰浆的强度等性能优于氢氧化钙-糯米灰浆的原因。其中，分析纯氧化钙-糯米灰浆的结构比工业氧化钙-糯米灰浆的更致密，宏观上表现为分析纯氧化钙-糯米灰浆的强度等性能优于工业氧化钙-糯米灰浆的。

（5）小结。

经过对四种石灰原料的研究发现，用分析纯氧化钙和工业氧化钙制备的糯米灰浆，其表面硬度、抗压强度和耐冻融性优于分析纯氢氧化钙和工业灰钙粉制备的糯米灰浆。其中，分析纯氧化钙-糯米灰浆的综合性能最好，其 28d 抗压强度和 28d 表面硬度分别达到 0.76MPa 和 65.8HA，耐冻融性也高于其他几种糯米灰浆。在文化遗产保护中，若使用化工原料作为糯米灰浆的原料，建议采用分析纯氧化钙，而不宜采用分析纯氢氧化钙和工业灰钙粉。

扫描电子显微镜结果显示，氧化钙陈化过程中形成的颗粒较小的板状粒子是氧化钙-糯米灰浆结构细密的主要原因，这是氧化钙-糯米灰浆性能良好的微观解释。分析纯氧化钙-糯米灰浆的性能优于工业氧化钙-糯米灰浆，这应与分析纯氧化钙陈化后形成的板状粒子末端细小颗粒的高反应活性有关。

8.4.3 集料种类对糯米灰浆性能的影响

在传统灰浆中，填料（在砂浆中也称为集料）是影响灰浆性能的重要因素之一。本节选择河砂、石英砂和砖颗粒作为代表性集料，探讨对糯米灰浆性能的影响。

（1）试验材料与仪器。

工业灰钙粉（氢氧化钙含量≥90%），采购于安徽凤阳明帝钙业有限公司；北大荒糯

米，超市购买；不同粒径的河砂与石英砂，购自建材市场；砖颗粒，采用浙江大学玉泉校区附近建筑工地的红砖破碎而成。

水泥标准稠度及凝结时间测定仪，来自江苏东台迅达路桥工程仪器厂；自制抗压强度测试仪；扫描电子显微镜，SIRION-100，FEI（美国）；XRD，AXS D8ADVANCE（德国）。

（2）样品制备。

① 糯米浆的熬制同本章8.4.1。

② 无集料糯米灰浆的制备同本章8.4.1。

③ 添加集料糯米灰浆的制备。按表8.4.3中样品编号 M2～M10 所示配方，以集料的种类或粒径作为自变量，分别称取一定量控制粒径的砖颗粒、石英砂或河砂，与一定量的灰钙粉和5%的糯米浆混合，搅拌均匀，使其满足表8.4.3中的水灰比、集料/灰比值以及稠度，制得的灰浆备用。

表 8.4.3　仿制灰浆的材料配方

| 编号 | 石灰种类 | 米浆种类 | 集料 | | 水灰比 | 集料/灰比值 | 稠度(mm) |
			种类	粒径(mm)			
M1	工业灰钙粉	糯米			0.8		41
M2	工业灰钙粉	糯米	石英砂	1～2	0.8	1	31
M3	工业灰钙粉	糯米	河砂	1～2	0.8	1	31
M4	工业灰钙粉	糯米	砖颗粒	1～2	0.8	1	21
M5	工业灰钙粉	糯米	石英砂	2～3	0.8	1	28
M6	工业灰钙粉	糯米	石英砂	3～5	0.8	1	25
M7	工业灰钙粉	糯米	河砂	1～2		2	31
M8	工业灰钙粉	糯米	河砂	1～2		3	30.5
M9	工业灰钙粉	糯米	河砂	1～2		4	31
M10	工业灰钙粉	糯米	河砂	1～2		5	31

④ 灰浆试块的制备同本章8.4.1。

（3）采用不同种类集料所制糯米灰浆的性能。

① 稠度。稠度测试方法同本章8.4.1。

根据图 8.4.13 的稠度测试结果可以看出，

与空白样品相比，集料的掺入导致糯米灰浆的稠度下降。其中，掺入砖颗粒的糯米灰浆稠度值下降幅度高达 48.8%。在水灰比和集料/灰比值一定的情况下，集料的掺入，导致单位体积糯米灰浆的含水量减小，从而使其稠度降低。石英砂与河砂质地较致密，吸水性较小，而砖颗粒表面粗糙、多孔，吸水率较高，因此，砖颗粒的掺入导致糯米灰浆稠度大幅下降。

② 抗压强度。抗压强度测试方法同本章 8.4.1。

图 8.4.14 的测试结果显示，与空白样品（未加集料的灰浆）相比，集料的添加使糯米灰浆的 28d、60d 抗压强度有所降低。其中，掺入砖颗粒的糯米灰浆抗压强度下降幅度最低，与空白样品相比，其 28d、60d 抗压强度分别仅下降了 8.2% 和 6.8%。

③ 收缩性。收缩性测试方法同本章 8.4.1。

集料自身的体积稳定性高，它的掺入可抑制石灰浆体的收缩。在图 8.4.15 中，与空白

样品相比，添加集料的糯米灰浆收缩率显著降低，其 7d、14d 收缩率分别下降了 49.2% 和 54.1%，表明砖颗粒、石英砂和河砂可显著改善灰浆的收缩性能。空白样品的收缩主要在脱模后两周内完成，以后基本保持稳定，收缩率变化幅度较大；添加集料的糯米灰浆，其收缩主要在脱模后一周内完成，以后逐渐趋于稳定，收缩率变化幅度较小，且三种集料对糯米灰浆收缩率的影响无明显差异。

④ 抗冻性。抗冻性测试方法同本章 8.4.1。

根据掺入集料的糯米灰浆抗冻性试验结果（图 8.4.16），三种集料的添加使灰浆的耐冻融循环次数均显著增加，灰浆的抗冻性得到了明显改善。掺入砖颗粒的糯米灰浆耐冻融循环次数高达 9 次，与空白样品相比，其抗冻性提高了 125%，耐冻融效果最佳。

（4）采用不同粒径集料所制糯米灰浆的性能。

① 稠度。图 8.4.17 的稠度测试结果显示，

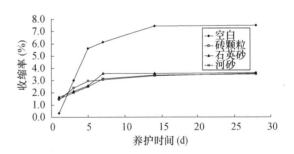

图 8.4.15 灰浆收缩性与集料种类的关系

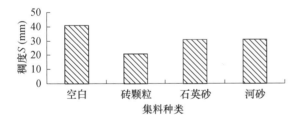

图 8.4.13 集料种类对糯米灰浆稠度的影响图

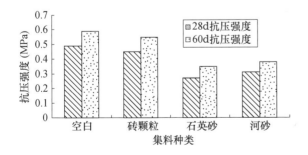

图 8.4.14 添加不同集料的糯米灰浆
抗压强度柱形图

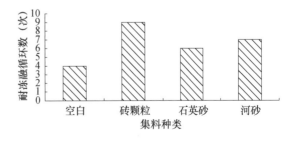

图 8.4.16 添加不同种类集料的糯米灰浆
抗冻性试验结果

掺入不同粒径集料的糯米灰浆，其稠度随集料粒径的增加而减小。当水灰比和集料/灰比值固定时，集料粒径的增大，导致其流动性变差，从而使其稠度降低。

② 抗压强度。在图 8.4.18 中，当石英砂粒径大小在 2～3mm 时，糯米灰浆的 28d、60d 抗压强度分别为 0.3MPa、0.37MPa，均高于石英砂粒径为 1～2mm 和 3～5mm 的糯米灰浆。可见，添加集料时，集料的粒径大小宜控制在 2～3mm。

③ 收缩性。由图 8.4.19 可以看出，随着集料粒径的增大，糯米灰浆的收缩率呈减小趋势。当石英砂的粒径为 3～5mm 时，灰浆的 7d、14d 收缩率比空白样品分别下降了 78.7% 和 74.3%。由此可见，集料的粒径越大，对灰浆收缩性的改善越明显。

④ 抗冻性。耐冻融试验结果显示（图 8.4.20），随着集料（石英砂）粒径的增大，灰浆的抗冻性呈不断降低的趋势。当石英砂粒径为 1～2mm 时，灰浆的抗冻性最佳，其耐冻融循环次数高达 6 次，比空白样品提高了 50%；而当石英砂粒径为 3～5mm 时，灰浆的耐冻融循环次数下降到 3 次，其抗冻性尚不如空白样品。

（5）采用不同骨灰比（体积比）所制糯米灰浆的性能。

① 抗压强度。在图 8.4.21 中，当骨灰比为 2∶1 时，灰浆的 60d 抗压强度最大，之后随着集料/灰比值的增大，抗压强度逐渐下降。

② 收缩性。收缩性试验结果（图 8.4.22）显示，随着集料/灰比值的增大，灰浆的收缩率逐渐下降。当集料/灰的比值增大到 5∶1 时，灰浆的 7d、14d 收缩率较空白样品分别下降 90.2% 和 90.5%。由此可以看出，集料/灰的比值越大，对灰浆收缩性的改善越明显。

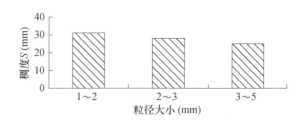

图 8.4.17 集料粒径对灰浆稠度的影响

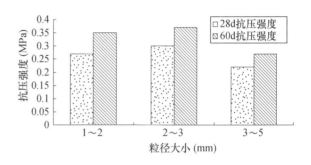

图 8.4.18 集料粒径大小与灰浆抗压强度的关系

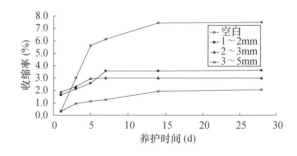

图 8.4.19 集料粒径大小与灰浆收缩性的关系

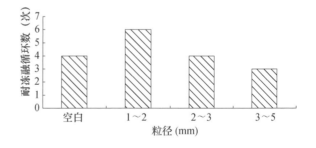

图 8.4.20 集料粒径大小与灰抗冻性的关系

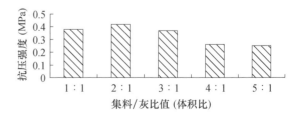

图 8.4.21 集料/灰比值与糯米灰浆抗压强度的关系

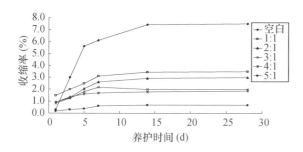

图 8.4.22　集料/灰比值与糯米灰浆
收缩性的关系

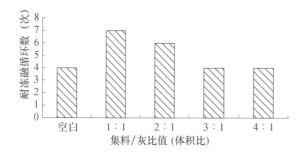

图 8.4.23　集料/灰比值与糯米灰浆抗冻性的关系

③ 抗冻性。总体来看，随着集料/灰比值的增大，糯米灰浆的抗冻性逐渐下降（图 8.4.23）。当骨灰比值为 1∶1 和 2∶1 时，集料的掺入，使糯米灰浆的抗冻性比空白样品分别提高 75％和 50％；当骨灰比大于 3∶1 时，灰浆的抗冻性能下降到与空白样品相当。

（6）集料对糯米灰浆性能的影响机制。

① 微结构变化。分别选择养护 28d 的掺入砖颗粒、石英砂和河砂三种集料的糯米灰浆样品，采用 SIRION-100 型扫描电子显微镜进行微观结构观察，SEM 观察结果见图 8.4.24。

从电子显微镜观察结果可以看出，空白糯米灰浆样品（无集料）颗粒细小、均匀，结构致密；与之相比较，掺入集料的糯米灰浆样品，沿着集料与灰浆的界面出现不同程度微裂缝，导致其强度出现不同程度的下降，微裂缝的出现可能和集料与灰浆之间的黏结力有关。掺入集料的糯米灰浆孔隙增多，有利于二氧化碳和水分进入灰浆内部，从而增加碳化程度，

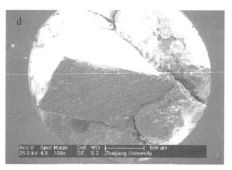

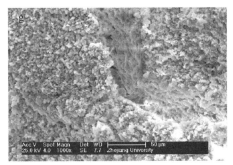

图 8.4.24   掺入集料的糯米灰浆的 SEM 照片
a—空白；b、c—河砂；d、e—石英砂；f、g—砖颗粒

生成纳米尺度的方解石晶型的细小颗粒，比空白糯米灰浆更加致密、细小，致使其抗冻性高于空白样品。

对于三种集料而言，石英砂多棱角、表面较光滑，河砂少棱角、表面光滑、呈圆形或椭圆形，两者较为光滑的表面，使得灰浆与石英砂和河砂界面的黏结力较弱，从而降低了糯米灰浆的抗压强度；砖颗粒是经人工破碎而成的，表面糙粗、多孔，具有不规则的多角形形貌，易于与灰浆黏结，使砖颗粒与灰浆界面的黏结强度增加，黏结得较紧密，这是掺入砖颗粒的糯米灰浆的抗压强度和抗冻性高于掺入河砂与石英砂的糯米灰浆的原因之一。与河砂和石英砂相比，砖颗粒的吸水率高，在糯米灰浆中可以起到"蓄水"作用。此外，砖颗粒具有火山灰性质，将其作为集料加入糯米灰浆中，砖颗粒会与石灰浆发生火山灰反应，生成凝胶状的水化硅酸钙，充填在砖颗粒与石灰浆的界面裂缝中，从而增强砖颗粒与灰浆界面的黏结

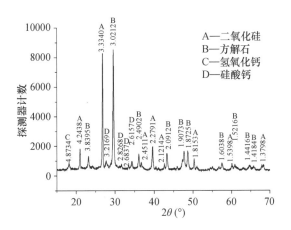

图 8.4.25   掺入砖颗粒的糯米灰浆的 XRD 图谱

强度，这是掺入砖颗粒的糯米灰浆抗压强度和抗冻性高于掺入河砂与石英砂的糯米灰浆的另一原因。

② 组成变化。掺入砖颗粒糯米灰浆的 XRD 衍射图谱见图 8.4.25。从图中可以看出，在掺入砖颗粒糯米灰浆中，主要物相为方解石、二氧化硅、氢氧化钙及少量硅酸钙，未见有水化硅酸钙的衍射峰。这可能是因为生成的水化硅酸钙是非晶态的缘故。对于掺有不同粒径集料的糯米灰浆而言，随着集料颗粒粒径的增大，其总表面积变小，从而降低了集料与灰浆的黏结面积，使集料表面包裹的灰浆数量减少，导致界面黏结强度降低。此外，集料粒径的增大容易在集料与石灰浆界面形成应力集中，使灰浆易产生缺陷。所以，掺有不同粒径集料的糯米灰浆，其抗压强度和抗冻性会随着集料粒径的增大而减小。

对于具有不同集料/灰比值的糯米灰浆来说，集料的体积掺量增加，石灰浆量就相对减少，使石灰浆体和集料界面的黏结质量下降，最终引起掺入集料糯米灰浆的抗压强度和抗冻性降低。

集料自身的体积稳定性高，集料的掺入可抑制石灰浆体的收缩，从而改善糯米灰浆的收缩性能。试验中所掺入的砖颗粒、河砂与石英砂三种集料，其表面特征、颗粒形状虽然不

同，但都显著减小了糯米灰浆的收缩率，而且三种集料对石灰浆收缩率的影响并无明显差异。

集料粒径越大，集料附近就越容易形成水膜，相当于增大了局部水灰比，使石灰浆内部相对湿度升高，从而减小石灰浆的收缩率；糯米灰浆的收缩主要由石灰浆引起，当集料/灰比值升高时，灰浆中的集料增多，石灰浆减少，从而由石灰浆引起的收缩就会减小；此外，随着集料粒径和集料/灰比值的增大，集料对石灰浆收缩的抑制作用会增强。掺入集料的糯米灰浆收缩率随集料粒径和集料/灰比值的增大而减小的原因即在于此。

（7）小结。

试验结果表明，砖颗粒、河砂、石英砂三种集料的掺入，使糯米灰浆的收缩性和抗冻性得到较好改善，其中，砖颗粒糯米灰浆的抗冻性比空白样品提高了 125%，综合效果优于石英砂与河砂。砖颗粒表面粗糙、多孔、多棱角，与石灰浆界面的黏结强度高；此外，砖颗粒具有火山灰性，可与灰浆中的石灰材料发生火山灰反应，生成凝胶状的水化硅酸钙，从而进一步提高集料与石灰浆界面的黏结强度。对试验结果进行综合考虑，建议在砖、石质文物的保护实践中，使用砖颗粒作为糯米灰浆的集料，将集料粒径控制在 3mm 以下，集料/灰比值控制在 2：1 以下。

8.4.4　外加剂对糯米灰浆性能的改进

除糯米浆外，选择硫酸铝、二水石膏和纸筋作为代表性改性添加物，探讨对糯米灰浆性能的影响。为便于叙述，本书将这些除糯米以外的其他添加物称为外加剂。

（1）试验材料与仪器。

① 试验原材料。工业灰钙粉（氢氧化钙含量 ≥90%），浙江建德李家新兴涂料粉剂厂；硫酸铝（$Al_2(SO)_4 \cdot 18H_2O$）和二水石膏（$CaSO_4 \cdot 2H_2O$），分析纯，国药集团化学试剂有限公司；北大荒牌糯米和洁伴牌卫生纸（主要成分为纸筋），超市采购。

② 试验仪器。ZH·DG-80 型振动仪；水泥标准稠度凝结测定仪，江苏东台迅达路桥工程仪器厂；LX-A 型硬度计，无锡市前洲测量仪器厂；自制抗压强度测试仪；扫描电子显微镜，SIRION-100，FEI（美国）；XRD，AXS D8ADVANCE（德国）。

（2）糯米灰浆制备。

① 糯米浆的熬制。同本章 8.4.1。

② 无外加剂糯米灰浆的制备同本章 8.4.1。

③ 有外加剂糯米灰浆的制备。

纸筋-糯米灰浆的制备：先将卫生纸撕成细条，放入热水中浸泡一段时间。待其泡烂后挤掉多余水分，然后加入灰钙粉质量 0.84 倍的 5% 糯米浆中搅拌均匀。再将含有纸筋的糯米浆加入所称取的灰钙粉中搅拌至稠度不变。所配糯米灰浆的水灰比为 0.8，氢氧化钙/糯米＝0.042。

硫酸铝-糯米灰浆的制备：称取灰钙粉质量 0.84 倍的 5% 糯米浆，将一定量的硫酸铝加入糯米浆中，将其搅拌均匀后，再将含有硫酸铝的糯米浆加入所称取的灰钙粉中搅拌至稠度不变。所配糯米灰浆的水灰比为 0.8，氢氧化钙/糯米＝0.042。

二水石膏-糯米灰浆的制备：同硫酸铝-糯米灰浆的制备。

（3）添加不同外加剂的糯米灰浆的性能。

① 稠度。稠度测试方法同本章 8.4.1。

首先，糯米灰浆的搅拌时间与稠度的关系曲线（图 8.4.26）显示，在开始阶段，糯米灰浆的稠度值随搅拌时间的增加而升高。当搅拌至18min左右时，灰浆的稠度值已基本稳定，不再随搅拌时间的增加而变化。

其次，根据图8.4.26的测试结果，搅拌18min后测试每种灰浆的稠度，并绘制糯米灰浆稠度与外加剂含量的关系曲线，见图8.4.27。为便于比较，将空白样品（无添加物的糯米灰浆）的稠度值也列于图中。

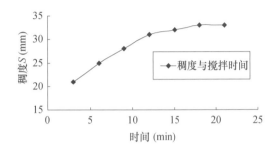

图8.4.26 糯米灰浆的稠度与搅拌时间的关系曲线

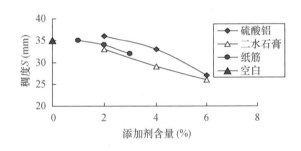

图8.4.27 不同外加剂用量与糯米灰浆
稠度的关系曲线

图8.4.27的结果显示，糯米灰浆的稠度值随着三种添加物用量的增加而减小。其中，二水石膏的加入使糯米灰浆的稠度值减小幅度最大。而硫酸铝的加入，在其用量较低（2%）时，糯米灰浆的稠度值与空白样品相比稍有升高，这可能是其中$Al_2(SO)_4 \cdot 18H_2O$含有较多结晶水的缘故。

② 抗压强度。抗压强度测试样品制备与测试方法同本章8.4.1，结果见表8.4.4。

表8.4.4的测试结果显示，加入了外加剂的样品，其28d和90d抗压强度明显高于空白样品。其中，纸筋-糯米灰浆强度提高的幅度最大，28d和90d抗压强度分别比空白样品提高了354%和114%；与空白样品比较，硫酸铝-糯米灰浆的28d和90d抗压强度分别提高了77%和93%；二水石膏-糯米灰浆的抗压强度提高的幅度最小，28d和90d抗压强度分别比空白样品仅提高了62%和45%。同时，对每种添加物而言，硫酸铝-糯米灰浆和纸筋-糯米灰浆的抗压强度增幅随着外加剂含量的增加而升高；二水石膏-糯米灰浆的90d抗压强度增幅，随着外加剂含量的增加而降低。

表8.4.4 不同外加剂糯米灰浆的抗压强度和表面硬度测试结果

石灰种类	添加物		28d 抗压强度		90d 抗压强度		28d 表面硬度	
	种类	含量（%）	强度值（MPa）	强度增幅（%）	强度值（MPa）	强度增幅（%）	硬度值（HA）	硬度增幅（%）
工业灰钙粉	空白	0	0.26	—	0.58	—	41.7	—
	硫酸铝	2	0.32	23	0.72	24	43.0	3
		4	0.46	77	0.90	55	52.4	26
		6	0.44	69	1.12	93	57.7	38
	二水石膏	2	0.32	23	0.84	45	66.6	60
		4	0.42	62	0.80	40	63.8	53
		6	0.32	23	0.76	31	45.3	9
	纸筋	1	0.82	215	—	—	43.4	4
		2	0.96	269	1.06	83	50.3	21
		3	1.18	354	1.24	114	54.6	31

③ 表面硬度。表面硬度测试样品制备与测试方法同本章8.4.1，结果见表8.4.4。

测试结果（表8.4.4）表明，硫酸铝-糯米灰浆、二水石膏-糯米灰浆和纸筋-糯米灰浆的28d表面硬度值，比空白样品分别提高了38％、60％和31％。对每种外加剂而言，硫酸铝-糯米灰浆和纸筋-糯米灰浆的表面硬度增幅随外加剂含量的增加而升高，而二水石膏-糯米灰浆的表面硬度增幅随外加剂含量的增加而降低，这与它的抗压强度增幅随外加剂含量的变化而改变的规律类似。

④ 收缩性。收缩性测试样品制备与测试方法同本章8.4.1，结果见表8.4.5。

从表8.4.5的结果可以看出，硫酸铝的加入使糯米灰浆的干燥收缩值减小的幅度最大。加入6％的硫酸铝，可使糯米灰浆的7d干燥收缩率减小到3.8％，比空白样品降低了40％。二水石膏和纸筋的加入，对糯米灰浆干燥收缩值减小的幅度不如硫酸铝，加入2％和4％二水石膏使糯米灰浆的7d收缩率减小到5.6％，比空白样品降低了11％。而加入纸筋的7d最小收缩率较空白样品也是只降低了11％。

⑤ 耐冻融性。耐冻融性测试样品制备与测试方法同本章8.4.1。冻融循环试验前样品表面的状况见图8.4.28（a），10次冻融循环后样品的状况见图8.4.28（b）。不同外加剂-糯米灰浆样品的耐冻融循环次数见图8.4.29。

(a) 耐冻融循环试验前

(b) 10次冻融循环后

图 8.4.28　各种外加剂-糯米灰浆样品耐冻融循环试验前后的表面状况

表 8.4.5　不同外加剂糯米灰浆的收缩性试验结果

试验编号	添加物		脱模后长度（mm）	7d长度（mm）	7d收缩率（％）
	种类	含量（％）			
1	空白	0	159	150	6.3
2	硫酸铝	2	160	150	6.3
3	硫酸铝	4	159	152	5.0
4	硫酸铝	6	160	154	3.8
5	硫酸铝	8	160	149	6.9
6	二水石膏	2	159	151	5.6
7	二水石膏	4	159	151	5.6
8	二水石膏	6	160	150	6.3
9	纸筋	1	160	150	6.3
10	纸筋	2	160	150	6.3
11	纸筋	3	160	151	5.6
12	纸筋	5	160	149	6.9

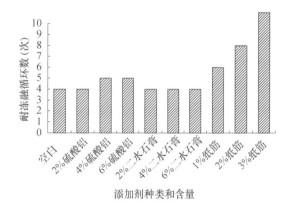

图 8.4.29　不同外加剂-糯米灰浆样品的耐冻融循环试验结果

根据图 8.4.29 的试验结果，纸筋-糯米灰浆的耐冻融性最佳，其耐冻融性随纸筋含量的增加而增强，3％的纸筋-糯米灰浆样品在 10 个冻融循环后仍然完好无损；在硫酸铝-糯米灰浆和二水石膏-糯米灰浆中，除 4％和 6％的硫酸铝-糯米灰浆样品的耐冻融性稍有改善外，其他样品的耐冻融性并无明显改善，经历 4 个冻融循环就开始破坏。

（4）不同外加剂对糯米灰浆性能的影响机制。

① 微结构变化。本实验室前期研究发现，糯米浆对碳酸钙矿化过程具有生物调控作用。在糯米浆的参与下，氢氧化钙矿化反应生成的碳酸钙是纳米尺度的方解石晶型的细小颗粒，比不加糯米灰浆的结果要细小和致密得多。

对养护 28d 的糯米灰浆试块，选择无外加剂的空白样品、6％硫酸铝-糯米灰浆、6％二水石膏-糯米灰浆和 1％纸筋-糯米灰浆，采用钢锯切割一小块，表面喷金后采用美国 FEI 公司制造的 SIRION-100 扫描电子显微镜（SEM）进行观察。SEM 观察结果见图 8.4.30 和图 8.4.31。

根据图 8.4.30 的 SEM 照片，无外加剂的糯米灰浆样品，其颗粒呈细小片状交联，较疏松（图 8.4.30a）；含有硫酸铝和二水石膏的糯米灰浆结构较致密，其细小的颗粒紧密交错，相互咬合（图 8.4.30b 和图 8.4.30c）。相关研究表明，多孔材料的孔隙度与其强度、耐冻融性等性能呈负相关[21]。因此，硫酸铝-糯米灰浆和二水石膏-糯米灰浆的致密结构，是其抗压强度、表面硬度及耐冻融性等物理性能得以提高的微观解释。

图 8.4.31 为纸筋糯米灰浆的 SEM 照片，在放大 400 倍时（图 8.4.31a），可以看到在灰浆中呈乱向交错分布的纸筋纤维。纸筋的纤维素纤维内含有的空腔，能够在灰浆硬化初期储

图 8.4.30　无外加剂糯米灰浆、6％硫酸铝-糯米灰浆和 6％二水石膏-糯米灰浆的 SEM 照片

a—空白样品；b—6％硫酸铝-糯米灰浆；c—6％二水石膏-糯米灰浆

存部分自由水，从而在硬化过程中可避免水分过快蒸发，对糯米灰浆的早期干燥收缩性有一定改善。纸筋-糯米灰浆的 7d 收缩率较低，原因即在于此，这有效降纸了糯米灰浆早期收缩开裂的风险。石灰的碳化过程需要水分的参与，纸筋纤维空腔中储存的水分，可使灰浆的碳化程度更高，结构更加致密，从而导致了其抗压强度、表面硬度和耐冻融性的提高。纸筋纤维在糯米灰浆中的乱向交错分布（图 8.4.31a），可在灰浆中起到拉结和骨架作用，对灰浆强度、耐冻融性和抗裂性的提高有一定的补充增

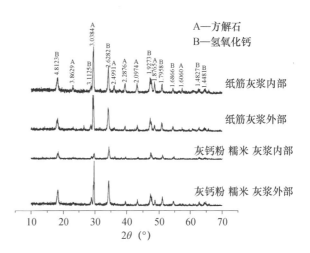

图 8.4.31　纸筋糯米灰浆的 SEM 照片

a—放大 400 倍；b—放大 10000 倍

强作用。同时，纸筋纤维表面附着的大量糯米灰浆颗粒（图 8.4.31b），增加了糯米灰浆与纸筋纤维之间的握裹力，可进一步加强这种补充增强作用，提高其抗裂性能。

② 物相变化。为了进一步了解外加剂对糯米灰浆性能的影响，在 6％硫酸铝-糯米灰浆、6％二水石膏-糯米灰浆和 1％纸筋-糯米灰浆样品的外部和内部分别取样，用玛瑙研钵研磨后，采用德国制造的 X 射线衍射光谱仪（AXS D8ADVANCE），进行 XRD 分析，测试波长为 1.54Å。分析结果分别见图 8.4.32～图 8.4.34。

据图 8.4.32 可知，采用灰钙粉制备的无外加剂糯米灰浆，外部样品方解石衍射峰的强度高于内部样品方解石的强度，表明外部的碳化程度相对较高；而纸筋-糯米灰浆的外部和内部衍射图谱基本一致，主要成分均为方解石和一定量的氢氧化钙，表明其外部和内部的碳化程度相当，其整体碳化程度，高于无外加剂的糯米灰浆样品。较高的碳化程度，是纸筋-糯米

图 8.4.32　1％纸筋-糯米灰浆和无外加剂的灰钙粉糯米灰浆的 XRD 图谱

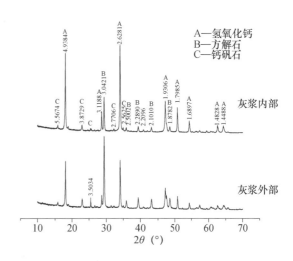

图 8.4.33　6％硫酸铝-糯米灰浆的 XRD 图谱

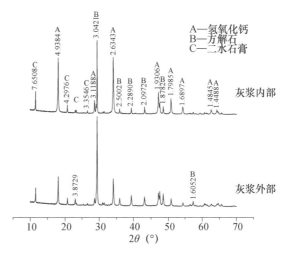

图 8.4.34　6％二水石膏-糯米灰浆的 XRD 图谱

灰浆强度较高的本质原因。前已述及，纸筋纤维的空腔可以在灰浆硬化初期储存一定的自由水。在糯米灰浆碳化过程中，灰浆中的水分不断被消耗。此时，吸附在纤维中的水分就开始释放，在糯米灰浆中起到了"内养护"的保水作用，为碳化反应的顺利进行提供了必要的水分补充，从而使纸筋-糯米灰浆的碳化程度得以提高。

硫酸铝-糯米灰浆的衍射图谱（图8.4.33）表明，其外部样品和内部样品的主要物相均为方解石和氢氧化钙，同时，均可见少量钙矾石的生成。从衍射峰的强度来看，灰浆外部的方解石含量明显较内部高，表明外部的碳化程度相对较高。研究表明，钙矾石晶体在形成过程中，其固相体积可增加120%左右。其固相体积的膨胀，对糯米灰浆的干燥收缩在一定程度上起到了有效的补偿，使其收缩性大大降低；同时，钙矾石的体积膨胀，填充了部分孔隙，使灰浆孔隙量减少，结构较致密，使灰浆的表面硬度和抗压强度大大提高。硫酸铝-糯米灰浆中钙矾石的生成，是其表面硬度、抗压强度和收缩性得以改善的本质原因。

二水石膏-糯米灰浆的衍射图谱（图8.4.34）显示，其外部样品和内部样品的主要物相均为方解石和氢氧化钙，同时，均含有少量二水石膏。从方解石和氢氧化钙衍射峰的强度来看，灰浆外部的碳化程度相对较高。结合扫描电子显微镜的结果，二水石膏的加入，没有新的物相生成，它只是改善了糯米灰浆的孔隙度，使灰浆结构更加致密，含水量大大减少，从而提高了其抗压强度和表面硬度，降低了其干燥收缩值。二水石膏的硬度较低，这可能是二水石膏-糯米灰浆的抗压强度和表面硬度增幅随二水石膏含量的增加而呈现下降趋势的原因。同时，因为二水石膏的加入仅仅改善了灰浆的孔结构，所以

对灰浆的干燥收缩性的改善不如硫酸铝。

（5）小结。

试验结果表明，纸筋对糯米灰浆抗压强度、耐冻融性和早期干燥收缩性有较好的改善。它的加入使灰浆的28d和90d抗压强度分别比空白样品提高了354%和114%，耐冻融性可提高至10个循环仍完好无损。纸筋纤维空腔所储存的自由水，在灰浆内部起到"内养护"的作用，从而提高灰浆的碳化程度，使其结构更加致密，这是其早期干燥收缩性、抗压强度、耐冻融性改进的重要原因。同时，纸筋纤维在糯米灰浆中的乱向交错分布，对糯米灰浆强度和耐冻融性的提高有补充增强作用。

硫酸铝对改善糯米灰浆的干燥收缩性效果最佳，6%的硫酸铝的加入，使糯米灰浆的7d收缩率减少到3.8%，与空白样品比降低了40%。同时，硫酸铝的加入使糯米灰浆的抗压强度有较大程度提高。在硫酸铝-糯米灰浆的硬化过程中，钙矾石晶体的生成及其固相体积膨胀，填充了灰浆的部分孔隙，使灰浆的结构更加致密，这是其强度提高和干燥收缩性得以改善的本质原因。

二水石膏的加入对糯米灰浆抗压强度和表面硬度的提高有一定作用。然而，随着二水石膏含量的增加，其抗压强度和表面硬度增幅逐渐降低，耐冻融性并未得到改进。因而，不建议采用二水石膏作为糯米灰浆的添加物。

综上所述，在古建筑、桥梁、水利工程等砖石质文化遗产保护实践中，建议采用6%的硫酸铝或3%的纸筋作为糯米灰浆的添加物。

8.4.5　糯米灰浆在古建筑保护修复中的应用案例

经过浙江大学文物保护材料实验室优化的

糯米灰浆，已经在数处古建筑文物的修复保护中得到应用。这里列出其中两处。一是寿昌桥，二是梵天寺石经幢，两者都是全国重点文物保护单位。

（1）寿昌桥的修复。

寿昌桥又名上渚桥，在浙江省德清县境内。建于南宋咸淳年间（1265—1274 年），距今已有 700 多年。寿昌桥横跨上渚河，为单孔石拱桥。桥长 35.2m，宽 2.8m，拱跨 17.2m。寿昌桥古朴雄健，是浙江省德清县内保存最完整的古代桥梁。过去几年，由于基础下沉和植物滋生（图 8.4.35），寿昌桥桥体金刚墙出现裂缝（图 8.4.36），而且裂缝还在扩大。2007年，以浙江省考古所为设计单位，以南京博物院等机构为施工单位，对寿昌桥进行了桥基加固、植物清除和防风化处理等必要的修复保护措施。在此次修复中，浙江大学文物保护材料实验室提供了糯米灰浆配方（由消石灰、糯米汁和石粉等调制），被用作黏结、填缝材料（图 8.4.37）。从效果来看，糯米灰浆是适用的。经过多年的跟踪观察，经糯米灰浆修复的地方没有开裂和脱落现象发生（图 8.4.37），这说明糯米灰浆和寿昌桥桥体材料相容性良好。此外，糯米灰浆黏结和填缝的部位也未发现植物生长（图 8.4.37），这应该与石灰材料的强碱性有关。

（2）梵天寺石经幢的修复。

梵天寺，位于浙江省杭州市凤凰山上。该寺五代名南塔寺，北宋治平年间改名梵天寺。梵天寺前有石经幢一对，建于北宋乾德三年（965 年）。寺庙早已荡然无存，如今只剩两个石经幢（图 8.4.38）。两个石经幢相距 10 余米，左幢高 14.31m，右幢高 14.64m。由于年代久远，石经幢已经出现了严重的风化。幢体石料开裂脱落，幢体所刻文字也开始模糊不清

图 8.4.35　修复前的寿昌桥（植物滋生）

图 8.4.36　修复前的寿昌桥（桥身裂缝）

图 8.4.37　寿昌桥用糯米灰浆填缝

（图 8.4.39）。2009 年，以南京博物院为施工单位，对梵天寺石经幢进行加固保护。调研中，经分析发现石经幢原来的胶粘剂是糯米灰浆。应南京博物院项目组邀请，浙江大学文物保护材料实验室提供了配制好的已优化的糯米灰浆成品，用于石经幢各层间的填缝和灌浆（图 8.4.40 和图 8.4.41）。

图 8.4.38　修复中的梵天寺石经幢

图 8.4.39　石经幢碎裂的幢体（左，俯视）
和模糊的刻字（右）

图 8.4.40　石经幢层间缝隙糯米灰浆注浆

图 8.4.41　注浆加固后的石经幢灰缝

经过多年的跟踪监测，用于石经幢填缝和灌浆的糯米灰浆至今效果良好。

8.5　桐油灰浆配方优化研究

桐油灰浆是中国特有的有机-无机复合材料，具有优良的防水和黏结效果，在古代船舶防水密封、古建筑防潮、木结构防腐等方面有十分广泛的应用和悠久的历史。本节从不同干性油的效果，以及油-灰的比率等方面，探讨桐油灰浆的配方优化。

8.5.1　材料与方法

（1）试验材料与试剂。试验所需原材料及化学试剂包括氢氧化钙、碳酸钙和氧化钙，分析纯，国药集团化学试剂有限公司生产；熟桐油、熟化亚麻籽油和梓油，购自化工厂。

（2）样品制备。按比率称取一定量的石灰和干性油，分批次加入铁质容器中，然后用木棍不停舂捣，当油灰断面细腻光滑，用手能拉成细长条状时，即制备成功。所选干性油、石灰及配比见表 8.5.1。表 8.5.1 中的 F 组（对照组）为普通石灰浆，采用分析纯氢氧化钙制备，水灰比为 0.7 : 1。

表 8.5.1　油灰配比

编号	干性油	石灰	干性油含量（质量分数，%）
A	熟桐油	生石灰	23.0
B	熟桐油	熟石灰	28.5
C	熟桐油	熟石灰	23.0
D	梓油	熟石灰	28.5
E	亚麻籽油	熟石灰	31.0
F（对照组）	—	熟石灰	

8.5.2 不同干性油对油灰性能的影响

（1）抗压强度。由于油灰的黏性大，不易脱模，根据特殊情况下可采用非标准试样的原则，制作底面直径 3.5cm、高 4.0cm 的圆柱体试样。试样脱模后在养护室 [$T = （20 \pm 3）℃$，$RH（\%）=（65 \pm 5）\%$] 中养护一段时间。

测试时，将待测试块置于抗压强度测试仪的样品台上，调整仪器，使样品的上表面与压力杆充分接触，然后缓缓加压，记录样品破坏时的最高读数，即为抗压强度数值，平行 3 次取平均值，单位为 MPa。测试结果见表 8.5.2。

表 8.5.2 不同油灰的力学性能测试结果

编号	抗压强度（MPa）		28d 表面硬度（HA）	28d 剪切强度（MPa）
	28d	90d		
A	<0.05	<0.05	<10	—
B	0.20	0.62	54	0.76
C	<0.05	<0.05	<10	0.12
D	<0.05	0.16	27	0.12
E	0.14	0.76	50	0.20
F（对照组）	0.24	0.36	47	0.22

表 8.5.2 的测试结果显示，采用不同种类石灰与熟桐油制备的油灰样品，氧化钙-熟桐油和碳酸钙-熟桐油养护至 90d 也未能明显固化，其 28d 和 90d 抗压强度值低于 0.05MPa，几乎没有承压能力；氢氧化钙-熟桐油的 28d 抗压强度为 0.20MPa，略低于对照组的普通灰浆，而其 90d 抗压强度高达 0.62MPa，与对照组相比提高了 72%。由此可见，氢氧化钙-熟桐油灰浆具有较好的固化效果。

氢氧化钙-梓油和氢氧化钙-熟化亚麻籽油样品的 28d 抗压强度均低于对照组，其中，氢氧化钙-梓油的 28d 抗压强度低于 0.05MPa。养护至 90d 时，氢氧化钙-梓油的固化程度依旧

不高，抗压强度不及对照组的 50%；而氢氧化钙-熟化亚麻籽油样品 90d 抗压强度为 0.76MPa，与对照组相比，其 90d 抗压强度提高了 111%。

（2）表面硬度。表面硬度采用 LX-D 型硬度计测定。测量时，压针距离试样边缘至少 6mm，并与试样完全接触 1s 内读数。在样品表面均匀取点测定 7 次。去除最大值和最小值后取平均值，结果用邵氏硬度表示，单位为 HA。测试结果见表 8.5.2。

测试结果表明，氧化钙-熟桐油油灰、碳酸钙-熟桐油油灰和氢氧化钙-梓油油灰的 28d 表面硬度值均低于对照组，氢氧化钙-熟桐油油灰、氢氧化钙-熟化亚麻籽油油灰样品 28d 表面硬度分别比对照组提高了 15% 和 6%。这与抗压强度的测试结果基本一致。

（3）剪切强度。用调制好的油灰，将两块大理石（5cm×5cm×2cm）黏结起来，在养护室中养护 40d。样品的剪切强度由自制抗压试验仪测得。测试时，将黏结在一起的两块大理石中的一块固定好，对另一块逐渐加压，记录大理石脱开时的压强，即为剪切强度，表示两块大理石黏结的牢固程度。由于大理石侧面面积一致，因此各试样的剪切强度具有可比性，能评估油灰的黏结效果。平行测试 3 次取平均值，单位为 MPa。结果见表 8.5.2。

在表 8.5.2 中，氧化钙-熟桐油、碳酸钙-熟桐油和氢氧化钙-梓油油灰的剪切强度均低于普通灰浆（对照组），它们的黏结效果不如普通灰浆，尤其是氧化钙-熟桐油，几乎没有黏结效果；氢氧化钙-熟化亚麻籽油油灰的黏结效果与普通灰浆的大致相当；氢氧化钙-熟桐油的剪切强度达到 0.76MPa，相比对照组普通灰浆提高了 245%，表明其具有优良的黏结效果。

（4）耐冻融性。将调制好的油灰制成直径 3.5cm，高度 2.0cm 的圆饼状试样，在养护室

中养护60d后进行耐冻融破坏循环试验。试验时，首先将饼状油灰样品置于常温去离子水中浸泡48h，浸泡时水面应至少高出试样上表面20mm。将浸泡过的试样取出放入－30℃的冰箱中进行冷冻，12h后取出放入常温去离子水中进行融化。水中融化12h后，观察并记录样品表面的变化情况，此为一个循环。按此方法循环冻融，以试样出现明显破坏（分层、裂开、贯通缝）时的循环次数确定为耐冻融次数。考虑A和C样品力学性能太差，在文物保护实践中很难应用，因此未进行冻融试验。冻融结果见表8.5.3和图8.5.1。

冻融结果显示，氢氧化钙-熟化亚麻籽油样品的耐冻融性最差，一个循环就出现贯穿裂缝，经过10次循环后样品裂成3块，其耐冻融性尚不如普通石灰浆（对照组）；氢氧化钙-熟桐油和氢氧化钙-梓油样品分别经过7次和8次冻融循环开始出现破坏，其耐冻融性远高于普通石灰浆。

（5）吸水性。吸水试验参考标准。样品吸水量 Δm 与吸水时间 t 之间具有以下关系：$\Delta m = C \cdot A \cdot t^{0.5}$。

图 8.5.1 不同油灰样品冻融照片

1—冻融前；2—循环1次；3—循环4次；4—循环10次

其中 C 为水吸收系数，单位为 g/（$m^2 \cdot s^{0.5}$）；A 为测试面的面积，在本次试验中，$A = 4.0 \times 10^{-4} m^2$；$t$ 为吸水时间，单位为 s；Δm 为吸水量，单位为 g。

样品水吸收系数的测定方法：将待测样品在55℃下烘干至恒重并记录质量，然后将其放置在平底盘内，待测面朝下。向平底盘内加入蒸馏水，蒸馏水浸没样品底部的高度为（3±1）mm。记录样品的质量随时间的变化。以所得数据绘制 $\Delta m - t^{0.5}$ 曲线并进行拟合，所得斜率除以测试面面积即为样品的水吸收系数。结果见图8.5.2和表8.5.3。

从测试结果可以看出，与普通石灰浆（对照组）相比，氢氧化钙-熟桐油、氢氧化钙-梓油和氢氧化钙-熟化亚麻籽油样品的吸水系数显著降低，不到普通石灰浆的1/200，表明其具有优良的防水性能。导致这一结果的原因，可能是因为干性油的憎水作用。其中，氢氧化钙-熟桐油的吸水系数最低，仅为普通石灰浆的1/620，其防水性能最优。

（6）抗氯离子侵蚀。由于油灰经常被用于海船的舱料，考虑海船要长时间处于海水环境中，本次试验特检测了油灰的抗氯离子侵蚀性能。

抗氯离子侵蚀试验：配制3.5%的NaCl溶液用以模拟海水环境。选取养护4个月的油灰样品，测试其抗压强度，然后将其置于3.5%

表 8.5.3 不同油灰耐冻融性、吸水系数和抗 Cl⁻ 破坏结果

编号	抗冻融性（次）	吸水系数 [g/（$m^2 \cdot s^{0.5}$）]	抗氯离子侵蚀性能		
			CS_a（MPa）	CS_b（MPa）	CS_a/CS_b
B	7	0.16	0.60	0.58	96.7%
D	8	0.42	0.26	0.24	92.3%
E	1	0.39	0.72	0.58	80.6%
F（对照组）	4	99.2	0.38	0.18	47.4%

注：CS_a——抗氯离子侵蚀试验之前样品抗压强度；
CS_b——抗氯离子侵蚀试验10个循环之后样品抗压强度。

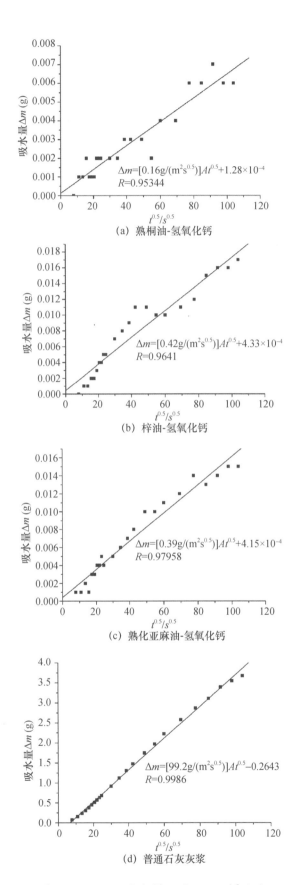

$\Delta m=[0.16\text{g}/(\text{m}^2\text{s}^{0.5})]At^{0.5}+1.28\times10^{-4}$
$R=0.95344$

（a）熟桐油-氢氧化钙

$\Delta m=[0.42\text{g}/(\text{m}^2\text{s}^{0.5})]At^{0.5}+4.33\times10^{-4}$
$R=0.9641$

（b）梓油-氢氧化钙

$\Delta m=[0.39\text{g}/(\text{m}^2\text{s}^{0.5})]At^{0.5}+4.15\times10^{-4}$
$R=0.97958$

（c）熟化亚麻油-氢氧化钙

$\Delta m=[99.2\text{g}/(\text{m}^2\text{s}^{0.5})]At^{0.5}-0.2643$
$R=0.9986$

（d）普通石灰灰浆

图 8.5.2　不同油灰样品的 $\Delta m - t^{0.5}$ 曲线

NaCl 溶液中浸泡 4h。将浸泡过的试样取出放入 50℃ 的烘箱中，烘烤 4h 后取出再置入 3.5％ NaCl 溶液中浸泡。如此循环 10 次之后，再分别测试油灰样品的抗压强度。本次试验采用氯离子侵蚀后抗压强度与氯离子侵蚀前抗压强度的比值指示油灰样品的抗氯离子侵蚀能力，其比值越大，表明其耐氯离子侵蚀能力越强。试验结果列于表 8.5.3。

根据表 8.5.3 的试验结果，经过 10 个循环的侵蚀试验后，三种油灰样品侵蚀后与侵蚀前的抗压强度比值均远大于普通石灰浆（对照组）的，表明三种油灰的耐氯离子侵蚀能力均强于普通石灰浆。对三种油灰来说，氢氧化钙-熟桐油样品的耐氯离子侵蚀能力最强，氢氧化钙-熟化亚麻籽油的耐氯离子侵蚀能力最弱。

8.5.3　干性油对油灰微观结构的影响

选取养护 28d 的氢氧化钙-熟桐油试块以及养护 80d 的碳酸钙-熟桐油、氢氧化钙-熟桐油、氢氧化钙-梓油和氢氧化钙-熟化亚麻籽油试块，在试块外部切割一小块，断面喷金后采用扫描电子显微镜（SEM）进行观察。SEM 观察结果见图 8.5.3。

在碳酸钙-熟桐油样品中（图 8.5.3a），碳酸钙颗粒被桐油包裹着，并呈不均匀分布；样品中的桐油为胶状，呈现出一定流动性，与其他样品相比，其固化程度似乎不高。

氢氧化钙-熟桐油样品养护 28d 的电子显微镜照片（图 8.5.3b）显示其颗粒细小，分布均匀；桐油虽然也呈现为胶状，但其流动性明显不如碳酸钙-熟桐油油灰。随着养护时间的增加，氢氧化钙-熟桐油油灰的断面形貌发生了显著变化。养护 80d 的氢氧化钙-熟桐油样品

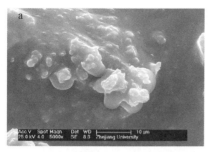

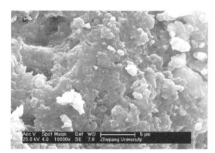
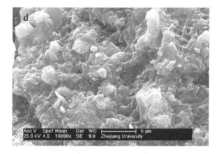

图 8.5.3　采用不同石灰和干性油所制备
油灰的 SEM 照片

a—碳酸钙-熟桐油 80d；b—氢氧化钙-熟桐油 28d；
c—氢氧化钙-熟桐油 80d；d—氢氧化钙-梓油 80d；
e—氢氧化钙-熟化亚麻籽油 80d

（图 8.5.3c），其细小片状颗粒被桐油黏合在一起，呈层状堆积，结构致密；桐油呈坚硬固态，固化程度明显增强。氢氧化钙-熟桐油油灰的致密结构应是其抗压强度等机械性能得以提高的微观解释。

氢氧化钙-梓油样品中（图 8.5.3d），石灰颗粒不均匀镶嵌在梓油中，呈网状分布，颗粒间距较大。样品表面可观察到不少褶皱，表明其中的梓油并未完全固化。究其原因，可能是因为本次试验所用桐油和亚麻籽油是经过熟化处理的，分子间已发生了一定的聚合，而梓油未经熟化处理。这也提示文物保护工作者，在实际应用中，使用经过熟化处理的干性油，效果可能更佳。同时，电子显微镜照片显示，有些大颗粒并未被梓油覆盖而使其黏结在一起，说明石灰颗粒与梓油之间的黏合力较差。石灰颗粒间距较大、与梓油之间的黏合力较差以及梓油的固化能力较弱，可能是氢氧化钙-梓油样品力学性能较差的重要原因。

氢氧化钙-熟化亚麻籽油样品（图 8.5.3e）的结构致密，其石灰颗粒被熟化亚麻籽油紧密包裹，相互咬合，与氢氧化钙-熟桐油样品中的片层状结构相比，不易发生滑移分离，因而其 80d 抗压强度高于氢氧化钙-熟桐油的。Wang 等发现[22]，熟桐油的固化速度比熟化亚麻籽油快。这可能是氢氧化钙-熟桐油的 28d 抗压强度高于氢氧化钙-熟化亚麻籽油的原因。

8.5.4　干性油对油灰碳化和固化反应的影响

研究表明，石灰灰浆的力学强度主要来自灰浆中氢氧化钙的碳化作用和析出结晶作用。本工作选取养护 60d 的氢氧化钙-熟桐油油灰、氢氧化钙-熟化亚麻籽油油灰和普通灰浆（对照组）样品，在其外部约 1mm 处取样，用玛瑙研钵研磨后进行 XRD 分析。测试波长 1.54Å，扫描速度 8°2θ·min⁻¹，分析结果见图 8.5.4。

氢氧化钙-熟桐油和氢氧化钙-熟化亚麻籽油样品的衍射图谱（图 8.5.4）显示，其主要物相是氢氧化钙，含有少量的碳酸钙（d = 3.0266）；普通灰浆（对照组）的主要物相是碳酸钙，含有少量氢氧化钙（图 8.5.4），从而表明油灰的碳化程度低于普通灰浆。氢氧化钙的碳化过程需要水分和 CO_2 的参加。然而，随着油灰中干性油的固化，试样外部开始形成一层薄膜，阻碍了外部 CO_2 的进入，加之干性油的憎水性使被干性油包裹的氢氧化钙难以接触水分，从而导致油灰的碳化反应难以进行。据此，可以判断氢氧化钙-熟桐油和氢氧化钙-熟化亚麻籽油的早期强度主要源于因干性油的固化使氢氧化钙颗粒间的距离减小、相互聚合黏结形成的致密结构，碳化反应对其抗压强度的贡献相对较小。

在表 8.5.2 中，油灰样品的 28d 抗压强度不如普通石灰灰浆（对照组），可能是因为油灰中的干性油 28d 固化程度较低，只形成胶状固体，而且其碳化程度较低的缘故。

为进一步研究氢氧化钙和碳酸钙分别对桐油固化的影响，对未固化熟桐油样品、养护 90d 的氢氧化钙-熟桐油样品的内部和外部以及碳酸钙-熟桐油样品的内部进行红外分析。采用 KBr 压片法进行光谱测试，光谱分辨率 2cm⁻¹，测试范围 400～4000cm⁻¹，分析结果见图 8.5.5。

在未固化熟桐油的红外谱图（图 8.5.5a）中，～3030cm⁻¹ 处为 ═C—H 伸缩振动峰，～1773cm⁻¹ 和 ～1165cm⁻¹ 是酯的特征吸收峰[23]，据此可以判断未固化熟桐油中含有大量的不饱和脂肪酸，结果与文献相符。

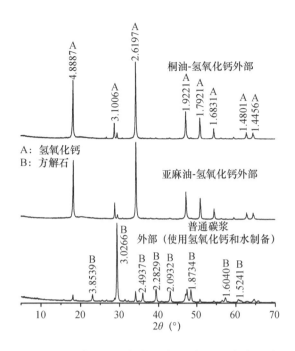

图 8.5.4　养护 60d 氢氧化钙-熟桐油、氢氧化钙-熟化亚麻籽油样品和普通灰浆（对照组）XRD 图谱

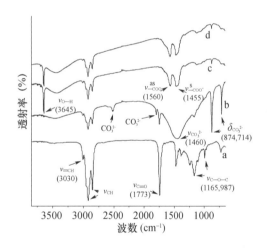

图 8.5.5　养护 90d 的不同油灰样品以及未固化的纯桐油的 FTIR 图谱

a—未固化熟桐油；b—熟桐油-碳酸钙内部；
c—熟桐油-氢氧化钙内部；d—熟桐油-氢氧化钙外部

在养护 90d 的碳酸钙-熟桐油和氢氧化钙-熟桐油内部样品的红外谱图中（图 8.5.5b、c），═C—H 伸缩振动峰（～3030cm⁻¹）依然存在，然而，养护 90d 的氢氧化钙-熟桐油外部样品（图 8.5.6d），其 ═C—H 伸缩振动峰（～3030cm⁻¹）相对较弱。研究表明，干性油与氧气接触时能发生多种交联反应，从而导致干性油聚合形成坚硬的薄膜。因此，油灰样品在固化过程中，其外部因干性油发生交联反应而形成致密结构（图 8.5.3），从而阻碍外部空气的进入，导致油灰内部的氧化交联反应较难进行。因此，在油灰样品的红外图谱中，内部的 =C—H 伸缩振动峰（～3030cm^{-1}）要强于外部。

与未固化熟桐油的红外谱图（图 8.5.5a）相比，氢氧化钙-熟桐油样品红外谱图上（图 8.5.5c、d）的 C=O 伸缩振动峰（～1773cm^{-1}）和 C—O 伸缩振动峰（～1165cm^{-1}）消失了，而在～1560cm^{-1} 和～1455cm^{-1} 出现了 2 个峰，这些变化是形成羧酸盐的特征。同时根据～1560cm^{-1} 和～1455cm^{-1} 处峰的波数差值可以判断 Ca^{2+} 和—COO^{-} 之间以配位共价键形式结合。这表明桐油中的脂肪酸酯在强碱性环境下发生了交换反应，酯键断裂后 Ca^{2+} 和—COO^{-} 以 1:2、1:4 的比例进行配合形成配合物，分子链大大增长（图 8.5.6）。因此，随着养护时间的增加，氢氧化钙-熟桐油的微结构由胶体和颗粒状固体镶嵌状（图 8.5.3b）转变成坚硬的片状固体结构（图 8.5.3c），使得氢氧化钙-熟桐油样品固化程度和强度逐渐提高。

碳酸钙-熟桐油样品的红外谱图（图 8.5.5b）与未固化熟桐油（图 8.5.5a）相比脂肪酸酯的特征峰并未发生明显变化，表明碳酸钙和脂肪酸酯没有发生反应。因此在 SEM 分析中（图 8.5.3a），碳酸钙-熟桐油样品即使养护了 80d，观察到的还是桐油包裹着石灰颗粒的状态，力学性能不佳。

通过以上分析得到，氢氧化钙-熟桐油灰浆中存在 2 个化学反应：交联反应和配位反应。不饱和脂肪酸发生氧化交联反应，使得—R$_x$ 可

(a) 螯合　　　　(b) 桥链

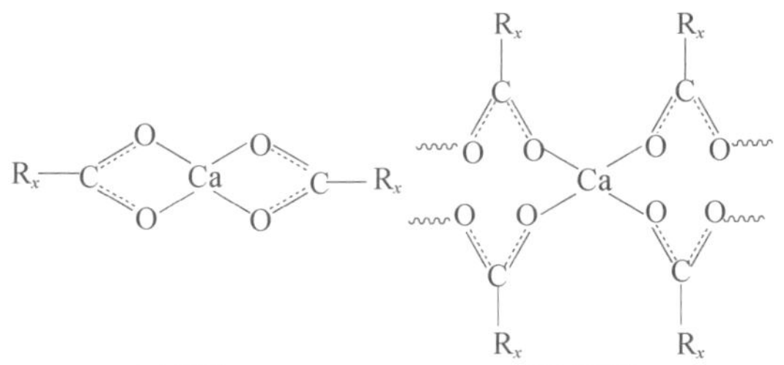

图 8.5.6　Ca^{2+} 和—COO^{-} 形成配位结构

能含有多个酯基，这些酯基在氢氧化钙的作用下断裂后与 Ca^{2+} 形成配位键，最后形成各种巨大的网状分子链结构。这可能是桐油-氢氧化钙制备的桐油灰浆固化和强度形成的主要机理。

8.5.5　小结

氧化钙-熟桐油、碳酸钙-熟桐油和氢氧化钙-熟桐油三种桐油灰浆的力学性能测试结果显示，氧化钙-熟桐油和碳酸钙-熟桐油的抗压强度和表面硬度分别小于 0.05MPa 和 10HA，其力学性能远低于氢氧化钙-熟桐油和普通灰浆（对照组），表明氧化钙和碳酸钙不适合用于制备桐油灰浆。本试验通过对比氢氧化钙-熟桐油、氢氧化钙-梓油和氢氧化钙-熟化亚麻籽油三种油灰的物理性能，发现氢氧化钙-熟桐油的综合性能最佳。与普通石灰灰浆相比，氢氧化钙-熟桐油灰浆 90d 抗压强度和剪切强度分别提高了 72% 和 245%，吸水系数仅为普通石灰浆的 1/620，抗氯离子侵蚀能力、耐冻融循环等性能均远高于普通石灰浆。

SEM、XRD 和 FTIR 的分析结果表明，氢氧化钙的碳化反应对桐油灰浆的强度贡献有限。氢氧化钙-熟桐油良好的物理性能，主要源于桐油固化过程中发生交联反应而形成的致密片层状结构以及桐油与氢氧化钙发生配位反应而生成的立体网状结构的羧酸钙。

8.6　本章小结

（1）研究表明"二次石灰"技术在文化遗产保护领域具有广泛的应用前景。其微观基础是氢氧化钙经高温（650℃）煅烧以后，脱水成为一种直径为 50nm、长度为 200nm 左右的针状纳米氧化钙，彼此交错分布；这种氧化钙经水消化以后，即成为一种大小十分均匀的扁平椭圆状纳米氢氧化钙颗粒，其粒径在 200～300nm，具有很好的分散性和流平性，比表面积远大于一般氢氧化钙，使化学反应活性和胶结效率大大提高。采用二次石灰制作的糯米灰浆具有更致密的结构和更高的强度。

（2）纳米氢氧化钙的乙醇分散液，其渗透性优于分析纯氢氧化钙溶液。以纳米氢氧化钙的乙醇分散液作为钙源溶液的石灰基水硬性加固剂，对潮湿土样具有较好的渗透和加固效果，有望成为一种潮湿环境土遗址加固或其他领域边坡加固的新型材料。液态水硬性加固剂的引钙量、钙硅比和钙铝比的控制是影响潮湿土体加固效果的两个重要因素。

（3）传统糯米灰浆配方优化研究表明：①使用分析纯氧化钙经消化制得的糯米灰浆的综合性能最好，其 28d 抗压强度和 28d 表面硬度分别高达 0.76MPa 和 65.8HA，耐冻融性也高于其他几种糯米灰浆。②糯黄米灰浆的综合性能最佳，其 28d 抗压强度和 60d 抗压强度较纯灰浆分别提高了 103.6％和 69.4％，耐冻融性提高了 150％。③硫酸铝对糯米灰浆的抗压强度、收缩性控制、抗裂性能和抗冻融性都有促进作用。纸筋对糯米灰浆抗压强度、耐冻融性和早期干燥收缩性有较好的改善。

（4）氧化钙-熟桐油、碳酸钙-熟桐油和氢氧化钙-熟桐油三种桐油灰浆的测试结果显示，氢氧化钙-熟桐油灰浆的力学性能最佳，氧化钙和碳酸钙不适合用于制备桐油灰浆。通过对比氢氧化钙-熟桐油、氢氧化钙-梓油和氢氧化钙-熟化亚麻籽油三种油灰的物理性能，发现氢氧化钙-熟桐油的综合性能最佳。与普通石灰灰浆相比，其 90d 抗压强度和剪切强度分别提高了 72％和 245％，吸水系数仅为普通石灰浆的 1/620，抗氯离子侵蚀能力、耐冻融循环等性能均远高于普通石灰灰浆。

本章参考文献

[1] Rodriguez-navarro C, Ruiz-agudo E, Ortega-huertas M, et al. Nanostructure and irreversible colloidal behavior of Ca(OH)$_2$: Implications in cultural heritage conservation [J]. Langmuir, 2005, 21 (24): 10948-10957.

[2] Du Y C, Meng Q, Hou R Q, et al. Fabrication of nano-sized Ca(OH)$_2$ with excellent adsorption ability for N$_2$O$_4$ [J]. Particuology, 2012, 10 (6): 737-743.

[3] Mirghiasi Z, Bakhtiari F, Darezere-shki E, et al. Preparation and characterization of CaO nanoparticles from Ca(OH)$_2$ by direct thermal decomposition method [J]. Journal of Industrial and Engineering Chemistry, 2014, 20 (1): 113-117.

[4] Nezerka V, Slizkova Z, Tesarek P, et al. Comprehensive study on mechanical properties of lime-based pastes with additions of metakaolin and brick dust [J]. Cement and Concrete Research, 2014 (64): 17-29.

[5] Vejmelkova E, Keppert M, Rovnanikova P, et al. Application of burnt clay shale as pozzolan addition to lime mortar [J]. Cement and Concrete Composites, 2012, 34 (4): 486-492.

[6] Wang S Z. Compressive strengths of mortar cubes

from hydrated lime with cofired biomass fly ashes [J]. Construction and Building Materials，2014 (50)：414-420.

[7] Paiva H，Velosa A，Veiga R，et al. Effect of maturation time on the fresh and hardened properties of an air lime mortar [J]. Cement and Concrete Research，2010，40 (3)：447-451.

[8] Aguilar A S，Melo J P，Olivares F H. Microstructural analysis of aerated cement pastes with fly ash，Metakaolin and Sepiolite additions [J]. Construction and Building Materials，2013 (47)：282-292.

[9] Chandra S，Eklund L，Villarreal R R. Use of cactus in mortars and concrete [J]. Cement and Concrete Research，1998，28 (1)：41-51.

[10] Le A T，Gacoin A，Li A，et al. Experimental investigation on the mechanical performance of starch-hemp composite materials [J]. Construction and Building Materials，2014 (61)：106-113.

[11] Jasiczak J，Zielinski K. Effect of protein additive on properties of mortar [J]. Cement and Concrete Composites，2006，28 (5)：451-457.

[12] Alonso E，Martinez-gomez L，Martinez W，et al. Preparation and characterization of ancient-like masonry mortars [J]. Adv. Compos. Lett，2002，11 (1)：33-36.

[13] Nunes C，SLIZKOVA Z. Hydrophobic lime based mortars with linseed oil：Characterization and durability assessment [J]. Cement and Concrete Research，2014，61/62：28-39.

[14] 赵鹏，李广燕，张云升. 桐油-石灰传统灰浆的性能与作用机理 [J]. 硅酸盐学报，2013 (08)：1105-1110.

[15] 陈佩杭，徐炯明，鬼塚克忠. 桐油与石灰加固吉野里坟丘墓土的试验研究 [J]. 文物保护与考古科学，2009 (04)：59-66.

[16] Walker R，Pavia S. Moisture transfer and thermal properties of hemp-lime concretes [J]. Construction and Building Materials，2014 (64)：270-276.

[17] Olivito R S，Cevallos O A，CARROZZINI A. Development of durable cementitious composites using sisal and flax fabrics for reinforcement of masonry structures [J]. Materials & Design，2014 (57)：258-268.

[18] 袁传勋. 土遗址保护材料综述 [J]. 敦煌研究，2002 (6)：103-105.

[19] 赵晓刚，吕林女. 钙硅比对溶液法制备的水化硅酸钙形貌影响 [J]. 建材世界，2010，31 (2)：7-8.

[20] Lanas J，Alvarez J I. Masonry repair lime-based mortars：Factors affecting the mechanical behavior [J]. Cement and Concrete Research，2003，33 (11)：1867-1876.

[21] Pandey S P，Sharma R L. The influence of mineral additives on the strength and porosity of OPC mortar [J]. Cement and Concrete Research，2000，30：19-23.

[22] Wang Y，Padua G W. Structure characterization of films from drying oils cured under infrared light [J]. Journal of Applied Polymer Science，2010，115 (5)：2565-2572.

[23] Mallegol J，Lemaire J，Gardette J L. Drier influence on the curing of linseed oil [J]. Progress in Organic Coatings，2000，39 (2-4)：107-113.

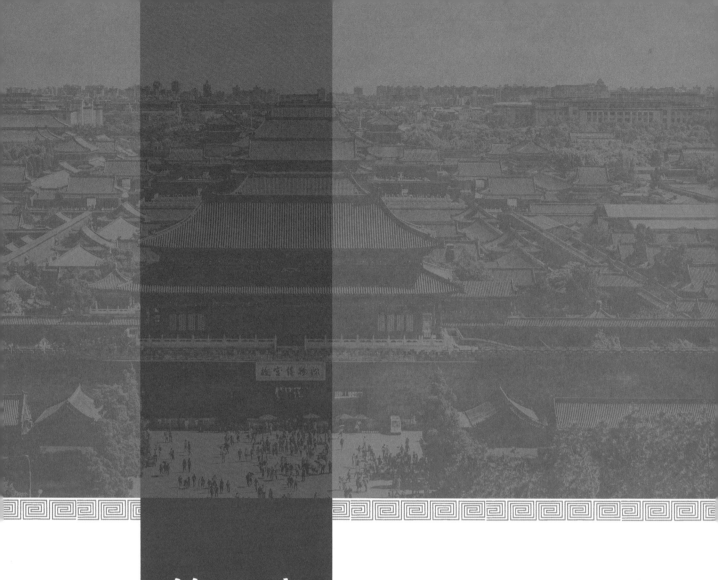

第 9 章

基于传统糯米灰浆原理的
改良与应用

9.1　糯米灰浆改良的需求与思路

9.1.1　古建筑修复灰浆需求

联合国教科文组织将建筑列为人类文明史发展的基本要素之一，而建筑技术的发展主要是围绕着材料、结构、施工等方面的进步与变革而展开的。

中国古人为使砖墙稳定，连成整体，除了改进砌砖合理搭接外，最初采用泥浆垫平砖缝，在东汉时期已采用石灰浆作为黏结料，到宋代较普遍采用石灰，明代更广泛使用石灰浆砌墙[1]。

在中国传统建筑施工中，所用灰浆[2]包括砌筑用灰、抹饰用灰、刷色用灰等各种灰浆。与普通的灰浆或灰泥同时发展，是掺合有机材料的石灰基复合灰浆，如桐油灰浆、糯米灰浆、血料灰浆以及白芨灰浆、米醋灰浆等。特别是桐油灰浆和糯米灰浆，自唐宋以后更是常常用于建筑工程中。

糯米灰浆是中国古建筑史上的一项重要科技发明，具有耐久性好、自身强度和黏结强度高、韧性强、防渗性好等优点，在我国古建筑中被广泛使用，在中国建筑史上发挥了重要的作用。以糯米灰浆为代表的传统灰浆是中国乃至世界古代石灰基建筑胶凝材料史上的杰作。然而，糯米灰浆这一古代重要发明却没有得到应有的重视。在石质文物和古建筑的保护修复实践中，人们习惯性地使用水泥基砂浆或水硬性石灰等作为补强材料，较少使用单一的石灰基气硬性凝胶材料。

在文化遗产保护领域，水泥的强度过大、孔隙率过低、与古建筑等文物本体材料不兼容、使用中会引入可溶性盐等问题，逐渐被文物保护工作者所认识。近年来，"尽可能地使用原来的材料和工艺技术"已成为文化遗产保护的一项共识。

《国际古迹保护与修复宪章》（即《威尼斯宪章》）在关于文物建筑的保护维修的部分指出："修复过程是一个高度专业性的工作，其目的旨在保存和展示古迹的美学与历史价值，并以尊重原始材料和确凿文献为依据。一旦出现臆测，必须立即予以停止。"

《中国文物古迹保护准则》在关于修整和修复的部分也指出："凡是有利于文物古迹保护的技术和材料，都可以使用，但具有特殊价值的传统工艺和材料，则必须保留。"同时特别强调："修整应优先使用传统技术。"

古建筑施工实践和修缮经验表明，水泥的运用会适得其反地对古建筑造成直接或间接的破坏，其弊端主要有：①水泥的抗压强度和抗拉强度过高、与古建筑中的砖混结构材料不匹配；②水泥孔隙率低，透水，造成古建筑局部受潮；③水泥在固化过程中会析出可溶性盐类；④氯离子腐蚀与碱-集料反应导致水泥容易失效。

然而，传统的糯米灰浆也存在缺陷，有待改善。传统糯米灰浆的制备方法是在粉状或膏状氢氧化钙（陈化石灰）中混入填料，加入糯米汁后搅拌均匀。虽然膏状氢氧化钙随着陈化时间的延长，石灰膏中的氢氧化钙颗粒在尺度上趋于纳米化、在形貌上趋于板状，其活性将大大提高。但是，生石灰在消化池中至少需要陈化 3 个月以上才能使用，而且石灰膏的固含量常在 40%～60%的范围内波动，所以，在工程中直接使用膏状陈化石灰作为凝胶材料非常烦琐和费时。由于石灰基灰浆的抗压强度和黏结强度依赖氢氧化钙的碳化度，而且在拌制灰浆时加入的大量液态水以及空气中稀薄的二氧化碳都不利于灰浆由表及里的固化。另外，由于石灰本身存在收缩性较大、硬化过程中容易出现裂纹、早期强度较低等问题。在以石灰为基料制备的糯米灰浆中，一般都存在上述问题。

鉴于文物保护修复对传统技艺的优先选择，加之现代水泥基材料在文物保护修复工程中的局限性，在剖析传统糯米灰浆的科学性之后，为满足文物保护工程应用的要求，在保证其化学成分与传统糯米灰浆接近的前提下，有必要针对其"工艺复杂、固化慢、收缩大、强度偏低"等问题加以改进和完善。

9.1.2　国内外相关研究现状

中国建筑材料科学研究院缪纪生[3]调查和分析了天然胶凝材料——黏土与姜石、石灰、石灰三合土以及复合胶凝材料等几种古代胶凝材料，认为草筋泥、浸油砖、糯米-石灰、桐油-石灰、血料-石灰、米醋-石灰、白芨-石灰以及明矾-糯米-石灰等复合胶凝材料在我国都有着悠久的历史。糯米-石灰复合胶凝材料不仅比单一石灰具有更好的黏结性，还具有一定的抗水性。

中国台湾成功大学洪煌凯[4]以灰浆为研究对象，尝试了牡蛎壳粉、浓度10%糯米浆、浓度66.7%糖浆和稻壳灰等添加物对灰浆性能的影响。具有参考价值的是，洪煌凯已经注意到养护环境对试样强度的重要影响，因此他在强度试验之前测试了灰浆的含水率，并得出了干燥养护有利于灰浆强度提高的结论。

中国台湾成功大学陈俊良[5]挑选出熟石灰粉、黏土、海砂、牡蛎壳粉、糯米浆、红糖以及稻壳灰等七种材料，经配合比试验后发现：牡蛎壳粉在级配中扮演着重要的角色，当它与黏土的比例合适时，试样可以达到较佳的抗压强度；稻壳灰是一种提升灰浆抗压强度的材料。

陕西科技大学张雅文等[6]受古代糯米灰浆的启发，对糯米浆以及蛋清蛋白、马铃薯淀粉、玉米淀粉和糊精等天然有机物对石灰碳化过程的影响进行了探索，研究了石灰/有机物复合胶凝材料的性能。结果表明：在蛋清与糯米浆含量分别为3%与5%时，试样的抗压强度、耐水浸泡性、耐风化性和耐环境腐蚀性等综合性能最优。

本实验室曾余瑶等、杨富巍等、魏国锋等、方世强等曾先后和持续多年地对糯米灰浆的作用原理、配方优化和工艺改进行了系列研究（附录2和附录3）。

9.1.3　糯米灰浆改良思路

与欧洲古建筑砌筑所用石灰灰浆相比，中国古建筑传统灰浆在拌制过程中有选择性地添加适量的糯米汁、蛋清、桐油、猪血和糖水等天然有机成分，灰浆的黏结性、韧性和耐水性更好，采用该传统技艺营造的古建筑得以较好地留存。浙江大学文物保护材料实验室采用传统方法和传统工艺制备的糯米灰浆产品曾先后应用于德清寿昌桥、杭州梵天寺石经幢和杭州香积寺等文物保护维修工程，取得了比较理想的效果。

在科学地认识到糯米灰浆的优良性能后，试图将该传统技术与工艺应用于古建筑修缮工程。由于石灰石的煅烧温度对生石灰的活性影响较大、生石灰的消化时间偏久、糯米汁的熬制较费时，按传统技艺制备糯米灰浆的初衷并不完全符合现代项目管理所追求的"质量、经济、高效"理念，因此有必要科学解读古建筑传统灰浆的配制技术与工艺，并在传统技艺的基础上进行改良和优化，以期达到便捷化和高性能。

9.2　传统灰浆微细观基础研究

9.2.1　氢氧化钙胶凝材料

氢氧化钙俗称熟石灰或消石灰，通常呈白色粉末或颗粒，对应的矿物是羟钙石。氢氧化钙加热至 580℃脱水成氧化钙，其粉末在空气中吸收二氧化碳变成碳酸钙，不溶于醇，微溶于水，能溶于甘油、蔗糖溶液和铵盐溶液，溶于酸时产生大量热。

氢氧化钙在水中的溶解是一放热过程，因此其溶解度随温度的升高而减小。在 25℃时，其溶解度约 $0.16gCa(OH)_2/100gH_2O$，其饱和水溶液 pH 值约 12.4。

本章涉及的氢氧化钙胶凝材料种类有四种：三年期陈化石灰膏、分析纯氢氧化钙粉末、食品级氢氧化钙粉体和工业消石灰粉。

（1）氢氧化钙的纯度。根据中华人民共和国建材行业标准《建筑生石灰》（JC/T 479—2013）的规定，钙质石灰有 3 个等级：钙质石灰 90、钙质石灰 85 和钙质石灰 75，要求钙质生石灰粉 CL-90QP 中 CaO 和 MgO 的总含量不低于 90%，其中 MgO 不高于 5%，而且要求生石灰粉 0.2mm 和 0.09mm 的筛余量分别不高于 2% 和 7%。

与之相类似的是，中华人民共和国建材行业标准《建筑消石灰》（JC/T 481—2013）对消石灰粉的化学成分和细度也做了相同的规定，只是将相应的合格建筑消石灰粉的标记变更为 HCL 90。

更严格的是，中华人民共和国食品安全国家标准《食品添加剂 氢氧化钙》（GB 25572—2010）规定氢氧化钙的质量百分比含量不低于 95.0%，镁及碱金属的含量不高于 2.0%，而且 0.045mm 筛余物不高于 0.4%。该标准比较接近美国 ASTM C207-06（2011）的相关条款，比欧盟 BS EN 459-1—2005 更为严格。

根据氢氧化钙的热分解反应：

$$Ca(OH)_2 \xrightarrow{加热} CaO + H_2O \quad (9.2.1)$$

由式（9.2.1）可知每 74.096g 氢氧化钙的热重损失为 18.015g，即每 1% 的热质量差对应于氢氧化钙的含量为 4.11%。

据此，TG-DTA 方法（图 9.2.1），分析纯氢氧化钙、食品级氢氧化钙和工业消石灰粉的纯度分别为 90.0%、94.5% 和 85.4%。

差热分析表明，食品级氢氧化钙的纯度最高，基本达到了中华人民共和国食品安全国家标准《食品添加剂 氢氧化钙》（GB 25572—

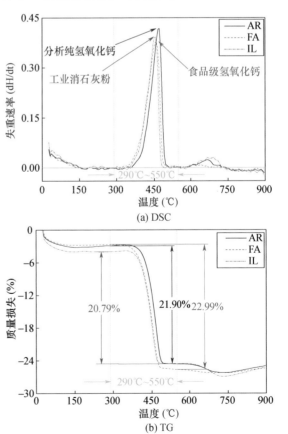

图 9.2.1　氢氧化钙的热分析曲线

2010）对化学成分的要求。此外，除了450℃附近氢氧化钙发生热分解之外，在700℃附近也存在一个比较明显的放热峰，这表明分析纯氢氧化钙和工业消石灰粉的碳化现象比较严重。

XRD检测结果证实［图9.2.2（a）］，分析纯氢氧化钙粉末和工业消石灰粉中含有少量的方解石矿物，而食品级氢氧化钙粉体中方解石晶体的特征衍射峰相对较弱。FTIR分析结果［图9.2.2（b）］也证实了工业消石灰粉中碳酸钙杂质较多。

EDS分析结果表明，分析纯氢氧化钙粉末和食品级氢氧化钙粉体中镁元素的特征峰非常弱（图9.2.3），计算得其质量百分数分别约为0.98％和1.09％。

综合运用TG-DTA、XRD、FTIR以及EDS等方法对三种商品化氢氧化钙粉体进行分析检测，结果表明食品级氢氧化钙粉体具有非常明显的优势：纯度最高、碳酸钙杂质最少、镁含量较低。

ICP-MS定量分析结果（表9.2.1）表明，食品级氢氧化钙中镁元素含量为1901.5mg/kg，其等效氧化镁和氢氧化镁的含量分别为3.15g/kg和4.56g/kg。

（2）氢氧化钙的形貌。美国ASTM C1489—2015标准试验方法规定陈化石灰膏的陈化时间至少为2周，而在使用氢氧化钙粉体制备灰浆之前，石灰粉也应该在水中浸泡至少16h。在工程实践中，陈化石灰的陈化期通常为三个月至数年[7]，陈化后的石灰膏中富含纳米级氢氧化钙颗粒。

将陈化石灰膏和氢氧化钙粉末悬浊液分别涂刷在载玻片上（图9.2.4），光学显微镜下观察结果表明，陈化石灰膏中的颗粒容易发生聚集，较大颗粒聚集体的尺度达到0.2mm左右；

分析纯氢氧化钙即使在浸泡之后，颗粒之间也容易发生聚沉，尺度也在0.1～0.2mm。

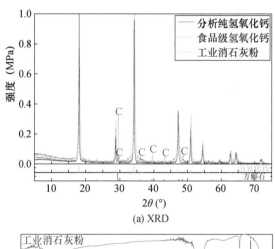

(a) XRD

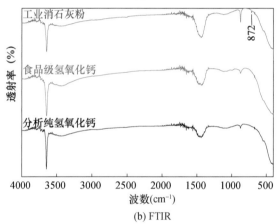

(b) FTIR

图9.2.2　氢氧化钙的衍射图和红外谱

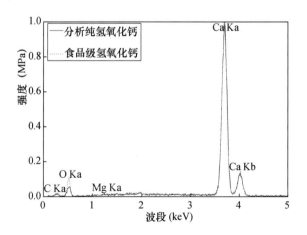

图9.2.3　氢氧化钙的EDS散射能谱

表9.2.1　食品级氢氧化钙中痕量元素含量（mg/kg）

Mg	Fe	Al
1901.5	375.4	776.7

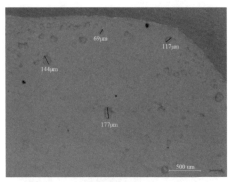

(a) 三年期陈化石灰膏

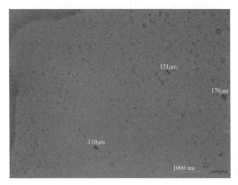

(b) 浸泡6个月的分析纯氢氧化钙

图 9.2.4　氢氧化钙粉末悬浊液涂片

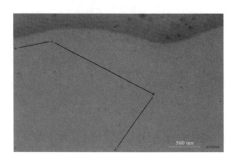

图 9.2.5　分散处理后食品级氢氧化钙悬浊液涂片

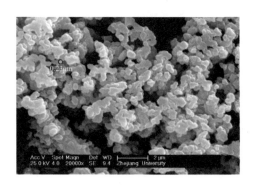

图 9.2.6　三年期陈化石灰膏 SEM 成像

(a) 分析纯氢氧化钙粉末

(b) 分析纯氢氧化钙的乙醇分散液

向食品级氢氧化钙中添加适量的减水剂，并经过超声波处理之后，颗粒之间分散均匀，涂片（图 9.2.5）光滑、平整，这表明减水剂有利于降低氢氧化钙颗粒之间发生成团聚沉。

SEM 镜下观察结果（图 9.2.6）表明，陈化石灰膏中百纳米级的颗粒占多数，几乎没有微米级的大颗粒，而且纳米颗粒的边沿比较圆滑，有向片状演化的趋势，而且石灰膏中的纳米颗粒在尺度上比较均匀。

无论是分析纯氢氧化钙粉末和工业消石灰粉，还是食品级氢氧化钙粉末，粉体中都夹杂有微米级的大颗粒（图 9.2.7），其尺度通常在 $10\mu m$ 左右，最大可达到 $20\mu m$，这些大颗粒的形状不规则，圆度极差，这是机械粉碎的结果。

(c) 食品级氢氧化钙粉末

(d) 食品级氢氧化钙的乙醇分散液

图 9.2.7　氢氧化钙粉末 SEM 成像

(a) 固含量25%

(b) 固含量5%

图 9.2.8　分散处理后食品级氢
氧化钙 SEM 成像

尽管食品级氢氧化钙粉体中含有部分大颗粒，但是其悬浊液中仍有不少纳米级颗粒，特别是向其中添加减水剂并经过超声处理之后（图 9.2.8）。

陈化石灰膏在形貌上的优势除了颗粒粒径达到纳米级之外，石灰膏中的氢氧化钙颗粒在形状上呈薄片状的六边形[8]，因此其比表面积大、活性高。研究发现，氢氧化钙晶体形貌的变化是石灰膏在漫长的陈化过程中晶体发生反复的"结晶→溶解→重结晶"的结果。

在对氢氧化钙粉末的悬浊液做 6h 的水热处理之后，水浊液中的氢氧化钙颗粒由无规则的碎屑向比较均一的米粒状转变（图 9.2.9），米状颗粒的长径比约为 3∶1，短轴的尺度也达到纳米级。延长水热处理的时间至 36h，乳液中的氢氧化钙颗粒从米粒状向圆盘状转变，边缘圆滑，棱角和棱柱比较模糊（图 9.2.10）。

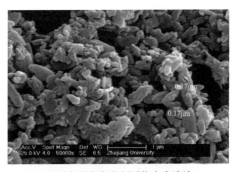

(a) 分析纯氢氧化钙过饱和水溶液

(b) 食品级氢氧化钙过饱和水溶液

图 9.2.9　氢氧化钙粉体的悬浊
液经水热处理 6h 后

(a) 200倍

(a) 1000倍

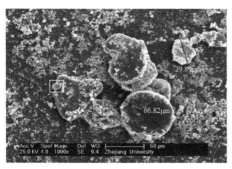

(b) 1000倍

(b) 2000倍

(c) 16000倍

(c) 5000倍

图 9.2.10　食品级氢氧化钙粉体的
悬浊液经水热处理 36h 后

图 9.2.11　食品级氢氧化钙粉体的
悬浊液经水热处理 3 个热循环后

经水热处理 36h 的食品级氢氧化钙过饱和溶液在室温下冷却 12h 后再次水热处理 36h，如此反复 3 个循环，部分氢氧化钙晶体的形状变得比较规则，呈片状六边形（图 9.2.11）。

研究发现，如果将水热处理的温度从 100℃提高至 160℃，并将水热处理时间缩短至 20h，水浊液中也会有片状六边形氢氧化钙晶体生成（图 9.2.12）。

当悬浊液中富含片状六边形氢氧化钙晶体时，晶体的（0001）晶面会在载玻片上定向沉淀，其 XRD 衍射峰强度会明显高于（10$\bar{1}$1）晶面（图 9.2.13 和表 9.2.2）。

(a) 1000倍

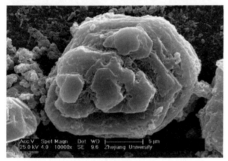

(b) 10000倍

图 9.2.12　食品级氢氧化钙粉体的
悬浊液经高温水热处理后

表 9.2.2　氢氧化钙 XRD 谱（0001）晶面和（10$\bar{1}$1）晶面衍射强度比

样品	XRD 原始谱	去除 K-α2 后	去除 K-α2 和背景后
分析纯氢氧化钙粉末	1.04	0.94	0.93
三年期石灰膏（烘干）	1.01	0.90	0.89
六月期石灰膏（烘干）	1.38	1.23	1.23
高温水热处理（水涂片）	1.14	1.03	1.03
三年期石灰膏（水涂片）	1.26	1.10	1.10
六月期石灰膏（水涂片）	0.66	0.58	0.56
水热 3 循环（水分散）	16.28	14.34	15.44
水热 3 循环（乙醇分散）	19.37	15.52	15.45

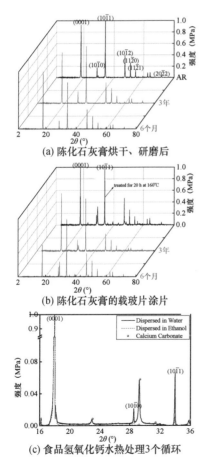

(a) 陈化石灰膏烘干、研磨后

(b) 陈化石灰膏的载玻片涂片

(c) 食品氢氧化钙水热处理3个循环

图 9.2.13　片状六边形氢氧化钙晶体的 XRD 谱

（3）氢氧化钙的活性。将陈化石灰膏、分析纯氢氧化钙、食品级氢氧化钙、陈化石灰粉和掺有减水剂的陈化石灰膏配制成固含量为 10% 的悬浊液，剧烈摇晃后静置（图 9.2.14），3d 后除了掺有减水剂的陈化石灰膏之外，其他四种悬浊液的固-液分界线非常明显，其中固相的体积分别约 4.6mL、1.9mL、2.6mL 和 2.1mL，据此初步推断减水剂有利于氢氧化钙颗粒的分散和乳化，而且陈化石灰膏的比表面积最高，其次为食品级氢氧化钙粉体，分析纯氢氧化钙粉末需水量最少。

（4）颗粒粒度分布。采用型号 LS-230 Coulter 的激光粒度仪分别测试分析纯氢氧化钙粉末、食品级氢氧化钙粉体和工业消石灰粉的粒度分布（图 9.2.15），结果在这三种粉体的悬浊液中均没有检测到分散的纳米级颗粒。

但是，当将超声波分散的时间由 5min 延长至
1h（图 9.2.16），或者向其中掺加减水剂
（图 9.2.17）后，氢氧化钙悬浊液中检出有粒
径小于 1μm 的颗粒。与食品级氢氧化钙粉末相
比，分析纯氢氧化钙的粒度分布范围比较广，
其粒度分布曲线为双峰，说明部分大颗粒尚未
被粉碎或磨细。

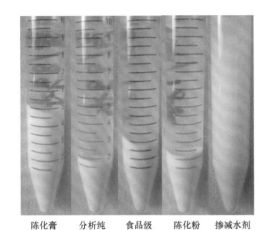

图 9.2.14　不同氢氧化钙悬浊液静置比照

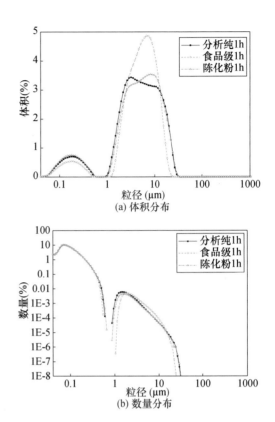

图 9.2.16　超声分散 1h 后氢氧化钙粉体粒度分布

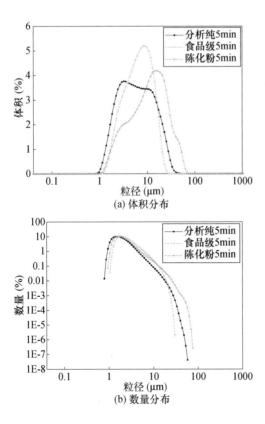

图 9.2.15　超声分散 5min 后氢氧化钙粉体粒度分布

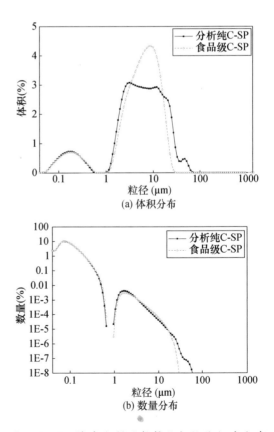

图 9.2.17　掺减水剂后氢氧化钙粉体粒度分布

氢氧化钙粉体的悬浊液在经过超声波分散或掺加减水剂后，颗粒与颗粒之间的聚沉现象有所改善，但是与陈化石灰膏相比（图9.2.18），其中的纳米级颗粒的数量仍较少。尽管如此，改良之后的氢氧化钙颗粒的粒度分布参数得到提高，比较接近陈化石灰膏的相关指标（表9.2.3）。

由于LS-230 Coulter激光粒度仪的粒度测量范围为$0.04\sim2000\mu m$，为了检测氢氧化钙悬浊液中是否有粒径更小的纳米粒子，取图9.2.14中静置上清液，采用 Zetasizer 3000HSA纳米激光粒度仪进行测试，结果表明掺加减水剂后的陈化石灰膏中氢氧化钙颗粒的下限粒径为124.6nm。

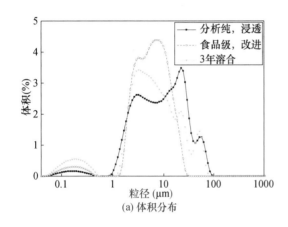

(a) 体积分布

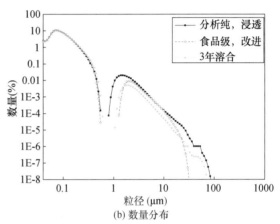

(b) 数量分布

图9.2.18　氢氧化钙粉体和陈化石灰膏的粒度分布对比

表9.2.3　不同氢氧化钙胶凝材料的粒度分布参数

氢氧化钙胶粒	体积分布（μm）				数量分布（μm）			
	D_v10	D_v50	D_v90	S_v	D_n10	D_n50	D_n90	S_n
分析纯	2.105	5.987	18.400	2.722	1.217	1.799	3.267	1.140
分析纯（超声1h）	0.355	4.952	16.480	3.256	0.056	0.086	0.158	1.186
分析纯（掺减水剂）	0.326	5.890	22.240	3.721	0.056	0.086	0.156	1.163
分析纯（浸泡6个月）	2.109	9.674	35.790	3.482	0.056	0.085	0.153	1.141
食品级	2.668	6.976	15.020	1.771	1.561	2.283	4.409	1.247
食品级（超声1h）	1.828	5.596	12.770	1.955	0.057	0.087	0.159	1.172
食品级（掺减水剂）	0.345	6.115	15.270	2.441	0.056	0.086	0.157	1.174
食品级（复合改良）	2.241	6.089	15.500	2.178	0.056	0.086	0.155	1.151
工业粉	2.937	11.970	32.160	2.441	1.381	2.007	3.825	1.218
工业粉（超声1h）	0.305	5.368	16.380	2.995	0.056	0.086	0.157	1.174
三年期陈化石灰膏	1.671	6.100	29.890	4.626	0.056	0.086	0.157	1.174

注：①D50是样品的累计粒度分布百分数达到50%时所对应的粒径，称作中位径或中值粒径，它的物理意义是粒径大于其颗粒占50%，小于其颗粒也占50%；

②D10和D90分别是样品的累计粒度分布百分数达到10%和90%时所对应的粒径，称作边界粒径，它们的物理意义是粒径小于它们的颗粒分别占10%和97%；

③S是粒度分布的离散度，其值越小表示粒度分布范围越窄，过大和过小的颗粒数越小，粒径越集中。

（5）颗粒比表面积。以氮气为吸附质，在相对压力为 0.05～0.25MPa 的范围内分别绘制分析纯氢氧化钙粉末、食品级氢氧化钙粉体和工业消石灰粉的吸附等温曲线，依据多点 BET 方法计算 3 种粉体的比表面积分别为 $9.14\text{m}^2/\text{g}$、$10.97\text{m}^2/\text{g}$ 和 $10.90\text{m}^2/\text{g}$（图 9.2.19）。

当粉体的比表面积比较大时，其松散堆积密度应该比较小。采用简易的容量瓶法测得分析纯氢氧化钙粉末、食品级氢氧化钙和工业消石灰粉的堆积密度分别为 $0.787\text{g}/\text{cm}^3$、$0.719\text{g}/\text{cm}^3$ 和 $0.742\text{g}/\text{cm}^3$，这与比表面积的计算结果是一致的。

9.2.2　糯米淀粉-氢氧化钙复合材料

（1）糯米淀粉的表征。糊化之前的天然大米淀粉具有晶体的结构[9]，无论是荆州糯米和水磨糯米，还是泰国糯米或普通东北大米，不同产地和品种的大米淀粉的 XRD 特征衍射峰和 FTIR 特征吸收峰都非常相似（图 9.2.20）。

大米淀粉不溶于冷水，只能混于水中，经搅拌成乳白色的不透明悬浮液，当停止搅拌后，大米淀粉颗粒慢慢下沉于底部。将淀粉乳加热，大米淀粉颗粒不断膨胀，高度膨胀的淀粉颗粒互相接触，变成半透明黏稠状淀粉糊，此时虽停止搅拌，但也不会发生沉淀。淀粉糊并不是真正的溶液，而是由膨胀淀粉粒的碎片、水合淀粉块和溶解的淀粉分子组成的胶状分散物。大米淀粉糊化的本质是高能量的热和水破坏了淀粉分子内部彼此间氢键结合，使分子混乱度增大，糊化后的淀粉-水体系的直接表

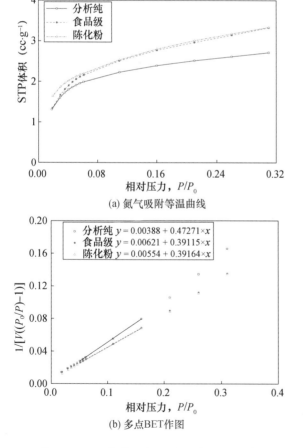

(a) 氮气吸附等温曲线

(b) 多点BET作图

图 9.2.19　氢氧化钙粉体比表面积测定

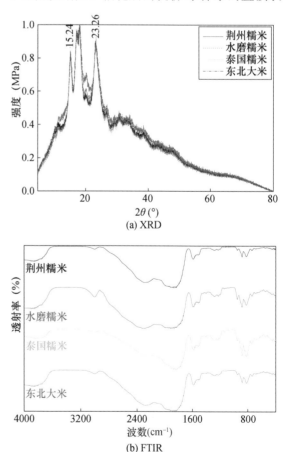

(a) XRD

(b) FTIR

图 9.2.20　大米淀粉的结构

现为黏度增加[9]。

糊化后的糯米粉和预糊化后的糯米粉的晶体结构被破坏[22]，XRD谱图呈无晶形的玻璃态，但是其FTIR谱图无明显变化（图9.2.21）。TG-DTA热分析表明（图9.2.22），预糊化后糯米淀粉的再糊化温度降低，而且热稳定性有所改善。

淀粉遇碘产生蓝色反应，这种反应不是化学反应，而是呈螺旋状态的直链淀粉分子能够吸附碘形成络合物。每6个葡萄糖残基形成一个螺圈，恰好可容纳1个分子碘，碘分子位于螺旋中央。吸附碘的颜色反应与直链淀粉分子大小有关：聚合度12以下的短链遇碘不呈现颜色变化；聚合度12～15呈棕色；聚合度20～30呈红色；聚合度35～40呈紫色；聚合度45以上呈深蓝色，光谱在650nm附近具有最高值[9]。

纯直链淀粉每克能吸附200mg碘，即质量20%，而支链淀粉吸收碘量不到1%，其碘着色反应呈紫红色或棕色，可以通过双波长法[10]确定大米淀粉中支链淀粉的碘络合特性（图9.2.23）。

（2）糊化糯米淀粉的作用。普通的陈化石灰膏具有触变性，流动性较差。向陈化石灰膏中掺加糯米汁后，最直观的作用是增强了灰浆的可拌制性，使其更易黏附于砖石等砌块表面，灰浆变得像面团一样非常"劲道"（图9.2.24）。

使用食品级氢氧化钙粉体和不同浓度的糯米汁制备得到糯米灰浆，经真空冷冻干燥后测试碳化前糯米灰浆的比表面积（图9.2.25和表9.2.4）和孔径分布（图9.2.26）。

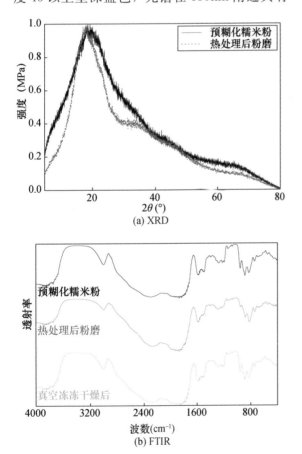

图9.2.21　糊化后大米淀粉的结构

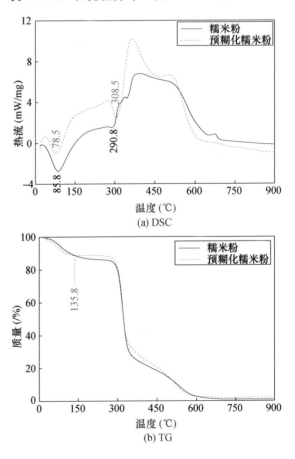

图9.2.22　糊化前后大米淀粉的热分析曲线

试验结果表明，食品级氢氧化钙粉体的悬浊液在经过真空冷冻干燥后，其比表面积与图 9.2.19 的计算结果相比高得多，这证明粉体的比表面积与样品干燥方法相关。

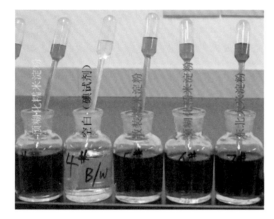

(a) 肉眼对比

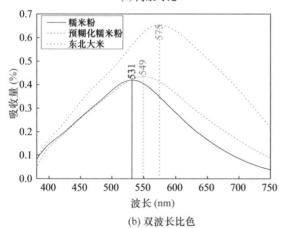

(b) 双波长比色

图 9.2.23 糯米淀粉和大米淀粉的碘络合特性

图 9.2.24 糯米灰浆的表观特性

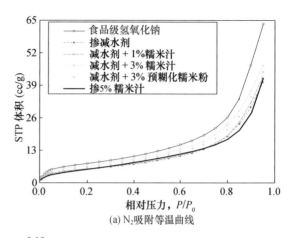

(a) N_2吸附等温曲线

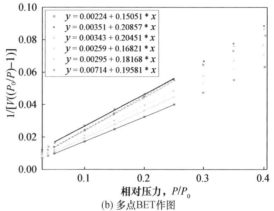

(b) 多点BET作图

图 9.2.25 糯米灰浆氮吸附曲线

表 9.2.4 糯米灰浆 BET 法比表面积计算结果

样品	比表面积（m^2/g）			
	吸附分支	吸附常数 C	脱附分支	脱附常数 C
食品级氢氧化钙悬浊液	28.495	68.080	28.459	57.605
掺 5% 糯米汁	21.447	28.443	21.746	19.691
掺减水剂	20.523	60.456	21.603	53.034
复掺减水剂和 1% 糯米汁	20.932	60.562	21.092	51.580
复掺减水剂和 3% 糯米汁	25.483	65.950	26.080	59.468
复掺减水剂和 3% 预糊化糯米粉	23.575	62.554	23.843	57.913

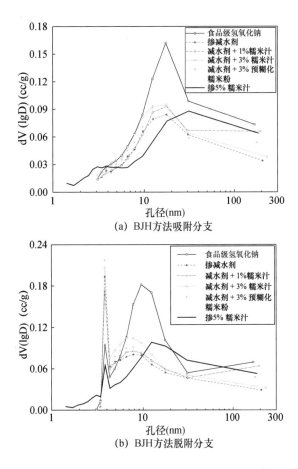

图 9.2.26　糯米灰浆 BJH 法介孔孔径分布

　　结合比表面积和孔径分布的测试结果，食品级氢氧化钙净浆的比表面积最高，其单位质量介孔和大孔的体积最多《压汞法和气体吸附法测定固体材料孔径分布和孔隙度 第 2 部分：气体吸附法分析介孔和大孔》（GB/T 21650.2—2008），尤以直径 10～30nm 的介孔最为丰富。向氢氧化钙净浆中掺加减水剂后，氢氧化钙颗粒与颗粒之间变得致密，导致孔径大于 10nm 的孔体积减少，同时其比表面积也降低。当掺入糯米汁后，氢氧化钙颗粒被支链淀粉包裹，颗粒间变得蓬松，其比表面积增加。

　　值得指出的是，图 9.2.26（b）中 3～5nm 处有一凸峰，这表明在灰浆的脱附过程中这一孔径范围内的介孔可以供氮气自由"逃逸"，它属于物理脱附。这些特定尺寸的介孔有可能成为灰浆的碳化通道。另外，掺 5％糯米汁的

样品约 0.4g，脱气温度为 300℃、脱气时间 600min，而其他样品的质量 0.6～0.8g，脱气温度为 100℃，脱气时间 1200min。

9.2.3　糯米灰浆的碳化

　　针对天然水硬性石灰 NHL5，葡萄牙新里斯本大学的课题组通过 Taguchi 方法得到的最优搅拌工艺[11,12]为：先将粉料倒入盛有所需用水量约 70％的容器中；搅拌 2～10min 后，向搅拌容器内添加塑化剂，在连续搅拌的情况下，在 30s 之内将余下的 30％三级水《分析实验室用水规格和试验方法》（GB/T 6682—2008）倒入搅拌容器；继续搅拌 3～4min，转速 800～2100r/min。

　　本工作参考上述灰浆制备工序，用三年期陈化石灰膏和一定浓度的糯米汁拌制传统糯米灰浆，分析糯米汁对陈化石灰膏碳化过程的影响。作为对比，以食品级氢氧化钙粉体替代陈化石灰膏，用预糊化糯米粉替代糯米汁，掺入适当和适量的添加剂，加水拌制得到改良糯米灰浆，分析灰浆碳化后微结构的变化。

　　分析纯氢氧化钙的过饱和溶液暴露在空气之中时即发生碳化，在数分钟内生成的碳酸钙为非晶态的半球状（图 9.2.27）。

　　随着碳化的持续进行，无定形碳酸钙最终向稳定的方解石晶体转化，其间会观察到有异于非晶态碳酸钙和晶态方解石的不稳定态（图 9.2.28）。

　　（1）糯米汁-陈化石灰膏。

　　采用 XRD 和 FTIR 分析熟石灰净浆中掺入添加剂后碳化产物的晶体类型（图 9.2.29），结果表明，无论是掺加减水剂，还是复掺糯米汁或预糊化糯米粉，灰浆的碳化产物中除了方解石矿物之外，都没有检出文石或球文石的特征峰。

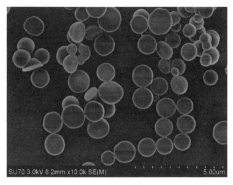

(a) 10000倍

(b) 50000倍

图 9.2.27　无定形碳酸钙

(a) 过渡晶形

(b) 方解石晶形

图 9.2.28　氢氧化钙碳化产物的形貌

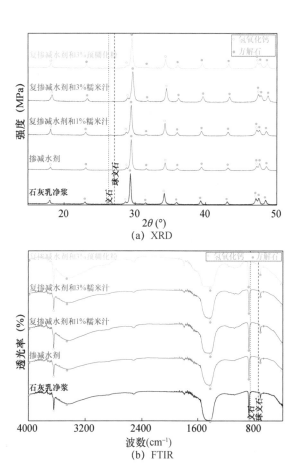

(a) XRD

(b) FTIR

图 9.2.29　糯米淀粉对氢氧化钙碳化
产物晶型的影响

向陈化石灰膏中分别掺加 1% 和 3% 的糯米汁后，糯米灰浆的碳化产物——碳酸钙的形貌发生变化（图 9.2.30）。当陈化石灰膏的悬浊液中没有任何有机添加剂时，氢氧化钙的碳化产物趋向于生长成颗粒较大的方解石晶体，临空的晶面规则平整，晶体的生长台阶非常清晰。当向其中掺加糊化的糯米淀粉之后，方解石晶体的生长受到抑制和阻碍，晶体在空间尺度上难以迅速变大，晶体的生长台阶逐级呈塔状缩减，其斜四棱柱的形貌特征变得模糊。

传统灰浆中的氢氧化钙彻底碳化后，其唯一的产物碳酸钙的晶体类型是方解石，没有文石或球文石晶型的存在（图 9.2.31）。

(a) 石灰膏净浆

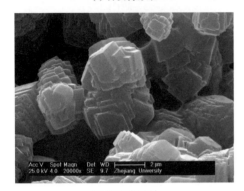

(b) 掺1%糯米汁

(c) 掺3%糯米汁，5000倍

(d) 掺3%糯米汁，20000倍

图 9.2.30　糯米淀粉对氢氧化钙碳化
产物形貌的影响

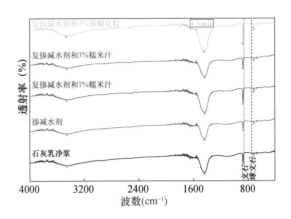

图 9.2.31　糯米淀粉调控下氢氧化钙最终
碳化产物红外谱

MIP 试验结果表明，碳化 4 个月之后，掺加糯米汁后灰浆的孔隙体积明显下降（图 9.2.32）。作为砌筑灰浆，压实后灰浆的孔隙率降低（图 9.2.33 和表 9.2.5），特别是孔径较大的孔隙大幅减少。

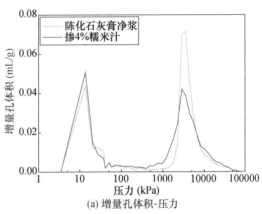

(a) 增量孔体积-压力

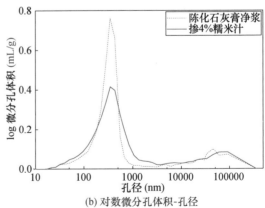

(b) 对数微分孔体积-孔径

图 9.2.32　传统糯米灰浆经 3500rpm 离心处理后
浅表层碳化试样孔体积分布

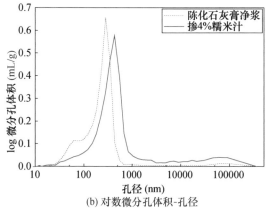

(a) 增量孔体积-压力

(b) 对数微分孔体积-孔径

图 9.2.33 传统糯米灰浆经 0.4MPa 压实后
浅表层碳化试样孔体积分布

表 9.2.5 传统糯米灰浆 MIP 统计结果

参数指标	离心处理		压实处理	
	陈化石灰	糯米-陈化石灰	陈化石灰	糯米-陈化石灰
总孔体积(mL/g)	0.4132	0.3995	0.2787	0.3392
总孔面积(m²/g)	4.414	3.274	6.214	4.363
中位体积孔径(nm)	431.1	518.7	281.7	471.9
中位面积孔径(nm)	266.0	261.5	122.9	199.9
平均孔径(nm)	374.4	488.1	179.4	311.0
3.45MPa 时密度(g/mL)	1.1797	1.2077	1.4200	1.2729
表观密度(g/mL)	2.3016	2.3334	2.3501	2.2402
孔隙率(%)	48.7450	48.2430	39.5756	43.1804

续表

参数指标	离心处理		压实处理	
	陈化石灰	糯米-陈化石灰	陈化石灰	糯米-陈化石灰
孔的特征长度(nm)	66897.1	468.0	331.9	502.2
汞渗透率(mdarcy)	783.6266	0.1901	0.0593	0.1720

（2）预糊化糯米粉-氢氧化钙粉体。

采用 MIP 方法测试改良糯米灰浆在碳化之后的孔径分布（图 9.2.34 和图 9.2.35），结果表明，掺加碳酸钙集料之后的糯米灰浆的孔隙率从 50% 左右降至 30% 左右（表 9.2.6），而且由于露天养护的糯米灰浆碳化更加彻底，其中孔径较大的孔隙在碳化之后自填充，造成灰浆中大孔隙变少的同时，小孔隙增多。

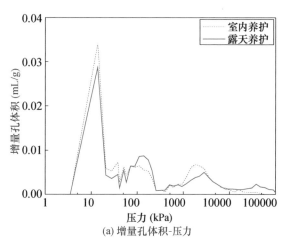

(a) 增量孔体积-压力

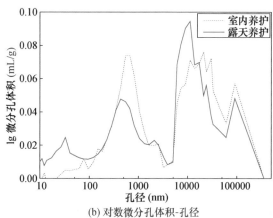

(b) 对数微分孔体积-孔径

图 9.2.34 养护条件对改良糯米灰浆孔分布的影响

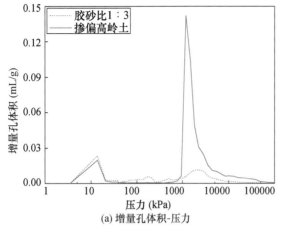

(a) 增量孔体积-压力

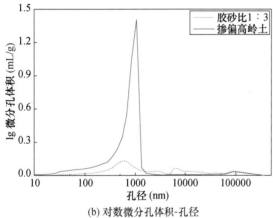

(b) 对数微分孔体积-孔径

图 9.2.35　集料对改良糯米灰浆孔分布的影响

表 9.2.6　改良糯米灰浆 MIP 统计结果

参数指标	胶砂比为 1:6		其他胶砂比	
	室内养护	露天养护	胶砂比1:3	掺偏高岭土
总孔体积（mL/g）	0.1555	0.1560	0.1577	0.4845
总孔面积（m²/g）	0.687	5.111	1.919	7.676
中位体积孔径（nm）	14060.8	9764.9	1370.1	931.4
中位面积孔径（nm）	180.1	9.2	38.6	42.9
平均孔径（nm）	905.5	122.0	328.6	252.5
3.45MPa 时密度（g/mL）	1.7703	1.8040	1.7566	1.0707

续表

参数指标	胶砂比 1:6		其他胶砂比	
	室内养护	露天养护	胶砂比1:3	掺偏高岭土
表观密度（g/mL）	2.4429	2.5102	2.4295	2.2248
孔隙率（%）	27.5310	28.1334	27.6960	51.8753
孔的特征长度（nm）	36430.4	24098.6	22306.2	1054.3
汞渗透率（mdarcy）	202.7788	89.5687	53.0905	1.2680

9.2.4　小结

制备传统糯米灰浆时所使用的纳米级气硬性胶凝材料——陈化石灰膏具有非常高的活性，在掺加糯米汁之后，灰浆不仅更易于拌制，便于匠人施灰，而且受糯米淀粉的调控，碳化后的方解石在形貌上棱角更加圆滑，有利于灰浆在微结构上变得更加致密，孔隙率降低。在灰浆的碳化过程中，只要灰浆中存在纳米孔隙通道，外界的二氧化碳气体就可以进入并溶解于孔隙水之中，微溶于孔隙水中的氢氧化钙和大部分固相氢氧化钙颗粒就会被碳化，灰浆强度增长。

在分析纯氢氧化钙、食品级氢氧化钙、工业消石灰粉和陈化石灰粉这四种粉体之中，最适宜代替陈化石灰膏的是食品级氢氧化钙。尽管食品级氢氧化钙中纳米级颗粒不如陈化石灰膏那么丰富，但是其纯度是这几种粉体中最高的，而且在添加减水剂后食品级氢氧化钙悬浊液中颗粒间聚沉现象得到改善，微纳米级颗粒增多。

砖砌体内的灰浆在经受上部自重应力的压实之后，灰浆中的大孔隙变少。

9.3　传统糯米灰浆的改良研究

9.3.1　影响改良糯米灰浆性能的关键因素

（1）偏高岭土的火山灰活性。

基准型改良糯米灰浆由胶凝剂、集料、预糊化糯米粉、减水剂和保水增稠剂等 5 部分组成，初步选定食品级氢氧化钙粉体作为胶凝主剂，当对灰浆的早期强度有较高的要求时，可以掺加适量的偏高岭土。

XRD 和 FTIR 分析结果（图 9.3.1 和图 9.3.2）表明，景德镇瓷土中除了含有高岭土矿物之外，还含有一定量的石英和白云母等矿物。不同于阿拉丁超细高岭土试剂，景德镇瓷土在 700℃煅烧并保温 2h 后，其 XRD 和 FTIR 图谱差异较大。

高岭土的 XRD 峰值衍射强度对应的特征衍射角为 12.354°，按衍射强度排序，后续的特征衍射角依次为 24.855°、20.355°、21.265°和 23.128°。由于其第三和第四强峰特征衍射角 20.355°和 21.265°非常接近石英的次强峰特征衍射角 20.859°，而且白云母矿物的第三强峰对应的特征衍射角 19.948°也会产生干扰，因此煅烧之后的景德镇瓷土在衍射角 12.354°和 24.855°处的差异最大。

这种差异说明高岭土在加热到 700℃左右时，高岭土的层状结构因脱水而破坏，形成了结晶度很差的过渡相——偏高岭土。由于偏高岭土的分子排列是不规则的，呈热力学介稳状态，具有一定的火山灰活性。

二氧化硅的红外特征峰[13]有：1090cm^{-1} 附近 Si—O—Si 反对称伸缩振动峰、800cm^{-1}

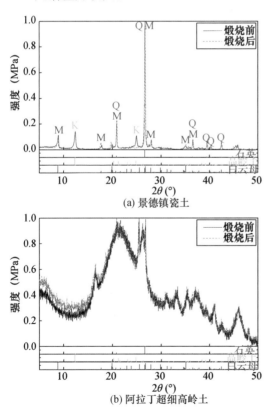

图 9.3.1　高岭土煅烧前后 XRD 图谱

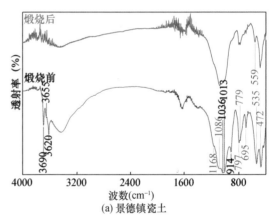

(a) 景德镇瓷土

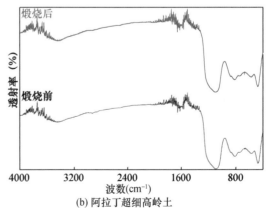

(b) 阿拉丁超细高岭土

图 9.3.2　高岭土煅烧前后 FTIR 图谱

和 470cm⁻¹ 附近 Si—O 键对称伸缩振动峰。高岭土[14]在高频区的红外吸收是由于羟基键的伸缩振动和垂直振动引起的，两个强吸收带分别位于 3697cm⁻¹ 和 3620cm⁻¹，这两个吸收带之间有两个弱的肩形吸收带，分别位于 3670cm⁻¹ 和 3650cm⁻¹；在中-低频区红外吸收光谱是由于四面体 Si—O 键和八面体 Al—O 以及 OH—O—Al 键的振动吸收，较强的吸收峰分别位于 1035cm⁻¹、1015cm⁻¹、915cm⁻¹、692cm⁻¹、510cm⁻¹ 和 472cm⁻¹。白云母[15]的羟基伸缩振动位于 3625～3630cm⁻¹ 范围，弯曲振动位于 812～931cm⁻¹ 范围，Si—O 伸缩振动位于 687～1070cm⁻¹ 区域，Si—O 弯曲振动位于 350～538cm⁻¹ 区域。此外，3411cm⁻¹ 附近宽峰是结构水—OH 反对称伸缩振动峰，1640cm⁻¹ 附近是水的 H—O—H 弯曲振动峰。

当传统糯米灰浆中掺入占陈化石灰膏质量 13% 的偏高岭土后，其 28d 龄期的抗压强度从（7.05±0.70）MPa 最高可以增至 9.29MPa，而且该龄期的灰浆只是部分碳化，其中的氢氧化钙的红外特征吸收峰非常明显（图 9.3.3）。

氧化钙的特征吸收波数[16]主要为 3638～3642cm⁻¹ 和 1413cm⁻¹，氢氧化钙的特征吸收波数主要为 3642cm⁻¹、1418～1432cm⁻¹ 和 400～418/875cm⁻¹，碳酸钙的特征吸收波数主要为 3982～3455cm⁻¹、1392～1422cm⁻¹、872～877cm⁻¹ 和 710～712cm⁻¹。当传统糯米灰浆中除了糯米淀粉之外，只有氢氧化钙和碳酸钙两种成分时，灰浆在低频指纹区的红外吸收位比较易于辨别；而当灰浆中掺加景德镇煅烧瓷土之后，受 Si—O 键的影响，灰浆在 600～1350cm⁻¹ 区段的吸收明显增加（图 9.3.4）。

（2）养护条件和用水量。

建筑砂浆或修复砂浆为了达到凝结时间快和短期强度高的要求，通常向石灰砂浆中掺入

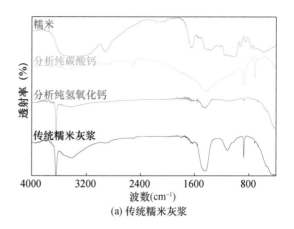

(a) 传统糯米灰浆

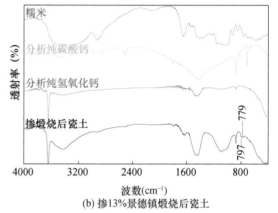

(b) 掺13%景德镇煅烧后瓷土

图 9.3.3　28d 龄期糯米灰浆 FTIR 谱

一定量的硅酸盐水泥或水硬石灰，国内现行《建筑砂浆基本性能试验方法标准》（JGJ/T 70—2009）比较适用于这些水硬性砂浆或水硬-气硬复合砂浆，而且现行标准将适用于气硬性石灰砂浆的砖底模变更为钢底模。

目前，针对水泥胶砂和水泥灰浆的现行技术规范和试验标准较完备，缺乏适用于石灰砂浆的技术标准，导致古建筑传统灰浆的测试方法大多参考现代水泥基建筑砂浆。虽然人们已经意识到有利于水泥灰浆硬化的潮湿环境不利于提高气硬性石灰砂浆的性能，主动将石灰砂浆的养护环境变为室温室湿，但是人们仍然过分看重石灰砂浆 28d 龄期强度，却忽视了石灰砂浆的碳化是由表及里的缓慢过程，而且石灰砂浆的诸多指标参数是与其碳化程度密切相关的。

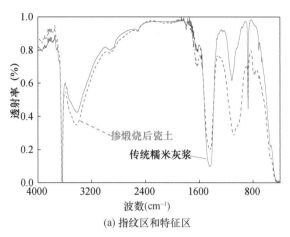

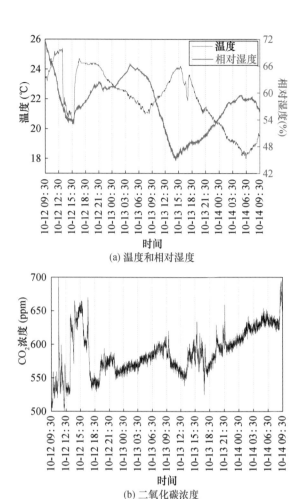

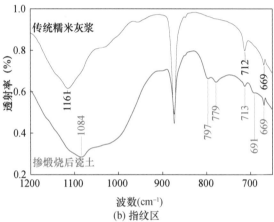

图 9.3.4　煅烧瓷土对灰浆 FTIR 谱的影响

当实验室门窗没有敞开，空气流通受限（图 9.3.5）时，基准型改良糯米灰浆的凝结时间为（28±7）h。当实验室启用空调（图 9.3.6）或敞开门窗时，改良糯米灰浆的凝结时间可以缩短至 17h 以内；当改良糯米灰浆中掺有景德镇煅烧瓷土时，其凝结时间为（13±3）h。将掺有煅烧瓷土的改良糯米灰浆浆体置于空调附近或安放在室外，其浅表层可以在（6±2）h 内达到凝结状态。

监测结果表明，即使启用空调，实验室内的温度、相对湿度和二氧化碳浓度也随外界大气环境发生规律性波动，很难将相对湿度控制在 50% 左右。有一点可以肯定的是，空调在运行状态下，实验室内的空气流通加快，改良糯米灰浆浆体干燥时间缩短，灰浆浅表层逐渐硬化。

图 9.3.5　实验室内改良糯米灰浆养护环境

无论是测试传统糯米灰浆的凝结时间，还是测试改良糯米灰浆的凝结时间，都应严格控制灰浆的用水量（图 9.3.7）。对于传统糯米灰浆，当灰浆中不含粗集料时，可以参照《水泥标准稠度用水量、凝结时间、安定性检验方法》（GB/T 1346—2011）的规定首先确定灰浆的最佳水灰比，然后测定凝结时间。对于改良糯米灰浆，由于灰浆中掺有粗集料，不属于"净浆"的范畴，因此应该综合参照《水泥胶砂流动度测定方法》（GB/T 2419—2005）、《预拌砂浆》（GB/T 25181—2019）和《建筑砂浆基本性能试验方法标准》（JGJ/T 70—2009）的规定先确定最佳需水量，再拌制灰浆后测定凝结时间。

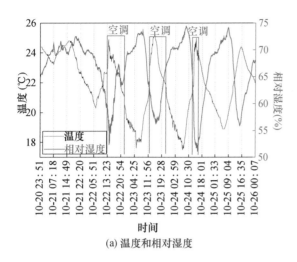

(a) 温度和相对湿度

(b) 适用净浆的初凝时间

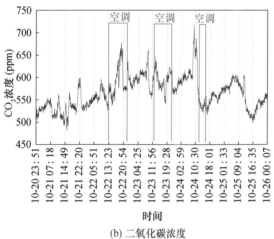

(b) 二氧化碳浓度

图 9.3.6　启用空调时实验室内改良
糯米灰浆养护环境

(c) 适用净浆的终凝时间

(a) 净浆用水量试杆法

(d) 浆体用水量试锥法

(e) 适用砂浆的流动度

(f) 适用砂浆的凝结时间

图 9.3.7 复核浆体用水量和测定浆体
凝结时间的工具

当传统糯米灰浆或改良糯米灰浆的拌制用水偏多时，其凝结时间明显延长。如果灰浆的实际用水量高出最佳用水量 15%，即使在通风良好的室外，其凝结时间也长达 42h 左右，而其在室内的凝结时间则延长至 72h 左右。

测定灰浆的标准稠度用水量的目的是按统一标准确定拌制灰浆的加水量，从而使灰浆的凝结时间和后续指标的检验结果准确并且具有可比性，现行标准中采用试杆法（ISO 法）作为标准法，试锥法为代用法[17]。一般情况下采

用试锥法测定净浆的标准稠度用水量，但当浆体的凝结时间和其他指标结果处于合格与不合格边缘时，必须用试杆法核验净浆的标准稠度用水量，并以试杆法为准。

大量试验表明，按试锥法测得标准稠度的净浆，同时按试杆法测定大多数均不在标准规定的"距底板（6±1）mm"范围内。相反地，先按试杆法测标准稠度的净浆，同时用试锥法测定下沉深度必定在（30±1）mm 范围内。因此，试杆法对水量比试锥法敏感，特别是接近净浆标准稠度状态时更加明显，试锥法对试验人员操作手法要求较高，操作难度大。

对于改良糯米灰浆，确定最佳用水量的方法是通过测量灰浆的流动度来实现的，浆体在跳桌上的扩散直径最小为 125～130mm，最大为 205～225mm，也可取中间值（140±20）mm。当流动度大于 200mm 时，灰浆从塑态向流态转变，适宜用于砌筑。对于嵌补灰浆，其最佳用水量应该用试杆法确定，试杆沉入深度（15±1）mm，即距底板（25±1）mm。由于试锥稠度仪便携小巧，本书有时用它替代跳桌和维卡仪，调整改良糯米灰浆的流动度（图 9.3.8）。

(3) 尺寸效应。

砌体的水平灰缝厚度和竖向灰缝宽度一般规定为 10mm，最大不得超过 12mm，最小不得小于 8mm。水平灰缝如果太厚，不仅使砌体产生过大的压缩变形，还可能使砌体产生滑移，对墙体结构十分不利；竖向灰缝如果过宽，不仅浪费砌筑砂浆，而且砌体灰缝的收缩也将加大，不利于砌体裂缝的控制。竖向灰缝砂浆的饱满度一般对砌体的抗压强度影响不大，但是对砌体的抗剪强度影响明显。当采用石灰净浆砌筑墙体时，参照《砌墙砖试验方法》（GB/T 2542—2012）可将水平灰缝的厚度减至 5mm。

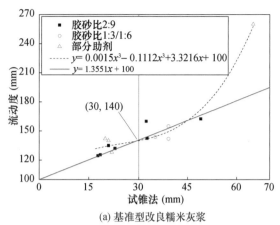

(a) 基准型改良糯米灰浆

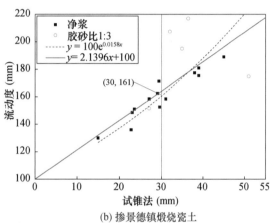

(b) 掺景德镇煅烧瓷土

图 9.3.8　改良糯米灰浆流动度的统计关系

《建筑砂浆基本性能试验方法标准》（JGJ/T 70—2009）推荐采用边长 70.7mm 的立方块，这一尺寸明显大于《水泥胶砂强度检验方法（ISO 法）》（GB/T 17671—1999）推荐采用 40mm×40mm×160mm 棱柱试体时的横截面边长 40mm。另外，美国 ASTM C1713—2012 和 ASTM C109/C109M—2016 推荐采用边长 50mm 的立方体试块。

在测试改良糯米灰浆的抗压强度时，如果试模和试块的尺寸不同（图 9.3.9），测得的抗压强度数据差异较大（图 9.3.10）。

28d 龄期时，改良糯米灰浆的碳化深度范围为 2~10mm，以 3~8mm 居多，其中试块顶部碳化速度最快，底部碳化速度最慢，四周则居中。

(a) 不同尺寸的试模

(b) 不同尺寸的试块

图 9.3.9　试验所用试模和试块的尺寸

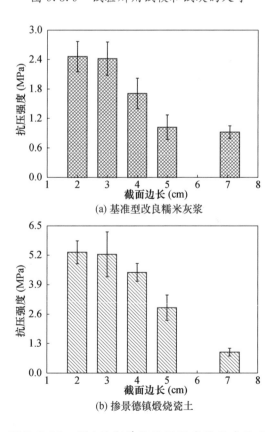

图 9.3.10　28d 龄期单轴抗压强度的尺寸效应

向灰浆中掺加景德镇煅烧瓷土后，灰浆碳化深度的范围减至 1～6mm，并以 1～4mm 居多（图 9.3.11）。

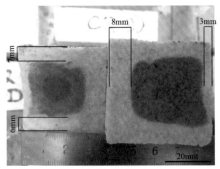

(a) 基准型改良糯米灰浆

(b) 掺景德镇煅烧瓷土

图 9.3.11　28d 龄期改良糯米灰浆的碳化深度

9.3.2　改良糯米灰浆的强度

根据经验，灰浆的抗压强度宜为砌块强度的 1/3～1/8（表 9.3.1）。强度太高的灰浆通常非常致密，不利于水汽的移运，容易在灰浆-石质界面发生破坏，而强度偏低的灰浆通常硬化较慢，其抗冻融性欠佳[18]。

表 9.3.1　砌块强度等级与灰浆强度的对应关系[18]

强度等级	砌块强度（MPa）	砌筑灰浆	
		水泥∶石灰∶砂	灰浆强度（MPa）
低强	10.34	0∶1（水硬性）∶3	1.07～1.46
		1∶3∶12	1.34～1.49
		1∶2∶9	2.21～2.95

续表

强度等级	砌块强度（MPa）	砌筑灰浆	
		水泥∶石灰∶砂	灰浆强度（MPa）
中强	20.69～34.48	1∶0∶6+溶剂	4.20～4.50
		1∶1∶6	5.73～6.88
		1∶2（水硬性）∶9	5.89～7.75
高强	48.28～62.07	1∶1/4∶3	N/A
特高强	68.97	1∶0∶3	25.15～28.33

根据抗压强度，《烧结普通砖》（GB/T 5101—2017）将烧结普通砖分为 MU30、MU25、MU20、MU15 和 MU10 五个强度等级。河北省大名县明长城城墙修复工程、山海关古城墙保护工程以及鸡鸣驿城保护维修工程中使用的新制手工青砖的抗压强度范围为 5～13MPa[19]，珠江三角洲地区 9 个地级市范围内古建筑旧青砖的抗压强度范围为 6～10MPa[19]，因此灰浆的强度范围宜为 1～3MPa。

砌筑灰浆是把单个的砖块、石块或砌块组合成墙体的胶结材料，同时又是填充块体之间缝隙的填充材料，它的作用是把上部的外力均匀地传布到下层，而且阻止块体的滑动。砂浆应具备一定的强度、黏结力和工作度（流动度/稠度、保水性）。砌筑砂浆的强度等级一般有 M2.5、M5、M7.5、M10、M15、M20、M25 和 M30 八种，但是《预拌砂浆》（GB/T 25181—2019）中规定的最低强度等级为 M5。

砌筑用石材按其质地可以分为岩浆岩、沉积岩和变质岩三种，通常可见到的是花岗岩、石灰岩、砂岩和大理岩等。由于产地的不同，石材的性能差异较大（表 9.3.2）。

表9.3.2 石材的性能

石材名称	密度（kg/m³）	抗压强度（MPa）
花岗岩	2600	120～250
石灰岩	1800～2600	10～100
砂岩	2400～2600	40～250

综合砖块和石材的抗压强度，砌块的强度下限约5MPa，强度上限约250MPa，因此灰浆的设计强度范围应为1.5～31.5MPa。

（1）砌筑用改良糯米灰浆。

以质量份计，砌筑用改良糯米灰浆的组成：氢氧化钙粉末100份；碳酸钙颗粒300～600份；预糊化糯米粉3～12份；减水剂0.5～1.5份；纤维素0.5～1.5份；水80～120份。

更具体地，基准型改良糯米灰浆的配合比：氢氧化钙粉体100份；0.6～1mm粒径的碳酸钙颗粒75份；0.3～0.6mm粒径的碳酸钙颗粒225份；0.18～0.3mm粒径的碳酸钙颗粒225份；0.125～0.18mm粒径的碳酸钙颗粒75份；预糊化糯米粉5份；减水剂1份；纤维素1份；水95份。

分别采用3cm×3cm×9.5cm和4cm×4cm×16cm的铸铁试模制作条状灰浆试块，测试其28d龄期的抗折强度（图9.3.12），结果表明，3cm×3cm×9.5cm试块的抗折强度为（1.48±0.11）MPa，而尺寸为4cm×4cm×16cm的试块抗折强度只有（0.81±0.11）MPa。

沿条状试块的折断面滴加酚酞或酚酞蓝指示剂（图9.3.13），显色结果表明3cm×3cm×9.5cm试块的碳化速度比4cm×4cm×16cm试块慢，这说明强度较高的试块更加致密。实测结果也表明，测试前试块20N-120的密度约1.77g/cm³，而试块20N-28的密度只有1.30g/cm³。因此，在影响改良糯米灰浆性能的诸多因素中，除了配合比、养护环境和试块尺寸之外，试块的制作工艺与方法也非常重要，尤其是试块的成模阶段。

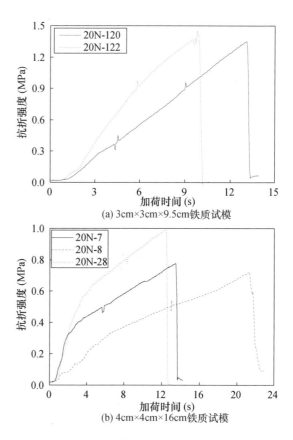

(a) 3cm×3cm×9.5cm铁质试模

(b) 4cm×4cm×16cm铁质试模

图9.3.12 28d龄期基准型改良糯米灰浆的抗折强度

(a) 3cm×3cm×9.5cm抗折试验

(b) 3cm×3cm×9.5cm折断截面

(c) 4cm×4cm×16cm抗折试验

(d) 4cm×4cm×16cm折断截面

图 9.3.13　28d 龄期基准型改良糯米灰浆碳化剖面

使用抗折试验后现成的截断试样进行抗压强度试验（图 9.3.14），结果表明，抗折强度较高的 3cm×3cm×9.5cm 灰浆试块拥有较高的抗压强度，但是同一组别内的试块不具有这种规律。

统一选择 5cm×5cm×5cm 立方体试块，测试基准型改良糯米灰浆在不同龄期时的抗压强度（图 9.3.15），其 28d 龄期单轴抗压强度的单次检出最大值为 2.05MPa。

（2）灌注用改良糯米灰浆。

灌注用改良糯米灰浆是砌筑用改良糯米灰浆的衍生型号，它在基准型改良糯米灰浆的基础上掺加适量的景德镇煅烧瓷土，减小集料的颗粒粒径，在降低灰浆黏稠性的同时增强其流动性和可灌性。以质量份计，灌注用改良糯米灰浆的组成：氢氧化钙粉末 100 份；碳酸钙颗粒 220～400 份；偏高岭土 5～54 份；预糊化

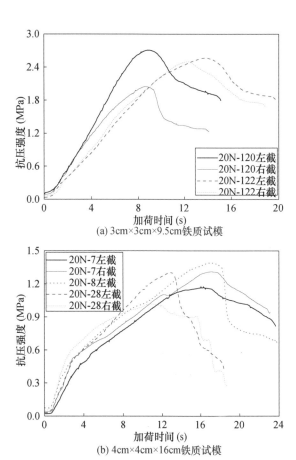

(a) 3cm×3cm×9.5cm铁质试模

(b) 4cm×4cm×16cm铁质试模

图 9.3.14　28d 龄期基准型改良糯米
灰浆的抗压强度

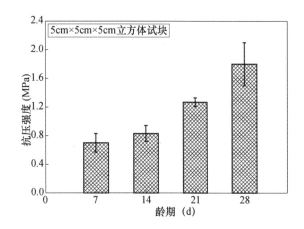

图 9.3.15　基准型改良糯米灰浆在不同
龄期时的抗压强度

糯米粉 5～18 份；减水剂 0.5～1.5 份；水 80～150 份。

更具体地，早强型改良糯米灰浆的配合比：氢氧化钙粉体 100 份；碳酸钙颗粒 300

份；偏高岭土 10 份；预糊化糯米粉 5 份；减水剂 1 份；水 95 份。

采用 4cm×4cm×16cm 铁质试模制备早强型灌注用改良糯米灰浆（图 9.3.16），测试其 28d 龄期的抗折强度（图 9.3.17），随后测得其抗压强度为（2.16±0.26）MPa。与基准型相比，早强型改良糯米灰浆的优势在于其硬化 4d 后的抗压强度即可达到 1.55MPa，后期强度增长缓慢（图 9.3.18）。

(a) 成模

(b) 注射

图 9.3.16　早强型灌注用改良糯米灰浆的可灌性

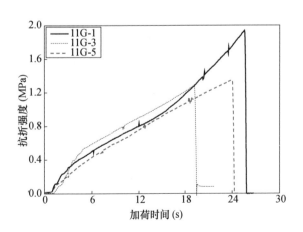

图 9.3.17　28d 龄期早强型改良糯米
灰浆的抗折强度

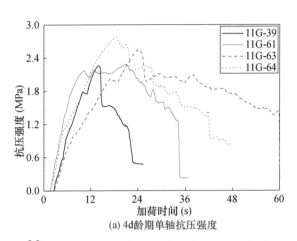

(a) 4d龄期单轴抗压强度

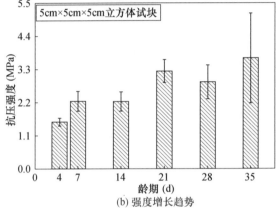

(b) 强度增长趋势

图 9.3.18　早强型灌注用改良糯米
灰浆的抗压强度

9.3.3　改良糯米灰浆的耐久性

（1）经时长期强度

采用 Zwick/Roell Z020 万能材料试验机测试基准型改良糯米灰浆 56d 龄期 4cm×4cm×4cm 和 5cm×5cm×5cm 立方体试块的抗压强度（图 9.3.19）；结果表明，即使再碳化 28d 后，改良糯米灰浆的抗压强度为 2.2～3.2MPa，与其 28d 龄期的抗压强度相比至少增长 20%。

4 个月龄期时，4cm×4cm×16cm 基准型改良糯米灰浆的抗折强度达到（1.70±0.23）MPa，抗折试验后边长 4cm 试块的抗压强度为（2.99±0.32）MPa。

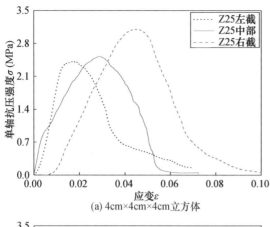

(a) 4cm×4cm×4cm立方体

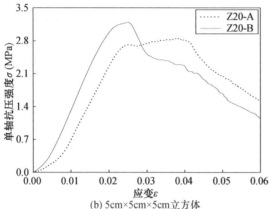

(b) 5cm×5cm×5cm立方体

图 9.3.19　56d 龄期基准型改良糯米
灰浆的抗压强度

(a) 3s

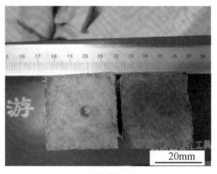

(b) 90s

图 9.3.20　9 个月龄期基准型改良糯米
灰浆的酚酞显色

当龄期为 9 个月时，4cm×4cm×16cm 条状试块的抗压强度仍略有增长，为（3.04±0.46）MPa。断面的酚酞滴定结果（图 9.3.20）显示，灰浆基本碳化，试块内氢氧化钙的含量不高于 2.75%。

（2）耐水性

在试块脱模之前，基准型改良糯米灰浆的碳化只发生在顶面，而且这一碳化过程是由表及里的，其他 5 个面的碳化非常弱，因此灰浆的表面是最坚硬的，其抗水软化性也最强。将刚脱模的试块浸泡在水中，试块的底部在 5min 之后即发生崩解，但顶部却相对完整（图9.3.21），即使 1 周后其上表面也不会溃散。

(a) 9d后脱模

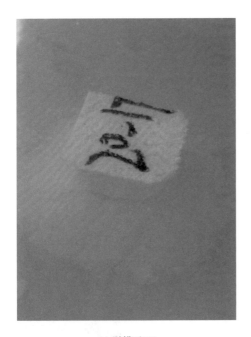

(a) 2d龄期底部硬化滞后

(b) 脱模后12h

(b) 21d龄期氢氧化钙部分溶解

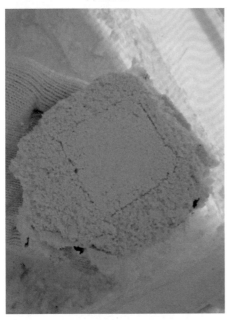

(c) 干涸后试块底部

图9.3.21 基准型改良糯米灰浆的早期耐水性

向脱模后试块的底部滴加酚酞指示剂，颜色变粉红，但是其底部的贯入强度大于0.5MPa，基本凝结。改良糯米灰浆试块在水的浸泡下，尚未碳化的氢氧化钙胶凝成分在接触到液态水时会发生溶解而损失（图9.3.22）。

(c) 28d龄期孔隙排气

图9.3.22 改良糯米灰浆的耐水试验

成模时，基准型改良糯米灰浆的初始含水率通常为13%～17%，个别配合比的初始含水率低至11%或高至26%。14d龄期后，灰浆的含水率降至（0.68±0.07）%，7个月后灰浆的含水率降至（0.30±0.04）%。相反地，在常压条件下，4个月龄期基准型改良糯米灰浆在水中浸泡6个月后的饱和含水率为（18.67±1.42）%，即使在真空度−0.092MPa的条件下再次浸泡吸水，其饱和含水率仅仅略微升至（19.93±2.12）%，这一结果低于表9.2.6中胶砂比1：3或1：6的MIP孔隙率（27.79±0.31）%。

将14d龄期和7个月龄期的改良糯米灰浆试块在温度60℃、真空度−0.092MPa的条件下干燥至恒重后称量，再将饱水的灰浆试块置于不通风室内自然晾干，监测试块的干燥速率（图9.3.23），结果表明试块在5d后基本干燥，后续失水缓慢。

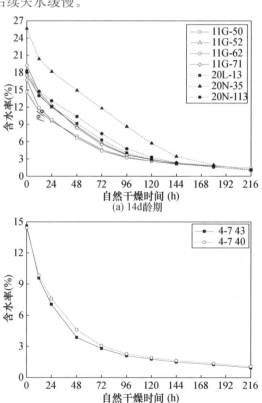

图 9.3.23　改良糯米灰浆的自然干燥过程

（3）自修复性

当改良糯米灰浆试块部分浸泡于水中时，溶解于毛细水中的氢氧化钙沿孔隙通道向断面处迁移，氢氧化钙在固-液-气三相交界面发生碳化而完成自修复（图9.3.24）。

(a) 4个月龄期半身浸泡

(b) 毛细水迁移

(c) 自修复粘结强度

图 9.3.24　改良糯米灰浆的自修复试验

对自愈合界面进行简易的拉伸测试（图 9.3.25），结果表明其黏结强度接近10 kPa，自修复界面区钙质胶凝剂富集。

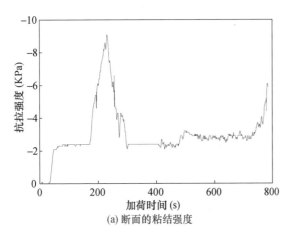

(a) 断面的粘结强度

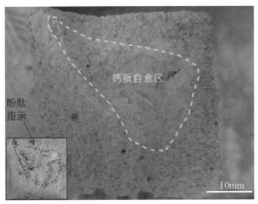

(b) 自愈合断面

图 9.3.25　改良糯米灰浆的自修复特性

改良糯米灰浆在室外遭受风吹雨淋后，其抗压强度会增至 4.93MPa，接近强度等级 M5，但是当试块长期浸泡在水中时，由于灰浆中还没有碳化的氢氧化钙在水中溶失，紧接着在气-液交界面发生碳化后生成一薄层碳酸钙自封护膜，这层膜受到扰动破坏后，溶解的氢氧化钙继续碳化，如此循环，灰浆中的氢氧化钙成分不断溶失（图 9.3.26），其强度也有所下降。

（4）耐盐侵蚀

将 28d 龄期改良糯米灰浆试块分别浸泡在饱和 NaCl 水溶液和饱和 Na_2SO_4 水溶液中，取出后置于室内自然干燥，如此数个循环后，试

(a) 气-液界面碳化膜

(b) 胶凝材料的溶失

图 9.3.26　改良糯米灰浆遭水浸泡后的
自封护和氢氧化钙溶失

块表面有白色结晶物析出，析出的 $Na_2SO_4 \cdot 10H_2O$ 晶体比 NaCl 晶体多（图 9.3.27）。

对析出的白色结晶物进行取样分析，FTIR结果（图 9.3.28）表明，经 NaCl 饱和水溶液浸泡后的灰浆表面结晶盐当中不含氢氧化钙或碳酸钙成分，其红外谱图中波数

(a) NaCl饱和水溶液

(b) Na₂SO₄饱和水溶液

图 9.3.27　改良糯米灰浆经盐溶液
浸泡后自然干燥

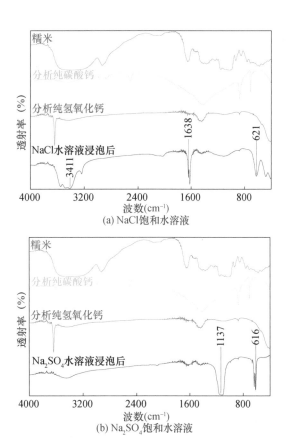

(a) NaCl饱和水溶液

(b) Na₂SO₄饱和水溶液

图 9.3.28　灰浆表面结晶盐的 FTIR 检测

1640cm⁻¹ 和 3400cm⁻¹ 附近的吸收峰是溴化钾粉末研磨时吸附空气中的水蒸气造成的，而在 Na_2SO_4 饱和水溶液中浸泡之后的灰浆表面结晶盐的红外光谱与无水硫酸钠的红外特征谱的匹配度达 89.77%。

在 0~32.4℃温度范围内，硫酸钠的溶解度随温度的升高而升高，从过饱和硫酸钠溶液中析出的晶体是单斜晶系芒硝；在 32.4~233℃温度范围内，其溶解度随温度的升高而降低，这一温度区间内从过饱和硫酸钠溶液中析出的晶体是斜方晶系无水硫酸钠[20]。因此，当试块从饱和硫酸钠溶液中取出时，最初析出的晶体为十水合硫酸钠（图 9.3.29），其气相相对湿度约 84%[21]，由于此值高于实验室内空气相对湿度的均值 75%，因此新生成的十水合硫酸钠晶体逐渐失水，向无水硫酸钠晶体转变。

(a) 过饱和

(b) 温度下降

图 9.3.29　水合硫酸钠晶体的生长

与 9 个月龄期的基准型改良糯米灰浆相比，当灰浆的孔隙被 $Na_2SO_4 \cdot 10H_2O$ 晶体充填[22]时，试块的抗折强度和抗压强度均有较大幅度的提高，其抗折强度达到（2.01±0.09）MPa，对应的单轴抗压强度达到（4.14±0.42）MPa。

（5）抗冻融性

《建筑砂浆基本性能试验方法标准》（JGJ/T 70—2009）中规定抗冻性能试验适用于强度等级大于 M2.5 的砂浆。如图 9.3.15 中，由于 28d 龄期基准型改良糯米灰浆的单轴抗压强度不足 2.5MPa，因此本书在测试 28d 龄期灰浆的抗冻融循环性之后，另对 4 个月龄期灰浆进行抗冻性能试验（图 9.3.30）。

从抗冻性能试验可知，随着冻融循环次数的增多，28d 龄期基准型改良糯米灰浆的饱和

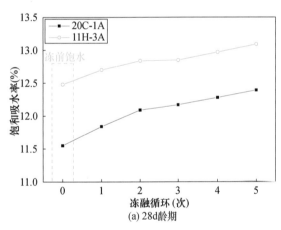

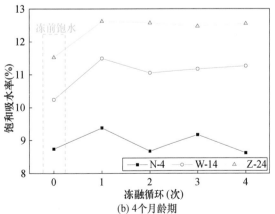

图 9.3.30　改良糯米灰浆冻融后饱和吸水率

吸水率单调增加，而且这种趋势在 5 个冻融循环后没有收敛，这说明灰浆内部的孔隙受冰胀的影响而增多。4 个月龄期时，灰浆中氢氧化钙胶凝成分基本碳化，其强度也趋于稳定，因此在遭受冻融时灰浆内部骨架基本不会发生变形，其孔隙结构也不会破坏。

如图 9.3.23 中，在真空度－0.092MPa 或浸泡数月的条件下，改良糯米灰浆的饱水率范围为 15%～20%，这说明按照《建筑砂浆基本性能试验方法标准》（JGJ/T 70—2009）的要求，将试块在水中融化 4～24h 后，试块中的微小孔隙并没有被水充填。

4 个月龄期基准型改良糯米灰浆在经受 4 次冻融热循环后，抗折试验后边长 4cm 立方体试块的抗压强度为（2.64±0.87）MPa，其强度基本没有损失。研究发现，试块的饱和吸水率、超声波速和抗压强度之间具有明显的相关性。对于冻融之前饱和吸水率为 8.74%、4 次冻融循环后饱和吸水率为 8.62% 的 4cm×4cm×16cm 条状试块 N-4，其轴向超声波速（图 9.3.31）为（2.04±0.04）km/s、抗压强度高达（3.24±0.57）MPa。与之对比的是，试块 Z-24 在冻融之前和之后的饱和吸水率分别为 11.52% 和 12.55%，其超声波速降至（1.67±0.21）km/s，抗压强度则降至（1.17±0.20）MPa。

9.3.4　小结

影响改良糯米灰浆性能的因素主要有配合比、试模尺寸、制备工艺和养护条件等。在配合比中，掺加适量的景德镇煅烧瓷土后，灰浆的早期强度明显提高，4d 龄期的强度即超过 1.5MPa，这一强度对于没有掺火山灰的基准型改良糯米灰浆需要养护 21d 后才能达到。

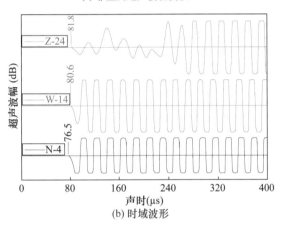

(a) 非金属超声波检测仪

(b) 时域波形

图 9.3.31 改良糯米灰浆试块的超声波无损测试

对于边长 5cm 的立方体试块，基准型改良糯米灰浆 28d 龄期的抗压强度范围为 1～2MPa，该龄期的强度等级达到 M2.5 的概率较低，除非试块在户外通风条件下养护，并且严格控制用水量，或者进一步优化灰浆的配合比。

随着龄期的延长，改良糯米灰浆的碳化程度不断增加，试块的尺寸效应减弱，到 56d 龄期时，边长 5cm 的立方体试块和从 4cm×4cm×16cm 条状试块中切割而成的边长 4cm 的立方体试块的抗压强度比较接近，其强度范围为 2.2～3.2MPa，达到 M2.5 的级别。

改良糯米灰浆耐盐侵蚀和抗冻融性的优点得益于灰浆拥有一副柔性"骨架"，这种柔性结构赋予了灰浆抵抗结晶盐或冻结冰在体内产生的膨胀破坏。

借助毛细水，改良糯米灰浆能够在断裂面处发生固-液-气三相界面碳化反应，完成自修复，断面黏结强度可达 10kPa。

9.4 改良糯米灰浆产品的质量控制

9.4.1 填充集料

灰浆填料在现代标准中称为集料。《建设用砂》（GB/T 14684—2011）、ASTM C404—2017、ASTM C144—2011 和 BS EN 13139—2013 均没有限制用于灰浆的填充集料的类型，即石英砂、陶粒和碳酸岩质钙砂都可用作改良糯米灰浆的集料。这些规范更多的是对集料的颗粒级配做了相关要求，规定集料的粒径大于 0.075mm（200 目）、小于 4.75mm（4 目）。

依据《建设用砂》（GB/T 14684—2011）中定义的碱-集料反应：水泥、外加剂等混凝土组成物及环境中的碱与集料中碱活性矿物在潮湿环境下缓慢发生并导致混凝土开裂破坏的膨胀反应。这种碱-集料反应对水泥基混凝土或水泥-石灰混合砂浆是有害的，但是向灰浆中掺加高活性的硅灰或偏高岭土却有利于灰浆强度的增长。当集料中不含有二氧化硅成分或白云石矿物时，可以认为灰浆中氢氧化钙与石灰石颗粒之间几乎不会发生反应，所以改良糯米灰浆中的钙质集料是惰性的。

XRD 和 EDS 结果（图 9.4.1）表明，本书所用的碳酸钙颗粒在矿物成分上多数为方解石，石英在衍射角 26.76°处的衍射峰值强度约为方解石峰值强度的 0.945%，而且除了方解石和石英之外，基本上没有其他矿物的杂峰。从元素的角度，碳酸钙颗粒中的硅和镁的含量非常低，其质量分数小于 1%。

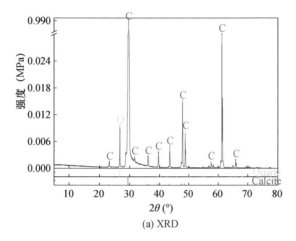

(a) XRD

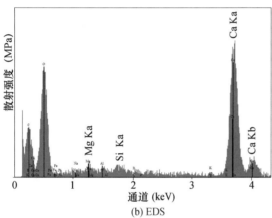

(b) EDS

图 9.4.1 碳酸钙集料的纯度检验

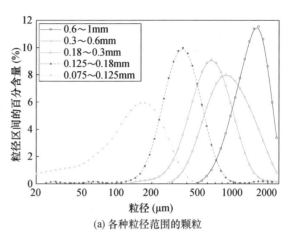

(a) 各种粒径范围的颗粒

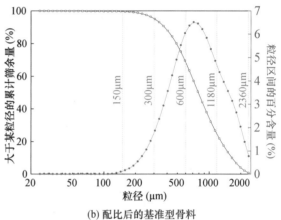

(b) 配比后的基准型骨料

图 9.4.2 碳酸钙集料的颗粒级配曲线

本研究所用碳酸钙集料在级配上由 5 种粒径范围的颗粒（图 9.4.2）按一定权重进行搭配。依据集料的细度模数计算公式，可得基准型改良糯米灰浆所用碳酸钙集料的细度模数为 2.89，属于中砂。公式中，M_x 为细度模数；A_1、A_2、A_3、A_4、A_5、A_6 分别为 4.75mm、2.36mm、1.18mm、600μm、300μm、150μm 筛的累计筛余百分率。

由于碳酸钙集料是石灰石母岩经机械破碎后分选而得，因此在光学显微镜下，颗粒的棱角清晰，磨圆度非常差，各粒径范围的颗粒尺寸与激光粒度仪的测试结果基本一致。SEM 镜下观察发现，集料的表面非常光滑、平整（图 9.4.3）。

(a) 0.6～1mm

(b) 0.3～0.6mm

(c) 0.18～0.3mm

(d) 0.125～0.18mm

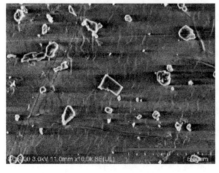

(e) 0.075～0.125mm

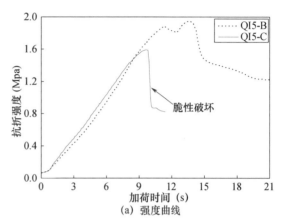

(a) 强度曲线

(b) 试块QI5-C酚酞显色

图 9.4.4　28d 龄期硅砂灰浆的抗压强度

强度没有明显的差异，基准型和早强型的抗压强度分别为（1.83±0.26）MPa 和（4.00±1.12）MPa。由于 ISO 标准砂中含有 33% 粒径大于 1mm 的圆形硅质砂，因此硅砂灰浆的需水量比钙砂灰浆更少，但是硅砂灰浆的韧性降低，容易发生脆性破坏（图 9.4.4）。

9.4.2　胶砂比

ASTM C1719.3.2 推荐按体积比设计灰浆的胶砂比，其比值范围一般为 1∶2～2∶7，通常情况下选择 1∶3～2∶5。采用 100mL 容量瓶测得食品级氢氧化钙粉末的堆积密度为（0.719±0.017）g/cm³，粒径 0.6～1mm 碳酸钙粗颗粒和粒径 0.125～0.18mm 碳酸钙细颗粒的堆积密度分别为 1.541g/cm³ 和 1.570g/cm³，取集料的平均密度为（1.556±0.021）g/cm³。

（f）SEM，10000倍

图 9.4.3　碳酸钙集料的显微镜照片

无论是基准型改良糯米灰浆，还是掺加景德镇煅烧瓷土后的早强型改良糯米灰浆，用 ISO 标准砂代替碳酸钙集料后 28d 龄期灰浆的因此，灰浆的胶砂质量比宜在 1：4～2：15 的范围内进行选择，即使按胶砂体积比 1：1 配制灰浆[23]，经等价换算后的胶砂质量比也不高于 1：2[24]。与之相反，当胶砂质量比小至 1：9时[25]，灰浆的强度出现下降。

由于灰浆的碳化是一个非常缓慢的过程，因此在测试边长 5cm 立方体试块 28d 龄期的强度时，较大的胶砂比无益于灰浆的碳化，除非当氢氧化钙胶结剂增多后，灰浆在微观结构上变得致密或者灰浆中更多的大孔隙被有效充填。虽然从耐久性的角度而言，较大的胶砂比意味着灰浆的服役寿命更长，而且其自修复的能力更强，但是当胶砂比较大时，达到相同流动度需要更多的拌合水，因此较大胶砂比的灰浆通常收缩较严重（图 9.4.5），甚至导致试块在试模内就已经开裂。

取胶砂质量比 1：6 和 1：3 的平均值 2：9 制备砌筑用改良糯米灰浆，由于条状试块的收缩变形主要发生在脱模之前，因此采用带钉头

的试模监测灰浆的收缩率时，依据《水泥砂浆和混凝土干燥收缩开裂性能试验方法》（GB/T 29417—2012）的规定计算所得的干燥收缩率为 (0.16±0.03)%～(0.21±0.11)%，其中在成模时经捣实、挤压后的试块收缩率较低。对于灌注用改良糯米灰浆，由于其流动度高于砌筑用改良糯米灰浆，因此灌注用灰浆的收缩率高达 (0.41±0.11)%。

如果不采用带钉头的条状试块，也不以脱模后两端钉头的长度为初始测量值，而是以试模的长度为初始值（图 9.4.6），计算得到的砌筑用基准型改良糯米灰浆的收缩率范围为 (0.25±0.18)%～(1.03±0.18)%，灌注用早强型灰浆的收缩率为 (1.13±0.35)%。

无论是砌筑用基准型改良糯米灰浆，还是灌注用早强型改良糯米灰浆，4cm×4cm×16cm 条状试块在脱模后仍会继续因失水干燥而产生收缩，这一部分收缩可以通过带钉头的标准试块

(a) 胶砂质量比1：6

(a) 带黄铜钉头的标准试块

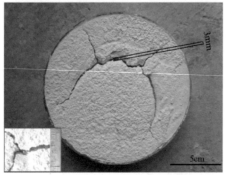

(b) 胶砂质量比1：3

图 9.4.5　相同流动度时改良糯米灰浆的收缩率

(b) 脱模前的干燥收缩，胶砂比1：3

图 9.4.6　改良糯米灰浆收缩率测试方法

进行监测，但它通常只占总收缩的15%～68%。

　　采用边长 5cm 立方体试块测试不同胶砂比改良糯米灰浆的强度（图 9.4.7），结果表明，随着胶砂比的增大，灰浆的流动度变差，试锥法测得的稠度值变小。虽然胶砂比高达 1∶1 时的抗压强度最大，但是其饱和吸水率也显著增大。酚酞滴定结果显示，胶砂比越高，相同龄期的试块碳化深度越浅（图 9.4.8）。

9.4.3　制作工艺

　　由于基准型改良糯米灰浆完全依赖氢氧化钙胶凝材料的气硬而固化，因此可将最佳配比的基准型改良糯米灰浆干混粉体倒入盛有适量水的容器中，强力搅拌后制得湿拌改良糯米灰浆（图 9.4.9），经严格密封后即可供往文物保护修复现场。

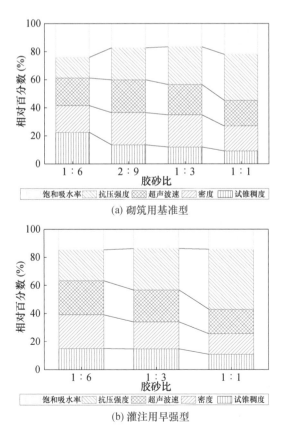

图 9.4.7　胶砂比对改良糯米灰浆性能的影响

(a) 砌筑用基准型

(b) 灌注用早强型

(a) 基准型1∶6

(b) 基准型2∶9

(c) 基准型1∶3

(d) 基准型1∶1

(e) 早强型1∶6

(f) 早强型1∶3

(g) 早强型1∶1

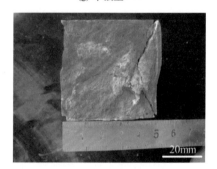

(h) 早强型1∶1，显色75min后

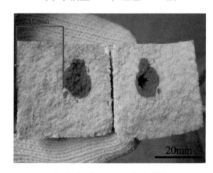

(i) 基准型1∶3，9个月龄期

图9.4.8　不同胶砂比时改良糯米灰浆的碳化深度

基准型湿拌改良糯米灰浆在拌制后7d的流动度损失小于5mm，其性能与新制灰浆基本一致，即4个月龄期湿拌灰浆的抗压强度范围为2.5～3.5MPa，如果试块在户外进行养护，其强度范围增至3.5～4.0MPa。

(a) 干混灰浆

(b) 湿拌灰浆

图9.4.9　基准型改良糯米灰浆的产品形态

9.4.4　小结

当选择高纯度石灰岩集料作为改良糯米灰浆的填充集料时，除非向灰浆中掺加景德镇煅烧瓷土，改良糯米灰浆在碳化过程中基本上不会发生碱-集料反应。

胶砂比对改良糯米灰浆的强度略有影响，但合理的低胶砂比却可以减少用水量，进而降低灰浆的干燥收缩。如果灰浆在成模时被挤压捣实，那么其收缩率完全可以控制在0.25%以下，这对古建筑的嵌补具有重要意义。

改良糯米灰浆的颜色基本呈白色，而文物保护修复工程中往往对灰浆的色调有一定的要求，因此在掺加当地岩粉或有色粉土之前需要进行分析评估，重点考虑调色后灰浆的收缩率。如果当地岩土体中风化产物或膨胀性矿物成分较多，可以选择无机矿物颜料进行调色。

改良糯米灰浆应用于文物保护修复项目，

经过 24h 后其表面基本凝结、硬化，对灰缝进行精细勾缝后基本不会产生收缩性裂隙，28d 龄期的动力贯入强度大约为 2MPa。

9.5　改良糯米灰浆的工程应用研究

9.5.1　浙江省金华市浦江县龙德寺塔

龙德寺塔建于北宋大中祥符九年（1016 年）至北宋天禧元年（1017 年），建成于北宋仁宗天圣三年（1025 年）；北宋徽宗宣和三年（1121 年），塔被火焚；元世祖至元二十三年（1286 年）至元至正十二年（1352 年），塔巅遭雷击而炸裂，塔身向东倾斜 38cm；明英宗正统年间（1436—1449 年），塔遭火焚。明清两代，龙德寺塔虽经多次重修，但塔内木构部分已毁。1963 年 3 月 11 日，龙德寺塔正式被列为省级古建筑类文物保护单位。1979 年浙江省文管会拨款重修龙德寺塔，除腰檐、平座和塔刹外，砖体塔身已经恢复到北宋时的面貌。

在应用改良糯米灰浆之前，龙德寺塔的砌筑灰浆主要是黄泥灰浆和水泥砂浆。由于黄泥灰浆容易收缩开裂，在改良糯米灰浆中掺入当地黄土只是为了调色（图 9.5.1）。

SEM 镜下观察（图 9.5.2）表明，龙德寺塔黄泥灰浆结构疏松，灰浆中集料颗粒之间比较分散，其间充填的黄土在形貌上与当地黄土非常相似。

EDS 和 XRD 结果（图 9.5.3）表明，黄泥灰浆中 O、Al、Si、K 和 Fe 五元素的相对质量百分含量分别为 31.03%、11.26%、43.83%、2.94% 和 10.94%，而当地黄土中这五元素的相对含量依次为 40.81%、14.91%、33.26%、2.45% 和 8.58%。此外，当地黄土中检出有少

(a) 一层东南面

(b) 砖缝嵌补

(c) 一层东面

(d) 灰浆的补施

图 9.5.1　改良糯米灰浆在龙德寺塔的应用（2013 年 11 月）

(a) 三层黄泥灰浆

(b) 当地黄土

图 9.5.2　龙德寺塔黄泥灰浆和当地
黄土 SEM 照片

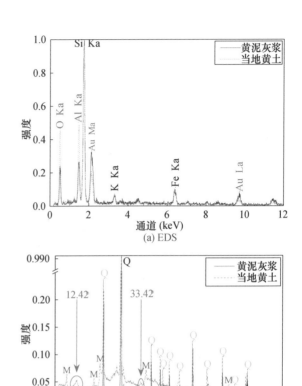

(a) EDS

(b) XRD

图 9.5.3　龙德寺塔黄泥灰浆和当地
黄土的成分对比

量的镁元素。在矿物成分上，黄泥灰浆和当地黄土均以石英为主，另外还含有少量云母，其在衍射角 8.96°处的峰值强度只有石英的 0.06%，此外在衍射角 12.42°和 33.42°有微量的未知矿物。

2013 年 11 月，应用改良糯米灰浆在龙德寺塔进行了砖缝的嵌补实验［图 9.5.1 (b) 和图 9.5.1 (d)］。

9.5.2　浙江省嵊州市嵊县古城墙

嵊县古城墙始建于三国吴（222—280 年），现城墙主体是明嘉靖三十四年（1555 年）知县吴三畏寻故址临溪跨山而筑，现残存长度 1001.2m，地表以上城墙高度 3.13～3.73m，宽 4.19～5.41m，墙体外侧砌条石和青砖，内侧砌块石，收分明显，中间夯土，城墙顶部用条石压边。

2002 年，嵊州市整修文化广场段城墙（一期），被改建的南门恢复了城堞、城台和城门拱券。2005 年 3 月 16 日嵊县古城墙被公布为省级文物保护单位。

由于文化广场以西的西段城墙年久失修，整体结构损坏严重（图 9.5.4），内外墙身多处开裂、腹鼓、塌落；城墙脚多处出现风化酥碱，侵入墙基，危及城墙安全；墙顶、城墙内外两侧立有众多电线杆、靠墙搭建房屋以及各类构筑物，2013 年 8 月嵊州市启动古城墙保护维修工程（二期）建设，主要内容为文化广场西侧至西门古城墙修复，全长 441m。

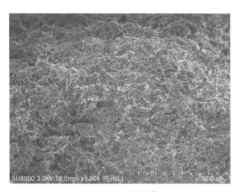

(a) SEM，1000 倍

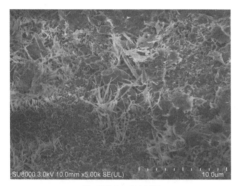

(b) SEM，5000 倍

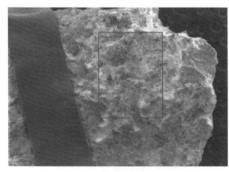

(c) EDS测区

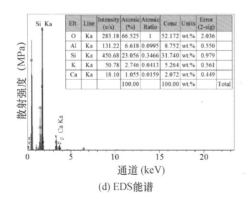

(d) EDS能谱

图 9.5.4　嵊县古城墙条石 SEM-EDS 分析

在应用改良糯米灰浆（图 9.5.5）之前，嵊县古城墙保护修复工程使用条石的 SEM-EDS 分析见图 9.5.4；原灰浆是采用传统工艺制备的糯米灰浆，其中还掺有纸筋。

(a) 条石摆砌

(b) 跟踪监测点

图 9.5.5　改良糯米灰浆在嵊县古城墙的
应用（2013 年 11 月）

2013 年 11 月，应用改良糯米灰浆对嵊县古城墙进行了条石摆砌修复试验（图 9.5.5）。

9.5.3　浙江省温州市龙湾区国安寺塔

国安寺塔，也称国安寺千佛塔或国安寺石塔，是楼阁式青石仿木构建筑，建于北宋元祐五年庚午（1090 年），元祐八年癸酉（1093 年）夏竣工。塔平面呈六边形，九层实心，塔身遍雕佛像。塔基由条石铺就，合莲台基上为须弥座，台座雕刻"九山八海"纹，须弥座上、下雕刻有仰覆莲，束腰各面浮雕形态各异的狮兽。塔身底层由三部分组成，上、中部分均用素面青石块（图 9.5.6）垒砌，底部置素面平座；下部又分两节，每节塔壁各面均围一块青石板。从第二层开始，层层置腰檐，檐下施斗拱，补间一朵，均出一跳，转角出角拱，都为卷头造，拱头三瓣。各层平座不施斗拱，直接搁于腰檐博脊上。腰檐屋势平缓，出檐雕有筒瓦及瓦脊。翼角做有老角梁，起翘较少。底层倚柱为瓜棱柱，其余各层都是八角形柱。

1981 年 6 月 11 日，温州市公布国安寺塔为第一批市级文物保护单位。由于塔身东南角自下而上裂痕明显，缺少顶层、刹件，部分构件残缺等情况，1987 年落架大修，新置铁质葫芦形塔刹。拆架至第八层时，发现构件间黏合材料为蛎灰加桐油，上部均用蚂蟥铁钩钉固定。

1989 年 12 月 2 日，国安寺塔被浙江省政府列为省级文物保护单位。2013 年 3 月 5 日，入选全国重点文物保护单位。

2014 年，依据浙江省古建筑设计研究院编制的《国安寺塔维修工程施工设计》，浙江省临海市古建筑工程公司对国安寺塔进行了保护维修，主要包括塔刹构件除锈和防锈、受力石构件铁活加固以及塔身石活打点勾缝。与已往不同的是，国安寺塔打点勾缝所用材料是由浙江大学文物保护材料实验室提供的湿拌改良糯米灰浆产品，15 桶灰浆（每桶净重 17.5kg）几乎用尽，其中用灰量最多的部位是塔顶和出檐（图 9.5.7 和图 9.5.8）。

采用改良糯米灰浆对出檐处预留构造缝进行嵌补修复，灰浆固化 28d 后的动力贯入深度为 7.27mm（图 9.5.9），查询《贯入法检测砌筑砂浆抗压强度技术规程》（JGJ/T 136—2001）附录 D——砂浆抗压强度换算表可得强度值为 2.1MPa。

(a) SEM，1000 倍

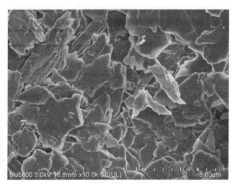

(b) SEM，10000 倍

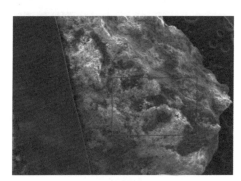

(c) EDS 测区

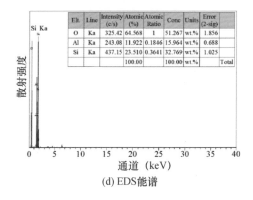

(d) EDS 能谱

图 9.5.6　国安寺塔青石 SEM-EDS 分析

(a) 国安寺塔维修现场

(a) 2014 年 4 月 2 日修复前

(b) 2014 年 5 月 31 日修复后

图 9.5.8　国安寺塔第四层东北
出檐嵌补修复效果对比

(b) 第九层塔顶正东面试验区

(a) 贯入式砂浆强度检测仪

(c) 未调色的灰浆

图 9.5.7　改良糯米灰浆在温州国安寺塔的
前期小试（2014 年 3 月）

(b) 贯入深度

图 9.5.9　温州国安寺塔所用改良
糯米灰浆强度的现场检测

9.5.4 河北省秦皇岛市抚宁县板厂峪长城

长城的修筑历程：战国时期各国独自修筑长城；秦始皇统一六国后将北方各段长城连接起来成为第一条万里长城；汉沿袭秦在北方边界线附近修筑第二条万里长城；南北朝时期各国独自修筑长城；明统一全国后在历代长城基础上于北边修筑第三条万里长城。

明代修筑长城的次数很多，主要有明惠帝建文期间（1399—1402 年）、明成祖永乐十年（1413 年）、明英宗正统元年（1436 年）、明宪宗成化二年（1466 年）、明宪宗成化三年（1467 年）、明宪宗成化七年（1471 年）、明武宗正德年间（1506—1521 年）、明穆宗隆庆时（1567—1627 年）。为加强长城防御体系的防御作用，明王朝将长城沿线划分为九个防御区，分别驻有重兵，称为九边或边镇，每镇设有总兵统辖，又配有副总兵、参将、游击将军若干员协守。

据《抚宁县志》，板厂峪明中后期长城的建筑年代主要为隆庆二年至四年，由谭纶、戚继光主持，以后多次增修敌楼，加固或重修墙段。板厂峪长城的墙体类型不一，关口在低矮山上以条石砌基，上垒砖墙，墙就山峰，外高内低，墙上部外侧有垛口、箭孔，中间为马道，内侧有矮墙，有无垛口各处不一，距关口较远处墙下部有便门可通内外，敌楼附近墙体内侧有台阶通马道与地面，供人马上下城之用。

板厂峪长城东起平顶峪望海楼西洼，南止义院口小岭洼，长约 7.5km，是明代石门路辖长城的重要组成部分。1982 年 7 月，板厂峪长城和板厂峪塔被河北省人民政府公布为省级文物保护单位。2013 年 5 月，板厂峪长城窑址群被国务院公布为全国重点文物保护单位。

由于风化、雨淋、雷击、地震等原因，板厂峪长城墙体、城墙和敌楼等建筑的内部结构被破坏，坍塌隐患增多，坍塌现象严重。在部分保存较好的墙体和敌楼上，由于长年积尘生长了很多植物，使墙体含水量加大，墙体抗剪强度降低，倒塌危险加大，部分墙体有不同程度的剥蚀、松散、解体等损毁现象。此外，地质沉降、洪水、泥石流、雷电、风蚀、雨水浸蚀等，导致长城墙体直接受到破坏。

板厂峪长城砌筑灰浆的种类经本实验室取样检测为糯米灰浆，其固化产物为单一的方解石矿物，没有检出石英或云母等其他杂质成分［图 9.5.10（a）、图 9.5.10（b）］。由 SEM 镜下观察和 EDS 能谱分析［图 9.5.10（c）、图 9.5.10（d）］表明，板厂峪长城砌筑灰浆碳化产物的结构致密、颗粒分布均匀，颗粒的粒径尺度为微米级，而且其间没有颗粒较大的集料，说明当时的糯米灰浆是严格意义上的"净浆"。在化学成分方面，灰浆主要由 C、O 和 Ca、Si 四元素组成，其中的 Si 含量约为 2.4%，这说明当时用于制备糯米灰浆的石灰石和石灰膏的纯度非常高。

2014 年 9 月，应用改良糯米灰浆对板厂峪长城的一小段缺口进行了城墙砖摆砌修复试验（图 9.5.11）。

9.5.5 浙江省绍兴市新昌县大佛寺石经幢

浙江省绍兴市新昌县大佛寺内的弥勒大佛始凿于南朝齐永明四年（486 年），后于明嘉靖年间（1522—1566 年）增修砖拱无量桥结构以

(a) 2014年9月12日取样

(b) 灰浆样品

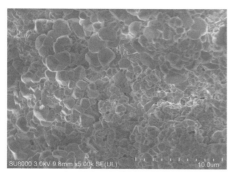

(c) SEM, 5000倍

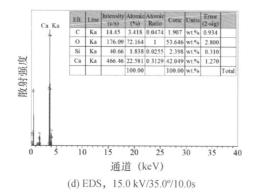

(d) EDS, 15.0 kV/35.0°/10.0s

图 9.5.10　抚宁板厂峪长城灰浆样品的
取样和分析

(a) 试验区域

(b) 勾缝后

图 9.5.11　改良糯米灰浆在抚宁板厂峪
长城的应用（2014 年 9 月）

增加石窟深度，同时在无量桥之上修建东西两座石经幢，现仅有东侧的留存。东石经幢总高5.17m，为七级六面塔，由塔顶、塔身和基座三部分组成，塔身每龛均浮雕佛像一座，共有佛像 42 尊。

东侧石经幢的塔身和塔檐之间以及塔檐自身之间的搭接构造缝较多，由于其间充填的灰浆缺失严重，2014 年 12 月南京博物院文物保护科学技术研究所选用改良糯米灰浆对这些构造缝进行了灌浆加固（图 9.5.12）。

9.5.6　杭州市闸口白塔

杭州白塔，位于西湖之南，钱塘江畔白塔岭上。它与六和塔遥相对峙。建于五代吴越末期（940～978 年）。用纯白石材筑成，故名"白塔"。白塔，以木结构塔的模式，呈八面九层状。各层每面转角处都有梭形的倚柱，每层

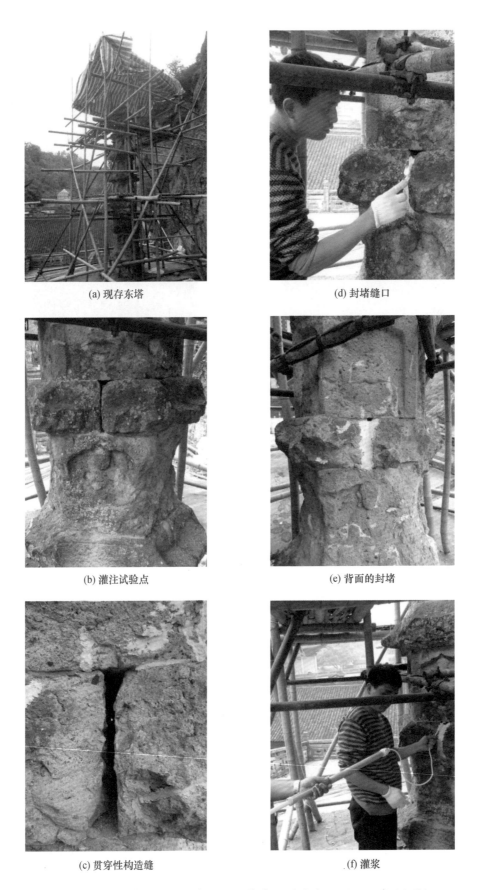

(a) 现存东塔

(d) 封堵缝口

(b) 灌注试验点

(e) 背面的封堵

(c) 贯穿性构造缝

(f) 灌浆

图 9.5.12　改良糯米灰浆在新昌大佛寺石塔的应用 (2014 年 12 月)

四面各有壶门，雕铺首、御环、乳钉门，壶门两侧浮雕佛、菩萨像，线条纤柔，造型生动，形象逼真。其余四面刻经文，间有菩萨像。具有五代时期建筑风格，成为当时高层建筑的代表作。白塔对于研究我国建筑史和艺术，有着重要的参考价值。于 1988 年被国务院列为全国重点文物保护单位。

2016 年杭州白塔修缮工程设计要求塔身层间使用改良糯米灰浆进行灌浆加固。2016 年 6 月，由浙江大学文物保护材料实验室提供改良糯米灰浆产品，经浙江大陆建筑特种工程有限公司施工，完成了白塔塔身层间糯米灰浆的灌浆加固维修任务。改良糯米灰浆的开包、配浆、搅拌、灌注过程见图 9.5.13。

9.6　本章小结

本工作的初衷是开发改良糯米灰浆产品。即以解决传统灰浆"固化慢、收缩大、强度低"为目标，基于传统糯米灰浆原理，研制"开包即用"的改良糯米灰浆产品，完成示范性工程应用。

（1）实现改良糯米灰浆量产的第一步是寻找陈化石灰膏的替代品。陈化石灰膏的优势是其乳液中富含纳米级氢氧化钙颗粒，当无法保证氢氧化钙晶体在形貌上呈规则"片状六棱柱"时，挑选纯度高、颗粒细的消石灰就成为前期研究目标。在国药分析纯氢氧化钙、食品级氢氧化钙、工业消石灰粉和陈化石灰粉这四种可供选择的氢氧化钙胶凝材料中，纯度最高、粗粒最少、粒径分布最均匀、团聚最轻微的当属食品级氢氧化钙粉体。食品级氢氧化钙粉末的 BET 比表面积为 $11.0g/m^2$，其悬浊液经低温真空冷冻干燥后 BET 比表面积增至 $28.5g/m^2$。

（2）糯米中的支链淀粉在灰浆的碳化过程中起着调控方解石晶粒大小的作用，它对生成的方解石的晶体形貌有明显影响。

（3）对改良糯米灰浆性能检测数据影响最大的五个因素是需水量、养护条件、胶砂比、偏高岭土掺量和试块尺寸，这些因素对灰浆的凝结时间、收缩率和强度均有影响。根据古建筑修复灰浆的流动度和细度要求，改良糯米灰浆衍生出两种型号：砌筑用基准型和灌注用早强型。

（4）基准型改良糯米灰浆由食品级氢氧化钙、级配碳酸钙集料、预糊化糯米淀粉、减水剂和纤维素组成，其中减水剂和纤维素之和占干混灰浆的质量百分比小于 1%，方解石是灰浆唯一的硬化产物。该型灰浆适宜用作古建筑的缝隙嵌补和砌块补砌，其基本性能指标为凝结时间≤36h，收缩率≤1.2%，28d 龄期抗压强度≥2MPa（边长 3cm 立方体试块）。无论什么尺寸的试块在完全碳化后强度等级都符合 M2.5。

（5）早强型改良糯米灰浆中掺有占干混灰浆总质量 2%～5% 的景德镇煅烧瓷土，灰浆中引入了适量的石英和偏高岭土矿物。该型灰浆适宜用作古建筑缝隙灌浆，其基本性能指标为凝结时间≤24h，收缩率≤2.0% 以内，7d 龄期抗压强度≥2MPa（边长 5cm 立方体试块）。

（6）固化 1 周之后，改良糯米灰浆的表面即具备耐雨水淋滤能力。待其较好地固化之后，灰浆具有优异的耐久性和独特的自修复性。

（7）本项研究的砌筑用改良糯米灰浆和灌注用改良糯米灰浆产品已在 6 处古建筑文物保护工程中进行了应用实验，应用点分别是：①浙江省温州市龙湾区国安寺塔的全塔嵌补灌浆加固；②浙江省绍兴市新昌县大佛寺石经幢的

(a) 产品开包后称量

(d) 塔层间灌浆

(b) 加水搅拌

(e) 大针管注浆

(c) 加压灌浆

(f) 完成全塔每层间灌浆

图 9.5.13　改良糯米灰浆产品在杭州闸口白塔维修中的应用（2016 年 6 月）

灌浆加固；③浙江省金华市浦江县龙德寺塔的局部砖缝嵌补修复；④浙江省嵊州市嵊县古城墙的局部条石摆砌；⑤河北省秦皇岛市抚宁县板厂峪长城的局部城砖摆砌；⑥杭州市闸口白塔的塔身层间灌浆加固。目前看，改良糯米灰浆修复加固效果良好，长期效果正在监测观察中，经过 8～10 年的跟踪监测和效果评估后，有望推广到更广泛的工程应用。

本章参考文献

［1］中国科学院自然科学史研究所．中国古代建筑技术史［M］．北京：科学出版社，1985．

［2］祁英涛．中国古代建筑的保护与维修［M］．北京：文物出版社，1986．

［3］缪纪生，李秀英，程荣遾，等．中国古代胶凝材料初探［J］．硅酸盐学报，1981，9（2）：234-240．

［4］洪煌凯．古迹灰浆之力学与微观特性研究［D］．台南：成功大学，2003：37，52，53，62，65．

［5］陈俊良．古迹灰浆材料之配比与强度关系之研究［D］．台南：成功大学，2004：41，43．

［6］张雅文．有机物对氧化钙碳化过程及性能的影响［D］．西安：陕西科技大学，2012：40．

［7］Maria Goreti Margalha, Antonio Santos Silva, Maria Do Rosario Veiga, et al. Microstructural Changes of Lime Putty during Aging［J］. Journal of Materials in Civil Engineering, 2013, 25: 1523-1532.

［8］Kerstin Elert, Carlos Rodriguez-navarro, Eduardo Sebastian Pardo, et al. Lime Mortars for the Conservation of Historic Buildings［J］. Studies in Conservation, 2002, 47（1）: 62-75.

［9］高嘉安．淀粉与淀粉制品工艺学［M］．北京：中国农业出版社，2001．

［10］余德寿，银尧明，杨玲，等．双波长分光光度法同时测定直链淀粉、支链淀粉、淀粉总量及鉴别糯米粉中掺混籼米粉研究［J］．粮食储藏，1988，（06）：24-28．

［11］Ana Bras, Fernando M A, Henriques. The influence of the mixing procedures on the optimization of fresh grout properties［J］. Materials and Structures, 2009, 42（10）: 1423-1432.

［12］Luis G Baltazar, Fernando M A Henriques, Fernando JORNE. Optimisation of flow behaviour and stablility of superplasticized fresh hydraulic lime grouts through design of experiments［J］. Construction and Building Materials, 2012, 35: 838-845.

［13］陈和生，孙振亚，邵景昌．八种不同来源二氧化硅的红外光谱特征研究［J］．硅酸盐通报，2011，30（04）：934-937．

［14］李小红，江向平，陈超，等．几种不同产地高岭土的漫反射傅里叶红外光谱分析［J］．光谱学与光谱分析，2011，31（01）：114-118．

［15］陈相花．灵寿县小文山白云母的矿物学特征及其地质意义［J］．建材地质，1994（03）：16-23．

［16］中国科学院上海有机化学研究所．化学数据库——红外谱图数据库［EB/OL］．［2014-12-06］．http：//www. organchem. csdb. cn/scdb/irs/irs_pro_query. asp.

［17］颜碧兰，江丽珍，刘宸，等．《水泥标准稠度用水量、凝结时间、安定性检验方法》（GB/T 1346—1989）修订简介［J］．施工技术，2001，30（07）：41-42．

［18］L B Sickels Taves. Creep, Shrinkage, and Mortars in Historic Preservation［J］. Journal of Testing and Evaluation, 1995, 23（6）: 447-452.

［19］丁伟，王占雷，刘波，等．现代手工青砖回弹测强曲线研究［J］．工程质量，2013，31（08）：18-21．

［20］陈霞．超声波对硫酸钠溶液结晶影响的研究［D］．天津：天津大学，2008：27-28．

［21］刘代俊，马克承，石炎福．盐饱和溶液气相的相对湿度［J］．成都科技大学学报，1991（04）：

99-102.

[22] 杨全兵，杨钱荣. 硫酸钠盐结晶对混凝土破坏的影响 [J]. 硅酸盐学报，2007，35 （07）：877-880+885.

[23] Robert Michael Heathcote Lawrence. A study of carbonation in non-hydraulic lime mortars [D]. United Kingdom：University of Bath，2006：76-78，82-90，99，101.

[24] 周霄，胡源，王金华，等. 水硬石灰在花山岩画加固保护中的应用研究 [J]. 文物保护与考古科学，2011，23 （2）：1-7.

[25] A Arizzi，G Cultrone. Aerial lime-based mortars blended with a pozzolanic additive and different admixtures：A mineralogical，textural and physical-mechanical study [J]. Construction and Building Materials，2012，31：135-143.

第 10 章

传统灰浆检测技术规范
研究和文本草案

10.1　检测技术规范需求

目前，对于传统灰浆的分析检测主要依靠材料学的方法，各研究单位、各研究者的操作和记录都不一致。由于没有统一标准指引，使得不仅是行业层面，甚至一个单位、一个课题组内部在分析检测中都存在差异，或者前后不一。这种状况既不利于研究结果的相互使用，也不利于后继人才的培养，更不利于科研成果的推广。因此，探讨和制定一套传统灰浆的分析检测规范，具有重要的现实意义。

在这种需求下，本实验室通过国内外文献查阅，结合实验室长期的分析检测实践，对已在实施的一些检测方法和分析手段进行了综合和优化。参照行业技术标准编写的要求，编撰了四个传统灰浆分析检测的技术规程（草案），分别是：①传统灰浆取样和检测技术规程；②传统灰浆中有机添加物的化学分析法；③传统灰浆中有机胶结物的酶联免疫分析法；④传统灰浆中有机胶结物的免疫荧光法。

传统灰浆取样和检测技术规程：传统灰浆作为传统建筑凝胶材料的应用形式，是古代建筑的基础材料，具有不可替代性，是古建筑修复保护工程最常见的检测项目之一。该规程总结了传统灰浆的现场取样、文物现场灰浆性能无损或微损检测、灰浆样品实验室检测中的一些主要检测技术。

传统灰浆中有机添加物的化学分析法：在中国传统灰浆中，经常会加入不同的添加物，最常见的有糯米、桐油、蛋清、血料、糖类等。鉴于目前灰浆中微量有机添加物检测方法比较缺乏和混乱，本实验室经过多年实践，研制出一套传统灰浆有机添加物的化学分析方法。该方法相对比较简便和经济，对操作人员的技术要求不高，同时具有较高的灵敏度和可重复性，特单独列为一项技术规范。

传统灰浆中有机胶结物的酶联免疫分析法和免疫荧光分析法：传统建筑灰浆种类繁多，如抹面灰浆、嵌缝灰浆、装饰塑形灰浆、壁画地仗灰浆等，为了增强灰浆的黏附性、平整性、抗裂性、早强性等性能，古代工匠们往往会加入有机胶结材料，如动物胶、蛋清、桃胶等。准确地鉴定灰浆中的有机胶结物对于了解当时的传统工艺以及使用原来的材料修复文物具有十分重要的作用。由于有机胶结物含量很少，化学组成比较复杂，且年代久远，受环境污染影响，因此鉴定这些有机胶结物十分困难。本实验室开发的酶联免疫分析法和免疫荧光分析法主要利用抗原-抗体特异性结合的原理，具有很高的选择性和高灵敏性，目前该检测方法已比较成熟，可以规范化用于灰浆样品的常规检测。

为了规范地实施以上四种检测方法，本实验室根据文化遗产检测的原则和特点，以及国内外凝胶材料检测标准现状，参考标准制定的基本要素进行了梳理研究。

10.2　古建筑类文化遗产检测原则

10.2.1　国内外文物古迹保护条例

1933 年制定的《雅典宪章》规定"保存好代表某一时期的、有历史价值的古建筑，具有教育今人和后代的重要意义。"1964 年制定的《威尼斯宪章》提出"保护文物建筑，务必要使它传之永久；决不可以变动它的平面布局或装饰，只有在这个限度内，才可以考虑和同意由于功能的改变所要求的修正；凡是会改变体形关系和颜色关系的新建、拆除或变动都是决不允许的。"1976 年制定的《内罗毕建议》第1 条规定"'保护'是指对历史或传统地区及其环境的鉴定、保护、修复、修缮、维修和复原；"1994 年制定的《奈良真实性文件》提出"真实性是文化遗址价值的基本特征，对真实性的了解是进行文化遗址科学研究的基础；文件在强调保护文物古迹真实性的同时也肯定了保护方法的多样性。"

《中华人民共和国文物保护法》第 14 条规定"文物古迹为文物保护单位的革命遗址、纪念建筑物、古墓葬、古建筑、石窟寺、石刻等（包括建筑物的附属物），在进行修缮、保养、迁移时，必须遵守不改变文物原状的原则；"《中国文物古迹保护准则》第 2 条规定"'保护'的定义、目的、任务，即保护是指为保存文物古迹实物遗存及其历史环境进行的全部活动；保护的目的是真实、全面地保存并延续其历史信息及全部价值；保护的任务是通过技术的和管理的措施，修缮自然力和人为造成的损伤，制止新的破坏；所有保护措施都必须遵守不改变文物原状的原则。"第 6 条规定"研究应当贯穿保护工作全过程，所有保护程序都要以研究的成果为依据。"第 11 条规定"评估的主要内容是文物古迹的价值，保存的状态和管理的条件，包括对历史记载的分析和对现状的勘察。"第 18～22 条规定"保护的原则为必须原址保护；尽可能减少干预，必须干预时，附加的手段只用在最必要部分，并减少到最低限度；定期实施日常保养，定期监测，并及时排除不安全因素和轻微的损伤；保护现存实物原状与历史信息；按照保护要求使用保护技术，独特的传统工艺技术必须保留。"

10.2.2　古建筑保护目的

文物古迹的修复，是针对各种不同的破坏原因，采取各种不同的方法，以制止或延缓其破坏，达到保护的目的，这是文物保护工作的重要内容[1]。修复古建筑的目的，除了以科学技术的方法防止其损毁、延长其寿命，还必须最大限度地保存其历史、艺术、科学的价值。为了在维修工程中保存古建筑原有价值，罗哲文先生根据国内外专家和自身几十年工作的经验，总结出了"四保存"原则[1]，即①保存原来的建筑形制；②保存原来的建筑结构；③保存原来的建筑材料；④保存原来的工艺技术。其中③是关于建筑材料本体的修复原则，即要保存原有的构件和材料，保存其"本质精华"；当原构件必须更换时，也应使用原始材料来更换。英国费尔登教授在清华大学讲学时曾说"水泥是古建筑维修工作中的大敌"，不能随意使用水泥作为替换材料。原则④关于保存原制作工艺的修复原则，即古建筑修复时必须复古。继承传统的工艺技术，保存原来的传统工艺，这不仅关系到延续古建筑的特色，而且关系到工艺技术的传承问题。保存传统的工艺技术并不排除使用现代化检测、测绘、施工和运输工具。

10.2.3　古建筑保护中技术检测的原则

要遵循古建筑修复的"'四保存'原则"，就需要在古建筑修复过程中通过各种手段，如文献资料查阅、专家咨询、技术检测等，了解建筑材料的保存状况、本体性能、工艺技术和修复效果。其中，"技术检测"方法凭借着其准确、科学和多样化等优势，已成为文物保护行业公认的、最基本、最重要的手段之一，贯穿修复工作的全过程中。

一般情况下，"技术检测"在修复工作的应用可分为以下三个方面：

（1）通过实地实时监测和定期检测，了解本体材料保存状况，即是否需要修复。

（2）若发现保存状态恶化、需要修复保护时，进行现场取样；深入研究样品材料的"本质精华"和病害机理，探究传统的制作工艺；在此基础上选择修复技术，配制修复材料。

（3）修复后，对修复效果进行实地评价。

此外，在对古建筑进行"技术检测"时，也必须遵循文物古迹保护的原则，即"传之永久，尽量减少干预，不改变其原貌"。

10.3 国内外相关检测标准现状

10.3.1 国外相关标准文献调研

在美国试验材料学会 American Society for Testing Material（以下简称 ASTM）制定的标准中，与古代建筑灰浆检测最相关的一个标准为《ASTM C1713 文物砖石修补的灰浆规格标准》，该标准介绍了灰浆吸水率（ASTM C1403）、空气含量（ASTM C110）、弯曲黏结强度（ASTM C1357）、最大和最小抗压强度（ASTM C109）、全孔隙度（ASTM C948）、保水力（ASTM C1506）、水蒸气透过性（ASTM E96）等物理性能的检测方法。在标准《ASTM C1324 硬砌砖灰浆的检测和分析的标准试验方法》中，介绍了使用光学显微镜、岩相显微镜、低功率体视镜、XRD 等检测方法，也介绍了用化学分析法检测可溶性硅酸盐、氧化钙、氧化镁、氢氧化镁、不可溶残留物含量等。这些检测灰浆性能和成分的检测方法是值得借鉴的。

此外，一些国际文化遗产保护组织发布了若干基本操作规范手册，如国际文化财产保护与修复研究中心（ICCROM）发布了一本名为《International Refresher Course on Conservation of Architectural Heritage and Historic Structures Laboratory Handbook（国际古建筑进修课程试验手册）》的指南，介绍了用岩相学显微镜、扫描电子显微镜、水银法、氮吸附、保水性、水蒸气透过率等方法检测灰浆的微结构特性；用微量化学法、比色盒法、导电率法、离子色层分析、XRD、FTIR 检测灰浆的可溶性盐含量。其中有一些方法和仪器设备既可用于灰浆样品检测，也可用于现场的无损检测，值得借鉴。

国际建筑物研究和创新理事会（CIB）也发布了一本《Guide for the Structural Rehabilitation of Heritage Buildings（遗产建筑复原指南）》的手册，介绍了现场无损或微损检测的概念和一些仪器的使用，如超声波探测、内窥镜探测、千斤顶微损检测等；也介绍了部分实验室检测方法，如抗压能力、化学组成分析等，另外还介绍了取样方法。

从现有资料可以看出，ASTM 有比较系统的建筑灰浆检测的标准，但不是针对文物的；国际文化遗产保护组织发布的手册涉及一些古代建筑灰浆的检测技术，但不全面。目前还没有专门针对古代传统灰浆检测的规范性标准。

10.3.2 国内相关标准现状和问题

近年来，随着我国文物保护工作的持续开展，文物保护行业的规范化问题得到了越来越广泛的关注。国家文物局已相继颁布了一系列文物保护行业标准（以 WW 为代号），并汇编成册。例如，出版了《中华人民共和国文物保护行业标准汇编（一）》[2]，其中汇集了4个关于文物的国家标准和33个文物保护行业标准，大致分为：①各类馆藏文物的病害调查、保护修复方案编写、保护修复档案记录规范。②石质文物病害调查、保护修复方案编写、保护修复档案记录规范。③壁画病害、脱盐技术、可溶盐分析规范等。在我国，各类馆藏文物、石质文物和壁画的保护修复工作开展得比较广泛，规范研究也相对较多。相对而言，对古建筑传统胶凝材料类的规范研究比较缺乏。

国内的建材行业标准《建筑砂浆基本性能试验方法标准》（JGJ/T 70—2009）中，比较全面地介绍了建筑砂浆的取样、稠度试验、密度试验、分层度试验、保水性试验、凝结时间试验、立方抗压强度试验、拉伸黏结强度试验、抗冻性能试验、收缩试验、含气量试验、吸水率试验、抗渗性能试验等。由于此类行业标准主要针对以水泥砂浆为主的现代建筑砂浆，对于传统灰浆来讲该标准不适合，只能作为参考。

10.4　检测技术标准制定的基本要求

10.4.1　基本原则

标准和规范的编写本身就是一项专业性很强的工作。为制定一套适合本实验室，同时也对文物相关领域有所帮助的传统灰浆的分析检测规范，我们参照中国标准出版社出版的《标准化实用教程》[3]《标准编写知识问答》[4]《标准编写规则 第1部分：术语》（GB/T 20001.1—2001）、《标准编写规则：符号标准、分类标准、试验方法标准》（GB/T 20001.2/3/4—2015）的规定，认定在检测技

术标准的研究和编写过程中，应该始终遵循五大原则，即统一性、协调性、适用性、一致性、规范性。

（1）统一性：是对标准编写及表达方式的最基本的要求，统一性原则包括四个方面，即标准结构的统一、文体的统一、术语的统一和形式的统一。以保证标准能够被使用者无歧义地使用。

（2）协调性：是指标准内容应协调一致，不发生交叉、重复和矛盾。因为标准是成体系的技术文件，各有关标准之间存在着广泛的内在联系，标准之间只有相互协调、互相配合，才能充分发挥标准的作用，获得良好的系统效应。在制定标准时应注意三个方面：遵守现行基础标准、某些技术领域应遵守相应的基础标准、注重与同一领域内其他标准的协调。

（3）适用性：是对标准本身质量的综合要求，制定标准必须结合实际，充分考虑标准的使用和实施时的需要。标准的适用性主要体现在：便于使用和实施，便于被其他标准或文件所引用。

（4）一致性：是指起草的标准应尽可能与对应的国际文件（如有）和国际做法保持一致。如果有相应的国际文件，起草标准时应考虑以这些国际文件为基础制定技术标准，并尽可能保持与国际同行的做法一致。

（5）规范性：是指起草标准时要遵守相关法律法规以及与标准制定有关的基础标准。规范性的标准应做到：遵守标准的结构和内容层次、遵守标准的制定程序、遵守标准的编写规则。

10.4.2　标准的性质、目的和类型

标准的性质主要有两种，即自主研制标准

和采用国际标准。由于目前国际国内还没有适合于传统灰浆检测技术的可直接引用的标准，因此本研究的标准性质为自主研制标准。自主研制标准需要根据我国现有科技情况和已有实践经验来编制。在自主研制标准编写之前，需要广泛收集国内外的相关标准和资料，参考相关标准和资料中的一些方法和指标，同时根据自己的需求开展必要的科技研究，并经过实践验证。

本工作的目的很明确："标准化对象"是：①传统灰浆检测技术；②传统灰浆中有机添加物的检测技术；③传统灰浆中有机胶结物的检测技术。"使用对象"是本实验室和相关领域的文物保护工作者。目标是规范这几项传统灰浆检测技术。

本工作的标准类型为"规程标准"。一般标准的类型有术语标准、符号标准、分类标准、试验标准、规范标准、规程标准或指南标准。其中"规程标准"指为某一过程或服务推荐良好惯例或程序的标准；主要技术要素是规定一系列操作指示，规定的是惯例或程序；通常是推荐最新技术水平的业内已有的良好惯例或程序，并且只规定可操作的过程。

10.4.3　标准的名称和范围

（1）传统灰浆取样和检测技术规程（草案）。

范围：现场取样原则及方法、现场无损或微损检测技术方法、实验室样品检测技术方法。

（2）传统灰浆中有机添加物检测的化学分析法（草案）。

范围：糯米、油脂、蛋白质、血料和糖类的化学分析法检测方案，试剂配制，检测步骤

和检测结果记录。

（3）传统灰浆中有机胶结物检测的酶联免疫分析法（草案）。

范围：酶联免疫分析法检测有机胶结物的原理，检测仪器和试剂，检测方法和检测结果记录。

（4）传统灰浆中有机胶结物检测的免疫荧光分析法（草案）。

范围：免疫荧光分析法检测有机胶结物的原理，检测仪器和试剂，检测方法和检测结果记录。

10.5　标准具体内容

根据"规程标准"类型，安排标准文本结构，编写标准具体内容。

首先明确"核心技术要素"，是组织和编排检测技术方法，并根据编写过程中的实际情况，加入规范性附录、图、表、解释说明、资料性附录等内容。如果某些技术内容篇幅或者内容较多，影响了标准结构的整体平衡，为了使标准的结构更加平衡，可以设置附录；或者就某一项技术内容再另立标准，细化和完整表述其技术内容。本工作的后三项标准就是第一项标准的补充和具体细化。

10.6　术语和定义

（1）术语选择：必须是多次使用的，使用者理解不一致的，尚无定义或需要改写已有定义的，标准的范围所覆盖领域中的术语。

（2）定义表述遵循的基本原则：定义＝可划分为若干个下一级概念的上位概念＋用于区分所定义的概念与其他并列概念间的区别特

征，避免重复和矛盾。

（3）途径和方法：在选定术语、表述定义时，尽力搜集查阅相关资料，如标准法规等权威性文献，教科书、辞典、科技期刊等文博界普遍公认的文献。经过细致评价相关资料，并考虑使表述得到最大公认度。

总之，本工作是一种尝试。希望通过传统灰浆分析检测技术标准草案的编写规则，凝炼方法，规范检测规程，为本实验室和相关领域的文物保护工作者提供比较规范的检测技术，同时也便于不断完善。

10.7 四项传统灰浆相关分析检测技术标准草案

传统灰浆取样和检测技术规程（草案）

1 范围

本标准规定了传统灰浆取样和检测的技术要求和方法步骤，包括现场取样方法、现场无损或微损检测、实验室样品检测。

本标准适用于传统灰浆的取样和检测工作。

2 规范性引用文件

下列文件对于本标准的应用是必不可少的。凡是注日期的引用文件，仅注日期的版本适用于本标准。凡是不注日期的引用文件，其最新版本（包括所有的修改单）适用于本标准。

《古代壁画现状调查规范》（WW/T 0006—2007）

《石质文物保护修复方案编写规范》（WW/T 0007—2007）

《砂岩质文物防风化材料保护效果评估方法》（WW/T 0028—2010）

《古代壁画地仗层可溶盐分析的取样和测定》（WW/T 0032—2010）

《土工试验方法标准》（GB/T 50123—1999）

3 术语和定义

下列术语和定义适用于本标准：

3.1 传统灰浆（traditional mortar）

传统灰浆又称历史灰浆、古代灰浆，是19世纪硅酸盐水泥（波特兰水泥）出现前的灰浆统称。传统灰浆是由胶凝材料（如黏土、石灰、石膏）、惰性填料（如砂、碎石、土）和一些改善性能的添加物（如糯米、桐油、蛋清、植物纤维等）组成的，能将散粒状或块状材料黏结成整体，使之具有一定机械强度的建筑材料。

3.2 填料（inert materials）

填料是在传统灰浆中掺入砂子、碎石、卵石和泥土等惰性材料的统称，起到填充作用，可以改善灰浆固化后的机械强度，降低收缩性等。

3.3 添加物（admixtures）

添加物是制备灰浆时，添加的各种用于改善灰浆性能的材料，如植物纤维、糯米浆、动物血等。

3.4 现场无损或微损检测（on-site non or micro damage detection）

现场无损或微损检测是指按照文物保护基本原则，采用无损或微损检测技术，在文物所在地开展的对文物状态、结构、成分、性能等进行的检测试验。

3.5 实验室检测（testing in laboratory）

实验室检测是指在实验室内进行的材料状态、结构、成分、性能等的检测试验。

4 现场取样

4.1 现场取样原则

取样时须遵循"采集工作尽可能减少对古

迹的损害"的原则。

4.2 取样前准备

样品采集前，通过查阅相关文献资料、肉眼评估、专家评定等方法，选取不同类型的、具有代表性的、没有被污染或修复过的取样区域，完成取样前的位置标记和状态记录，放置标尺，拍摄全景照片和局部照片。

4.3 样品采集

(1) 根据实际情况，选择小锤子、小铲子、小凿子、取芯钻机等工具，小心翼翼地进行采集。

(2) 为了排除表面风化污染所造成的影响，选取距离表层1cm以下的灰浆。

(3) 用工具取出完成检测所需的样品量，要求样品为块状。

(4) 壁画地仗取样参照《古代壁画地仗层可溶盐分析的取样和测定》（WW/T 0032—2010）中的第3条款进行。

(5) 所有样品应当场立即用密封性能良好的密封塑料袋封存，塑料袋上必须标明取样编号、时间、地点、取样人姓名。

(6) 每一个取样点取样完成后，立即将样品连同塑料袋（注意文字记录面朝镜头）置于取样处拍照。

(7) 每一处古迹取样完成后，全部样品应用厚纸盒包装以防挤压破碎，并在纸盒上标明古迹名称和取样时间。

4.4 取样记录表

参照"古代壁画现状调查规范"（WW/T 0006—2007）中的第4.7.1.4条款，记录内容包括项目名称、取样目的、取样者、取样时间、样品编号、取样位置、样品描述、取样方法，应配有必要的取样位置照片（照片应附有比例尺和色标卡）。取样记录表参见本规程附录表1。

5 现场无损或微损检测

5.1 灰浆表面显微状态

5.1.1 仪器设备

手持式数码显微镜，笔记本电脑。

5.1.2 操作步骤

(1) 将手持式数码显微镜通过USB连接线与计算机相连，启动显微镜驱动软件。这时，就会在主画面右边出现数码显微镜下的实时画面。

(2) 取下镜头保护盖，将显微镜本体靠近被测点前端，用拇指旋转调焦旋钮至影像清晰为止。触碰快门按钮或单击拍照图标进行单张照片的拍摄。读取对焦指示箭头所对应的放大倍数，暂存在照片档案匣中，注意每个测点重复拍2张以上。拍摄完毕后立即盖上镜头保护盖。

(3) 拍摄的照片暂存在主画面左侧照片档案匣中，挑选效果好的保存，注明测点并统一编号。

(4) 关闭软件，取下显微镜。

5.1.3 数码显微镜数据记录表

参见附录表2。

5.2 灰浆表面裂隙

5.2.1 仪器设备

裂缝宽度观测仪，校准辅件：校准刻度板。

5.2.2 操作步骤

(1) 开启仪器：用信号传输线分别连接检测仪主机和摄像显微探头，并按下开关启动裂缝宽度观测仪。

(2) 仪器校准：打开裂缝宽度观测仪，将探头放在校验刻度板上，放大后的2mm图像与屏幕2mm的误差小于0.02mm，则仪器放大倍数正常。

(3) 检测：将测量探头尖角紧靠被测裂缝，主机显示器即可看到被放大的裂缝；微调测量探头的位置使裂缝与屏幕刻度线垂直，然后根据裂缝图像判读出裂缝的真实宽度。

5.2.3　裂隙宽度仪数据记录表

参见附录表 3。

5.3　灰浆表面硬度

5.3.1　表面硬度计操作步骤

（1）握住硬度计，让显示器面朝检测人员，压针距离试样边缘至少 12mm，平稳地把压针压在试样上，使压针垂直压入试样。在压针和试样完全接触的 1s 内读数。

（2）在测点相距至少 6mm 的不同位置测量硬度值 5 次（共 6 次），取其平均值。微孔材料测点相距至少 15mm。

（3）记录测量区域的具体位置，以便下次重复测量。

5.3.2　表面硬度计数据记录表

参见附录表 4。

5.4　灰浆回弹强度

5.4.1　回弹仪操作步骤

（1）从保护盒中取出回弹仪，将回弹仪的弹击杆顶住被测体的表面，轻压仪器，锁钮弹出，使弹击杆慢慢伸出，仪器处于待使用状态。

（2）测试时，使回弹仪垂直对准被测体表面上的测点，然后缓慢均匀施压，待弹击后弹击锤回弹到某一位置，读取刻度尺上的回弹值。

（3）为了准确评估回弹强度，再在同一区域选择 5 个点进行测试（共 6 个点），记录并取平均值。记录区域和测点的位置，以便下次重复测量。

（4）测试结束后再将弹击杆压入，待弹击锤脱钩后轻轻按测边的按钮锁住弹击组件。将回弹仪放入保护盒。

5.4.2　回弹仪数据记录表

参见附录表 5。

5.5　灰浆湿度分布——微波湿度法

5.5.1　微波湿度仪操作步骤

（1）根据检测深度选择探头，并与主机连接；

（2）开机后进入主菜单，设置平均值为 3 次。

（3）选择"单点单层"操作模式进行测量时，将探头置于测点，按确认键进行测量。连续测量 3 次（需按下确认键就可以完成一次测量），1s 后屏幕会显示测点湿度的平均值。按保存键进行数据保存。

（4）选择"多点多层"操作模式进行测量时，需建立测量组和测量层。测完一列后，按换行键进行换行。测完一层后，更换不同测量深度的测量头，继续建层测量。

（5）仪器可以将读数传输到计算机上，数据可通过 USB 传输。湿度仪自带软件会生成直观图表。

5.5.2　微波湿度仪数据记录表

参见附录表 6、表 7。

5.6　灰浆湿度分布——红外热像法

5.6.1　仪器

选择平坦地面安装三脚架，并将仪器固定在三脚架上。

5.6.2　红外热成像仪操作步骤

（1）安装好电池与 SD 存储卡，长按电源键开机。

（2）取下镜头盖，对准待测面，保持仪器稳定，按自动对焦按钮、微调焦距，使成像清晰。

（3）长按温度自动调节按钮，观察界面所显示的图像颜色区分是否明显，若颜色较单一，可使用菜单键按钮手动调节温差范围。

（4）长按拍照按钮，当看到界面出现"×××.jpg"字样，即表示样品热成像拍照完成。

5.6.3 数据记录

参见附录表 8。

6 实验室检测

6.1 样品预处理

用毛刷轻轻拭去样品表面浮尘，放好标尺和色卡，对样品外观形貌拍照，按照不同检测需要，根据样品大小形貌设计标准小样尺寸，确定切割位置，并做好标记。

6.1.1 仪器设备

小型低速精密切割机。

6.1.2 操作步骤

（1）根据样品硬度和制样要求选择安装切割刀片，启动切割机，在空转的情况下检查其是否运行平稳。

（2）根据制样要求放置样品，夹紧，调整切割刀片的位置。

（3）设置切割机转速，启动，按照预设路径进行样品切割，确保切出的立方块表面平整、对面平行、相邻面呈直角。

（4）完成切割后取下切割刀片放置于工具盒，并将切割机清理干净，盖上防尘罩。

（5）检查样品是否符合正立方体要求，对于不平整的可用砂纸打磨修整。

6.2 灰浆样品密度、吸水率和孔隙率测定

6.2.1 仪器设备

电热恒温干燥箱（温控范围 $50\sim300℃$）、全自动真空抽取机、全自动密度仪（称重范围 $0.001\sim120\mathrm{g/cm^3}$，精度 $0.0001\mathrm{g/cm^3}$）。

6.2.2 操作步骤

（1）将现场取样样品去除表面污染物。

（2）样品放入干燥箱，在 $50\sim60℃$ 下干燥 48h 至恒重，冷却至室温。

（3）干燥后的样品放于密度仪的测量台上称重，数值稳定后按 memory 键记忆，即样品在空气中的质量值，记作 R_1。

（4）样品防水处理。即将样品放入真空抽取机进行第一次抽取真空，然后往真空槽内注入加热过的液体，直至浸没样品，开始第二次抽取真空，直到没有气泡产生为止。

（5）将防水处理后的样品放入密度仪的测量台上称重，数值稳定后按 memory 键记忆，即防水处理后的样品在空气中的质量值，记作 R_2。

（6）将防水处理后的样品放入密度仪的水槽中称重，数值稳定后按 memory 键记忆，即防水处理后的样品在水中的质量值，记作 R_3。

（7）样品的干燥表观密度、湿密度和视密度值将被显示在屏幕上。同时显示的还有样品的吸水率、开放孔体积和开放孔隙率。

6.2.3 计算方法

（1）总体积：$V_{总}=(R_2-R_3)/\rho_水$；

（2）干燥表观密度：$\rho_表=R_1/V_总$；

（3）湿密度：$\rho_湿=R_2/V_总$；

（4）视密度：$\rho_视=R_1/(V_总-V_开)$；

（5）吸水率：$W_吸=[(R_2-R_1)/R_1]\times100\%$；

（6）开放孔体积：$V_开=(R_2-R_1)/\rho_水$；

（7）开放孔隙率：$P_视=(V_开/V_总)\times100\%$。

6.3 灰浆样品吸水系数

6.3.1 样品

按照 6.1 制备实验室检测标准小样品。

6.3.2 计算公式

样品吸水量 Δm 与吸水时间 t 之间具有以下关系：$\Delta m=C\cdot A\cdot t^{0.5}$。其中 C 为水吸收系数，单位为 $\mathrm{g/(m^2\cdot s^{0.5})}$；$A$ 为样品测试面的面积，单位为 $\mathrm{m^2}$，t 为吸水时间，单位为 s；Δm 为吸水量，单位为 g。

6.3.3 操作步骤

（1）将待测样品在 $55℃$ 下烘干至恒重并记录质量。

（2）然后将样品放置在平底盘内，待测面朝下，向平底盘内加入蒸馏水，蒸馏水浸没样品底部的高度为（3±1）mm。记录样品的质量随时间的变化。

（3）将所得数据对 Δm-$t^{0.5}$ 作图并进行拟合，所得斜率除以测试面面积即为样品的水吸收系数。

6.4 灰浆样品粒度

6.4.1 仪器设备

激光粒度分析仪、ISO 565 系列筛机。

6.4.2 操作步骤

按照《建设用砂》（GB/T 14684—2011）的规定，以 200 目（75μm）作为区分泥和砂的界限值。

对于灰浆中粒径小于 75μm（200 目过筛）的泥，直接使用激光粒度分析仪进行检测。

（1）开机：依次打开交流稳压电源、激光粒度仪、循环分散系统、打印机、显示器和计算机，启动激光粒度分析系统。

（2）设置文档：进入激光粒度分析系统的文档设置窗口，填写样品名称、介质名称、检测单位、样品来源、检测日期和检测时间等原始信息，这些测试信息将在测试报告单中打印出来。

（3）自动测试：单击激光粒度分析系统的自动测试菜单，进入自动测试状态。系统将根据标准化操作程序中参数设置的步骤自动完成整个测试过程，包括进水、消泡、对中、背景测试、遮光率调整、分散、测试、结果保存与打印、排放、清洗等步骤。

（4）常规测试：单击激光粒度分析系统的常规测试菜单进入常规测试窗口。常规测试是相对自动测试而言的，常规测试需操作者手动单击进水、排水、循环、超声、背景等操作。

（5）背景测试：背景是在没有加入样品时各个光电探测器上的信号值，正常状态下背景值应在 1～6。单击激光粒度分析系统的测试背景命令进入测试背景状态。

（6）测试：测试背景后向循环泵中加入样品，并将遮光率调整在 10～20，选择测试次数，就进入粒度测试状态并会自动显示测试结果。

（7）结果处理：对测试结果进行保存、打印、复制等操作。

（8）仪器清洗：测试结束后应清洗仪器 3 次以上，最后保持循环分散系统有水。

对于灰浆中粒径大于 75μm（200 目筛余）的砂，使用 ISO 565 系列筛进行机械筛分。

（1）将灰浆的砂置于 40℃下干燥并称重。

（2）使用 ISO 565 系列筛进行机械筛分，开始的筛分粒度为 1.0mm，结束时为 0.063mm。

6.4.3 结果报告

（1）测试结果包括累积粒度分布（数据和曲线）、区间粒度分布（数据和直方图）、中位径（D50）、体积平均径、比表面积等。

（2）测试报告应包括：样品名称、样品来源、介质名称、测试单位、测试人员、测试日期与时间、测试结果等。

6.5 灰浆样品抗压强度

（1）按照 6.1 制备实验室检测标准小样品。

（2）将待测样品置于抗压强度测试仪的样品台上，调整仪器，使样品的上表面与压力杆充分接触，然后缓缓加压，记录样品破坏时仪器的最高读数，即为抗压强度数值，平行 3 次取平均值，单位为 MPa。

6.6 灰浆样品表面硬度

（1）按照 6.1 制备实验室检测标准小样品。

（2）按照 5.3 的检测方法对标准小样品进行检测。

6.7　灰浆样品抗冻融性

（1）按照 6.1 制备实验室检测标准小样品。

（2）将标准小样品置于常温去离子水中浸泡 48h，浸泡时水面应至少高出样品上表面 2.0cm。将浸泡过的样品取出放入－20℃的冰箱中进行冷冻，12h 后取出放入常温去离子水中进行融化。水中融化 12h 后，观察并记录样品表面的变化情况，此为一个循环。按此方法循环冻融破坏，以样品出现明显破坏（分层、裂开、贯通缝）时的循环次数确定为耐冻融循环次数。

参照《砂岩质文物防风化材料保护效果评估方法》（WW/T 0028—2010）中的附录 A。

6.8　灰浆样品微观结构

6.8.1　显微镜观测

（1）将样品在 60℃环境下干燥 24h。在真空状态下，将灰浆样品浸入松香中进行预加固。

（2）将预加固的样品在油的环境下切成薄片，防止水溶性矿物质的破坏。

（3）将薄片抛光至 $20\mu m$ 厚，盖上盖玻片，用显微镜进行观测。使用自然光、极化光、透射光和偏振光，放大 2 倍、10 倍、20 倍和 40 倍。

6.8.2　扫描电子显微镜（SEM）观测

（1）将灰浆样品打磨成薄片，表面喷金 90～120s，加速电压为 15kV。

（2）进行观测和拍照。

6.9　灰浆样品成分仪器分析

6.9.1　X 射线衍射（XRD）

（1）将灰浆样品在玛瑙研钵中碾碎。

（2）在仪器管理人员的协助下进行检测。

6.9.2　红外光谱分析（FTIR）

（1）将灰浆样品和 KBr 在玛瑙研钵中混合，用 $6t/cm^2$ 的力压片 1min。

（2）放入仪器中进行检测。

6.9.3　差热-热重分析（DTA-TG）

将灰浆样品制成 $<60\mu m$ 的粉末约 300mg，将这些样品置入已设置为 10℃/min 升温的恒定加热的陶瓷坩埚中，从 25℃持续加热至 960℃，记录温度-失重数据，综合热分析数据判别灰浆样品组成。

6.9.4　灰浆样品无机成分分析检测报告

参见附录表 9。

6.10　灰浆样品钙含量的酸解法测定

6.10.1　试验设备

烘箱、玛瑙研钵、电子天平（精确至 0.0001g）、碳酸计、纯水、浓盐酸、量筒、镊子、蒸发皿等。

6.10.2　测定步骤

（1）砂浆样品去除污染，放入温度为 50℃的烘箱中至少烘 48h 至恒重，在干燥器中冷却至室温，用玛瑙研钵轻轻碾成松散状。

（2）为校正碳酸计，先用分析纯 $CaCO_3$ 进行设备校准，根据纯 $CaCO_3$ 检测数据绘制当前温度、压强下 CO_2 释放量的标准曲线。

（3）用电子天平称取样品 0.4～0.8g（m_1），放入碳酸计的反应瓶内，加入 3mL 纯水湿润。

（3）用量筒量取 3mL 浓盐酸，量筒与盐酸一起放入反应瓶。

（4）密封反应瓶，保持 U 形管内液体水平，记录反应前的刻度值（R_1，mL）。

（5）缓慢倾斜反应瓶，使量筒内的盐酸慢慢流出，与样品充分反应。反应结束后，调整 U 形管，保持管内液体水平，记录反应后的刻度值（R_2，mL）。

（6）打开反应瓶，将溶液及未溶物质转移至干燥试管内。

（7）用纯水多次清洗残留物，然后放入已称重蒸发皿内（m_2），自然晾干（可用吸水纸辅助），称重（m_3）。

6.10.3 计算方法

（1）CO_2 含量：$m_{CO_2} = [44 \times (R_2 - R_1)]/22.4 \times 1000$ （g）

（2）碳酸盐含量（计作碳酸钙）：利用碳酸钙与盐酸的化学反应方程式进行计算。

$$m_{碳酸盐} = 100 \times m_{CO_2}/44 \text{（g）}$$

（3）碳酸盐含量（视作碳酸钙）：根据 $R_1 - R_2$ 的数值在标准曲线上找到对应的碳酸钙质量即 $m_{碳酸盐}$。

（4）集料含量：$m_{集料} = m_3 - m_2$。

（5）其他可溶性添加物含量：$m_{添} = m_1 - m_{碳酸盐} - m_{集料}$。

6.11 灰浆样品可溶盐含量

采用离子色谱法，方法参考《古代壁画地仗层可溶盐分析的取样和测定》（WW/T 0032—2010）、《土工试验方法标准》（GB/T 50123—1999）。

灰浆样品可溶盐分析检测报告参见附录表10。

6.12 灰浆样品有机添加物

采用本实验室开发的成套检测方法。

6.12.1 检测原理

采用碘-碘化钾试剂确定淀粉的存在；采用班氏试剂确定还原性糖的存在；还原酚酞试剂测定血料；采用考马斯亮蓝确定蛋白质的存在；采用氢氧化钠水浴加热后，滴加30％双氧水观察气泡柱的方法确定油脂的存在。

6.12.2 检测限

对于淀粉、还原性糖、血料、蛋白质、油脂的检测限分别为 0.4mg/g、0.087mg/mL、0.001mg/mL、0.8mg/mL 和 0.1mg/mL。

具体操作过程见《传统灰浆中有机添加物的化学分析法》。

附录（资料性附录）

传统灰浆取样记录表格式

表1　××××（调查对象）传统灰浆取样记录表

取样人：　　　　　　　　　　取样时间：

序号	编号	取样目的	取样位置	样品描述	取样方式	样品照片编号	备注

表2　××××（调查对象）传统灰浆数码显微镜数据记录表

检测人：　　　　　　　　　　检测时间：

天气状况：
温度：
湿度：

序号	编号	检测目的	测点位置描述	放大倍数	照片存档编号	备注

表3　××××（调查对象）古建筑灰浆裂隙宽度仪数据记录表

检测人：　　　　　　　　　　　　　　　　　检测时间：

天气状况：
温度：
湿度：

序号	编号	检测目的	测点位置描述	裂缝走向	裂缝长度	裂缝宽度最大值	裂缝宽度最小值	裂缝宽度平均值	照片存档编号	备注

表4　××××（调查对象）古建筑灰浆表面硬度计数据记录表

检测人：　　　　　　　　　　　　　　　　　检测时间：

天气状况：
温度：
湿度：

序号	编号	检测目的	测点位置描述	数据1	数据2	数据3	数据4	数据5	数据6	平均值	备注

表5　××××（调查对象）古建筑灰浆表面回弹仪数据记录表

检测人：　　　　　　　　　　　　　　　　　检测时间：

天气状况：
温度：
湿度：

序号	编号	检测目的	测点位置描述	数据1	数据2	数据3	数据4	数据5	数据6	平均值	备注

表6　××××（调查对象）古建筑灰浆微波湿度仪"单点单层"数据记录表

检测人：　　　　　　　　　　　　　　　　　检测时间：

天气状况：
温度：
湿度：

序号	编号	检测目的	测点位置描述	探头型号	平均值设定 N	平均值	数据存档编号	备注

表7 ××××（调查对象）古建筑灰浆微波湿度仪"多点多层"数据记录表

检测人： 　　　　　　　　　　　　　　　　检测时间：

天气状况：
温度：
湿度：

序号	编号	检测目的	测点位置描述	平均值设定N	A探头对应测量层名称	B探头对应测量层名称	C探头对应测量层名称	D探头对应测量层名称	数据存档编号	备注

表8 ××××（调查对象）古建筑灰浆红外热像仪数据记录表

检测人： 　　　　　　　　　　　　　　　　检测时间：

天气状况：
温度：
湿度：

序号	编号	检测目的	测点位置描述	波长	发射率	与灰浆距离	照片存档编号	备注

表9 ××××（调查对象）传统灰浆样品无机成分分析检测报告

检测单位：		分析时间：		样品数量：

分析人：		分析校核人：	

采用方法的名称或简述			

主要仪器：		副样处理：	

异常现象记录：

样品编号	状态	分析结果　　　mg/g								
		方解石	白云石	碳酸钙	氢氧化钙	氧化钙	羧酸钙	二氧化硅	其他类	无机成分总量

表 10　××××（调查对象）传统灰浆样品可溶盐分析检测报告

检测单位：				分析时间：					样品数量：			
分析人：						分析校核人：						
采用方法的名称或简述												
主要仪器：				副样处理：								
异常现象记录：												
样品编号	状态	分析结果　　　　　　mg/g										可溶盐总量
		K^+	Na^+	Ca^{2+}	Mg^{2+}	Cl^-	SO_4^{2-}	NO_3^-	Al^{3+}	HCO_3^-	CO_3^{2-} $CaSO_4$	

传统灰浆中有机添加物检测的化学分析法（草案）

1　范围

本标准规定了中国传统灰浆中有机添加物成分测定的相关术语和定义、检测方法、检测步骤及测试结果记录方法。

本标准适用于中国传统灰浆中有机添加物成分的初步分析检测，可用于考古和维修现场的分析检测。

2　规范性引用文件

下列文件对于本标准的应用是必不可少的。凡是注日期的引用文件，仅注日期的版本适用于本标准。凡是不注日期的引用文件，其最新版本（包括所有的修改单）适用于本标准。

3　术语和定义

下列术语和定义适用于本标准。

3.1　传统灰浆（traditional mortar）

传统灰浆又称历史灰浆、古代灰浆，是 19 世纪硅酸盐水泥（波特兰水泥）出现前的灰浆统称。传统灰浆是由胶凝材料（如黏土、石灰、石膏）、惰性填料（如砂、碎石、土）和一些改善性能的添加物（如糯米、桐油、蛋清、植物纤维等）组成的，能将散粒状或块状材料黏结成整体，使之具有一定机械强度的建筑材料。

3.2　有机添加物（organic admixtures）

有机添加物是传统灰浆制备时，为改善灰浆性能添加的各种有机物，如糯米浆、动物血、植物汁液、桐油、蛋清、植物纤维等。

4　检测原理

4.1　总则

化学分析法是一种初步检测灰浆中有机胶凝类添加物的分析方法，检测方法相对简单，仪器和试剂方便外出携带和实地检测，但该检测方法检测限较低，一般用于初步分析检测。

4.2　糯米灰浆的检测原理

自然界的天然淀粉一般有两种分子结构：直链淀粉和支链淀粉。多数淀粉所含的直链淀粉和支链淀粉的比率为（20％～25％）：（75％～80％），糯米所含的淀粉几乎全是支链淀粉。

淀粉分子具有螺旋结构，在与碘分子相互作用时，碘分子正好能嵌入淀粉分子的螺旋中心空道内，每圈可以容纳 1 个碘分子。淀粉分子通过朝向圈内的葡萄糖残基的羟基氧可与碘分子形成配位作用，每 6 个羟基氧可围成一圈。直链淀粉分子链比较长，可与碘分子形成稳定的深蓝色淀粉-碘络合物。产生特性性的蓝色需要约 36 个即 6 圈的葡萄糖残基。而支链淀粉分子链具有分支结构，每个分支的螺旋不到 6 圈（25～30 个葡萄糖残基），由于短串碘分子比长串碘分子吸收更短波长的光，因此支链淀粉遇碘呈紫色到紫红色。所以利用碘与淀粉的显色反应可以检测淀粉的存在。

4.3　糖水灰浆的检测原理

蔗糖是自然界常见的二糖，是非还原糖，不能被班氏试剂还原，经稀酸水解会产生 1 分子 D-葡萄糖和 1 分子 D-果糖。

葡萄糖是醛糖，果糖是酮糖，但它们都是还原糖，都具有还原性，碱性溶液中的重金属离子（Cu^{2+}、Ag^+、Hg^{2+} 或 Bi^{3+}）能将其氧化。班氏试剂与斐林试剂的基本原理是一样的，都是利用 Cu^{2+} 离子作为氧化剂氧化还原糖，Cu^{2+} 被还原为 Cu^+，生成砖红色的 Cu_2O 沉淀。斐林试剂里含有酒石酸钾钠，具有弱还原性，试剂需要现配现用，放置之后会缓慢地出现 Cu_2O 沉淀，并且颜色呈深蓝色，不利于现象的观察。班氏试剂可以长久保存，试剂中的柠檬酸钠能螯合铜离子，碳酸钠用于提供碱性环境。班氏试剂呈湖蓝色，颜色更浅，有利于现象的观察，糖的检出限也更高。

本试验用加入班氏试剂后是否产生砖红色沉淀来检验蔗糖的存在。

4.4　蛋白质类灰浆检测原理

测定总蛋白质的方法有很多，如凯氏定氮法、双缩脲法、Folin-酚法、BCA 法、紫外吸收法、Bradford 法（考马斯亮蓝染色法）、胶体金测定法等。

其中考马斯亮蓝染色法具有操作简单、灵敏度高、特异性强及干扰因素少等优点，现已在生物化学和临床分析中得到广泛应用。此法是 Bradford 首先于 1976 发表的测定蛋白质含量的一种方法，染料考马斯亮蓝 G250 在游离状态下呈红色，色素最大吸收波长为 465nm；当 G250 与蛋白质结合后，其复合物呈青色，色素最大吸收在 595nm。

考马斯亮蓝的显色与反应温度、反应时间和溶液的酸碱度这三种因素有关，因为本试验只是定性的测量，只需将反应条件控制在一定范围内使其显色即可。

因此可以用考马斯亮蓝颜色的变化来检验蛋白质的存在。

4.5　血料灰浆的检测原理

酚酞试验是利用锌粉还原了酚酞制成还原酚酞，酚酞试剂中还有氢氧化钾保持碱性环境，碱性还原酚酞是无色的。血液中的正铁血红素或血红蛋白有过氧化酶作用，能使过氧化氢放出新生态的氧，进而氧化还原酚酞为酚酞，酚酞遇碱变红。

因此可用还原酚酞的变色来检测血的存在。

4.6　油类灰浆的检测原理

油脂在碱性条件下可以水解为甘油和脂肪酸盐，过氧化氢在碱性环境中易分解产生水和氧气，因溶液中有高级脂肪酸盐，是常见的阴离子表面活性剂，其界面作用会使产生的气泡形成丰富的泡沫，在试管中产生一段气泡柱。

因此可用泡沫试验来检测灰浆中油脂的存在。

5　检测方案

（1）碘-淀粉法检验糯米的存在；

（2）班氏试剂检测蔗糖的存在；

（3）考马斯亮蓝检测蛋白质的存在；

（4）酚酞试验检测血的存在；

（5）泡沫试验检测油脂的存在。

6　检测所需的试剂

I_2-KCl 试剂、班氏试剂、考马斯亮蓝试剂、还原酚酞试剂（以上四种试剂的配制过程见 7 检测试剂的配制）、冰醋酸、1mol/L 盐酸、0.1mol/L NaOH 溶液、0.1mol/L 盐酸、饱和 Na_2CO_3 溶液、3％ H_2O_2 溶液、30％ H_2O_2 溶液。

7　检测试剂的配制

7.1　I_2-KCl 试剂

以配制 100mL I_2-KCl 试剂为例。称取 3gKCl，将其溶解于 100mL 蒸馏水中，待溶解完全后加 1g I_2，搅拌使其溶解完全，将试剂置于棕色试剂瓶中避光保存。

7.2　班氏试剂

以配制约 500mL 班氏试剂为例。称取 85g 柠檬酸钠和 50g 无水碳酸钠于烧杯中，加入 400mL 蒸馏水，搅拌使其溶解，配成溶液 a；称取 8.5g 无水硫酸铜加入 50mL 热水中，配成溶液 b。将溶液 b 加入溶液 a 中混合均匀，过滤后即可置于试剂瓶中保存。

7.3　考马斯亮蓝试剂

以配制 1000mL 考马斯亮蓝试剂为例。称取 100mg 考马斯亮蓝 G250 于烧杯中，加入 50mL95％乙醇使其溶解，再加入 100mL 85％的浓磷酸，加蒸馏水稀释，移液至 1000mL 容量瓶中，加蒸馏水定容至 1000mL，过滤，置于冰箱中冷藏保存。

7.4　还原酚酞试剂

以配制 100mL 还原酚酞试剂为例。取 250mL 圆底烧瓶，加入 100mL 20％的 KOH 溶液、2g 酚酞粉末和 1g 锌粉，接上冷凝管，接通冷凝水，加热使其冷凝回流，直至酚酞的红色褪去变为无色溶液。将溶液置于棕色试剂瓶中避光保存，加少许锌粉，防止试剂被氧化。

8　检测步骤

8.1　检测灰浆溶液的酸碱度

将块状灰浆研磨成粉末，取少量粉末于试管中，加少量蒸馏水，振荡摇匀，用洁净干燥的玻璃棒蘸取一滴上清液，用 pH 试纸检测灰浆溶液的酸碱度。

8.2　糯米灰浆的检测步骤

将块状灰浆研磨成粉末，取约 0.1g 于试管中，加少量蒸馏水，振荡摇匀，水浴加热至沸腾，保温数分钟，分离上清液和沉淀，分别使用冰醋酸调节 pH 值至 6～7，分别滴加 1 滴 I_2-KCl 试剂，若上清液和沉淀变为棕红色，则说明灰浆中有糯米。

8.3　蔗糖灰浆的检测步骤

将块状灰浆研磨成粉末，取约 0.1g 于试管中，加 1mol/L 盐酸至不再产生气泡，水浴加热 10min，冷却后用 0.1mol/L NaOH 溶液和 0.1mol/L 盐酸调节 pH 值至弱碱性，加饱和 Na_2CO_3 溶液至沉淀不再产生，离心，取上清液加入少量班氏试剂，水浴加热，若有砖红色沉淀产生，则说明灰浆中有糖。

8.4　蛋白质类灰浆的检测步骤

将块状灰浆研磨成粉末，取约 0.1g 于试管中，加 1mol/L 盐酸至不再产生气泡，用 0.1mol/L NaOH 溶液和 0.1mol/L 盐酸调节 pH 值至弱酸性，加入考马斯亮蓝试剂，若溶液变为亮蓝色，则说明灰浆中有蛋白质。

8.5　血料灰浆的检测步骤

将块状灰浆研磨成粉末，取约 0.1g 于试管中，加入 2mL 蒸馏水，水浴加热 30s，以去除干扰因素，取上清液，先后分别滴加 0.5mL 还原酚酞试剂和 0.5mL 3％ H_2O_2 溶液，若溶液变为浅红色，则说明灰浆中有血。

8.6　油脂类灰浆的检测步骤

将块状灰浆研磨成粉末，取约 0.1g 于试管中，加入 2mL 1mol/L NaOH 溶液，水浴加热 10min，使其发生皂化反应，冷却后取上清液加入 1mL 30％ H_2O_2 溶液，若产生一段气泡柱，则说明灰浆中有油脂。

9 检测结果评判

检测结果以半定量方式判断，共四个级别：＋＋＋表示反应状况很明显，＋＋表示反应状况一般，＋表示反应状况微弱，－表示无反应。

10 检测结果记录

传统灰浆中有机添加物的化学分析检测结果记录表

××××灰浆中有机添加物的化学分析检测结果记录表							
文物对象				试验时间			
试验编号				试验人员			
文物描述							
样品编号	样品描述	酸碱度	糯米	蔗糖	蛋白质	油	血
1							
2							
3							
4							

传统灰浆中有机胶结物检测的酶联免疫分析法（草案）

1 范围

本标准规定了传统灰浆中有机胶结物成分测定的相关术语和定义、检测方法、检测步骤及测试结果记录方法。

本标准适用于中国传统灰浆中微量有机胶结物成分的分析检测，该检测方法具有灵敏度高、特异性强的特点。

2 规范性引用文件

下列文件对于本标准的应用是必不可少的。凡是注日期的引用文件，仅注日期的版本适用于本标准。凡是不注日期的引用文件，其最新版本（包括所有的修改单）适用于本标准。

《测试方法的精密度 通过实验室间试验确定标准测试方法的重现性和再现性》（GB/T 6379—1986）。

《分析实验室用水规格和试验方法》（GB/T 6682—1992）。

3 术语和定义

下列术语和定义适用于本标准。

3.1 传统灰浆（traditional mortar）

传统灰浆又称历史灰浆、古代灰浆，是 19 世纪硅酸盐水泥（波特兰水泥）出现前的灰浆统称。传统灰浆是由胶凝材料（如黏土、石灰、石膏）、惰性填料（如砂、碎石、土）和一些改善性能的添加物（如糯米、桐油、蛋清、植物纤维等）组成的，能将散粒状或块状材料黏结成整体，使之具有一定机械强度的建筑材料。

3.2 有机胶结物（organic binding materials）

有机胶结物是能够在自然状态下自动凝固的具有黏结作用的有机物。常见的有机胶结物有动物胶（明胶）、蛋清、酪蛋白胶、树脂胶和鱼胶等。

4 检测背景

古人为了增强抹面灰浆和壁画彩绘颜料的黏结强度和耐久性，通常在制作过程中会加入有机胶结物，如动物胶、蛋清、酪蛋白胶、树脂胶和鱼胶等。本标准用于检测抹面灰浆和壁画彩绘颜料层中的微量有机胶结物。

5 检测原理

酶联免疫法（ELISA）是免疫标记技术的一种，是将抗原-抗体反应的特异性和酶高效催化反应的专一性相结合的一种免疫检测技术。

在酶标抗体（或抗原）与抗原（或抗体）的特异性反应完成后，加入酶的相应底物，通过酶对底物的显色反应，对抗原或抗体进行定性或定量的测定分析。与酶标抗体特异性结合可用于灰浆样品中目标抗原的快速、简便、高效的测定。酶联免疫吸附法通常采用酶标抗体酶作为检测试剂，这些酶作用于显色底物上。

本检测方法使用的是间接 ELISA 法。它是将抗原吸附在酶标板上，然后加入一抗特异性的结合抗原，再加入酶标记的二抗，二抗与一抗结合，形成抗原-一抗-酶标二抗复合物，加底物显色，颜色的深浅与相应抗原的量呈正相关。使用酶标仪在 450nm 处测定吸光度，根据吸光度值可得出样品中抗原的量。

6　检测仪器和试剂

6.1　检测仪器

（1）微孔板酶标仪。

（2）离心机和离心管。

（3）水浴锅。

（4）研钵。

（5）可调式 $0.5\sim10\mu L$、$20\sim200\mu L$ 和 $200\sim1000\mu L$ 微量移液器。

（6）聚苯乙烯酶标板（96 孔板：12×8）。

（7）8 道移液器：$50\sim300\mu L$。

6.2　检测试剂

（1）根据《测试方法的精密度通过实验室间试验确定标准测试方法的重现性和再现性》（GB/T 6379—1986）规定的一级水。

（2）缓冲溶液 $10\times PBS$（100mL H_2O、8g NaCl、0.2g KCl、1.44g Na_2HPO_4、0.24g KH_2PO_4，pH＝7.4）。

（3）各种蛋白质的标准溶液，其中鸡卵清蛋白、哺乳动物 I 型胶原蛋白、酪素和鱼 I 型胶原蛋白分别为蛋清、动物胶、牛乳和鱼胶的主要蛋白质成分，用于作为检测的标志蛋白。

（4）封闭液，即 1% 牛血清白蛋白的 PBS 溶液。

（5）特异性针对各种蛋白质的一抗。

（6）与一抗相关的酶标二抗，通常连接的酶为辣根过氧化物酶（HRP）或碱性磷酸酶。

（7）发色剂。

（8）反应终止液。

7　检测方法

7.1　预处理

（1）取微量样品小心粉碎，研磨，放入 1.5mL 的微量离心管中，调节 pH 值为中性，加入 $500\mu L$ 提取缓冲液。

（2）超声波降解 4h，室温孵育过夜。

（3）将提取好的样品放入离心机中，高速离心 10min。

（4）取上清液备用。

7.2　检测操作

（1）取待测样品上清液加入酶标板中，$60\mu L$/孔，37℃孵育 1h。

（2）清洗，加入 $100\mu L$/孔 封闭液，37℃孵育 30min。

（3）清洗，加入 $100\mu L$/孔 一抗稀释液，37℃孵育 1h。

（4）清洗，加入 $100\mu L$/孔 酶标二抗稀释液，37℃孵育 1h。

（5）清洗，加入 $100\mu L$/孔 显色剂，室温（25℃）孵育 15min。

（6）加入 $50\mu L$/孔 反应终止液终止酶促反应，并立即用酶标仪测定吸光度。

其中清洗步骤为用 $200\mu L$ PBS 清洗微孔至少 5 次，去除没有结合的试剂。洗完板后，将酶标板反扣在吸水纸上并反复拍打，以去除微孔中过多的残液，又不能使微孔干燥。

7.3　平行试验

按以上步骤，对同一标准样品或同一样品

溶液均应进行平行试验测定。每一个样品重复至少3次。检测结果中同时展示平均吸光度与相应的标准偏差（SD）。

7.4 空白试验

不添加样品，其他操作步骤相同。

7.5 监控试验

每次测定过程中均应做一个添加标准样品的试验。

8 结果处理

以吸光度为纵坐标（%），蛋白质浓度（mg/kg）为横坐标，绘制标准工作曲线。由每个样品几个平行试验的结果计算平均值，并计算标准偏差。重复测定结果的相对偏差不得超过10%。

9 检测结果记录

古代建筑灰浆中有机胶结物测定记录表

××××建筑灰浆中有机胶结物测定记录表			
文物对象		测试日期	
文物种类		试验人员	
试验编号			
基本描述			
样品编号	样品基本描述	肉眼观察显色深浅	酶标仪检测结果

传统灰浆中有机胶结物检测的免疫荧光法（草案）

1 范围

本标准规定了传统灰浆中有机胶结物成分测定的相关术语和定义、检测方法、检测步骤及测试结果记录方法。

本标准适用于传统灰浆中微量有机胶结物成分的分析检测，该检测方法具有灵敏度高、特异性强的特点。

2 规范性引用文件

下列文件对于本标准的应用是必不可少的。凡是注日期的引用文件，仅注日期的版本适用于本标准。凡是不注日期的引用文件，其最新版本（包括所有的修改单）适用于本标准。

3 术语和定义

3.1 传统灰浆（traditional mortar）

传统灰浆又称历史灰浆、古代灰浆，是19世纪硅酸盐水泥（波特兰水泥）出现前的灰浆统称。传统灰浆是由胶凝材料（如黏土、石灰、石膏）、惰性填料（如砂、碎石、土）和一些改善性能的添加物（如糯米、桐油、蛋清、植物纤维等）组成的，能将散粒状或块状材料黏结成整体，使之具有一定机械强度的建筑材料。

3.2 有机胶结物（organic binding materials）

有机胶结物是能够在自然状态下自动凝固的具有黏结作用的有机物。常见的有机胶结物有动物胶、蛋清、酪蛋白胶、树脂胶和鱼胶等。

4 检测原理

免疫荧光法是免疫标记技术的一种，是将抗原-抗体反应的特异性和荧光技术的敏感性相结合，对抗原或抗体进行定性、定位或定量检测。根据染色方法不同可分为不同的试验类型，主要有直接法、间接法、双标记法等。

荧光物质（荧光素）是一类能吸收激发光的光能而发射荧光的物质。常用的荧光素有异硫氰酸荧光素（FITC）、四乙基罗丹明（RB200）、藻红蛋白（PE）等。

本检测方法使用的是间接免疫荧光法。将传统灰浆中的微量有机胶结物作为抗原，选择相应的一抗和荧光标记的二抗对抗原进行孵育，洗涤液洗去未结合的抗体，在荧光显微镜下观察呈现特异性荧光的抗原-抗体复合物，借此对灰浆中的有机胶结物进行测定和定位。

5　检测仪器和试剂

5.1　检测仪器

（1）荧光显微镜及配套摄像机。

（2）连续变倍体视显微镜及配套摄像机。

（3）切片机。

（4）真空抽取机。

（5）恒温干燥箱。

（6）砂纸（200 目、800 目、2000 目和5000 目）。

（7）载玻片和盖玻片。

（8）冰箱。

5.2　检测试剂

（1）包埋剂502 胶水。

（2）磷酸盐缓冲液（PBS）。

（3）封闭缓冲液。

（4）抗体稀释缓冲液。

（5）高盐磷酸盐缓冲液（高盐 PBS）。

（6）一抗。

（7）荧光标记的二抗。

（8）抗荧光淬灭剂。

（9）无色指甲油。

6　检测试剂的配制

6.1　磷酸盐缓冲液10×（PBS）

100mL 水中加入8g 氯化钠（NaCl），0.2g氯化钾（KCl），1.44g 磷酸氢二钠（Na_2HPO_4）和0.24g 磷酸二氢钾（KH_2PO_4）；调整 pH 值到7.4。

6.2　封闭缓冲液

配制 25mL 时，2.5mL 10 × PBS 和1.25mL 5％ BSA，加入 21.25mL 的蒸馏水中，混匀。边搅拌边加入 75μL Triton X-100（100％）。

6.3　抗体稀释缓冲液

配置 40mL 时，取 4mL 10×PBS 加入36mL 蒸馏水中，混匀。加入 0.4g BSA，使其溶解。边搅拌边加入 120μL Triton X-100（100％）。

6.4　高盐磷酸盐缓冲液1×（高盐 PBS）

配置 100mL 时，取 10mL 10×PBS 兑入90mL 蒸馏水，另加 2.338g 氯化钠，使溶解。

7　检测方法

7.1　预处理

用荧光显微镜法检测之前，需要先将灰浆样块包埋在包埋剂中，再切片磨光。

（1）包埋：切取小块灰浆样品，用包埋剂502 胶水将样品完全浸润，放入真空机中减压抽真空 2～3 次，排除样品内部的小气泡，并使包埋剂渗入样块中。将样块放入恒温干燥箱中，设置温度为37℃，大约烘 12h，使包埋剂硬化。

（2）切片：趁热将其切成 0.5～1mm 的小片。

（3）固定：将小片样块用包埋剂粘在载玻片上，室温下约 1h 后，样块完全固定在载玻片上。

（4）磨片：首先用 200 目的粗砂布将载玻片上的样块磨薄，再依次用 2000 目和 5000 目细砂低进行抛光处理，将样块抛光，要求在显微镜下观察没有明显划痕。载玻片上的样块厚度约 0.1mm。

7.2　检测操作

（1）将样品的磨片在显微镜下用荧光二抗的相应波长激发光观察样品是否有自发荧光现象，拍照记录。

（2）将样品在封闭液中封闭60min。

（3）吸去封闭液，加入稀释后的一抗，在

4℃孵育过夜。

（4）用 1L PBS 润洗 3 次，每次 5min。

（5）把荧光素标记的二抗在抗体稀释液中稀释，将样品与稀释抗体在室温下避光孵育 2h。

（6）用 1L PBS/高盐 PBS 润洗样品 3 次，每次 5min。

（7）涂上 Prolong ® Gold 抗淬灭试剂后

盖上盖玻片。

（8）在盖玻片的周围涂上指甲油密封。

（9）立即在显微镜下用相应波长激发光观察样品可以得到最佳的效果。观察标本的特异性荧光强度，一般可用"＋"表示：（－）无荧光；（±）极弱的可疑荧光；（＋）荧光较弱，但清楚可见；（＋＋）荧光明亮；（＋＋＋/＋＋＋＋）荧光闪亮。

8　检测结果记录

古建筑灰浆中有机胶结材料成分测定记录表

××××建筑灰浆中有机胶结材料成分测定记录表				
文物对象		测试日期		
文物种类		试验人员		
试验编号				
基本描述				
样品编号	样品基本描述		荧光强度	

本章参考文献

[1] 罗哲文. 古建筑维修原则和新材料、新技术的应用——文物建筑保护、维修中的中国特色问题 [C]. 文化遗产保护科技发展国际研讨会论文集，3-12.

[2] 国家文物局. 中华人民共和国文物保护行业标准汇编（一）[M]. 北京：文物出版社，2010.

[3] 上海市标准化研究院. 标准化实用教程 [M]. 北京：中国标准出版社，2011.

[4] 白殿一. 标准编写知识问答 [M]. 北京：中国标准出版社，2014.

第 11 章

主要进展与影响

11.1　研究历程和主要进展

从 2007 年 2 月至 2018 年年底，浙江大学文物保护材料实验室在"传统建筑胶凝材料"领域连续开展了 10 多年的科学研究，其中"传统复合灰浆"是主要研究内容之一。研究工作大体可以分为两个阶段：糯米灰浆机理与优化研究、传统灰浆拓展研究与糯米灰浆改良应用。

11.1.1　第一阶段：糯米灰浆机理与优化研究

从 2007 年 2 月至 2011 年 12 月，在浙江省文物局文物保护科技项目"古建筑传统灰浆科学化应用研究"和国家文物局"文物保护传统工艺科学化项目的前期研究"等课题的资助下，浙江大学文物保护材料实验室开展了中国传统糯米灰浆科学机理揭示和优化研究。

1. 中国传统糯米灰浆机理揭示

糯米灰浆是中国古代应用最广泛的传统复合灰浆之一，至少不晚于南北朝时期（386—589 年），糯米灰浆就已成为比较成熟的技术。将糯米熬浆掺入陈化的石灰膏中可以增加灰浆的黏结强度、表面硬度、韧性和防渗性，明显提高砖石砌筑物的牢固程度和耐久性。时至今日，许多使用糯米灰浆的古建筑，如南京、西安、荆州、开封等地的古城墙，以及钱塘江明清鱼鳞石塘等，虽经千百年的风雨冲刷，但仍然非常坚固。事实证明糯米灰浆是性能杰出的建筑黏结材料。近 100 多年来，随着近代水泥的引进，工艺繁杂、固化速度缓慢的传统糯米灰浆因难以适应现代建筑工程的要求，已经退出了建筑市场。但是，在古建筑保护领域，水泥的析盐问题、寿命问题、与古建筑本体的不相容问题等，已被一次又一次地证明不适于古建筑的修复。因此，挖掘古代糯米灰浆的配方，了解其科学机理，探索传统工艺改进就成了文物保护工作者的一大课题。为此，浙江大学文物保护材料实验室开展了一系列关于传统糯米灰浆的研究。

最早的试验研究成果于 2007 年 9 月在江苏南京召开的"中国文物保护技术协会第五次学术年会"上报告，这次会议的主题是"传统工艺与现代科技的对话"。我们报告的题目是"中国传统建筑泥灰中天然生物大分子的作用机理探讨"[1]，会议现场照片见图 11.1.1。该报告主要探讨了糯米分子在碳酸钙结晶过程中的模板作用，其内容当场被热议，并得到陆寿麟、黄克忠、奚三彩、铁付德等专家的好评。

图 11.1.1　在"中国文物保护技术协会第五次学术年会"上报告（2007 年 9 月 6 日）

在南京会议期间，由南京博物院奚三彩副院长介绍，通过南京市文物局及南京城墙保护管理中心，本课题组在南京明城墙武定门附近维修现场取到了南京明城墙的灰浆样品，取样现场照片见图 11.1.2。

这次会议后不久，故宫博物院陆寿麟研究员来电话约稿，希望本课题组将传统灰浆的研究成果发表在《故宫博物院院刊》上。2008 年 9 月，题为"传统糯米灰浆科学原理及其现代应用的探索性研究"的论文在《故宫博物院院刊》上正式发表（附录 2）（图 11.1.3）。

2009 年 1 月，题为"以糯米灰浆为代表的传统灰浆——中国古代的重大发明之一"作为当期首篇文章发表在《中国科学》E 辑（中英文同时发表）（图 11.1.4）。

到 2010 年 12 月，一系列相关研究成果相继发表在《文物保护与考古科学》、*Thermo-chimica Acta* 和 *Accounts of Chemical Research* 等国内外学术期刊上（附录 2）（图 11.1.5）。

Accounts of Chemical Research 是美国化学学会的著名学术期刊，影响因子高达 20 以上。由杨富巍、张秉坚、马清林合写的这篇关于中国古代糯米灰浆原理研究和文物保护应用的综述报道立刻引起了国外媒体的高度关注。

图 11.1.3　传统灰浆的研究成果发表在《故宫博物院院刊》上

图 11.1.2　在南京明城墙武定门附近进行灰浆取样（2007 年 9 月 7 日）

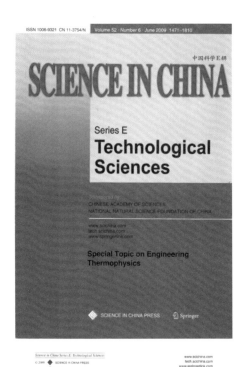

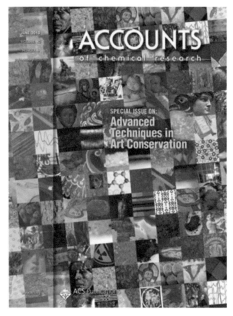

图 11.1.4　糯米灰浆研究成为《中国科学》
E 辑当期首篇文章

图 11.1.5　国际著名化学研究杂志
Accounts of Chemical Research

如美国的"全国广播公司"和"科学新闻网"等，英国的"每日邮报"和"每日电讯报"等数十家著名媒体和科学网站相继报道，同时国内的"新浪网""科学网"和"今日中国"等十多家媒体也进行转摘和引用报道（具体见后面一节），该篇文章首次揭示了传统糯米灰浆的机理：

（1）糯米浆对石灰的碳酸化反应有类似于

生物矿化模板剂的作用，约束和调控着碳酸钙结晶颗粒的大小、形貌和结构，比纯石灰浆碳化的颗粒要细小和致密得多，这种致密结构正是糯米灰浆抗压强度和表面硬度较高的微观基础。

（2）糯米浆和生成的碳酸钙颗粒之间有协同作用。在固化的糯米灰浆中，糯米浆成分和碳酸钙颗粒分布均匀，它们之间互相包裹，填充密实，形成了有机-无机协同作用的复合结构，这是糯米灰浆具有较好韧性和强度的原因。

（3）糯米灰浆巧妙地利用了石灰的防腐作用。糯米石灰浆的完全碳化是一个长期过程，在灰浆中的 Ca（OH）$_2$ 全部转化为 $CaCO_3$ 之前，强碱性环境能抑制和杀灭细菌，防止了糯米成分腐烂（本书第 6 章）。

以上研究结果被许多国外媒体称为"中国科学家发现了长城千年不倒的秘密"。

2. 传统糯米灰浆配方优化和应用

为应用于现代文物保护工程，浙江大学文物保护材料实验室以古代典型糯米灰浆配方为基础，开展了一系列配方优化研究和性能检测（本书第 8 章）。主要从石灰和淀粉入手。

（1）石灰：研究发现石灰在陈化过程中，随着陈化时间的增加，氢氧化钙的粒径呈现逐渐减小的趋势，形成了直径约 50nm、长度约 200nm 的针状氢氧化钙，以及粒径为 100～200nm 的板状氢氧化钙，这是陈化石灰具有良好流变性、保水性、密实粘连性和高反应活性的微观解释。研究也发现"二次石灰"，即氢氧化钙经高温（650℃）再次煅烧以后，能形成直径 50nm、长度 200nm 左右的针状纳米氧化钙，经水消化后成为粒径为 200～300nm 的扁平椭圆状纳米氢氧化钙颗粒，也具有很好的分散性和流变性，化学反应活性和胶结效率大大提高。研究还发现液相法制备的纳米氢氧化钙，在加入表面活性剂后，会生成六方晶型颗粒的纳米 Ca（OH）$_2$ 粉体，粒径 50nm 左右。用纳米化的氢氧化钙制备糯米灰浆，其强度和黏结性能都能提高。

（2）淀粉：经试验对比各种淀粉，发现含支链淀粉较多的米种，如糯黄米和糯米，对灰浆表面硬度、抗压强度、耐冻融性的改善效果较好。原因是，支链淀粉的模板作用和保水作用强于直链淀粉，因此更有利于灰浆性能的改善。值得注意的是灰浆中支链淀粉的浓度具有最佳值。

（3）应用：已将实验室配方优化的糯米灰浆应用于文物保护工程中。从 2007 年到 2011 年，应用浙江大学文物保护材料实验室糯米灰浆的比较著名的工程包括全国重点文物保护单位浙江德清寿昌桥维修工程（图 11.1.6）、全国重点文物保护单位杭州香积寺石塔维修工程（图 11.1.7）、全国重点文物保护单位杭州梵天寺石经幢等的维修保护工程（图 11.1.8）。这三处维修保护工程的施工单位都是南京博物院文物保护科学技术研究所。

图 11.1.6　德清寿昌桥维修工程现场糯米三合土填补桥体裂隙（2007 年 2 月 6 日）

图 11.1.7　杭州香积寺塔维修工程，现场糯米灰浆注浆（2010 年 8 月 13 日）

图 11.1.8　杭州梵天寺石经幢维修工程，现场糯米灰浆灌浆（2009 年 11 月 30 日）

11.1.2　第二阶段：传统灰浆拓展研究与糯米灰浆改良应用

从 2012 年 1 月以后，在国家文物局"指南针计划"专项课题"中国古代建筑灰浆及制作技术科学评价研究"和国家科技部科技支撑计划课题"古代建筑基本材料（砖、瓦、灰）科学化研究"等项目的资助下，以浙江大学为承担单位，以浙江省古建筑设计研究院、中国文化遗产研究院、中南大学、东南大学、安徽大学、天水师范学院、北京科技大学等单位为参与单位所组成的研究团队开展了一系列关于古代建筑灰浆的科学研究。到 2015 年 6 月，以上研究项目陆续结题，但相关研究一直在继续。主要研究进展如下：

1. 古代文献检索和现存传统工艺调查

为了挖掘和整理古代传统灰浆制作工艺、材料配比和应用情况，通过检索查阅，收集了相关古代文献 75 篇，其中春秋文献 1 篇、汉代文献 1 篇、晋代文献 2 篇、唐代文献 1 篇、宋代文献 5 篇，并分类进行了整理和解读（具体见本书第 2 章）。

其中，涉及"复合灰浆"的古代文献记载共 65 篇。北宋时期的文献中最先出现了复合灰浆的记载。在 65 篇文献中，宋代文献 2 篇，元代文献 5 篇，明代文献 18 篇，清代文献 39 篇，民国文献 1 篇。其中记载糯米灰浆的文献共 32 篇，桐油灰浆的文献 10 篇，蛋清灰浆的文献 4 篇，糖水灰浆的文献 3 篇，血料灰浆的文献 6 篇，植物汁类添加剂的文献 10 篇。部分文献记载了两种及以上有机添加剂的复配使用。

除古代文献查阅外，这次本实验室还采用田野调查的方法，组织调查小组，带上影音记录设备，深入基层乡镇，在浙江省内寻找代表性的仍在生产的传统石灰窑和石灰膏作坊，实地调研了石灰烧制现场和石灰膏制作现场，对石灰的烧制、消化和陈化过程进行记录，并对操作工人进行采访。同时，还找到有几十年农村建房经验的老泥工，询问他所知和所用过的传统灰浆，以此了解当今传统灰浆工艺的保存状况。希望尽量完整记录这些快要消失的传统工艺，为文化遗产的传承和改进提供一手资料（本书第 3 章）。

遗留至今的古建筑遗址上残存的传统胶凝材料是十分珍贵的实物资料。从这些遗存物可以解读当时所用材料的配方、工艺、用途等重要信息，也可以反映这些材料的耐久性、与文物本体的相容性、对环境的友好性等方面的信息。在国家科技计划项目的资助下，本项目组联合相关文博单位组织了一系列古建筑遗址考察，完成实地调研考察报告 40 余篇，取回了各种古代建筑灰浆的实物样品（本书第 4 章）。

2. 灰浆检测技术开发与应用

（1）化学检测技术。为了研究传统灰浆的配方和工艺，挖掘传统工艺的科学内涵，需要建立一套简便、快速和准确的分析检测传统灰浆及添加物的技术方法。本工作以古代有机-无机复合灰浆为检测目标，探索出一套从灰泥中定性鉴别微量有机物种类的简便方法。该方法以经典化学分析技术为基础，包括碘-淀粉法检测糯米；班氏试剂法检测蔗糖；考马斯亮蓝法检测蛋白质；还原酚酞法和血色原结晶法检测血痕；乙酰丙酮显色法（及泡沫试验法）检测干性油等。对于灰浆仅用 0.6g 样品就能分别识别是否存在淀粉（糯米）、糖（蔗糖）、蛋白质（蛋清）、血料（动物血）、油脂（桐油）。探讨了每种方法的优缺点和使用范围。

（2）免疫分析技术。了解古代文物中所含

天然微量有机胶凝成分是研究文物病害机理、制定保护对策的重要内容。中国古代传统胶凝材料，尤其是用于壁画、彩绘、彩画等的胶结物大多是一些动物胶（如皮胶、骨胶、鱼胶、蛋清等）和植物胶（如桃胶、羊桃藤汁等）。这些天然有机胶凝材料混合在大量无机物填料中，含量少、杂质多、易老化和流失，不是一般工业分析能够检测出来的。本工作采用酶联免疫吸附法（ELISA）和间接免疫荧光技术（IFM），建立起一套适合古建筑灰浆、古代壁画和陶质彩绘等样品中微量蛋白类胶凝材料的免疫分析方法。

（3）其他技术及综合集成应用。本实验室开发的其他分析技术还有酶解法检测含土灰浆中淀粉的分析技术、切片显微细胞形貌观察方法鉴别纤维种类的技术，以及多仪器综合集成检测各种复杂传统灰浆的技术等。

已应用以上检测技术完成了"陶寺、殷墟白灰面""武当山遇真宫灰浆""华光礁 1 号舱料""北京故宫养心殿灰浆""东部地区古塔灰浆"和"中国古城墙砌筑灰浆"等数十处传统灰浆的综合分析与研究（本书第 5 章）。

3. 桐油灰浆、血料灰浆、糖水灰浆和蛋清灰浆的机理研究

在糯米灰浆机理研究的基础上，浙江大学文物保护材料实验室继续开展了桐油灰浆、血料灰浆、糖水灰浆和蛋清灰浆的机理研究。

（1）桐油灰浆。实验室模拟试验证明，氢氧化钙和熟桐油制备的灰浆比普通石灰灰浆的力学性能和防水密封性能都好。其抗压强度和表面硬度分别提高 72％和 15％，黏结效果优异，具有良好的防水性能和憎水作用。氢氧化钙-熟桐油灰浆在微观上呈现片层堆积，孔隙率小，结构致密。分析研究表明氢氧化钙与熟桐油反应形成了致密的片层状羧酸钙配合物，对同时固化的桐油和碳酸钙起到了补强作用，灰浆中未反应的氢氧化钙对灰浆中的桐油起到了防腐作用。

（2）血料灰浆。试验结果显示，我国传统血料灰浆相比普通灰浆具有更好的平整性、黏结性、耐候性、防水性和早强性。血料灰浆的原理是在强碱性环境下，血蛋白分子部分断裂，内部的部分疏水性基团裸露出来，由此具有两亲活性，成为优良的表面活性剂。这些表面活性剂使灰浆具有更好的流变性，与基底接触更亲密，提高了灰浆的黏结性能。同时，其界面作用使灰浆内部形成大量分布均匀的小孔，提高了灰浆的耐候性；另一方面，也使活性蛋白倾向灰浆表面聚集，使灰浆固化后在表面形成坚硬壳层，提高了石灰的防水性能，同时也吸引钙离子在近表面聚集，引起灰浆内部浓度差，加快了灰浆中水分的蒸发，使得血料灰浆具有快速固化的性能。

（3）糖水灰浆和蛋清灰浆。试验表明，蔗糖可以作为石灰灰浆的减水剂，在蔗糖含量为 2％时，减水量在 20％以上，并且随着蔗糖含量的升高而升高。添加蔗糖可以有效降低灰浆收缩开裂的风险，但是，蔗糖含量提高会降低灰浆的强度，因此，蔗糖的添加量有最佳值。

研究发现，蛋清对于石灰浆具有一定的表面活性作用，可以改善灰浆的黏结性能，使灰浆引入许多小气泡，从而减小灰浆的收缩开裂，但也影响灰浆表面的平整度和硬度。蛋清还具有一定生物模板作用，可以减缓氢氧化钙的碳化速度。

4. 砖-灰相互作用的界面机理研究

古代传统灰浆的主要功能之一是黏结。本项工作开展了砖-灰界面黏结的微观状况和界面性质研究。研究表明，陶砖表面粗糙度和孔隙率较高，在毛细作用下，灰浆中的钙离子可以渗入砖块表面内 1~2mm，使砖-灰之间具有良好的机械啮合力，形成互锁结构；同时，灰浆与陶砖在接触面发生火山灰反应，生成水化硅酸钙和水化铝酸钙等水硬性物质，增强了砖-灰黏结强度和砌筑体的稳定性（本书第 6 章）。

5. 基于糯米灰浆原理的改良研究和应用

（1）改良糯米灰浆产品研制。传统石灰陈化工艺耗时、糯米熬浆烦琐，陈旧的工艺曾是迫使糯米灰浆退出历史舞台的主要原因。为适应现代文物保护工程的需求，研制"开包即用"的糯米灰浆产品，使传统糯米灰浆的使用能与现代水泥一样便捷，已成为糯米灰浆重新进入建筑市场必须解决的关键技术问题。为此，浙江大学文物保护材料实验室进行了大量探索性研究（本书第 9 章）。

糯米灰浆的科学改进包括以下三方面：

首先，通过使用不同氢氧化钙原料制备糯米灰浆，发现使用传统陈化石灰的糯米灰浆抗压强度最佳、施工性能最好。经过大量试验最终找到与陈化石灰膏中氢氧化钙颗粒粒径、比表面积和微观形貌相近的氢氧化钙原料及制备技术，免去了制备陈化石灰耗时费力的繁冗过程。

其次，通过对糯米作用机理的研究，了解糯米糊化程度对灰浆性能的影响，发现可以事先预糊化，制作成干粉，由此避免了极其耗费人力、物力的需要现场熬制糯米浆的烦琐过程，使糯米灰浆制作过程大大简化。

最后，通过使用不同级配集料、减水剂、早强剂等添加剂的配方优化组合试验，解决了糯米灰浆早期强度低、收缩率较大等缺陷。

改良后的糯米灰浆可制成干粉包装的"开包即用"产品，加水后凝结时间≤36h，收缩率≤1.2％，28d 龄期抗压强度≥2MPa，基本满足古建筑修复灰浆要求。目前，实验室已研制出三种古建筑修缮专用糯米灰浆产品：①砌筑用改良糯米灰浆；②灌注用改良糯米灰浆；③灌注用改良糯米三合土。

相关配方与制备工艺已申请和获得国家发明专利[2-4]，见图11.1.9和图11.1.10，实用产品可以根据订单在实验室小批量生产。

图 11.1.9 改良糯米灰浆配方与制备工艺已获得国家发明专利

图 11.1.10 "开包即用"的改良糯米灰浆产品

（2）改良糯米灰浆产品应用。由于文物的珍贵和不可再生性，本项目示范应用十分谨慎。经过文物主管单位的审核批准，本项目改良糯米灰浆产品已在全国一些重点文保单位进行古建筑修缮工程示范应用。

到2017年，已完成6处古代建筑遗址现场的灰浆加固试验，应用点分别如下：

① 浙江省温州市龙湾区国安寺塔维修加固工程（2014年3月，全塔嵌补灌浆加固）；

② 浙江省绍兴市新昌县大佛寺石经幢维修

加固工程（2014 年 12 月，全塔嵌补灌浆加固）；

③ 浙江省金华市浦江县龙德寺塔维修工程现场试验（2013 年 11 月，砖缝嵌补修复）；

④ 浙江省嵊州市嵊县古城墙修复展示（2013 年 11 月，局部条石摆砌）；

⑤ 河北省秦皇岛市抚宁县板厂峪长城修复展示（2014 年 9 月，局部城砖摆砌）；

⑥ 杭州闸口白塔维修加固工程（2016 年 6 月，塔身层间灌浆加固）。

目前看，改良糯米灰浆应用于修复加固效果良好，长期效果正在监测观察中（本书第 9 章）。

6. 灰浆检测标准草案研究

根据古建筑灰浆检测分析的需要，开展了系列检测方法以及检测技术标准研究，浙江大学课题组已制定古建筑灰浆分析方法标准草案四项：

① 传统灰浆取样和检测技术规程（草案）；

② 传统灰浆中有机添加物检测的化学分析法（草案）；

③ 传统灰浆中有机胶结物检测的酶联免疫分析法（草案）；

④ 传统灰浆中有机胶结物检测的免疫荧光法（草案）。

使用以上标准方法，已完成数百个古代灰浆样品的检测。建立的相关技术标准和检测设备已可以为全国文博单位服务（本书第 10 章）。

7. 科研项目陆续结题验收

2015 年 6 月 2 日，国家"十二五"科技支撑计划项目"古代建筑基本材料（砖、瓦、灰）科学化研究"项目通过了以黄克忠先生为组长的科技部专家组的评审验收。会上验收专家们对项目中"中国传统建筑灰浆"研究部分给予了很高评价（图 11.1.11）。

图 11.1.11　国家科技部科技支撑计划课题"古代建筑基本材料（砖、瓦、灰）科学化研究"项目验收评审会（2015 年 6 月 2 日）

2016 年 12 月 10 日，在国家文物局召开的"全国文物科技工作会议"上，"糯米灰浆"研究作为"十二五"文物科技成果被会议报道。

在此前后，我们关于传统灰浆的其他研究项目也陆续结题验收。

8. 中国传统灰浆检测结果汇总

到 2018 年，本实验室已经检测了 159 处古建筑及遗迹的 378 个古代灰浆样品。这些样品取自古城墙、古塔、古桥梁、古代水利工程、古代墓葬、古民居、寺观建筑、殿堂建筑等的石灰灰浆，还有古炮台和古民居等建筑的三合土，以及古代沉船的舱料等不同类型的石灰基灰浆。在地域上覆盖了我国 22 个省、自治区和直辖市，约占中国 2/3 的行政区划。所检灰浆样品主要有三个来源，一是本课题组外出实地调研采样；二是课题协作单位的调研采样；三是相关文博单位研究人员提供的样品。

检测结果表明，共有 96 处古建筑及遗址的 219 个灰浆样本中含有有机添加成分。其中，含有淀粉成分的样本 112 个，含有油脂成分的 87 个，含有蛋白质的 59 个，含有糖类的 14 个，含有血料的 5 个，同时含有两种有机物的样本有 48 个，同时含有三种有机物的样本 5 个（本书第 7 章）。

9. 中国传统复合灰浆的应用历史和原因

（1）传统复合灰浆的应用历史。灰浆检测结果发现，年代最早的检出含有淀粉的灰浆样本为江苏徐州东汉墓的灰浆样本，检出含有油脂和蛋白质成分最早的样本为安徽六安文一战国墓的灰浆样本，最早检出含有糖类成分的样本来自五代时期江苏苏州虎丘塔，最早检出血液成分的样本为元末明初的浙江建德严州城墙样本，均早于古文献中记载的传统复合灰浆的使用时期。

根据传统复合灰浆古文献记载、有机物检测结果以及其他考古发现和研究，首次梳理了中国古代有机-无机复合灰浆的应用发展历史，明确了复合灰浆的出现时间（油脂、蛋白质：不晚于战国时期；淀粉：不晚于东汉；糖：不晚于五代；血：不晚于元末），认为宋代和明代是复合灰浆发展史上的两次高峰，并在清代因制作工艺复杂、成本较高和水泥的出现等原因而衰弱。

（2）传统复合灰浆的应用原因。研究表明，中国传统复合灰浆的发明与使用与中国的地理位置和自然环境相关，农林业的发展为复合灰浆的发明和持续发展提供了物质基础。糯米、蛋清、糖、猪血、桐油等材料的添加可以明显改善灰浆的黏结性能和机械强度，这是能够得到广泛应用的主要原因。另外，传统复合灰浆可以人工调控韧性等特性，适合于中国的木构建筑体系，是实现建筑装饰功能和体现艺术效果的不可或缺的重要材料。同时，也与中国古代社会的等级性、厚葬文化等建筑思想一致。最后，传统复合灰浆符合中国传统自然观中的因地制宜、物尽其用的实用理念（本书第 7 章）。

10. 传统三合土的科学机理和优化研究

三合土是一类应用十分广泛的建筑胶凝材料，广义上也属于传统灰浆的一种，其微观作用机理相对于普通石灰灰浆更复杂，影响性能的因素更多。本实验室已开展的相关研究包括国内重要三合土古建筑遗址的调查和取样；古建筑遗址三合土样品的综合检测技术研究；高强三合土的微观作用机理研究等。

由于本书成稿时这部分研究工作还在进行中，因此相关内容未编入本书。

11.2　中国传统复合灰浆研究成果的影响

11.2.1　国际、国内著名科学网站报道

2010 年年底，由杨富巍、张秉坚、马清林合写的关于糯米灰浆微观作用机理的研究论文在美国化学会著名学术期刊 *Accounts of Chemical Research*（影响因子 IF = 21.661）发表后，国外几十家科学网站，包括学术期刊和学术组织网站，都进行了报道或转载，例如：

（1）美国 *ACS*（美国化学协会）标题为"揭示古代中国糯米灰浆秘密"；

（2）美国 *ScienceBlips*（科学）标题为"揭示古代中国糯米灰浆秘密"；

（3）美国 *Physorg*（物理学家组织）标题为"揭开古代中国糯米灰浆的秘密"；

（4）美国 *Science New*（科学新闻）标题为"中国古代灰浆的秘密成分"；

（5）美国 *National Geographic*（国家地理）标题为"糯米粘连古代中国建筑"；

（6）国际 *Architecture View*（建筑学评论）标题为"糯米 1500 年的老秘密"；

（7）国际 *Science Daily*（每日科学）标题为"揭示古代中国糯米灰浆秘密"；

（8）美国 *Scientific American*（科学美国人）标题为"建筑：别抱着大米"。

具体见图 11.2.1。

国外众多新闻媒体也相继进行了报道或转载。例如，新闻类网站（图 11.2.2）：

（1）英国 *MailOnline*（每日邮报）报道标题为"糯米灰浆使中国长城稳固和耐久的秘密"；

（2）美国 *CNN*（美国有线电视新闻网）

标题为"古代中国建筑是如何在糯米基础上建筑"；

（3）英国 *Telegraph*（每日电讯报）标题为"中国长城牢固源于糯米"；

（4）美国 *MSNBC*（全国广播公司）标题："糯米使古代灰浆更强——秘密成分帮助修复历史遗迹"等。

国内也有多家科学网站进行了转载与报道，例如：

（1）"科学"网报道标题为："'糯米砂浆'令古建筑坚固不倒"。

（2）"新浪"网科技版头条报道："中国科学家发现糯米助长城千年不倒"。

具体见图 11.2.3。

英文"中国日报"将发现糯米灰浆机理列为中国当周最大的新闻："浙江大学化学教授张秉坚揭示长城灰浆中糯米的作用"，见图 11.2.4。

陆续报道"中国传统糯米灰浆机理研究"成果的电视和网络媒体有几十家，使中国传统糯米灰浆技术在世界范围不同领域（包括建筑、化学、生物、地理、人文、考古、物理等）引起了广泛关注。

11.2.2　同行专家引用评价

尽管中国传统复合灰浆应用历史十分悠久，但是在本项研究之前，只有个别学者对此进行过一些科学研究。以传统糯米灰浆为例，以前的研究大多只关注了糯米灰浆的性能和检测。

本团队首次开展了传统复合灰浆微观作用机理的科学研究，在此基础上又深入进行了相关古文献收集与解读、现存工艺调研、古遗址现场取样、分析检测技术研究、优化与改进、

改良糯米灰浆产品研制和应用示范等系列研究。到 2018 年年底，浙江大学文物保护材料实验室已发表传统灰浆研究论文 34 篇，其中以英文在国际学术期刊发表论文 15 篇（附录 2）。

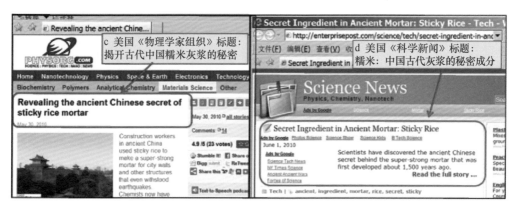

图 11.2.1　许多国外著名科学网站报道或转载了本实验室糯米灰浆机理研究成果

图 11.2.2　国外众多新闻媒体进行了报道或转载

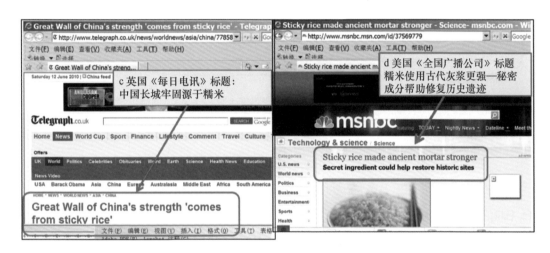

图 11.2.3　国内"科学"网和"新浪"网的转载或报道

图 11.2.4 英文"中国日报"将发现糯米灰浆机理列为中国当周最大的新闻

（1）国际学术论文被引用情况。

以 *Web of Science* 核心数据库为基础统计，到 2018 年年底，全世界发表"糯米灰浆"研究的（SCI）论文共 22 篇，其中中国占了 20 篇，而其中浙江大学文物保护材料实验室又占了 10 篇，为国内总数的 1/2。在这 22 篇中，影响因子最高的是本实验室团队发表在 *Accounts of Chemical Research* 上的文章（影响因子 IF=21.661）（图 11.1.5）。在这 22 篇中，被引用次数最高的 3 篇论文中的前两篇为本实验室发表（表 11.2.1）。

（2）国内学术论文被引用情况。

以中国知网"CNKI"数据库为基础统计，到 2018 年年底，全国发表"糯米灰浆"研究论文共 54 篇，其中本实验室团队发表了 17 篇，被引用数最高的前三篇都是本实验室团队的文章（表 11.2.2）。

（3）中国传统复合灰浆研究论文被引用案例。

本实验室发表的与"中国传统复合灰浆"相关的学术论文被国际学者广泛引用，例如：

著名材料学家、巴黎索邦大学 Clément Sanchez 教授等在国际知名材料学刊 *Adv funct mater*（先进功能材料 IF=12.124）发表综述文章："有机-无机杂化材料的历史：史前、艺术、科学和先进应用"[5]（图 11.2.5）。

文中讨论有机-无机复合材料发展历史时，专门用一节介绍了本项目研究成果："根据张和同事的研究，世界上最早的有机-无机复合灰浆大概是中国人在 1500 年前发明的（图 11.2.6）。在各种成分中，最令人印象深刻的是将糯米浆与石灰及其他标配成分混合制成的灰浆。其中有机成分是糯米的支链淀粉，它为黏土矿物、碳酸钙、二氧化硅的自组装提供模板。这种复合方式极大地提高了生物复合材料的机械性能并被应用于重要的建筑中，如墓葬、城市建设、城墙等"。……"目前，这些类型的糯米灰浆已被他们用于修复重要的文物建筑，如中国浙江省的国安寺宝塔等"。

在这篇综述（30 页，327 篇文献）中，Clément Sanchez 教授等将中国糯米灰浆列入了人类技艺时代有机-无机复合材料发展的标志之一。

美国盖蒂保护所和英国谢菲尔德哈勒姆大学的 Otero 教授等在 *J Mater Sci*（材料科学杂志 IF2.599）题为"糯米-纳米石灰加固石灰浆"的研究论文中，共引用了本工作 5 篇文章（一共 18 篇参考文献）[6]（图 11.2.7）。文章摘要的第一句话就讲："近 1500 年来，许多中国古代灰浆尽管暴露在大气环境中，但都没什么变化。这种长期耐久性的主要原因是按照传统配方在标配灰浆成分（石灰和砂）中加入了糯米浆。近年来，对这些砂浆进行了系列研究，得出结论：是糯米中的多糖（支链淀粉）调节了方解石晶体的生长、构建出更致密的微观结构，并对灰浆的疏水性起到至关重要的作用，从而有益于它们的保存。"

表 11.2.1　*Web of Science* 核心数据库中发表"糯米灰浆"研究论文被引数最高的 3 篇论文（统计到 2018 年年底）

序号	发表年份	作者	论文名称	发表期刊	被引次数
1	2008	曾余瑶 张秉坚* 梁晓林	A case study and mechanism investigation of typical mortars used on ancient architecture in China（中国古代建筑典型灰浆的案例研究和机理探讨）	Thermochimica ACTA（热化学学报）2008，473（1-2）：1-6	64
2	2010	杨富巍 张秉坚* 马清林*	Study of Sticky Rice-Lime Mortar Technology for the Restoration of Historical Masonry Construction（糯米-石灰灰浆在历史砌筑建筑修复中的研究）（附件 1）	Accounts of Chemical Research（化学研究）2010，43（6）：96-944	62
3	2010	Izaguirre, A Lanas, J Álvarez, J I	Behaviour of a starch as a viscosity modifier for aerial lime-based mortars（淀粉作为气硬性石灰基砂浆的黏度改进剂的表现）	Carbohydrate Polymers（糖类聚合物）2010，80（1）：222-228	42

注：* 为通信作者。

表 11.2.2　中国知网数据库中发表"糯米灰浆"研究论文被引数最高的前 3 篇文章（统计到 2018 年年底）

序号	作者	论文名称	期刊	被引次数
1	杨富巍，张秉坚，潘昌初，曾余瑶	以糯米灰浆为代表的传统灰浆——中国古代的重大发明之一	中国科学（E 辑：技术科学）2009，39（1）：1-7	77
2	杨富巍，张秉坚，曾余瑶，潘昌初，贺翔	传统糯米灰浆科学原理及其现代应用的探索性研究（附件 3）	故宫博物院院刊，2008，139（5），105-114	74
3	曾余瑶，张秉坚，梁晓林	传统建筑泥灰类加固材料的性能研究与机理探讨	文物保护与考古科学，2008，20（2）：1-7	50

FEATURE ARTICLE

Hybrid Materials

ADVANCED
FUNCTIONAL
MATERIALS

www.afm-journal.de

History of Organic–Inorganic Hybrid Materials: Prehistory, Art, Science, and Advanced Applications

Marco Faustini, Lionel Nicole, Eduardo Ruiz-Hitzky, and Clément Sanchez*

The rise of organic–inorganic hybrid materials in both academia and industry results from a convergence of diverse expertise and communities and is driven by the curiosity of open-minded scientists. In this review article, a historical perception on the evolution of hybrid material science is described. The major periods associated with the genesis of hybrid materials are discussed: prebiotic hybrid chemistry, hybrid materials made through know-how, the rise of silicates and silicon chemistry, modern hybrids: a mushrooming multidisciplinary field of research, and current applications of hybrid materials fully integrated in the society. Finally, the review presents an outlook that summarizes some future prospects related to hybrid materials.

achievable goal.[7–9] The interest in these multifunctional hybrid materials is not only associated with their physical and chemical properties, but also with the numerous possibilities offered by the coupling of the colloidal state with the physico-chemical properties of biological systems and those of complex fluids. This coupling between soft chemistry and the numerous engineering methodologies used to shape soft matter (dip-coating, spin coating, extrusion, electrospinning, microemulsion templating, aerosols processing,

图 11.2.5　Clément Sanchez 教授等在 *Adv funct mater*（先进功能材料）的评述

3.2. Chinese Rice–Lime Mortars

As reported by Zhang and co-workers, the first organic–inorganic mortars in the world were probably developed in ancient China around 1500 years ago.[41] Among diverse compositions, one of the most impressive mortar in term of mechanical properties was developed by mixing sticky rice soup with lime and other standard mortar ingredients.[42] The organic component was amylopectin afforded by the sticky rice, which

assembled inorganic components such as clay minerals, calcium carbonate, and sand (silica). The combination gave rise to mechanically performing biocomposites used in important buildings such as tombs, urban constructions, and even city walls. It reported that these types of hybrid mortars were employed for the construction of sections of the Great Wall during the Ming dynasty about 600 years ago.[41] Nowadays, these type of rice–lime mortars are used for the restoration of important old historic buildings such as the Guoansi pagoda in the Zhejiang province of China.[43]

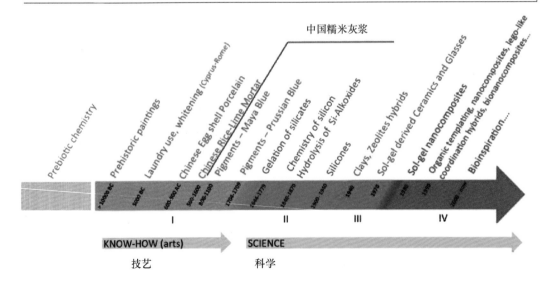

图 11.2.6　世界有机-无机杂化材料发展进程图[5]

J Mater Sci (2019) 54:10217–10234

Composites

Sticky rice–nanolime as a consolidation treatment for lime mortars

J. Otero[1,2,*] , A. E. Charola[3], and V. Starinieri[1]

[1] *Materials and Engineering Research Institute, Sheffield Hallam University, Sheffield S1 1WB, UK*
[2] *Getty Conservation Institute, The J. Paul Getty Trust, Los Angeles, CA 90049, USA*
[3] *Museum Conservation Institute, Smithsonian Institution, Washington, DC, USA*

Received: 14 February 2019
Accepted: 9 April 2019
Published online:
17 April 2019

© The Author(s) 2019

ABSTRACT

For almost 1500 years, many ancient Chinese mortars have remained unaltered despite exposure to atmospheric agents. The main reason for this long-term durability is the addition of sticky rice water to the standard mortar ingredients (lime and sand) following traditional recipes. In recent years, these mortars have been methodically studied leading to the conclusion that amylopectin, a polysaccharide in the sticky rice, plays a crucial role in regulating calcite crystals growth, creating a denser microstructure and providing the mortar with hydrophobic properties which contributed to their survival. In recent decades, nanolime products based on Ca(OH)$_2$ nanoparticles suspended in alcohol or

Introduction

Lime mortars have been used since historic times and to improve their texture and durability organic additives were included [1]. For example, oil from various sources, i.e., olive, linseed, or tallow, to make them water-repellent especially for limewashes; casein or blood as plasticizers; sugar, as setting retardants; egg white [2] to improve workability, and hair to increase their mechanical resistance. The selection of additives depended on the availability of the product, so olive oil was used in Mediterranean countries, such as Portugal and Italy, sugar in Brazil, and tallow in countries where sheep or cattle were abundant. Thus, each region developed its own specific tradition; in China, sticky rice was the preferred additive, this being the water in which sticky rice was cooked [3]. Rice contains two types of starch, amylopectin that makes rice sticky, and amylose that does not gelatinize; approximately 70% w/w of the starch is amylopectin, while amylose is only 5% w/w, and protein is also found, between 6.8 and 9.6% w/w, that could apparently influence the carbonation of the lime [4]. Amylopectin is a branched-chain polysaccharide composed of glucose units linked primarily by $\alpha - 1{,}4$-glycosidic bonds but with occasional $\alpha - 1{,}6$-glycosidic bonds, while amylose is a linear polysaccharide composed entirely of D-glucose units joined by the $\alpha - 1{,}4$-glycosidic linkages [5, 6].

The sticky rice mortars were used in many historical buildings completed during the Ming (1368–1644) and the Qing (1644–1911) dynasties, such as the dyke at the Hangzhou Bay where the Quiantan river drains or the Jingzhou Historic Town Wall, one of the best preserved and largest historic town walls in Southern China that survived to date, [3, 7–11]. The earliest record of sticky rice–lime mortar was found

good performance until the last decade. In 2008, several samples were prepared according to historic records of Chinese ancient books to determine the sticky rice/lime proportions and compared to samples taken from historic structures [3]. In this study, it was concluded that the microstructure of the prepared samples was very similar to that of ancient mortar samples, especially those containing a 3% volume ratio of sticky rice solution. This preliminary study also suggested that that sticky rice could play a crucial role in the microstructure and resistance of lime mortar as it functions as a template controlling the growth of calcium carbonate crystals. In subsequent years, many studies followed addressing the sticky rice/lime proportions [4, 8, 15, 16] and focusing on both the setting mechanism and the effect it had on improving the mechanical resistance [4, 7, 8, 15–18]. A systematic study of sticky rice–lime mortar technology was carried out varying sticky rice and lime content [15]. The physical properties, such as mechanical strength, were found to be significantly improved, especially those with 3% sticky rice solution. The authors also confirm that amylopectin, the main component of the sticky rice, acted as an inhibitor controlling the crystal growth of calcium carbonate creating a denser microstructure with smaller calcium carbonate crystals, explaining the good performance of these mortars. Other researchers found that the optimal sticky rice proportion when added to the lime mortar could vary from 1 to 3% [4] to 5% of sticky rice [7]. Further studies also showed that the formation of a more compact microstructure of smaller sized calcium carbonate crystals increases the mechanical properties, as calcium carbonate crystals are covered with a layer of sticky rice thus improving their resistance to weathering processes [4, 9, 10, 17–19]. The covering of the calcite crystals by the sticky rice in the mortar was also found to reduce the penetration of water in the structure and increase

图 11.2.7　Otero 教授等在 *J Mater Sci*（材料科学杂志）的评述[6]

Otero 教授等的文章指出："糯米灰浆在明清时期的建筑中得到大量使用，如杭州海湾堤坝、荆州城墙……根据考古材料证实这种灰浆最早出现在南北朝时期"。……"尽管糯米灰浆制作技术是众所周知的，但是在十几年前，这种灰浆还从来没有被科学地分析和很好地认知过。2008 年，他们（指本课题组）根据古籍记载制作了几种糯米灰浆样品，对它们的性能进行了测试，并与实际样品进行了对比。结果发现添加 3% 糯米浆制作的灰浆样品在微结构上与实际样品非常接近"。……随后几年，"进行了不同糯米和石灰含量的糯米灰浆系列研究。相比于其他灰浆，糯米灰浆具有更好的机械强度、耐候性、耐水性等物理性质，最佳糯米浆含量为 3%。他们确定糯米中的支链淀粉对石灰碳化具有抑制作用，从而控制了灰浆的碳化过程，使固化灰浆具有致密的微观结构，解释了糯米灰浆良好性能的本质原因"。

CristianaNunes 等[7] 在 *Cement and Concrete Research*（水泥与混凝土研究 IF4.762）题为"亚麻油疏水石灰基灰浆的表征及耐久性评价"文中指出："对古代材料中有机添加剂的检测很困难，这不仅是因为它们添加量很少，而且它们会随着时间的推移而降解。最近对古代灰浆中有机添加剂分析方法的改进（指方世强等），开始解决古代灰浆配方中有机成分信息缺乏的问题"。（图 11.2.8）。

此外，大量涉及有机物-石灰机理研究，或者涉及传统灰浆研究的论文，在前言介绍中，都会引用本项目研究成果，说明本项研究工作对该领域研究的发展，具有一定影响力。

11.2.3 应邀参加国家文物局科研成果展览

2011 年，糯米灰浆微观作用机理研究成果应邀参加由国家文物局主办、首都博物馆承办的"百工千慧——中国文物保护科学和技术成果展"。这次展览主要展现"十一五"期间我国文化遗产保护科技领域取得的丰硕成果，以倡导科技理念，提升保护意识，引导社会参与，促进我国文化遗产保护事业的持续发展。糯米灰浆微观作用机理研究成果作为"古建筑保护部分"的重点科学案例，与"山西佛光寺东大殿三维激光扫描""山西应县木塔建筑结构健康状况监测"并列陈展。题目是"糯米灰浆——世界建筑技术的重要发明"（图 11.2.9）。

11.2.4 被多家国际电视媒体拍成科技纪录片

由于糯米灰浆研究成果的影响，许多国内外新闻媒体都希望来浙江大学采访拍片。其中，英国第四频道《长城的秘密》科技片、奥地利 PreTV《长城》纪录片、德国公共电视台 ZDF《中国长城》纪录片摄制组通过国家审批后，先后来到浙江大学文物保护材料实验室和

Vitruvius, no traces of oil could be found. The detection of organic additives in ancient materials can be difficult not only because they were added in small amounts but also due to its degradation over time. Recent improvement of analytical methods for the identification of organic additives in ancient mortars starts to tackle the lack of information about the ancient mortar recipes with organic compounds [8]. A

图 11.2.8 Cristiana Nunes 等在 *Cement and Concrete Research*（水泥与混凝土研究）的评述[7]

图 11.2.9　糯米灰浆微观作用机理研究成果应邀参加由国家文物局主办、首都博物馆承办的
"百工千慧——中国文物保护科学和技术成果展"

河北明长城现场等地，拍摄了本实验室进行糯米灰浆取样、检测和机理研究的过程。这几部纪录片已在英国、美国、德国、法国以及中国国内播放。

（1）2014 年 9 月，经国家新闻出版广电总局国际合作司批准，英国雄狮电视摄制组来浙江大学文物保护材料实验室和秦皇岛板厂峪长城现场，为"英国第四频道"和"法德电视台"制作纪录片《长城的秘密》，见图 11.2.10。

（2）2017 年 7 月，奥地利 PreTV 电视台与中国中央电视台摄制组来浙江大学文物保护材料实验室和北京金山岭长城现场，为制作纪录片《长城》（国际版）拍摄关于长城灰浆检测和机理研究的片段，见图 11.2.11。

（3）2018 年 11 月，法兰西 24 国家电视台（France 24）国际新闻频道，以及中国外交部批准的在华常驻新闻机构"法国国家电

视台上海记者站"（新证字 1558 号）一同来浙江大学文物保护材料实验室拍摄明长城灰浆检测与研究视频，摄制纪录片《长城的文化》，见图 11.2.12。

11.2.5　荣获 2019 年年度建筑材料科学技术二等奖

本项研究"中国传统糯米灰浆科学机理及在建筑遗产保护中的应用研究"获得中国建筑材料联合会 2019 年年度"建筑材料科学技术奖（基础研究类）二等奖"，获奖人为张秉坚、杨富巍、魏国锋、方世强、杨涛。

中国建筑材料联合会是经民政部批准设立的全国性社会团体，国家一级行业协会，为国家科学技术奖励提名单位。"建筑材料科学技术奖"授奖项目公示内容见表11.2.3。

(a) 长城现场灰浆取样和改良糯米灰浆修复实验

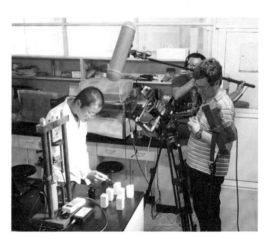

(b) 浙江大学文物保护材料实验室灰浆检测和原理说明

(c) 纪录片《长城的秘密》片段

图 11.2.10　英国雄狮电视摄制组来浙江大学文物保护材料实验室和
秦皇岛板厂峪长城现场拍摄纪录片《长城的秘密》

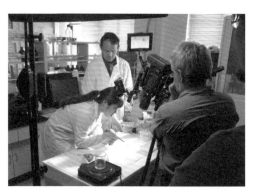

(a) 长城金山岭段现场灰浆取样和浙江大学文物保护材料实验室检测研究

(b) 奥中合拍科技纪录片《长城》（国际版）片段

图 11.2.11　奥地利 PreTV 电视台与中国中央电视台摄制组来浙江大学文物保护材料实验室和
北京金山岭长城现场拍摄科技纪录片《长城》（国际版）

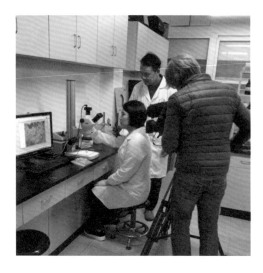

图 11.2.12　法兰西 24 国家电视台（France 24）为摄制《长城的文化》纪录片，
来浙江大学文物保护材料实验室拍摄明长城灰浆检测

表 11.2.3　按照"中国建筑材料联合会·中国硅酸盐学会建筑材料科学技术奖管理办法"，
经评审委员会评审通过的 2019 年度"建筑材料科学技术奖"授奖项目

		基础研究类			
序号	项目名称	主要科学发现点	等级	主要完成单位	主要完成人
9	中国传统糯米灰浆科学机理及在建筑遗产保护中的应用研究	（1）揭示了糯米灰浆具有类似贝壳"生物矿化"的形成机理，发现了糯米汁改善石灰浆性能的机理在于糯米中的多糖（支链淀粉）对石灰碳酸化过程的调控作用； （2）根据作用机理对传统糯米灰浆进行科学改性，研制出了"开包即用"型的糯米灰浆产品，使传统糯米灰浆的性能得到改善，制备大大简化，解决了糯米灰浆重新进入古建筑修缮和保护领域的关键技术问题； （3）建立了针对传统灰浆遗存中微量有机物的快速综合检测方法，为研究中国古代传统灰浆的演进历史及有关考古工作提供了便捷的方法	二等奖	浙江大学	张秉坚、杨富巍、魏国锋、方世强、杨涛

11.3　结束语

浙江大学文物保护材料实验室采用理-工-文多学科交叉的研究方式，围绕中国古建筑传统灰浆的科学和技术问题，结合目前我国文物保护领域的现状和潜在的维修保护需求，通过古代文献考证、现存传统工艺考察、老工匠走访、古建筑遗址调研和取样、实验室检测分析、模拟试验研究、产品研制和应用、技术规范编制、应用历史和原因探讨等，系统开展了传统灰浆的科学研究，揭示了许多以前不为人知的科学原理。特别对糯米灰浆、桐油灰浆、血料灰浆、蛋清灰浆和红糖灰浆等；优化了传统灰浆的制作工艺和配方；初步建立了规范的检测分析方法，编制了检测标准草案；研制出古建筑修缮需要的专用灰浆产品，开展了古建筑修缮工程现场的应用示范试验；也进一步探讨了中国传统灰浆的应用历史和原因。这一系列的探索性研究为我国古建筑保护提供了可供借鉴的方法

和技术。

在各文博单位和合作单位的协助下，通过十多年的科学研究，本实验室已发表中国传统灰浆研究论文 30 多篇，其中 SCI 论文和 EI 论文占 2/3 以上。学术期刊既有国际考古、文博类顶级杂志 *Journal of Archaeological Science*、*Archaeometry* 和 *Journal of Cultural Heritage* 等，也有国际高影响力化学、材料类杂志 *Accounts of Chemical Research*、*Construction and Building Materials* 和 *Cement and Concrete Research* 等（论文清单见附录2）。研制出的改良糯米灰浆产品已申请 3 项国家发明专利[2-4]，并已在至少 6 处文物保护工程现场进行了示范性应用。

在相关研究过程中，有数 10 位研究生参与本项目工作，已培养古代建筑胶凝材料研究方面博士后、博士研究生、硕士研究生和本科生数 10 名。其中，本实验室团队的相关博士后出站报告和研究生毕业论文清单见附录3。本实验室团队 2019 年合照见图 11.3.1。

图 11.3.1　浙江大学文物保护材料实验室 2019 年 9 月合照

在取得了一系列研究成果的同时，也越来越深刻地感觉到传统工艺的科学研究和利用工作远没有结束。第一，传统工艺所蕴含的科学价值和科学原理的揭示工作才刚刚开始，随着科学技术的进步，许多以前难以解释的现象将逐步被破解；第二，古建筑维修所需的传统材料品种繁多，适合于现代维修工程的系列专业产品的开发还任重道远；第三，已完成的这些探索工作如何继续深入？现有成果如何推广？仍是值得投入的有待解决的课题。

图 11.3.2　浙江大学文物保护材料
实验室网站二维码

我们希望继续与各文博单位和兄弟院校合作，共同推动中国古代建筑传统工艺科学研究的深入发展。

本章参考文献

［1］曾余瑶，张秉坚，梁晓林，等. 中国古代建筑泥灰中天然生物大分子的作用机理探讨［R］. 南京：中国文物保护技术协会第五届学术年会，2007.

［2］杨涛，张秉坚. 砌筑用改性糯米灰浆及其制备方法［P］. 中国专利：ZL 2014 1 0584348. X，2016-04-27.

［3］杨涛，张秉坚. 灌注用改性糯米灰浆及其制备方法［P］. 中国专利：ZL 2014 1 0584392. 0，2016-03-02.

［4］张秉坚. 一种灌注用糯米三合土及其制备方法［P］. 中国专利：ZL 2015 1 0443562. 8，2017-05-10.

［5］Marco Faustini，Lionel Nicole，Eduardo Ruiz-hitzky, et al. History of Organic-Inorganic Hybrid Materials: Prehistory, Art, Science, and Advanced Applications, Advanced Functional Materials, 2018, 28 (27): 1704158.

[6] Otero J, Charola A E, Starinieri V. Sticky rice-nanolime as a consolidation treatment for lime mortars, Journal of Materials Science, 2019, 54 (14): 10217-10234.

[7] Cristiana Nunes, Zuzana Sližková. Hydrophobic lime based mortars with linseed oil: Characterization and durability assessment, Cement and Concrete Research, 2014, 61-62: 28-39.

附录 1 检出含有有机物的灰浆样品汇总

检出含有有机物的灰浆样品汇总表

取样点编号	取样建筑		检测结果 [1]							样品 No.
	建筑	样品	pH 值	气泡	淀粉	油	蛋白质	糖	血	
S2	安徽六安文一战国墓	LWM230	5	－	－	＋	＋	－	－	1
		LWM270	5	－	－	＋	＋	－	－	2
S4	新疆库车烽燧	灰浆	7	＋＋	－	＋	－	－	－	3
S5	安徽固镇县连城镇蔡庄西汉古墓	No. 1	9	＋＋	－	＋	－	－	－	4
		No. 2	7	＋＋	－	＋	－	－	－	5
S6	江苏徐州东汉墓	No. 1	8	＋＋＋	＋	－	＋＋	－	－	6
S9	浙江临平南朝古墓	灰浆	/	/	－	＋	－	－	－	7
S10	吉林集安高句丽麻线沟1号墓	墓身室壁画地仗	7	＋＋＋	＋	－	－	－	－	8
S12	山西长治天台庵	No. 4	7	＋＋＋	＋＋＋	－	－	－	－	9
S14	甘肃瓜州锁阳城塔尔寺塔	No. 1	8	＋＋＋	－	＋＋	－	－	－	10
		No. 2	8	＋＋＋	－	＋＋	－	－	－	11
S16	陕西西安唐代城墙	灰浆	7	/	＋＋＋	－	－	－	－	12
S18	江苏苏州虎丘塔	塔壁内抹灰层白灰	/	＋	＋＋	－	－	－	－	13
		塔壁内抹灰层草茎层	/	＋	－	－	－	＋＋＋	－	14
		三层东北外墙砂浆	7	/	－	＋＋＋	－	－	－	15
		三层西面内墙白色老灰	6	/	－	＋＋	－	＋＋	－	16
		三层内墙东北面老灰	8	/	－	＋＋	＋＋	＋	－	17
		三层南面内墙灰塑	6	/	－	＋＋	－	＋＋	－	18
		四层西南内墙白色灰浆 C2	8	/	＋＋	－	－	－	－	19
		四层西南内墙草泥灰浆 C3	7	/	－	－	－	＋＋	－	20
		五层西南外墙灰浆	7	/	－	＋＋	－	＋＋	－	21
		五层西北内墙灰浆	7	/	－	－	＋＋	－	－	22
		六层西北外墙灰浆	6	/	－	＋	－	－	－	23
		六层南面外墙灰浆	8	/	－	＋＋	－	－	－	24
S21	浙江松阳延庆寺塔	三层东南面	8	＋＋＋	－	＋	－	－	－	25
S23	河南开封铁塔	三合土灰浆	/	＋	－	＋＋	－	－	－	26
S24	浙江国安寺塔	二层	6～7	＋＋＋	－	＋＋＋	＋	－	－	27
		东北一层	7	＋＋＋	－	＋＋＋	＋＋＋	－	－	28
		东南一层	6	＋＋	－	＋＋	－	－	－	29

续表

取样点编号	取样建筑		检测结果[1]							样品 No.
	建筑	样品	pH值	气泡	淀粉	油	蛋白质	糖	血	
S25	安徽阜阳临泉姜寨古墓	No. 1	13	＋＋＋	－	＋＋	＋＋	－	－	30
		No. 2	13	＋	－	＋＋	＋	－	－	31
		No. 3	9	＋	－	＋	－	－	－	32
		No. 4	8	＋＋	－	＋＋	－	－	－	33
S26	宁夏银川拜寺口塔林	塔基砖缝灰浆	8	＋	－	－	＋	－	－	34
S31	浙江余姚南宋史嵩之墓	No. 1	13	＋	＋＋＋	＋＋＋	＋＋	－	－	35
		No. 2	12	/	＋＋＋	＋＋	＋	－	－	36
		No. 3	10	/	＋	－	－	－	－	37
		No. 4	/	/	＋	－	－	－	－	38
S32	浙江海宁长安闸	No. 3	7	＋	＋＋	－	－	－	－	39
		No. 4	8	/	＋＋	＋	－	－	－	40
S33	重庆渝中区老鼓楼遗址	No. 1	/	/	－	＋＋＋	－	－	－	41
		No. 2	/	/	－	＋＋	－	－	－	42
		No. 3	/	/	＋	－	－	－	－	43
S34	重庆合川县钓鱼城遗址	No. 1	/	/	＋	－	＋	－	－	44
		No. 2	/	/	＋	－	－	－	－	45
S35	海南"华光礁1号"南宋沉船	舱料	/	＋	－	＋＋＋	＋	－	－	46
S36	江苏苏州甲辰巷砖塔	No. 2	/	/	－	＋＋	－	－	－	47
S37	浙江长兴林业墓	No. 1	8	＋＋	＋	－	－	－	－	48
		No. 2	13	＋	＋＋	－	－	－	－	49
S39	江苏苏州瑞光塔	R-1	/	/	－	＋	－	－	－	50
		R-6	/	/	－	＋	－	－	－	51
		R-7	/	/	－	＋	－	－	－	52
		R-17	/	/	－	＋＋	－	－	－	53
		R-40-2	/	/	－	＋	－	－	－	54
		R-40-4	/	/	－	＋＋＋	－	－	－	55
		R-35-2	/	/	－	＋	－	－	－	56
		R-38-3	/	/	－	＋	－	－	－	57
		R-11	/	/	－	＋＋＋	－	－	－	58
		R-24	/	/	＋＋	－	－	－	－	59
		R-36	/	/	＋	－	－	－	－	60
S41	湖南永顺老司城紫金山墓区	LSC-G10-1	12	/	＋＋＋	－	－	－	－	61
		LSC-G10-5	7	/	＋＋＋	－	－	－	－	62
		LSC-M17-3	9	/	＋＋	－	－	－	－	63
		LSC-M19-1	8	/	＋＋	－	－	－	－	64
		LSC-M11-1	8	/	＋	－	－	－	－	65
		LSC-M17-2	8	/	＋	－	－	－	－	66

续表

取样点编号	取样建筑		检测结果[1]							样品 No.
	建筑	样品	pH 值	气泡	淀粉	油	蛋白质	糖	血	
S42	浙江杭州六和塔	壁画地仗	6～7	/	—	—	++	—	—	67
		第三明层正北侧砂浆	6～7	—	—	+++	+	—	—	68
		第七明层西北侧砂浆	10	+++	++	—	—	—	—	69
		第四层东南侧砂浆	10～11	++	++	—	—	—	—	70
		第六层西北墙灰浆	7	/	+	—	—	—	—	71
S43	江苏太仓河出土沉船舱料	No. 1	7	+++	—	++	—	—	—	72
		No. 2	8	+++	—	+++	—	—	—	73
S44	浙江海宁长安镇古运河捞坝	No. 2	8	+++	—	+	—	—	—	74
S47	浙江新昌大佛寺石塔	6 层顶西南 2 号	8	+++	—	+	—	—	—	75
S48	浙江建德严州城墙	No. 2	7	+++	—	—	—	—	+	76
S49	湖北恩施唐崖完言堂	灰浆	6	—	—	+++	—	—	—	77
S53	北京金山岭段长城	地面	12	/	++	—	—	—	—	78
		烽火台（灰浆）	6～7	/	+	—	—	—	—	79
S54	陕西西安鼓楼明代油灰	漆底白色油灰层	/	+	—	++	—	—	—	80
		漆底黑色油灰层	/	—	—	+	—	++	—	81
		东面	/	/	—	—	++	—	—	82
S55	安徽凤阳明中都	No. 1	8	/	+	—	+	—	—	83
		No. 2	7	/	—	—	+	—	—	84
S56	陕西西安明代城墙	No. 2	/	/	+	—	—	—	—	85
S57	安徽滁州凤阳楼钟楼	No. 1	8	+	—	—	+	—	—	86
S58	江苏南京明城墙	太平门 No. 1	/	+	++	—	—	—	—	87
		太平门 No. 2	7	+	++	—	—	—	—	88
S59	甘肃永登县连城镇鲁土司	照壁	7	/	++	—	—	—	—	89
S64	江西南昌明宁靖王夫人吴氏墓	灰浆	/	+	++	—	—	—	—	90
S65	浙江安吉孝丰城墙	No. 1	6～7	/	—	—	+	—	—	91
		No. 2	11	/	+++	—	—	—	—	92
		No. 3	6～7	/	+	—	—	—	—	93
S67	安徽歙县龙兴独对坊	灰浆	7	+	—	++	—	++	—	94
S68	安徽歙县岩寺镇文峰塔	No. 1	7	+++	+	—	—	—	—	95
S69	浙江安吉安城城墙	No. 3	6	/	—	—	+	—	—	96
		No. 4	7	/	—	—	+	—	—	97
		No. 5	8	/	+++	—	—	—	—	98
		No. 6	13	/	+	—	—	—	—	99
S70	安徽歙县古城墙	No. 1	7	++	+	—	—	—	—	100
		No. 2	6	++	+	—	+	—	—	101
S73	安徽歙县潜口下尘塔	No. 1	6	+++	+++	—	+	—	—	102
S74	福建永定五云楼（土楼）	地面三合土	6	—	—	—	—	+	—	103

续表

| 取样点编号 | 取样建筑 | | 检测结果 [1] | | | | | | | 样品 No. |
	建筑	样品	pH 值	气泡	淀粉	油	蛋白质	糖	血	
S76	河北秦皇岛板厂峪长城	敌楼顶部	10	+++	−	−	+	−	−	104
		敌楼砖缝2号	7	+++	+	−	−	−	−	105
		城墙部缝中	8	+++	+	−	−	−	−	106
		墙缝中灰浆	6	+++	++	−	−	−	−	107
S77	湖南永州迴龙塔	灰浆	7	/	−	++	−	−	−	108
S79	山西蒲州故城	No.1	6	++	++	−	−	−	−	109
		No.2	8	++	++	−	−	−	−	110
S83	安徽歙县鲍象贤尚书牌坊	灰浆	9	++	+	−	−	−	−	111
S85	山东曲阜孔府	苫背平面	/	/	−	−	+	−	−	112
		苫背筒瓦下	/	/	−	+	−	−	−	113
S86	浙江衢州明城墙	大西门灰浆	8	+	−	+	−	−	−	114
		东门遗址灰浆	7	+	+	−	−	−	−	115
		小西门1号	7	+++	+	−	−	−	−	116
		水亭门2号	7	+	−	+	−	−	−	117
S87	湖北武当山玉真宫遗址	西华门台基（北墙）	8	+++	−	+	−	−	−	118
		院1（东）院墙	8	+++	+	−	−	−	−	119
		西宫院六5号	8	+++	+++	−	−	−	−	120
		东F1山墙	8	/	+	−	−	+	−	121
		中宫院墙	7	/	−	−	−	−	+	122
		F14，3号	7	/	−	+	−	−	−	123
S88	湖南武冈古城墙	灰浆	7	/	−	+	−	−	−	124
S89	甘肃天水冯国瑞故居	照壁	7	/	++	+	−	−	−	125
		大门	7	/	+	−	−	−	−	126
S90	浙江镇海后海塘	No.1	7~8	+++	+++	+	−	−	−	127
		No.2	7~8	+++	+++	−	−	−	−	128
S91	浙江钱塘江二线大塘遗址	No.3	13	+++	++	++	−	−	−	129
		No.1	8	++	++	−	−	−	−	130
S92	陕西西安香积寺	西侧灰浆	/	/	−	+	−	−	−	131
S93	湖北丹江口庞湾武当山官窑遗址	隔梁灰浆	7	++	−	+	−	−	−	132
		石墙灰土	7	++	−	++	−	−	−	133
		抹墙灰浆	8	++	−	++	−	−	−	134
		砌墙灰浆	7	++	−	+	−	−	−	135
S94	江苏省盱眙县泗州城墙	灰浆	8	/	++	+	−	−	−	136
S95	浙江盐官城墙	水门拱券上部砖缝灰	6	++	−	++	−	−	−	137
S96	甘肃天水石作瑞故居	照壁	7	/	+	−	+	−	−	138
S97	甘肃天水市三新巷11号民居	灰浆	7	/	++	−	−	−	−	139

续表

取样点编号	取样建筑		检测结果[1]							样品 No.
	建筑	样品	pH 值	气泡	淀粉	油	蛋白质	糖	血	
S98	北京延庆段长城	帮水峪	7	/	—	—	—	—	++	140
		慈母岭 No.1	6	/	++	—	—	—	—	141
		慈母岭 No.2	7	+	++	—	—	—	—	142
S99	山西太原双塔寺古塔	六层砖封	/	/	++	—	—	—	—	143
S100	江苏徐州回龙窝明长城	No.2	7	+++	+++	—	—	—	—	144
		No.3	7	+++	+	—	—	—	—	145
S101	山东青州古南阳城墙	灰浆 1 号①石质城墙	8	++	++	—	—	—	—	146
		②石质城墙	6	++	++	—	—	—	—	147
		灰 2 号①砖质城墙	6	++	++	—	—	—	—	148
		灰浆 2 号②砖质城墙	7	++	++	—	+	—	—	149
S102	四川三台县明城墙	No.2	/	/	—	—	++	—	—	150
S103	四川合江县明代城墙	拱门	/	/	—	—	+	—	—	151
		外墙	/	/	—	—	++	—	—	152
S104	甘肃古浪县明长城	灰浆	7	/	—	—	—	+	—	153
S105	江苏南京宝庆公主墓	No.2	7	+++	—	—	—	—	+	154
S110	浙江台州府城	①兴善门西侧	7	+++	+	+	—	—	—	155
		③临江大桥东侧	6	+++	+++	—	—	—	—	156
S111	浙江富阳城墙	No.1	6~7	+++	+	—	—	—	—	157
S112	北京故宫慈宁宫花园	E1-1	8	+++	++	—	—	—	—	158
		E1-2	9	+++	++	—	—	—	—	159
		E1-3	9	+++	++	—	—	—	—	160
		E2-1	9	+++	++	—	—	—	—	161
		E2-2	8	+++	++	—	—	—	—	162
		E2-3	9	+++	++	—	—	—	—	163
S113	北京故宫养心殿燕喜堂	YXT1	7	/	—	—	++	—	—	164
		YXT2	7	/	—	—	+	—	—	165
		YXT3-1	9	/	++	—	++	—	—	166
		YXT3-2	10	/	++	—	+++	—	—	167
		YXT4-1	7	/	—	—	+	—	—	168
		YXT4-2	7	/	—	—	+	—	—	169
		YXT5-1	8	/	—	—	+++	—	—	170
		YXT5-2	8	/	++	—	+	—	—	171
		YXT6-1	9	/	++	—	+++	—	—	172
		YXT6-2	10	/	—	—	++	—	—	173
		YXT7-1	7	/	—	—	++	—	—	174
		YXT7-2	7	/	—	—	+++	—	—	175

续表

| 取样点编号 | 取样建筑 | | 检测结果[1] | | | | | | | 样品 No. |
	建筑	样品	pH 值	气泡	淀粉	油	蛋白质	糖	血	
S114	北京故宫怡情书史	YQ6	8	/	++	−	++	−	−	176
		YQ7-1	8	/	++	−	+	−	−	177
		YQ7-2	9	/	++	−	+	−	−	178
		YQ8-1	8	/	+++	−	+	−	−	179
		YQ8-2	10	/	+++	−	−	−	−	180
		YQ9-1	7	/	+++	−	++	−	−	181
		YQ9-2	7	/	++	−	++	−	−	182
		YQ10	8	/	++	−	++	−	−	183
		YQ11-1	8	/	++	−	+	−	−	184
		YQ11-2	9	/	−	−	+	−	−	185
S115	甘肃天水奉州张世英故居	灰浆	7	/	−	+	−	−	−	186
S119	湖北荆州城墙	No. 1	8	/	++	++	−	−	−	187
		No. 2	8	+	++	−	−	−	−	188
S121	云南楚雄黑井古镇庆安堤	No. 1	8	++	++	−	−	−	−	189
S123	安徽歙县稠墅牌坊群员氏节孝坊	灰浆	14	++	+	−	−	−	−	190
S124	湖南郴州宜章三星桥	灰浆	7	/	−	+++	+	−	−	191
S125	安徽歙县鲍文渊妻节孝坊	灰浆	7	+	−	+++	−	−	−	192
S127	安徽歙县鲍逢昌孝子坊	灰浆	/	+	−	+++	+++	−	−	193
S128	福建南靖裕德楼（土楼）	地面三合土	6	+	−	−	−	+	−	194
S132	河南开封城墙	No. 1	6	/	++	+	+	−	−	195
		No. 2	9	/	+++	−	−	−	−	196
		No. 3	6～7	/	−	+	+	−	−	197
		No. 4	7	/	−	+	−	−	−	198
		灰浆	10	+	+++	−	−	−	−	199
S134	湖南胡林翼故居"宫保第"	灰浆	7	/	−	+++	−	−	−	200
S137	广东广州花都区槛泉潘公祠	第二间东墙	6	+++	+	−	−	−	−	201
		一进西侧山墙	8	+++	+	−	+	−	−	202
S138	广东广州花都区献堂家塾西侧民宅	二进墙壁	7	+	++	−	−	−	−	203
		一进墙壁	7	+++	+	−	−	−	−	204
S139	广东广州花都区三吉堂客家民宅	大殿台阶	9	+++	+	−	−	−	−	205
		壁龛1号灰浆	7	+++	+	−	−	−	−	206
S140	甘肃榆中金崖镇周进士祠	壁龛2号灰浆	10	/	−	+	−	−	−	207
S143	山东济南清代墓	壁龛3号灰浆	/	/	++	−	−	−	−	208
		壁龛4号灰浆	/	/	+	−	−	−	−	209
		壁龛5号灰浆	/	/	+	−	−	−	−	210
		石柱外层灰浆	/	/	−	+	−	−	−	211
		大门油漆1号底灰	/	/	++	+	−	−	−	212

续表

取样点编号	取样建筑		检测结果[1]							样品 No.
	建筑	样品	pH 值	气泡	淀粉	油	蛋白质	糖	血	
S144	浙江龙游祠堂戏台	立柱油漆 2 号底灰	7	－	－	＋	－	－	＋	213
S145	山西应县木塔	第二间东墙	7	／	－	＋	－	＋＋＋	－	214
		一进西侧山墙	7	／	－	＋	－	＋＋＋	－	215
S146	浙江丽水遂昌县赤山古塔	灰浆	7	＋	－	＋	－	－	－	216
S147	四川泸州县林家庄园	No. 2	／	／	－	＋	－	－	－	217
S158	安徽广德灰土	灰浆	7	／	－	＋＋＋	－	－	－	218
S159	安徽省考古所送样（墓葬）	灰浆	8	＋＋	－	＋＋＋	＋＋	－	－	219

注：－：阴性；＋：弱阳性反应；＋＋：中等阳性反应；＋＋＋：强阳性反应；／：因样品量限制未检测。

续表

附录 2　浙江大学文物保护材料实验室发表的相关研究论文

到 2019 年，浙江大学文物保护材料实验室已发表传统灰浆研究论文 34 篇，其中：SCI 论文 20 篇，EI 论文 7 篇。

1. Xu Li（徐莉），Ma Xiao，Zhang Bingjian，Zhang qiong，Zhao Peng. Multi-analytical studies of the lime mortars from the yanxi hall in the yangxin palace of the palace museum. Archaeometry 2019，61（2）：309-326. SCI，A&HCI.

2. Jiajia Li（李佳佳），Bingjian Zhang. Why Ancient Chinese People Like to Use Organic-Inorganic Composite Mortars? -Application History and Reasons of Organic-Inorganic Mortars in Ancient Chinese Buildings. Journal of Archaeological Method and Theory 2019，29（2）：502-536，SCI.

3. Xiaobin Liu（刘效彬），Xiao Ma，Bingjian Zhang. Analytical investigations of traditional masonry mortars from ancient city walls built during Ming and Qing dynasties in China. International Journal of Architectural Heritage，2016（5）：663-673，SCI.

4. Ye Zheng（郑烨），Hui Zhang，Bingjian Zhang，Linhai Yue. A new method in detecting the sticky rice component in Chinese traditional tabia. Archaeometry，2016，58，Suppl. 1，218-229，SCI.

5. Tao Yang（杨涛），Xiao Ma，Bingjian Zhang，Hui Zhang. The studies on the function of sticky rice on the microstructures of hydrated lime putties. Construction and Building Materials，2016（102）：105-112，SCI.

6. Tao Yang（杨涛），Xiao Ma，Bingjian Zhang，Hui Zhang. Preliminary studies into methods for microstructural improvements of hydrated lime putty. Journal of Materials in Civil Engineering，2016（102）：106-112，SCI.

7. 刘效彬，崔彪，张秉坚. 浙江古城墙传统灰浆材料的分析研究. 光谱学与光谱分析，2016，36（1）：237-242，SCI.

8. Shiqiang Fang（方世强），Wenjing Hu，Kun Zhang，Hui Zhang，Bingjian. A study of traditional blood lime mortar for restoration of ancient buildings. Cement and Concrete Research，2015（76）：232-241，SCI.

9. 魏国锋，张晨，陈国梁，何毓灵，高江涛，张秉坚. 陶寺、殷墟白灰面的红外光谱研究. 光谱学与光谱分析，2015（3）：613-616，SCI.

10. Shiqiang Fang（方世强），HuiZhang，Bingjian Zhang*，GuoqingLi. A study of Tung-oil-lime putty—A traditional lime based mortar. International Journal of Adhesion & Adhesives，2014（48）：224-230，SCI.

11. Kun Zhang（张坤），Xin Mao，Shiqiang Fang，Bingjian Zhang*. Enzymatic Method for Detecting Sucrose in Ancient Chinese Mortars. Asian Journal of Chemistry；2015，27（1）：329-334，SCI.

12. Chenglei Meng（孟诚磊），Bingjian Zhang*，Hui Zhang，Shiqiang Fang. Chemical

and Microscopic Study of Masonry Mortar Used in Ancient Pagodas in East China. International Journal of Architectural Heritage，2015，9（8）：942-948，SCI.

13. Kun Zhang（张坤），Shi Qiang Fang, Jiajia Li, Ye Zheng, Hui Zhang, Bingjian Zhang* . Textual and experimental studies on the compositions of traditional Chinese organic-inorganic mortars. Archaeometry，2014，56，Suppl. 1：100-115，SCI，SSCI，A&HCI.

14. Shiqiang Fang（方世强），Hui Zhang, Bingjian Zhang* , Ye Zheng. The Identification of Organic Additives in Traditional Lime Mortar. Journal of Cultural Heritage，2014，15：144-150，SCI，A&HCI.

15. 魏国锋，孙升，王成兴，张秉坚，陈希敏 . 皖南牌坊传统灰浆的科技研究，光谱学与光谱分析，2013，33（7）：1973-1976. Study on the Traditional Lime Mortar from the Memorial Archway in the Southern Anhui Province. Spectroscopy And Spectral Analysis，2013，33（7）：1973-1976，SCI.

16. Shiqiang Fang（方世强），Hui Zhang, Bingjian Zhang* , Guofeng Wei, Guoqing Li, Yang Zhou. A study of the Chinese organic-inorganic hybrid sealing material used in "Huaguang No.1" ancient wooden ship, Thermochimica Acta，2013（551）：20-26，SCI.

17. Guofeng Wei（魏国锋），Hui Zhang, Hongmin Wang, Shiqiang Fang, Bingjian Zhang* . Fuwei Yang. An experimental study on application of sticky rice-lime mortar in conservation of the stone tower in the Xiangji Temple. Construction & Building Materials，2012，28（1）：624-632，SCI.

18. Fuwei Yang（杨富巍），Bingjian Zhang* ，Qinglin Ma. The study of sticky-rice lime mortar technology for the restoration of historical masonry constructions. Accounts of Chemical Research，2010，43（6）：936-944，SCI.

19. 魏国锋，方世强，张秉坚，等 . 传统糯米灰浆碳化过程中 Liesegang 环的形成机理研究 . 光谱学与光谱分析，2012，32（8）：2181-2184，SCI.

20. 张秉坚，胡文静，张坤，方世强 . 古代三合土灰浆中蛋清的酶联免疫检测研究 . 建筑材料学报，2015，18（4）：716-720，EI.

21. 魏国锋，方世强，康予虎，等 . 米浆种类对传统灰浆性能的影响 . 建筑材料学报，2014，17（4）：618-622，EI.

22. 李祖光，方世强，魏国锋，张秉坚 . 无机添加剂对糯米灰浆性能影响及机理研究 . 建筑材料学报，2013，16（3）：462-467，EI.

23. 魏国锋，方世强，李祖光，张秉坚 . 桐油灰浆材料的物理性能与显微结构 . 建筑材料学报，2013，16（3）：469-477，EI.

24. 魏国锋，张秉坚，方世强 . 石灰陈化机理及其在文物保护中应用的研究 . 建筑材料学报，2012，15（1）：96-102，EI.

25. 魏国锋，张秉坚，方世强 . 添加剂对传统糯米灰浆性能的影响及其科学机理 . 土木建筑与环境工程，2011，33（5）：143-149，EI.

26. 魏国锋，张秉坚，方世强，姚政权 . "二次生石灰"的微结构及作为文物加固剂的应用研究 . 西安建筑科技大学学报，2011，43（4）：588-593，EI.

27. 郑晓平，魏国锋，张秉坚 . 自制硅酸盐对传统糯米灰浆性能的影响 . 土木建筑与环境工程，2017，39（4）：128-136.

28. 张坤，方世强，胡文静，张秉坚. 中国传统蛋清灰浆的应用历史和科学性. 中国科学，科学技术，2015，45（6）：635-642.

29. 方世强，杨涛，张秉坚，魏国锋. 中国传统糖水灰浆和蛋清灰浆科学性研究. 中国科学，科学技术，2015，45（8）：865-873.

30. 张坤，张秉坚，方世强. 中国传统血料灰浆的应用历史和科学性. 文物保护与考古科学，2013，24（2）：202-204.

31. 杨富巍，张秉坚，潘昌初，曾余瑶. 以糯米灰浆为代表的传统灰浆——中国古代的重大发明之一. 中国科学，技术科学 2009，39

（1）：1-7.

32. 杨富巍，张秉坚，曾余瑶，潘昌初，贺翔. 传统糯米灰浆科学原理及其现代应用的探索性研究. 故宫博物院院刊，2008，139（5）：105-114.

33. 曾余瑶，张秉坚，梁晓林. 传统建筑泥灰类加固材料的性能研究与机理探讨. 文物保护与考古科学，2008，20（2）：1-7.

34. 胡悦，魏国锋，方世强，李立新，张秉坚. 集料种类对糯米灰浆性能的影响. 土木与环境工程学报（中英文），2019，41：134-140.

附录 3　本书相关研究的博士后出站报告和研究生毕业论文

博士后出站报告

1. 魏国锋，石灰基材料在不可移动文物保护中的应用，浙大化学系 0009897，合作导师：张秉坚，2011 年 11 月

2. 杨涛，古建筑传统灰浆的改良和科学化应用研究，浙大化学系 0013609，合作导师：张秉坚，2014 年 11 月

博士论文

3. 杨富巍，无机胶凝材料在不可移动文物保护中的应用，浙大化学系 10706128，导师：张秉坚，2011 年 5 月

4. 曾余瑶，多孔材料吸附行为的理论计算与应用研究，浙大化学系 10506060，导师：张秉坚，2008 年 5 月

5. 孟诚磊，浙江古塔本体材料的风化监测研究，浙大文博系 11004070，导师：张秉坚，2013 年 5 月

6. 刘效彬，中国传统灰浆的化学组成特征及黏结机理研究，浙大文博系 11204063，导师：张秉坚，2015 年 6 月

7. 方世强，不可移动文物保护中典型胶凝材料作用机理和应用评价研究，浙大化学系 11337062，导师：张秉坚，2017 年 3 月

8. 李佳佳，中国传统复合灰浆的认识研究，浙大文博系 11204062，导师：张秉坚，2019 年 5 月

硕士论文

9. 方世强，中国传统灰浆的科学性及在不可移动文物保护中的应用研究，浙工大化材院，导师：李祖光、张秉坚，2013 年 5 月

10. 张坤，含土灰浆中有机物的生物酶学检测方法，浙大文博系 21204108，导师：张秉坚，2014 年 5 月

11. 胡文静，古代珍贵彩绘文物胶结材料的免疫分析技术研究，浙大化学系 21337013，导师：张秉坚，2016 年 3 月

12. 施铁樱，中国古代建筑灰浆检测技术规范研究，浙大文博系 11104011，导师：张秉坚，2014 年 5 月

13. 郑烨，中国传统建筑材料三合土的成分分析检测方法研究，浙大化学系 21337082，导师：岳林海、张秉坚，2016 年 5 月

14. 王丹阳，古代泥塑彩绘分析中的植物纤维检测技术研究，浙大文博系 21404069，导师：张秉坚，2017 年 5 月

15. 徐莉，传统灰浆材料综合检测方法研究——以北京故宫养心殿为例，浙大文博系 21604098，导师：张秉坚，2018 年 5 月

附录 4　参加研究的部分博士后和研究生的工作照

魏国锋

杨涛

杨富巍

曾余瑶

方世强

刘效彬

李佳佳

孟诚磊

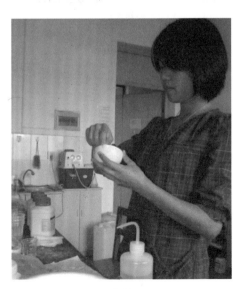

张坤

郑烨

胡文静

施铁樱

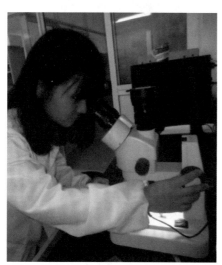

王丹阳

刘璐瑶

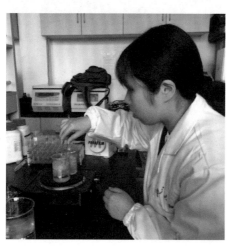

徐莉

吴朦

附录5 计量单位、英文简写与缩写、术语

1. 计量单位

Å	埃	min	分钟
bar	百帕	mL	毫升
cm	厘米	mm	毫米
cm^{-1}	波长单位	mol/L	摩尔每升
cm^3	平方厘米	MPa	兆帕
cm^3/g	立方厘米每克	MPa/s	兆帕每秒
g	克	mS/cm	毫西门子每厘米
GPa	1000兆帕	nm	纳米
h	小时	°	度
HA	硬度单位	℃	摄氏度
HD	硬度单位	Pa	帕斯卡
kg	千克	ppm	百万分比浓度
km	千米	s	秒
kV	千伏	μL	微升
mA	毫安	μm	微米
mesh	目	μS/cm	微西门子每厘米
mg	毫克	y	年
mg/mL	毫克每毫升	d	天

2. 英文简写与缩写

2D	2-dimension，二维
3D	3-dimension，三维
AAS	Atomic Absorption Spectroscopy，原子吸收光谱
AGS	Amyloglucosidase，淀粉葡萄糖苷酶
AP	alkaline phosphatase，碱性磷酸酶
BSA	Bovine serum albumin，牛血清白蛋白
C	Coefficient，系数

CT	Computed Tomography，计算机化断层显像
DMSO	Dimethyl sulfoxide，二甲基亚砜
DSC	differential scanning calorimetry，示差扫描量热
DSD	Sodium dodecyl sulfate，十二烷基硫酸钠
EDS	Energy Dispersive Spectroscopy，光电子能谱
EDTA	Ethylene DiamineTetraacetic Acid，乙二胺四乙酸
ELISA	Enzyme-Linked Immuno Sorbent Assay，酶联免疫法
FE-SEM	field emission scanning electron microscope，场发射扫描电子显微镜
FTIR	Fourier Transform Infrared Spectroscopy，傅里叶红外变换光谱
GC-MS	Gas chromatography-mass spectrometry，气相色谱-质谱联用仪
HRP	Horseradish Peroxidase，辣根过氧化物酶
IFM	Immuno fluorescence method，免疫荧光法
IR	Infrared Spectroscopy，红外光谱
LC-ESI/Q-q-TOF MS/MS	高效液相色谱-电喷雾/四极杆飞行时间串联质谱法
m	mass 质量
NADPH	nicotinamide adenine dinucleotide phosphate，还原型烟酰胺腺嘌呤二核苷酸磷酸
PEG600	Polyethylene glycol600，聚乙二醇 600
PM	Polarizing microscope，偏光显微镜
PS	potassium silicate，高模数硅酸钾
Raman	Raman spectra，拉曼光谱
RH	relative humidity，相对湿度
SEM	scanning electron microscope，扫描电子显微镜
t	time，时间
T	Temperature，温度
TEM	Transmission Electron Microscope，透射电子显微镜
TG	Thermogravimetric Analysis，热重分析
TMB	Tetramethylbenzidine，四甲基联苯胺
UV	Ultraviolet rays，紫外线
w/w	weight/weight，质量比
XRD	X-rays diffraction，X 射线衍射
XRF	X-ray fluorescence analysis，X 射线荧光

3. 术语

Al	铝	cut-off	临界
$Al(NO_3)_3 \cdot 9H_2O$	九水硝酸铝	HCl	盐酸
$Al_2(SO)_4 \cdot 18H_2O$	硫酸铝	H_2O	水
Ca^{2+}	钙离子	H_2SO_4	硫酸
$CaCO_3$	碳酸钙	KBr	溴化钾
$CaCl_2$	氯化钙	$K_2O \cdot Al_2O_3 \cdot 6SiO_2$	硅酸铝钾
$Ca(OH)_2$	氢氧化钙	$MgCO_3$	碳酸镁
CaO	氧化钙	MgO	氧化镁
$CaSO_4 \cdot 2H_2O$	二水石膏	$Mg(OH)_2$	氢氧化镁
C—A—H	水化铝酸钙	NaCl	氯化钠
—CH_2	亚甲基	NaOH	氢氧化钠
Cl^-	氯离子	—OH	羟基
C—O	碳氧单键	OH^-	氢氧根
C=O	碳氧双键	pH	氢离子浓度指数
—COO^-	羧基	SiO_2	二氧化硅
—CO	羰基	ν	伸缩振动
CO_2	二氧化碳	ν_{as}	反对称伸缩振动
C—S—H	水化硅酸钙	ν_s	对称伸缩振动

后 记

本书是一系列关于"中国古代传统建筑灰浆"科学研究工作的总结。主要工作是在国家科技部、国家文物局和浙江省文物局的组织和多个科研项目的连续资助下，在合作单位的协作下，经过十多年艰苦努力，以浙江大学文物保护材料实验室科研团队为主完成的。

全书共 11 章。第 2、第 3、第 4 和第 7 章由李佳佳起草；第 5、第 6 和第 8 章由方世强起草；第 9 章由杨涛和张秉坚起草；第 10 章由刘璐瑶和张秉坚起草；第 1 和第 11 章由张秉坚起草。最后由张秉坚统一修改定稿，完成全书。

本书内容源自浙江大学文物保护材料实验室科研团队的博士后出站报告、研究生毕业论文和发表的科研论文。其中，杨富巍的工作见第 6 章；魏国锋的工作见第 5、第 6 和第 8 章；杨涛的工作见第 9 章；方世强的工作见第 5、第 6 和第 8 章；刘效彬的工作见第 4、第 5 和第 6 章；孟诚磊的工作见第 4、第 5 章；李佳佳的工作见第 2、第 3、第 4 和第 7 章；张坤、胡文静、王丹阳、徐莉的工作见第 5 章；刘璐瑶和施铁樱的工作见第 10 章；张璐的工作见第 3 章。参与现场调研和样品检测工作的还有郑烨、张翠松、吴朦、陈尔新、朱慧等。相关博士后出站报告和研究生毕业论文目录见附录 3，相关科研论文目录见附录 2。参加研究的部分博士后和研究生的工作照见附录 4。

中国传统灰浆研究工作得到了合作单位的大力支持，包括以黄滋为首的浙江省古建筑设计研究院团队、以马清林为首的中国文化遗产研究院-北京科技大学团队、以刘绍军为首的中南大学团队、以张云升为首的东南大学团队、以魏国锋为首的安徽大学团队、以杨富巍为首的天水师范学院团队，以及浙江省考古所保护室崔彪等。是这些团队的协助才完成了全国上百处古建筑及遗址的现场调研和灰浆取样。

提供古代灰浆样品的还有南京博物院奚三彩、秦帝陵博物院容波、中国丝绸博物馆周旸、山东青州博物馆周麟麟、泉州海外交通史博物馆李国清、南京城墙保护管理中心马俊、北京故宫博物院张琼和王丛、徐州博物馆赵晓伟、四川考古院赵凡、山西博物院石美风、敦煌研究院苏伯民、麦积山石窟马千、集安博物馆周荣顺、陕西文保院周萍、同济大学戴仕炳、兰州大学崔凯、浙江大学李志荣、北京国文琰公司李博、西安东方实业公司汤恩等。

一直尽心指导我们传统灰浆研究工作的文物保护老专家有陆寿麟、黄克忠、奚三彩、李最雄、马家郁等。特别是陆寿麟和黄克忠先生分别为本书写序，使我们深受鼓舞，更感到任重而道远。

参与或协助本项科研工作的浙江大学文博系和化学系的老师还有项隆元、张晖、胡瑜兰、陈卫祥、朱龙观、张仕勇、杜志强等。

在此，我们一并表示衷心感谢！

面对书稿，我们也满心忐忑。首先，本书收录的相关研究还不全面，一些很有创意的工作或因不够完整，或因编排篇幅上的问题没有列入；其次，本书主要源自科研论文，缩写成书稿后，难免会有某些内容、引文或试验细节的遗漏；最后，由于本书内容大多是一些探索性研究，在方法、观点和表述上可能会有某些不妥之处。所有这些问题敬请各位前辈、同仁和同学们批评指正。

作　者
2020 年 3 月于杭州